A book for You
赤本バックナンバーのご

赤本バックナンバーを1年単位で印刷製本しお届けします。

弊社発行の「**高校別入試対策シリーズ(赤本)**」の収録から外れた古い年度の過去問を1年単位でご購入いただくことができます。
「**赤本バックナンバー**」はamazon(アマゾン)の***プリント・オン・デマンドサービス**によりご提供いたします。
定評のあるくわしい解答解説はもちろん赤本そのまま,解答用紙も付けてあります。
志望校の受験対策をさらに万全なものにするために,「**赤本バックナンバー**」をぜひご活用ください。

⚠*プリント・オン・デマンドサービスとは,ご注文に応じて1冊から印刷製本し,お客様にお届けするサービスです。

ご購入の流れ

① 英俊社のウェブサイト https://book.eisyun.jp/ にアクセス
② トップページの「高校受験」 赤本バックナンバー をクリック

③ ご希望の学校・年度をクリックすると,amazon(アマゾン)のウェブサイトの該当書籍のページにジャンプ
④ amazon(アマゾン)のウェブサイトでご購入

⚠ 納期や配送,お支払い等,購入に関するお問い合わせは,amazon(アマゾン)のウェブサイトにてご確認ください。
⚠ 書籍の内容についてのお問い合わせは英俊社(06-7712-4373)まで。

国私立高校・高専 バックナンバー

⚠表中の×印の学校・年度は,著作権上の事情等により発刊いたしません。あしからずご了承ください。

(アイウエオ順)　※価格はすべて税込表示

学校名	2019年実施問題	2018年実施問題	2017年実施問題	2016年実施問題	2015年実施問題	2014年実施問題	2013年実施問題	2012年実施問題	2011年実施問題	2010年実施問題	2009年実施問題	2008年実施問題	2007年実施問題	2006年実施問題	2005年実施問題	2004年実施問題	2003年実施問題
大阪教育大附高池田校舎	1,540円 66頁	1,430円 60頁	1,430円 62頁	1,430円 60頁	1,430円 60頁	1,430円 58頁	1,430円 58頁	1,430円 60頁	1,430円 58頁	1,430円 56頁	1,430円 54頁	1,320円 50頁	1,320円 52頁	1,320円 52頁	1,320円 48頁	1,320円 48頁	
大阪星光学院高	1,320円 48頁	1,320円 44頁	1,210円 42頁	1,210円 34頁	×	1,210円 36頁	1,210円 30頁	1,210円 32頁	1,650円 88頁	1,650円 84頁	1,650円 84頁	1,650円 80頁	1,650円 86頁	1,650円 80頁	1,650円 82頁	1,320円 52頁	1,430円 54頁
大阪桐蔭高	1,540円 74頁	1,540円 66頁	1,540円 68頁	1,540円 66頁	1,540円 66頁	1,430円 64頁	1,540円 68頁	1,430円 62頁	1,430円 62頁	1,540円 68頁	1,430円 62頁	1,430円 62頁	1,430円 60頁	1,430円 62頁	1,430円 58頁		
関西大学高	1,430円 56頁	1,430円 56頁	1,430円 58頁	1,430円 54頁	1,320円 52頁	1,320円 52頁	1,430円 54頁	1,320円 50頁	1,320円 52頁	1,320円 50頁							
関西大学第一高	1,540円 66頁	1,430円 64頁	1,430円 64頁	1,430円 56頁	1,430円 62頁	1,430円 54頁	1,320円 48頁	1,430円 56頁	1,430円 56頁	1,430円 56頁	1,430円 56頁	1,320円 52頁	1,320円 52頁	1,320円 50頁	1,320円 46頁	1,320円 52頁	
関西大学北陽高	1,540円 68頁	1,540円 72頁	1,540円 70頁	1,430円 64頁	1,430円 62頁	1,430円 60頁	1,430円 60頁	1,430円 58頁	1,430円 58頁	1,430円 58頁	1,430円 56頁	1,430円 54頁					
関西学院高	1,210円 36頁	1,210円 36頁	1,210円 34頁	1,210円 34頁	1,210円 32頁	1,210円 32頁	1,210円 32頁	1,210円 32頁	1,210円 28頁	1,210円 30頁	1,210円 28頁	1,210円 30頁	×	1,210円 30頁	1,210円 28頁	×	1,210円 26頁
京都女子高	1,540円 66頁	1,430円 62頁	1,430円 60頁	1,430円 60頁	1,430円 60頁	1,430円 54頁	1,430円 56頁	1,430円 56頁	1,430円 56頁	1,430円 56頁	1,430円 56頁	1,430円 54頁	1,430円 54頁	1,320円 50頁	1,320円 50頁	1,320円 48頁	
近畿大学附属高	1,540円 72頁	1,540円 68頁	1,540円 68頁	1,540円 66頁	1,430円 64頁	1,430円 62頁	1,430円 58頁	1,430円 60頁	1,430円 58頁	1,430円 60頁	1,430円 54頁	1,430円 58頁	1,430円 56頁	1,430円 54頁	1,430円 56頁	1,320円 52頁	
久留米大学附設高	1,430円 64頁	1,430円 62頁	1,430円 58頁	1,430円 60頁	1,430円 58頁	1,430円 58頁	1,430円 58頁	1,430円 58頁	1,430円 56頁	1,430円 58頁	1,430円 54頁	×	1,430円 54頁	1,430円 54頁			
四天王寺高	1,540円 74頁	1,430円 62頁	1,430円 64頁	1,540円 66頁	1,210円 40頁	1,210円 40頁	1,430円 64頁	1,430円 64頁	1,430円 58頁	1,430円 62頁	1,430円 60頁	1,430円 60頁	1,430円 64頁	1,430円 58頁	1,430円 62頁	1,430円 58頁	
須磨学園高	1,210円 40頁	1,210円 40頁	1,210円 36頁	1,210円 42頁	1,210円 40頁	1,210円 40頁	1,210円 38頁	1,210円 38頁	1,320円 44頁	1,320円 48頁	1,320円 46頁	1,320円 48頁	1,320円 46頁	1,320円 44頁	1,210円 42頁		
清教学園高	1,540円 66頁	1,540円 66頁	1,430円 64頁	1,430円 56頁	1,320円 52頁	1,320円 50頁	1,320円 52頁	1,320円 48頁	1,320円 52頁	1,320円 50頁	1,320円 50頁	1,320円 46頁					
西南学院高	1,870円 102頁	1,760円 98頁	1,650円 82頁	1,980円 116頁	1,980円 112頁	1,980円 112頁	1,870円 110頁	1,870円 112頁	1,870円 106頁	1,540円 76頁	1,540円 76頁	1,540円 72頁	1,540円 72頁	1,540円 70頁			
清風高	1,430円 58頁	1,430円 54頁	1,430円 60頁	1,430円 60頁	1,430円 60頁	1,430円 60頁	1,430円 60頁	1,430円 60頁	1,430円 56頁	1,430円 58頁	×	1,430円 56頁	1,430円 58頁	1,430円 54頁	1,430円 54頁		

※価格はすべて税込表示

学校名	2019年 実施問題	2018年 実施問題	2017年 実施問題	2016年 実施問題	2015年 実施問題	2014年 実施問題	2013年 実施問題	2012年 実施問題	2011年 実施問題	2010年 実施問題	2009年 実施問題	2008年 実施問題	2007年 実施問題	2006年 実施問題	2005年 実施問題	2004年 実施問題	2003年 実施問題
清風南海高	1,430円 64頁	1,430円 64頁	1,430円 62頁	1,430円 60頁	1,430円 60頁	1,430円 58頁	1,430円 58頁	1,430円 60頁	1,430円 56頁	1,430円 56頁	1,430円 56頁	1,430円 56頁	1,430円 58頁	1,430円 58頁	1,320円 52頁	1,430円 54頁	
智辯学園和歌山高	1,320円 44頁	1,210円 42頁	1,210円 40頁	1,210円 40頁	1,210円 38頁	1,210円 38頁	1,210円 40頁	1,210円 38頁	1,210円 38頁	1,210円 40頁	1,210円 40頁	1,210円 38頁	1,210円 38頁	1,210円 38頁	1,210円 38頁	1,210円 38頁	
同志社高	1,430円 56頁	1,430円 56頁	1,430円 54頁	1,430円 54頁	1,430円 56頁	1,430円 54頁	1,320円 52頁	1,320円 52頁	1,320円 50頁	1,320円 48頁	1,320円 50頁	1,320円 50頁	1,320円 46頁	1,320円 48頁	1,320円 44頁	1,320円 48頁	1,320円 46頁
灘高	1,320円 52頁	1,320円 46頁	1,320円 48頁	1,320円 46頁	1,320円 46頁	1,320円 48頁	1,210円 42頁	1,320円 44頁	1,320円 50頁	1,320円 48頁	1,320円 46頁	1,320円 48頁	1,320円 48頁	1,320円 46頁	1,320円 44頁	1,320円 46頁	1,320円 46頁
西大和学園高	1,760円 98頁	1,760円 96頁	1,760円 90頁	1,540円 68頁	1,540円 66頁	1,430円 62頁	1,430円 62頁	1,430円 62頁	1,430円 64頁	1,430円 64頁	1,430円 62頁	1,430円 64頁	1,430円 64頁	1,430円 62頁	1,430円 60頁	1,430円 56頁	1,430円 58頁
福岡大学附属大濠高	2,310円 152頁	2,310円 148頁	2,200円 142頁	2,200円 144頁	2,090円 134頁	2,090円 132頁	2,090円 128頁	1,760円 96頁	1,760円 94頁	1,650円 88頁	1,650円 84頁	1,760円 88頁	1,760円 90頁	1,760円 92頁			
明星高	1,540円 76頁	1,540円 74頁	1,540円 68頁	1,430円 62頁	1,430円 62頁	1,430円 64頁	1,430円 64頁	1,430円 60頁	1,430円 58頁	1,430円 56頁	1,430円 56頁	1,430円 54頁	1,430円 54頁	1,430円 54頁	1,320円 52頁	1,320円 52頁	
桃山学院高	1,430円 64頁	1,430円 64頁	1,430円 62頁	1,430円 60頁	1,430円 58頁	1,430円 54頁	1,430円 56頁	1,430円 54頁	1,430円 58頁	1,430円 58頁	1,430円 56頁	1,320円 52頁	1,320円 52頁	1,320円 48頁	1,320円 46頁	1,320円 50頁	1,320円 50頁
洛南高	1,540円 66頁	1,430円 64頁	1,540円 66頁	1,540円 66頁	1,430円 62頁	1,430円 64頁	1,430円 62頁	1,430円 62頁	1,430円 62頁	1,430円 60頁	1,430円 58頁	1,430円 64頁	1,430円 60頁	1,430円 62頁	1,430円 58頁	1,430円 58頁	1,430円 60頁
ラ・サール高	1,540円 70頁	1,540円 66頁	1,430円 60頁	1,430円 62頁	1,430円 60頁	1,430円 58頁	1,430円 60頁	1,430円 60頁	1,430円 58頁	1,430円 54頁	1,430円 60頁	1,430円 54頁	1,430円 56頁	1,320円 50頁			
立命館高	1,760円 96頁	1,760円 94頁	1,870円 100頁	1,760円 96頁	1,870円 104頁	1,870円 102頁	1,870円 100頁	1,760円 92頁	1,650円 88頁	1,760円 94頁	1,650円 88頁	1,650円 86頁	1,320円 48頁	1,650円 80頁	1,430円 54頁		
立命館宇治高	1,430円 62頁	1,430円 60頁	1,430円 58頁	1,430円 58頁	1,430円 56頁	1,430円 54頁	1,430円 54頁	1,320円 52頁	1,320円 52頁	1,430円 54頁	1,430円 56頁	1,320円 52頁					
国立高専	1,650円 78頁	1,540円 74頁	1,540円 66頁	1,430円 64頁	1,430円 62頁	1,430円 62頁	1,430円 62頁	1,540円 68頁	1,540円 70頁	1,430円 64頁	1,430円 62頁	1,430円 62頁	1,430円 60頁	1,430円 58頁	1,430円 60頁	1,430円 56頁	1,430円 60頁

公立高校 バックナンバー

※価格はすべて税込表示

府県名・学校名	2019年 実施問題	2018年 実施問題	2017年 実施問題	2016年 実施問題	2015年 実施問題	2014年 実施問題	2013年 実施問題	2012年 実施問題	2011年 実施問題	2010年 実施問題	2009年 実施問題	2008年 実施問題	2007年 実施問題	2006年 実施問題	2005年 実施問題	2004年 実施問題	2003年 実施問題
岐阜県公立高	990円 64頁	990円 60頁	990円 60頁	990円 60頁	990円 58頁	990円 56頁	990円 58頁	990円 52頁	990円 54頁	990円 52頁	990円 52頁	990円 48頁	990円 50頁	990円 52頁			
静岡県公立高	990円 62頁	990円 58頁	990円 58頁	990円 60頁	990円 60頁	990円 56頁	990円 58頁	990円 58頁	990円 56頁	990円 54頁	990円 52頁	990円 54頁	990円 52頁	990円 52頁			
愛知県公立高	990円 126頁	990円 120頁	990円 114頁	990円 114頁	990円 114頁	990円 110頁	990円 112頁	990円 108頁	990円 108頁	990円 110頁	990円 102頁	990円 102頁	990円 102頁	990円 100頁	990円 100頁	990円 96頁	990円 96頁
三重県公立高	990円 72頁	990円 66頁	990円 66頁	990円 64頁	990円 66頁	990円 64頁	990円 66頁	990円 64頁	990円 62頁	990円 62頁	990円 58頁	990円 58頁	990円 52頁	990円 54頁			
滋賀県公立高	990円 66頁	990円 62頁	990円 60頁	990円 62頁	990円 62頁	990円 46頁	990円 48頁	990円 46頁	990円 48頁	990円 44頁	990円 44頁	990円 44頁	990円 46頁	990円 44頁	990円 44頁	990円 40頁	990円 42頁
京都府公立高(中期)	990円 60頁	990円 56頁	990円 54頁	990円 54頁	990円 56頁	990円 54頁	990円 56頁	990円 54頁	990円 56頁	990円 54頁	990円 52頁	990円 50頁	990円 50頁	990円 50頁	990円 46頁	990円 46頁	990円 48頁
京都府公立高(前期)	990円 40頁	990円 38頁	990円 40頁	990円 38頁	990円 38頁	990円 36頁											
京都市立堀川高 探究学科群	1,430円 64頁	1,540円 68頁	1,430円 60頁	1,430円 62頁	1,430円 64頁	1,430円 60頁	1,430円 60頁	1,430円 58頁	1,430円 58頁	1,430円 64頁	1,430円 54頁	1,320円 48頁	1,210円 42頁	1,210円 38頁	1,210円 36頁	1,210円 40頁	
京都市立西京高 エンタープライジング科	1,650円 82頁	1,540円 76頁	1,650円 80頁	1,540円 72頁	1,540円 72頁	1,540円 70頁	1,320円 46頁	1,320円 50頁	1,320円 46頁	1,320円 44頁	1,210円 42頁	1,210円 42頁	1,210円 38頁	1,210円 38頁	1,210円 40頁	1,210円 34頁	
京都府立嵯峨野高 京都こすもす科	1,540円 68頁	1,540円 66頁	1,540円 68頁	1,430円 64頁	1,430円 64頁	1,430円 62頁	1,210円 42頁	1,210円 42頁	1,320円 46頁	1,320円 44頁	1,210円 42頁	1,210円 40頁	1,210円 40頁	1,210円 36頁	1,210円 36頁	1,210円 34頁	
京都府立桃山高 自然科学科	1,320円 46頁	1,320円 46頁	1,210円 42頁	1,320円 44頁	1,320円 46頁	1,320円 44頁	1,210円 42頁	1,210円 38頁	1,210円 42頁	1,210円 40頁	1,210円 40頁	1,210円 38頁	1,210円 34頁	1,210円 34頁			

※価格はすべて税込表示

府県名・学校名	2019年実施問題	2018年実施問題	2017年実施問題	2016年実施問題	2015年実施問題	2014年実施問題	2013年実施問題	2012年実施問題	2011年実施問題	2010年実施問題	2009年実施問題	2008年実施問題	2007年実施問題	2006年実施問題	2005年実施問題	2004年実施問題	2003年実施問題
大阪府公立高(一般)	990円 148頁	990円 140頁	990円 140頁	990円 122頁													
大阪府公立高(特別)	990円 78頁	990円 78頁	990円 74頁	990円 72頁													
大阪府公立高(前期)					990円 70頁	990円 68頁	990円 66頁	990円 72頁	990円 70頁	990円 60頁	990円 58頁	990円 56頁	990円 56頁	990円 54頁	990円 52頁	990円 52頁	990円 48頁
大阪府公立高(後期)					990円 82頁	990円 76頁	990円 72頁	990円 64頁	990円 64頁	990円 64頁	990円 62頁	990円 62頁	990円 62頁	990円 58頁	990円 56頁	990円 58頁	990円 56頁
兵庫県公立高	990円 74頁	990円 78頁	990円 74頁	990円 74頁	990円 74頁	990円 68頁	990円 66頁	990円 64頁	990円 60頁	990円 56頁	990円 58頁	990円 56頁	990円 58頁	990円 56頁	990円 56頁	990円 54頁	990円 52頁
奈良県公立高(一般)	990円 62頁	990円 50頁	990円 50頁	990円 52頁	990円 50頁	990円 52頁	990円 50頁	990円 48頁	990円 48頁	990円 48頁	990円 48頁	990円 48頁	×	990円 44頁	990円 46頁	990円 42頁	990円 44頁
奈良県公立高(特色)	990円 30頁	990円 38頁	990円 44頁	990円 46頁	990円 46頁	990円 44頁	990円 40頁	990円 40頁	990円 32頁	990円 32頁	990円 32頁	990円 32頁	990円 28頁	990円 28頁			
和歌山県公立高	990円 76頁	990円 70頁	990円 68頁	990円 64頁	990円 66頁	990円 64頁	990円 64頁	990円 62頁	990円 66頁	990円 62頁	990円 60頁	990円 60頁	990円 58頁	990円 56頁	990円 56頁	990円 56頁	990円 52頁
岡山県公立高(一般)	990円 66頁	990円 60頁	990円 58頁	990円 56頁	990円 58頁	990円 56頁	990円 58頁	990円 60頁	990円 56頁	990円 56頁	990円 52頁	990円 52頁	990円 50頁				
岡山県公立高(特別)	990円 38頁	990円 36頁	990円 34頁	990円 34頁	990円 34頁	990円 32頁											
広島県公立高	990円 68頁	990円 70頁	990円 74頁	990円 68頁	990円 60頁	990円 58頁	990円 54頁	990円 46頁	990円 48頁	990円 46頁	990円 46頁	990円 46頁	990円 44頁	990円 46頁	990円 44頁	990円 44頁	990円 44頁
山口県公立高	990円 86頁	990円 80頁	990円 82頁	990円 84頁	990円 76頁	990円 78頁	990円 76頁	990円 64頁	990円 62頁	990円 58頁	990円 58頁	990円 60頁	990円 56頁				
徳島県公立高	990円 88頁	990円 78頁	990円 86頁	990円 74頁	990円 76頁	990円 80頁	990円 64頁	990円 62頁	990円 60頁	990円 58頁	990円 60頁	990円 54頁	990円 52頁				
香川県公立高	990円 76頁	990円 74頁	990円 72頁	990円 74頁	990円 72頁	990円 68頁	990円 68頁	990円 66頁	990円 66頁	990円 62頁	990円 62頁	990円 60頁	990円 62頁				
愛媛県公立高	990円 72頁	990円 68頁	990円 66頁	990円 64頁	990円 68頁	990円 64頁	990円 62頁	990円 60頁	990円 62頁	990円 56頁	990円 58頁	990円 56頁	990円 54頁				
福岡県公立高	990円 66頁	990円 68頁	990円 68頁	990円 66頁	990円 60頁	990円 56頁	990円 56頁	990円 54頁	990円 56頁	990円 58頁	990円 52頁	990円 54頁	990円 52頁	990円 48頁			
長崎県公立高	990円 90頁	990円 86頁	990円 84頁	990円 84頁	990円 82頁	990円 80頁	990円 80頁	990円 82頁	990円 80頁	990円 80頁	990円 80頁	990円 78頁	990円 76頁				
熊本県公立高	990円 98頁	990円 92頁	990円 92頁	990円 92頁	990円 94頁	990円 74頁	990円 72頁	990円 70頁	990円 70頁	990円 68頁	990円 68頁	990円 64頁	990円 68頁				
大分県公立高	990円 84頁	990円 78頁	990円 80頁	990円 76頁	990円 80頁	990円 66頁	990円 62頁	990円 62頁	990円 62頁	990円 58頁	990円 58頁	990円 56頁	990円 58頁				
鹿児島県公立高	990円 66頁	990円 62頁	990円 60頁	990円 60頁	990円 60頁	990円 60頁	990円 60頁	990円 60頁	990円 60頁	990円 58頁	990円 58頁	990円 54頁	990円 58頁				

英語リスニング音声データのご案内

英語リスニング問題の音声データについて

赤本収録年度の音声データ　弊社発行の**「高校別入試対策シリーズ（赤本）」に収録している年度**の音声データは,以下の一覧の学校分を提供しています。希望の音声データをダウンロードし，赤本に掲載されている問題に取り組んでください。

赤本収録年度より古い年度の音声データ　**「高校別入試対策シリーズ（赤本）」に収録している年度よりも古い年度**の音声データは,6ページの国私立高と公立高を提供しています。赤本バックナンバー（1～3ページに掲載）と音声データの両方をご購入いただき，問題に取り組んでください。

ご購入の流れ

① 英俊社のウェブサイト https://book.eisyun.jp/ にアクセス
② トップページの「高校受験」 リスニング音声データ をクリック
③ ご希望の学校・年度をクリックすると，オーディオブック（audiobook.jp）のウェブサイトの該当ページにジャンプ
④ オーディオブック（audiobook.jp）のウェブサイトでご購入。※初回のみ会員登録（無料）が必要です。

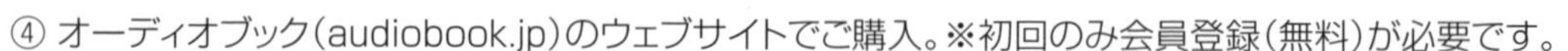

⚠ ダウンロード方法やお支払い等,購入に関するお問い合わせは,オーディオブック（audiobook.jp）のウェブサイトにてご確認ください。

音声データを入手できる学校と年度

赤本収録年度の音声データ

ご希望の年度を1年分ずつ,もしくは赤本に収録している年度をすべてまとめてセットでご購入いただくことができます。セットでご購入いただくと,1年分の単価がお得になります。

⚠ ×印の年度は音声データをご提供しておりません。あしからずご了承ください。

国私立高（アイウエオ順）

※価格は税込表示

学校名	税込価格				
	2020年	2021年	2022年	2023年	2024年
アサンプション国際高	¥550	¥550	¥550	¥550	¥550
5か年セット	¥2,200				
育英西高	¥550	¥550	¥550	¥550	¥550
5か年セット	¥2,200				
大阪教育大附高池田校	¥550	¥550	¥550	¥550	¥550
5か年セット	¥2,200				
大阪薫英女学院高	¥550	¥550	¥550	¥550	×
4か年セット	¥1,760				
大阪国際高	¥550	¥550	¥550	¥550	¥550
5か年セット	¥2,200				
大阪信愛学院高	¥550	¥550	¥550	¥550	¥550
5か年セット	¥2,200				
大阪星光学院高	¥550	¥550	¥550	¥550	¥550
5か年セット	¥2,200				
大阪桐蔭高	¥550	¥550	¥550	¥550	¥550
5か年セット	¥2,200				
大谷高	×	×	×	¥550	¥550
2か年セット	¥880				
関西創価高	¥550	¥550	¥550	¥550	¥550
5か年セット	¥2,200				
京都先端科学大附高(特進・進学)	¥550	¥550	¥550	¥550	¥550
5か年セット	¥2,200				

※価格は税込表示

学校名	税込価格				
	2020年	2021年	2022年	2023年	2024年
京都先端科学大附高(国際)	¥550	¥550	¥550	¥550	¥550
5か年セット	¥2,200				
京都橘高	¥550	×	¥550	¥550	¥550
4か年セット	¥1,760				
京都両洋高	¥550	¥550	¥550	¥550	¥550
5か年セット	¥2,200				
久留米大附設高	×	¥550	¥550	¥550	¥550
4か年セット	¥1,760				
神戸星城高	¥550	¥550	¥550	¥550	¥550
5か年セット	¥2,200				
神戸山手グローバル高	×	×	×	¥550	¥550
2か年セット	¥880				
神戸龍谷高	¥550	¥550	¥550	¥550	¥550
5か年セット	¥2,200				
香里ヌヴェール学院高	¥550	¥550	¥550	¥550	¥550
5か年セット	¥2,200				
三田学園高	¥550	¥550	¥550	¥550	¥550
5か年セット	¥2,200				
滋賀学園高	¥550	¥550	¥550	¥550	¥550
5か年セット	¥2,200				
滋賀短期大学附高	¥550	¥550	¥550	¥550	¥550
5か年セット	¥2,200				

国私立高（アイウエオ順）

※価格は税込表示

学校名	税込価格				
	2020年	2021年	2022年	2023年	2024年
樟蔭高	¥550	¥550	¥550	¥550	¥550
5か年セット	¥2,200				
常翔学園高	¥550	¥550	¥550	¥550	¥550
5か年セット	¥2,200				
清教学園高	¥550	¥550	¥550	¥550	¥550
5か年セット	¥2,200				
西南学院高（専願）	¥550	¥550	¥550	¥550	¥550
5か年セット	¥2,200				
西南学院高（前期）	¥550	¥550	¥550	¥550	¥550
5か年セット	¥2,200				
園田学園高	¥550	¥550	¥550	¥550	¥550
5か年セット	¥2,200				
筑陽学園高（専願）	¥550	¥550	¥550	¥550	¥550
5か年セット	¥2,200				
筑陽学園高（前期）	¥550	¥550	¥550	¥550	¥550
5か年セット	¥2,200				
智辯学園高	¥550	¥550	¥550	¥550	¥550
5か年セット	¥2,200				
帝塚山高	¥550	¥550	¥550	¥550	¥550
5か年セット	¥2,200				
東海大付大阪仰星高	¥550	¥550	¥550	¥550	¥550
5か年セット	¥2,200				
同志社高	¥550	¥550	¥550	¥550	¥550
5か年セット	¥2,200				
中村学園女子高（前期）	×	¥550	¥550	¥550	¥550
4か年セット	¥1,760				
灘高	¥550	¥550	¥550	¥550	¥550
5か年セット	¥2,200				
奈良育英高	¥550	¥550	¥550	¥550	¥550
5か年セット	¥2,200				
奈良学園高	¥550	¥550	¥550	¥550	¥550
5か年セット	¥2,200				
奈良大附高	¥550	¥550	¥550	¥550	¥550
5か年セット	¥2,200				

※価格は税込表示

学校名	税込価格				
	2020年	2021年	2022年	2023年	2024年
西大和学園高	¥550	¥550	¥550	¥550	¥550
5か年セット	¥2,200				
梅花高	¥550	¥550	¥550	¥550	¥550
5か年セット	¥2,200				
白陵高	¥550	¥550	¥550	¥550	¥550
5か年セット	¥2,200				
初芝立命館高	×	×	×	×	¥550
東大谷高	×	×	¥550	¥550	¥550
3か年セット	¥1,320				
東山高	×	×	×	×	¥550
雲雀丘学園高	¥550	¥550	¥550	¥550	¥550
5か年セット	¥2,200				
福岡大附大濠高（専願）	¥550	¥550	¥550	¥550	¥550
5か年セット	¥2,200				
福岡大附大濠高（前期）	¥550	¥550	¥550	¥550	¥550
5か年セット	¥2,200				
福岡大附大濠高（後期）	¥550	¥550	¥550	¥550	¥550
5か年セット	¥2,200				
武庫川女子大附高	×	×	¥550	¥550	¥550
3か年セット	¥1,320				
明星高	¥550	¥550	¥550	¥550	¥550
5か年セット	¥2,200				
和歌山信愛高	¥550	¥550	¥550	¥550	¥550
5か年セット	¥2,200				

公立高

※価格は税込表示

学校名	税込価格				
	2020年	2021年	2022年	2023年	2024年
京都市立西京高（エンタープライジング科）	¥550	¥550	¥550	¥550	¥550
5か年セット	¥2,200				
京都市立堀川高（探究学科群）	¥550	¥550	¥550	¥550	¥550
5か年セット	¥2,200				
京都府立嵯峨野高（京都こすもす科）	¥550	¥550	¥550	¥550	¥550
5か年セット	¥2,200				

赤本収録年度より古い年度の音声データ

以下の音声データは,赤本に収録以前の年度ですので,赤本バックナンバー(P.1〜3に掲載)と合わせてご購入ください。
赤本バックナンバーは1年分が1冊の本になっていますので,音声データも1年分ずつの販売となります。

※価格は税込表示

国私立高(アイウエオ順)

学校名	税込価格																
	2003年	2004年	2005年	2006年	2007年	2008年	2009年	2010年	2011年	2012年	2013年	2014年	2015年	2016年	2017年	2018年	2019年
大阪教育大附高池田校		¥550	¥550	¥550	¥550	¥550	¥550	¥550	¥550	¥550	¥550	¥550	¥550	¥550	¥550	¥550	¥550
大阪星光学院高(1次)	¥550	¥550	¥550	¥550	¥550	¥550	¥550	¥550	¥550	¥550	×	¥550	×	¥550	¥550	¥550	¥550
大阪星光学院高(1.5次)			¥550	¥550	¥550	¥550	¥550	¥550	×	×	×	×	×	×	×	×	×
大阪桐蔭高						¥550	¥550	¥550	¥550	¥550	¥550	¥550	¥550	¥550	¥550	¥550	¥550
久留米大附設高				¥550	¥550	×	¥550	¥550	¥550	¥550	¥550	¥550	¥550	¥550	¥550	¥550	¥550
清教学園高														¥550	¥550	¥550	¥550
同志社高						¥550	¥550	¥550	¥550	¥550	¥550	¥550	¥550	¥550	¥550	¥550	¥550
灘高																¥550	¥550
西大和学園高				¥550	¥550	¥550	¥550	¥550	¥550	¥550	¥550	¥550	¥550	¥550	¥550	¥550	¥550
福岡大附大濠高(専願)											¥550	¥550	¥550	¥550	¥550	¥550	¥550
福岡大附大濠高(前期)				¥550	¥550	¥550	¥550	¥550	¥550	¥550	¥550	¥550	¥550	¥550	¥550	¥550	¥550
福岡大附大濠高(後期)				¥550	¥550	¥550	¥550	¥550	¥550	¥550	¥550	¥550	¥550	¥550	¥550	¥550	¥550
明星高															¥550	¥550	¥550
立命館高(前期)						¥550	¥550	¥550	¥550	¥550	¥550	¥550	¥550	×	×	×	×
立命館高(後期)						¥550	¥550	¥550	¥550	¥550	¥550	¥550	¥550	×	×	×	×
立命館宇治高										¥550	¥550	¥550	¥550	¥550	¥550	¥550	×

※価格は税込表示

公立高(府県順)

府県名・学校名	税込価格																
	2003年	2004年	2005年	2006年	2007年	2008年	2009年	2010年	2011年	2012年	2013年	2014年	2015年	2016年	2017年	2018年	2019年
岐阜県公立高				¥550	¥550	¥550	¥550	¥550	¥550	¥550	¥550	¥550	¥550	¥550	¥550	¥550	¥550
静岡県公立高				¥550	¥550	¥550	¥550	¥550	¥550	¥550	¥550	¥550	¥550	¥550	¥550	¥550	¥550
愛知県公立高(Aグループ)	¥550	¥550	¥550	¥550	¥550	¥550	¥550	¥550	¥550	¥550	¥550	¥550	¥550	¥550	¥550	¥550	¥550
愛知県公立高(Bグループ)	¥550	¥550	¥550	¥550	¥550	¥550	¥550	¥550	¥550	¥550	¥550	¥550	¥550	¥550	¥550	¥550	¥550
三重県公立高				¥550	¥550	¥550	¥550	¥550	¥550	¥550	¥550	¥550	¥550	¥550	¥550	¥550	¥550
滋賀県公立高	¥550	¥550	¥550	¥550	¥550	¥550	¥550	¥550	¥550	¥550	¥550	¥550	¥550	¥550	¥550	¥550	¥550
京都府公立高(中期選抜)	¥550	¥550	¥550	¥550	¥550	¥550	¥550	¥550	¥550	¥550	¥550	¥550	¥550	¥550	¥550	¥550	¥550
京都府公立高(前期選抜 共通学力検査)												¥550	¥550	¥550	¥550	¥550	¥550
京都市立西京高(エンタープライジング科)		¥550	¥550	¥550	¥550	¥550	¥550	¥550	¥550	¥550	¥550	¥550	¥550	¥550	¥550	¥550	¥550
京都市立堀川高(探究学科群)												¥550	¥550	¥550	¥550	¥550	¥550
京都府立嵯峨野高(京都こすもす科)		¥550	¥550	¥550	¥550	¥550	¥550	¥550	¥550	¥550	¥550	¥550	¥550	¥550	¥550	¥550	¥550
大阪府公立高(一般選抜)														¥550	¥550	¥550	¥550
大阪府公立高(特別選抜)														¥550	¥550	¥550	¥550
大阪府公立高(後期選抜)	¥550	¥550	¥550	¥550	¥550	¥550	¥550	¥550	¥550	¥550	¥550	¥550	¥550	×	×	×	×
大阪府公立高(前期選抜)	¥550	¥550	¥550	¥550	¥550	¥550	¥550	¥550	¥550	¥550	¥550	¥550	¥550	×	×	×	×
兵庫県公立高	¥550	¥550	¥550	¥550	¥550	¥550	¥550	¥550	¥550	¥550	¥550	¥550	¥550	¥550	¥550	¥550	¥550
奈良県公立高(一般選抜)	¥550	¥550	¥550	¥550	×	¥550	¥550	¥550	¥550	¥550	¥550	¥550	¥550	¥550	¥550	¥550	¥550
奈良県公立高(特色選抜)				¥550	¥550	¥550	¥550	¥550	¥550	¥550	¥550	¥550	¥550	¥550	¥550	¥550	¥550
和歌山県公立高	¥550	¥550	¥550	¥550	¥550	¥550	¥550	¥550	¥550	¥550	¥550	¥550	¥550	¥550	¥550	¥550	¥550
岡山県公立高(一般選抜)					¥550	¥550	¥550	¥550	¥550	¥550	¥550	¥550	¥550	¥550	¥550	¥550	¥550
岡山県公立高(特別選抜)												¥550	¥550	¥550	¥550	¥550	¥550
広島県公立高	¥550	¥550	¥550	¥550	¥550	¥550	¥550	¥550	¥550	¥550	¥550	¥550	¥550	¥550	¥550	¥550	¥550
山口県公立高					¥550	¥550	¥550	¥550	¥550	¥550	¥550	¥550	¥550	¥550	¥550	¥550	¥550
香川県公立高					¥550	¥550	¥550	¥550	¥550	¥550	¥550	¥550	¥550	¥550	¥550	¥550	¥550
愛媛県公立高					¥550	¥550	¥550	¥550	¥550	¥550	¥550	¥550	¥550	¥550	¥550	¥550	¥550
福岡県公立高				¥550	¥550	¥550	¥550	¥550	¥550	¥550	¥550	¥550	¥550	¥550	¥550	¥550	¥550
長崎県公立高					¥550	¥550	¥550	¥550	¥550	¥550	¥550	¥550	¥550	¥550	¥550	¥550	¥550
熊本県公立高(選択問題A)													¥550	¥550	¥550	¥550	¥550
熊本県公立高(選択問題B)													¥550	¥550	¥550	¥550	¥550
熊本県公立高(共通)					¥550	¥550	¥550	¥550	¥550	¥550	¥550	¥550	×	×	×	×	×
大分県公立高					¥550	¥550	¥550	¥550	¥550	¥550	¥550	¥550	¥550	¥550	¥550	¥550	¥550
鹿児島県公立高					¥550	¥550	¥550	¥550	¥550	¥550	¥550	¥550	¥550	¥550	¥550	¥550	¥550

受験生のみなさんへ

英俊社の高校入試対策問題集

各書籍のくわしい内容はこちら→

近畿の高校入試シリーズ

最新の近畿の入試問題から良問を精選。
私立・公立どちらにも対応できる定評ある問題集です。

近畿の高校入試シリーズ

中1･2の復習

近畿の入試問題から1・2年生までの範囲で解ける良問を精選。
高校入試の基礎固めに最適な問題集です。

最難関高校シリーズ

最難関高校を志望する受験生諸君におすすめのハイレベル問題集。
灘、洛南、西大和学園、久留米大学附設、ラ・サールの最新7か年入試問題を単元別に分類して収録しています。

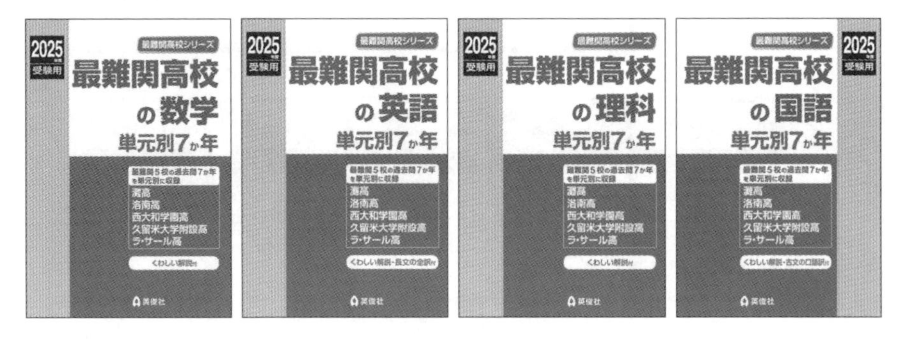

ニューウイングシリーズ　出題率

入試での出題率を徹底分析。出題率の高い単元、問題に集中して効率よく学習できます。

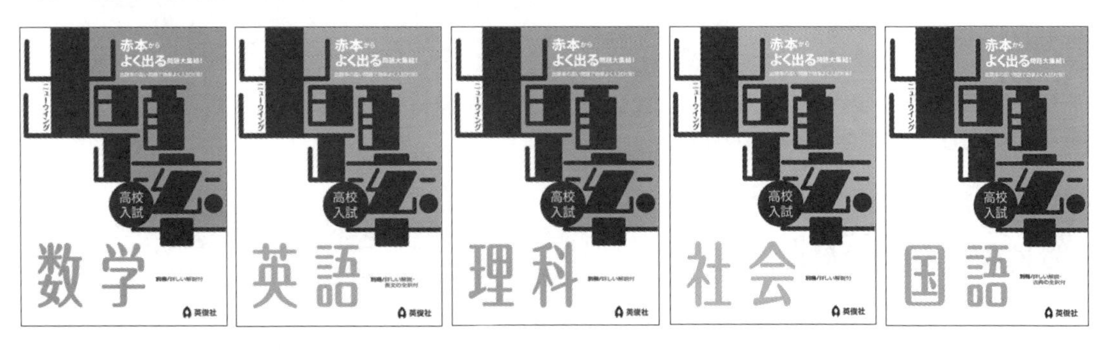

近道問題シリーズ

重要ポイントに絞ったコンパクトな問題集。苦手分野の集中トレーニングに最適です!

数学5分冊

01 式と計算
02 方程式・確率・資料の活用
03 関数とグラフ
04 図形〈1・2年分野〉
05 図形〈3年分野〉

英語6分冊

06 単語・連語・会話表現
07 英文法
08 文の書きかえ・英作文
09 長文基礎
10 長文実践
11 リスニング

理科6分冊

12 物理
13 化学
14 生物・地学
15 理科計算
16 理科記述
17 理科知識

社会4分冊

18 地理
19 歴史
20 公民
21 社会の応用問題 ー資料読解・記述ー

国語5分冊

22 漢字・ことばの知識
23 文法
24 長文読解 ー攻略法の基本ー
25 長文読解 ー攻略法の実践ー
26 古典

学校・塾の指導者の先生方へ

赤本収録の**入試問題データベース**を利用して、**オリジナルプリント教材**を作成していただけるサービスが登場!! 生徒**ひとりひとりに合わせた**教材作りが可能です。

くわしくは KAWASEMI Lite 検索 で検索!
まずは**無料体験版**をぜひお試しください。

※指導者の先生方向けの専用サービスです。受験生など個人の方はご利用いただけませんので、ご注意ください。

公立高校入試対策シリーズ 3027-2

もくじ

（注） 著作権の都合により，実際に使用された写真と異なる場合があります。　（編集部）

2020～2024年度のリスニング音声（書籍収録分すべて）は
英俊社ウェブサイト「**リスもん**」から再生できます。
https://book.eisyun.jp/products/listening/index/

再生の際に必要な入力コード→ **97625348**
（コードの使用期限：2025年7月末日）

スマホはこちら ——→

※音声は英俊社で作成したものです。

❖全日制公立高校の特別入学者選抜概要（前年度参考）

特別入学者選抜（実技検査を実施）

1　実施学科等　専門学科（工業に関する学科〈建築デザイン科，インテリアデザイン科，デザインシステム科，ビジュアルデザイン科，映像デザイン科及びプロダクトデザイン科〉，総合造形科，美術科，音楽科，体育に関する学科，グローバル探究科，演劇科及び芸能文化科）

※前年度の特別入学者選抜実施校は，6ページに掲載。

2　出　願　　出願は1校1学科に限る。ただし，募集人員を複数の学科ごとに設定している学校においては，他の1学科を第2志望とすることができる。

3　学力検査　　国語，社会，数学，理科，英語（リスニングテストを含む）の5教科。

国語，数学，英語の学力検査については，A（基礎的問題），B（標準的問題）の2種類の問題が作成され，各高校が使用する問題を選択する。ただし，リスニングテストは同一問題とする。

A（基礎的問題），B（標準的問題）の特徴や検査時間・配点については7・8ページ，各高校が選択した学力検査問題の種類，学力検査の成績及び調査書の評定にかける倍率のタイプは9ページにそれぞれ前年度の参考情報を掲載している。

4　実技検査　　実技検査の検査内容，検査種目，配点については8ページを参照。

5　合格者の決定方法

〈Step 1〉

学力検査：国語，社会，数学，理科，英語　各45点　合計225点…①

調 査 書：9教科の評定 各25点（3学年の評定×3倍＋2学年の評定×1倍＋1学年の評定×1倍）　合計225点…②

（9教科：国語，社会，数学，理科，音楽，美術，保健体育，技術・家庭，英語）

総 合 点：各高校が選択したタイプにより，「学力検査の成績（①）」と「調査書の評定（②）」にそれぞれの倍率をかけて合計し，実技検査の成績を加えて総合点を算出。

タイプ	学力検査の成績（①）にかける倍率（点数）	調査書の評定（②）にかける倍率（点数）	総合点	【参考】学力検査：調査書
Ⅰ	1.4倍（315点）	0.6倍（135点）	450点	7：3
Ⅱ	1.2倍（270点）	0.8倍（180点）		6：4
Ⅲ	1.0倍（225点）	1.0倍（225点）		5：5
Ⅳ	0.8倍（180点）	1.2倍（270点）		4：6
Ⅴ	0.6倍（135点）	1.4倍（315点）		3：7

【実技検査】

学　　科	配　点
工業に関する学科（建築デザイン科，インテリアデザイン科，デザインシステム科，ビジュアルデザイン科，映像デザイン科，プロダクトデザイン科），総合造形科，美術科，音楽科，演劇科	150 点
体育に関する学科	225 点
グローバル探究科，芸能文化科	100 点

〈Step 2〉

総合点の高い者の順に募集人員の110％に相当する者を(Ⅰ)群とする。

〈Step 3〉

(Ⅰ)群の中で総合点の高い者から募集人員の90％に相当する者を合格とする。

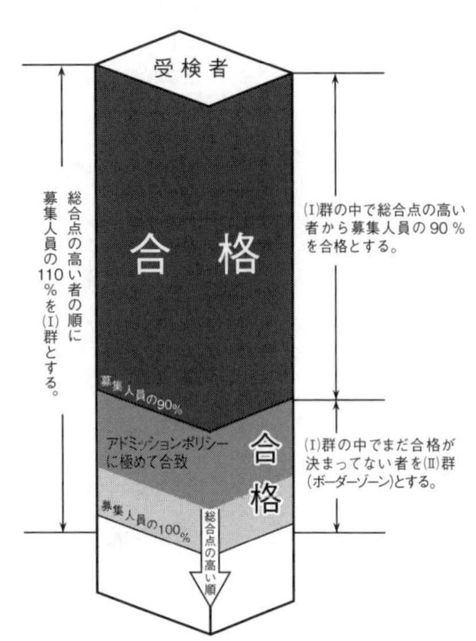

〈Step 4〉

(Ⅰ)群の中で合格が決まっていない者を(Ⅱ)群（ボーダーゾーン）と呼ぶ。ボーダーゾーンの中からは，自己申告書，調査書の「活動／行動の記録」の記載内容がその高校のアドミッションポリシーに極めて合致する者を優先的に合格とする。

〈Step 5〉

〈Step 4〉による合格者を除き，改めて総合点の高い者から順に募集人員を満たすまで合格者を決定する。

特別入学者選抜（面接を実施）　多様な教育実践校を除く

1　実施学科等　●総合学科（エンパワメントスクール）

●多部制単位制Ⅰ部及びⅡ部（クリエイティブスクール）・昼夜間単位制

※前年度の特別入学者選抜実施校は，6ページに掲載。

2　出　願　　出願は1校1学科等に限る。ただし，多部制単位制Ⅰ部及びⅡ部（クリエイティブスクール）は他の1部を，昼夜間単位制については他の1学科を第2志望とすることができる。

3　学力検査　　国語，社会，数学，理科，英語（リスニングテストを含む）の5教科。

国語，数学，英語の学力検査については，A（基礎的問題），B（標準的問題）の2種類の問題が作成され，各高校が使用する問題を選択する。ただし，リスニングテストは同一問題とする。

A(基礎的問題), B(標準的問題) の特徴や検査時間・配点については7・8ページ, **各高校が選択した学力検査問題の種類, 学力検査の成績及び調査書の評定にかける倍率のタイプ**は9ページにそれぞれ前年度の参考情報を掲載している。

4　面　接　　面接は, 自己申告書及び調査書中の活動／行動の記録に基づいて, 集団面接で行う。

5　合格者の決定方法

〈Step 1〉

学力検査の成績が, 府教育委員会が定める基準に達した者の中から, A＝面接, B＝自己申告書, C＝調査書の「活動／行動の記録」を資料として,「学校のアドミッションポリシー(求める生徒像)」に最も適合する者から順に, ＊募集人員の50％を上限として合格者を決定する。その際の評価の比率は, A：B：C＝2：1：1とする。

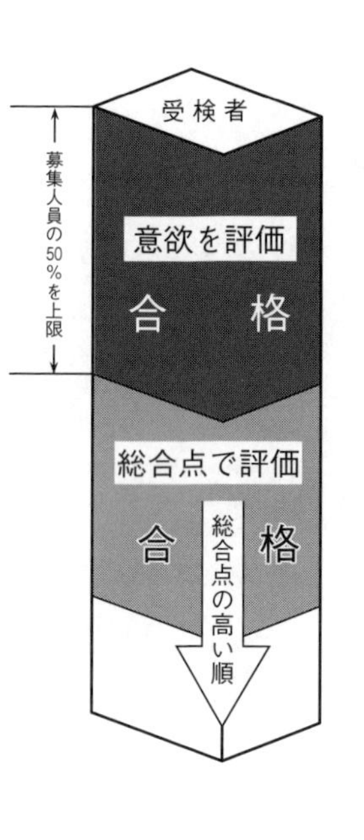

〈Step 2〉

学力検査：国語, 社会, 数学, 理科, 英語 各45点
合計225点…①

調 査 書：9教科の評定 各25点(3学年の評定×3倍＋2学年の評定×1倍＋1学年の評定×1倍)
合計225点…②

(9教科：国語, 社会, 数学, 理科, 音楽, 美術, 保健体育, 技術・家庭, 英語)

総 合 点：各高校が選択したタイプにより,「学力検査の成績(①)」と「調査書の評定(②)」にそれぞれの倍率をかけて合計し, 総合点を算出。

タイプ	学力検査の成績(①)にかける倍率(点数)	調査書の評定(②)にかける倍率(点数)	総合点	【参考】学力検査：調査書
Ⅰ	1.4倍(315点)	0.6倍(135点)	450点	7：3
Ⅱ	1.2倍(270点)	0.8倍(180点)		6：4
Ⅲ	1.0倍(225点)	1.0倍(225点)		5：5
Ⅳ	0.8倍(180点)	1.2倍(270点)		4：6
Ⅴ	0.6倍(135点)	1.4倍(315点)		3：7

〈Step 3〉

〈Step 1〉による合格者を除き, 総合点の高い者から順に, ＊募集人員を満たすまで合格とする。

(＊) 多部制単位制Ⅰ部及びⅡ部(クリエイティブスクール)・昼夜間単位制の場合は, 募集人員から「学力検査と面接による選抜」(過年度卒業者のみ)の合格者を除いた人数を「学力検査・面接と調査書による選抜」の合格予定者数とし, 募集人員に相当するものとみなす。

入学者選抜における英語資格（外部検定）の活用について

学力検査「英語」において，外部機関が認証した英語力判定テスト（TOEFL iBT，IELTS 及び実用英語技能検定（英検）を対象とする。）のスコア等（以下「スコア等」という。）を活用する。スコア等に対応する英語の学力検査の読み替え率は下表のとおりとし，この読み替え率により換算した点数と当日受験した英語の学力検査の点数を比較し，高い方の点数を当該受験生の英語の学力検査の成績とする。

英語資格（外部検定）を活用する志願者は，出願時にスコア等を証明する証明書の写しを提出することが必要となる。

特別入学者選抜における英語の学力検査問題は，「基礎的問題」「標準的問題」から高等学校長が使用する問題を選択するが，この英語資格の活用については，すべての種類の検査問題を対象とする。

〈読み替え率〉

TOEFL iBT	IELTS	英検	読み替え率
60点～120点	6.0～9.0	準1級・1級	100%
50点～ 59点	5.5	（対応無し）	90%
40点～ 49点	5.0	2級	80%

2025年度特別入学者選抜の主な日程

- **出願期間**：2月14日（金）～2月17日（月）
  音楽科…2月4日（火）～2月5日（水）
- **学力検査**：2月20日（木）
- **実技検査・面接**：2月21日（金）
  音楽科…視唱，専攻実技 2月15日（土）
  学力検査，聴音 2月20日（木）
- **合格発表**：3月3日（月）

特別入学者選抜実施校（前年度参考）

（1）全日制の課程専門学科

<table>
<tr><th colspan="2" rowspan="2">学科名等</th><th colspan="2">高　等　学　校　名</th></tr>
<tr><th>府　　立</th><th>市　　立</th></tr>
<tr><td rowspan="2">工業に関する学科</td><td>建築デザイン科
インテリアデザイン科
ビジュアルデザイン科
映像デザイン科
プロダクトデザイン科</td><td>工芸</td><td>――</td></tr>
<tr><td>デザインシステム科</td><td>――</td><td>岸和田市立産業</td></tr>
<tr><td colspan="2">総合造形科</td><td>港南造形</td><td>――</td></tr>
<tr><td colspan="2">美　術　科</td><td>工芸</td><td>――</td></tr>
<tr><td colspan="2">音　楽　科</td><td>夕陽丘</td><td>――</td></tr>
<tr><td colspan="2">体育に関する学科</td><td>桜宮，汎愛，摂津，大塚</td><td>――</td></tr>
<tr><td colspan="2">グローバル探究科</td><td>水都国際</td><td>――</td></tr>
<tr><td colspan="2">演　劇　科</td><td>咲くやこの花</td><td>――</td></tr>
<tr><td colspan="2">芸能文化科</td><td>東住吉</td><td>――</td></tr>
</table>

（2）全日制の課程総合学科（エンパワメントスクール）

学科名	高　等　学　校　名 府　　立
総合学科	淀川清流，成城，長吉，箕面東，布施北，和泉総合

（3）全日制の課程総合学科（多様な教育実践校）

学科名	高　等　学　校　名 府　　立
総合学科	西成，岬

（4）多部制単位制Ⅰ部・Ⅱ部（クリエイティブスクール）及び昼夜間単位制

課程等・学科名	高　等　学　校　名 府　　立
多部制単位制Ⅰ部・Ⅱ部 普　通　科	大阪わかば
昼夜間単位制 普　通　科 ビジネス科	中央

特別入学者選抜の学力検査問題等について（前年度参考）

1　国語，数学，英語の学力検査問題について，特別入学者選抜においては２種類を作成する。各高校は，使用する問題を課程別に選択して高等学校を設置する教育委員会に申請し，同教育委員会はこの申請を踏まえて決定し，事前に公表する。問題の種類，特徴，検査時間及び配点については，次のとおりとする。

【国　語】

種類	特　　徴	特別選抜	
		検査時間	配　点
A （基礎的問題）	基礎的な内容の文章を正確に理解する力を問う問題や，国語に関する基礎的な知識を問う問題を中心に出題する。	40分	45点
B （標準的問題）	基礎的・標準的な内容の文章を正確に理解する力を問う問題を中心に，問われたことがらについて適切に表現する力を問う問題をあわせて出題する。	40分	45点

【数　学】

種類	特　　徴	特別選抜	
		検査時間	配　点
A （基礎的問題）	基礎的な計算問題を出題するとともに，「数と式」，「図形」，「関数」，「データの活用」の基礎的な事項についての理解を問う問題を中心に出題する。	40分	45点
B （標準的問題）	「数と式」，「図形」，「関数」，「データの活用」の基礎的・標準的な事項についての理解を問う問題を中心に出題する。	40分	45点

【英　語】

種類	特　　徴	特別選抜	
		検査時間	配　点
A （基礎的問題）	〔筆答〕 基礎的な語彙・文法の理解を問う問題とともに，基礎的な内容の英文を読み取る力を問う問題を中心に出題する。 〔リスニング〕 自然な口調で話された英語からその具体的な内容や必要な情報を聞き取る力を問う問題を中心に出題する。	55分 （筆　　答40分 リスニング15分）	45点
B （標準的問題）	〔筆答〕 基礎的な語彙・文法についての理解を問うたうえで，基礎的・標準的な内容の英文を読み取る力を問う問題を中心に出題する。 〔リスニング〕 自然な口調で話された英語からその具体的な内容や必要な情報を聞き取る力を問う問題を中心に出題する。	55分 （筆　　答40分 リスニング15分）	45点

※英語の学力検査は，「大阪版　中学校で学ぶ英単語集（令和４年６月改訂）」から出題する。
※Ａ，Ｂ問題のリスニングテストについては，同一問題を使用し，配点は約20％とする。

2　社会，理科については，１種類を府教育委員会が作成する。検査時間，配点については次のとおりとする。

教　科	特別選抜	
	検査時間	配　点
社　会	40分	45点
理　科	40分	45点

3　実技検査の検査内容，検査種目，配点については，以下のとおりとする。

学　科	検査内容	検査種目	配　点
工業に関する学科（建築デザイン科，インテリアデザイン科，デザインシステム科，ビジュアルデザイン科，映像デザイン科及びプロダクトデザイン科），総合造形科及び美術科	美術に関する基礎的な描写力及び総合的な表現力	基礎的描写	75点
		総合的表現	75点
グローバル探究科	英語に関する技能のうち，「読む」「聴く」「話す」の総合的な運用能力	英文の音読	20点
		英語による口頭試問	80点
体育に関する学科	運動に関する基礎的な能力及び希望する検査種目における技能	運動能力	45点
		運動技能	180点
芸能文化科	芸能文化に関する基礎的な表現力及び探究力	朗読	50点
		口頭試問	50点
演劇科	演技に関する基礎的な表現力	身体表現	75点
		歌唱表現	75点
音楽科	音楽に関する基礎的な視唱力・聴取力及び希望する専攻実技における表現力	視唱	30点
		専攻実技	100点
		聴音	20点

学力検査問題の種類及び倍率のタイプ選択状況（前年度参考）

前年度（2024 年度）の大阪府公立高等学校特別入学者選抜において，各高等学校が選択した「学力検査問題の種類並びに学力検査の成績及び調査書の評定にかける倍率のタイプ」は以下の表の通り。受検に際しては，必ず 2025 年度の実施要項を確認してください。

特別入学者選抜

(1) 全日制の課程　専門学科

No.	学校名	学科名				学力検査問題の種類			倍率のタイプ
		普通科	専門学科			国語	数学	英語	
1	工芸	—	建築デザイン科 映像デザイン科	インテリアデザイン科 ビジュアルデザイン科	プロダクトデザイン科 美術科	B	B	B	Ⅱ
2	岸和田市立産業	—	デザインシステム科			B	B	B	Ⅲ
3	港南造形	—	総合造形科			B	B	B	Ⅲ
4	夕陽丘	—	音楽科			B	B	B	Ⅱ
5	桜宮	—	人間スポーツ科学科			B	B	B	Ⅱ
6	汎愛	—	体育科			B	B	B	Ⅲ
7	摂津	—	体育科			B	B	B	Ⅲ
8	大塚	—	体育科			B	B	B	Ⅲ
9	水都国際	—	グローバル探究科			B	B	B	Ⅱ
10	咲くやこの花	—	演劇科			B	B	B	Ⅱ
11	東住吉	—	芸能文化科			B	B	B	Ⅰ

(2) 全日制の課程　総合学科（エンパワメントスクール）

No.	学校名	学科名			学力検査問題の種類			倍率のタイプ
		普通科	専門学科等		国語	数学	英語	
12	淀川清流	—	総合学科 (エンパワメントスクール)		A	A	A	Ⅲ
13	成城	—	総合学科 (エンパワメントスクール)		A	A	A	Ⅲ
14	長吉	—	総合学科 (エンパワメントスクール)		A	A	A	Ⅲ
15	箕面東	—	総合学科 (エンパワメントスクール)		A	A	A	Ⅲ
16	布施北	—	総合学科 (エンパワメントスクール)		A	A	A	Ⅲ
17	和泉総合	—	総合学科 (エンパワメントスクール)		A	A	A	Ⅲ

(3) 全日制の課程　総合学科（多様な教育実践校）

No.	学校名	学科名			学力検査問題の種類			倍率のタイプ
		普通科	専門学科		国語	数学	英語	
18	西成	—	総合学科 (多様な教育実践校)		A	A	A	＼
19	岬	—	総合学科 (多様な教育実践校)		A	A	A	＼

(4) 多部制単位制Ⅰ部及びⅡ部並びに昼夜間単位制

No.	学校名	学科名			学力検査問題の種類			倍率のタイプ
		普通科	専門学科		国語	数学	英語	
20	大阪わかば	普通科 (クリエイティブスクール)			A	A	A	Ⅲ
21	中央	普通科	ビジネス科		A	A	A	Ⅱ

❖2024年度特別入学者選抜 募集人員と志願者数

＊同一選抜において複数学科等で選抜を実施する高等学校では，第１志望で不合格となっても，第２志望で合格となる場合があるため，学科ごとではなく学校全体の志願者数，競争率を示す。

(1) 全日制の課程 専門学科

学校名	学科名	募集人員（A）	①第１志望者数	①のうち他の学科を第２志望としている者の数 学科名	志願者数	学校全体の志願者数（B）*	学校全体の競争率（B／A）*
工芸	建築デザイン科	40	41	インテリアデザイン科	24	306	1.28
				ビジュアルデザイン科	1		
				映像デザイン科	0		
				プロダクトデザイン科	3		
				美術科	0		
	インテリアデザイン科	40	39	建築デザイン科	6		
				ビジュアルデザイン科	2		
				映像デザイン科	5		
				プロダクトデザイン科	19		
				美術科	1		
	ビジュアルデザイン科	40	65	建築デザイン科	2		
				インテリアデザイン科	11		
				映像デザイン科	10		
				プロダクトデザイン科	15		
				美術科	14		
	映像デザイン科	40	50	建築デザイン科	4		
				インテリアデザイン科	10		
				ビジュアルデザイン科	3		
				プロダクトデザイン科	15		
				美術科	1		
	プロダクトデザイン科	40	36	建築デザイン科	3		
				インテリアデザイン科	19		
				ビジュアルデザイン科	4		
				映像デザイン科	4		
				美術科	0		
	美術科	40	75	建築デザイン科	5		
				インテリアデザイン科	5		
				ビジュアルデザイン科	35		
				映像デザイン科	4		
				プロダクトデザイン科	14		
岸和田市立産業	デザインシステム科	40	—	—	—	61	1.53
港南造形	総合造形科	200	—	—	—	216	1.08
夕陽丘	音楽科	40	—	—	—	46	1.15
桜宮	人間スポーツ科学科	120	—	—	—	129	1.08
汎愛	体育科	120	—	—	—	125	1.04
摂津	体育科	80	—	—	—	45	0.56
大塚	体育科	80	—	—	—	98	1.23
水都国際	グローバル探究科	82	—	—	—	97	1.18
咲くやこの花	演劇科	40	—	—	—	43	1.08
東住吉	芸能文化科	40	—	—	—	43	1.08

※水都国際の募集人員には，海外から帰国した生徒の入学者選抜の募集人員を含む。

(2) 全日制の課程 総合学科（エンパワメントスクール及びステップスクール）

学校名	学科名	募集人員（A）	① 第1志望者数	①のうち他の学科を第2志望としている者の数		志願者数（B）	競争率（B／A）
				学科名	志願者数		
淀川清流	総合学科（エンパワメントスクール）	210	—	—	—	192	0.91
成城	総合学科（エンパワメントスクール）	210	—	—	—	223	1.06
長吉	総合学科（エンパワメントスクール）	210	—	—	—	200	0.95
箕面東	総合学科（エンパワメントスクール）	210	—	—	—	163	0.78
布施北	総合学科（エンパワメントスクール）	210	—	—	—	184	0.88
和泉総合	総合学科（エンパワメントスクール）	210	—	—	—	206	0.98
西成	総合学科（ステップスクール）	150	—	—	—	179	1.19
岬	総合学科（ステップスクール）	150	—	—	—	128	0.85

※長吉，布施北の募集人員には，日本語指導が必要な帰国生徒・外国人生徒入学者選抜の募集人員を含む。

(3) 多部制単位制Ⅰ部・Ⅱ部（クリエイティブスクール），昼夜間単位制

学校名	学科名等	募集人員（A）	① 第1志望者数	①のうち他の学科を第2志望としている者の数		学校全体の志願者数（B）*	学校全体の競争率（B／A）*
				学科名	志願者数		
大阪わかば	普通科（Ⅰ部）	90	67	普通科（Ⅱ部）	49	96	0.71
	普通科（Ⅱ部）	45	29	普通科（Ⅰ部）	19		
中央	普通科	160	143	ビジネス科	105	164	0.68
	ビジネス科	80	21	普通科	18		

❖傾向と対策〈数学〉

☆ 分析と傾向

●全体的な特徴

大問数は4題，求め方を書かせる問題や記述式の証明問題も出題されている。一部の問題では，共通の題材・設問を用いた問題が出題されている。

●各領域ごとの傾向

(1)**数・式**……正負の数，平方根，文字式の計算問題，文字式や平方根についての選択問題などが出題されている。A 問題では，小学校算数の基礎的な内容も数問含まれる。

(2)**方程式**……計算問題を中心に出題されている。また，大問の一部で文章題として出題されることもある。

(3)**関数**……A・B 問題とも，小問集合において，直線や放物線のグラフについて出題されている。また，いろいろな事象を関数として捉える問題が共通の題材で出題されている。

(4)**図形**……平面図形は，三平方の定理，相似の利用が出題され，B 問題では円の性質を利用する場合もある。A 問題は，小問で図形の性質について問う問題が出題されることが多い。証明問題は，A 問題では穴埋め式，B 問題では記述式。空間図形は，A 問題では基本的な性質や計量問題が出題され，B 問題では，三平方の定理，相似を利用したやや応用的な問題が出題される場合もある。

(5)**確率・資料の活用**……サイコロやカードなどについての確率の問題が出題されている。また，度数分布表やヒストグラムを利用した資料の活用の問題も出題されている。

※ 2021 年度入試は，中学 3 年生で学習する内容のうち，「円周角と中心角」，「三平方の定理」，「資料の活用」が出題範囲から除外されている。

☆ 対　策

基礎～標準的な内容が主なので，それらをいかにミス無く正確に解けるかが重要になってくる。まずは各領域の基本的な解法を徹底的に演習しておこう。苦手単元のある人は，「**数学の近道問題シリーズ**(全 5 冊)」(英俊社）を活用して，弱点を克服してほしい。

また，全学年の学習範囲からまんべんなく出題されており，中学 1，2 年の学習内容のウエイトも大きい。中学 1，2 年の内容に不安がある人は，「**近畿の高校入試 中1・2の復習 数学**」(英俊社）を活用して，しっかりと演習をしておこう。

❖傾向と対策〈英語〉

☆ 分析と傾向

2024 年度特別入学者選抜の内容は以下のとおりであった。

A 問題……文法，英作文，読解，長文総合，リスニング

B 問題……英作文，読解，会話文，長文総合，リスニング

①長文問題……長文総合と会話文が出題されている。内容の読解に関する設問はもちろんであるが，文法の知識を問う設問や作文もあり，様々な内容で構成されている。また，短い英文と日本語が与えられ，その日本語をもとに英文中の空欄に入る語を問う問題も出されている。

②音声問題……リスニング問題が出題されていて，6 つの小問で構成されている。短いものや比較的長めのもの，そして，スピーチ形式のものや会話形式のものなど，いくつかのパターンの英語を聞きとらなければならない。写真やイラストを使った問題もあり，英語をきちんと聞きとる力が必要である。リスニング以外の音声問題は出されていない。

③語い問題……単独問題としては出題されていないが，文法問題の中に語いの知識を問うものも出題されている。

④文法問題……与えられた選択肢から適したものを選び，英文を完成させる単独問題として出題されている。また，英語で文を書くときにも文法の知識は必要である。

⑤作文問題……A 問題ではまとまった語数の英語で書かせる問題は出題されていないが，B 問題では出題されている。いくつかの条件が与えられ，その条件を満たして書くという内容である。A 問題では，与えられた日本語をもとに書いたり，前後のやり取りに合う一文を書いたりする問題が出題されている。また，A と B のどちらの問題でも，長文問題の一部として作文問題が出題されている。

☆ 対　　策

質・量ともに長文問題が中心である。長文の内容については，自然科学や日本の文化などが取り扱われている。日ごろからこの種の長文に慣れておきたい。

リスニング問題は例年出題されている。ネイティブスピーカーの話す英語に慣れておこう。

単語・連語は中学校で習ったものから出題されている。長文問題の一部として文中に入れた形の出題もあり，応用力も必要である。

文で書かせるものは，作文問題として出されることが多い。教科書の基本文の復習を十分行い，身近なできごとを英語で表現する練習や，日本語を英語になおす練習もしておこう。

復習には「**英語の近道問題シリーズ**（全 6 冊）」（英俊社）や，出題率の高い問題を中心に編集した「**ニューウイング 出題率 英語**」（英俊社）をやってみるとよい。英語が苦手だという人は，「**近畿の高校入試 中 1・2 の復習 英語**」（英俊社）を活用して，まずは基礎を固めよう。

❖傾向と対策〈社会〉

☆ 分析と傾向

●分野別の出題量・内容と配点

2020～2024年度の特別入学者選抜における問題数は，大問数は4で一定，小問数は26～28であった。

分野別の配点は，地理・歴史・公民の3分野にわたって大きなかたよりはない。

●出題内容

地理分野は，世界地理が中心だが，関連する日本地理の内容にも注意が必要。地図や統計からさまざまなことを読みとる力が必要。歴史分野は，広い時代にわたっての出題となっている。公民分野は，政治・経済の基本的な出題が中心となっている。

☆ 対　　策

地理・歴史・公民とも基本的な問題が出題されているので，まずは教科書を使って用語や人名などを覚えていこう。ただし，資料やグラフを見ながらその内容を読み取り，わかったことを短文で記述させる問題もあるので，教科書だけではなく，資料集や地図帳にあるグラフ・統計などにも必ず目を通しておこう。

仕上げには「**社会の近道問題シリーズ**（全4冊）」（英俊社）を使ってもらいたい。一問一答形式の問題の他に短文記述問題も多く収録されているので，苦手分野の克服に役立つはずだ。

❖傾向と対策〈理科〉

☆ 分析と傾向

●出題傾向

各大問が，物理・化学・生物・地学分野の総合問題として構成され，各分野の基本事項が問われている。出題形式は，選択式を中心に，記述式，計算問題，短文説明となっている。過去には図示やグラフ作成が出題されたこともある。

●出題内容

物理から，光，音，力，電気，エネルギー。化学から，気体の性質，状態変化，水溶液の性質，化学変化，中和。生物から，光合成と呼吸，動物のつくりと分類，人体，生物のつながり，細胞・生殖・遺伝。地学から，火山・岩石・地層，地震，天気の変化，天体について出題された。

☆ 対　　策

各分野からバランスよく基本的な内容が出題されているので，まずは教科書に載っている語句や化学式をしっかりと覚えておこう。ただし，単なる暗記では，計算問題に対応できないことがある。普段から原理や公式を理解するよう努め，苦手分野をなくしておこう。

苦手分野の克服には「**理科の近道問題シリーズ**（全6冊）」（英俊社）を活用してほしい。各分野の重要事項がコンパクトにまとまっているので，効率よく苦手分野を克服できるはずだ。

❖傾向と対策〈国語〉

☆ 分析と傾向

●全体的な特徴

難易度で，A 問題と B 問題に分かれている。どちらも大問数は 4 題で，論理的文章，文学的文章，古文，漢字の読み書き・国語の知識問題などから成っている。

●出題内容

(1)**長文読解**　主に論説文が 2 題ずつ出題され，適語挿入，内容把握など基本的な問題が中心となっている。記述式で答える問題は，A 問題では 10 字～30 字程度，B 問題では 30～60 字程度で出題されている。

(2)**古文**　A 問題，B 問題共に，同じ素材文が出題されている。2020 年は「大和俗訓」，2021 年は「立春噺大集」，2022 年は「耳嚢」，2023 年は「醒睡笑」，2024 年は「俊頼髄脳」であった。現代かなづかい，内容把握が中心となっている。

(3)**漢字**　書きとりの問題は 4 題で，特に楷書で大きくていねいに書くことが求められている。読みがなは 4～6 題出されている。

☆ 対　　策

基本的な読解力を養いつつ，選択問題や，本文の内容をまとめた文に適語挿入するかたちの設問など，よく出題される形式に慣れておこう。漢字や文法，古文の知識については，これまでに学んだことをもう一度整理しておくとよい。

長文読解や古文に対する入試対策としては，過去の入試問題の出題率を分析して編集した「**ニューウイング 出題率 国語**」(英俊社) を必ずやっておくこと。また，漢字や長文読解，文法，古文などの中で特に苦手分野がある場合は，「**国語の近道問題シリーズ** (全 5 冊)」(英俊社) で集中的にトレーニングすることをおすすめする。国語が特に不得意な人は，あせらずじっくり基礎固めをするのも有効な対策だ。筆者の主張や要点をつかむ力を養えるように，「**近畿の高校入試 中 1・2 の復習 国語**」(英俊社) から取り組んでみよう。

【写真協力】 As6022014・Wadogin・via Wikimedia・CC BY ／ As6673・Eirakutsuho-gin・via Wikimedia・CC BY-SA ／ As6673・Keicho-koban・via Wikimedia・CC BY-SA ／ いらすとや ／ ピクスタ株式会社 ／ 株式会社フォトライブラリー ／ 毎日新聞社

大阪府公立高等学校
（特別入学者選抜）
（能勢分校選抜）（帰国生選抜）
（日本語指導が必要な生徒選抜）

2024年度
入学試験問題

※能勢分校選抜の検査教科は，数学Ｂ問題・英語Ｂ問題・社会・理科・国語Ｂ問題。帰国生選抜の検査教科は，数学Ｂ問題・英語Ｂ問題および面接。日本語指導が必要な生徒選抜の検査教科は，数学Ｂ問題・英語Ｂ問題および作文（国語Ｂ問題の末尾に掲載しています）。

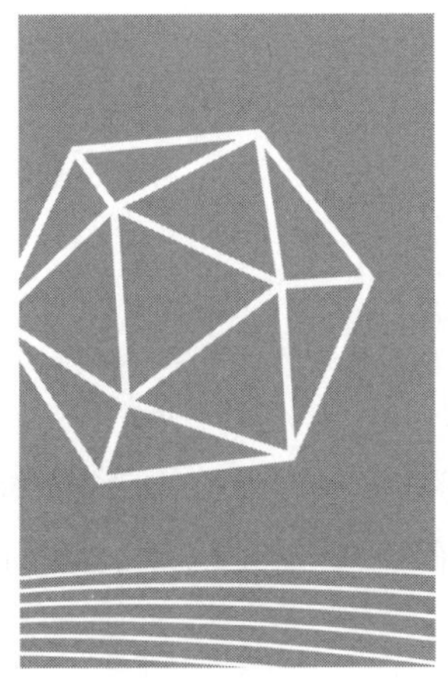
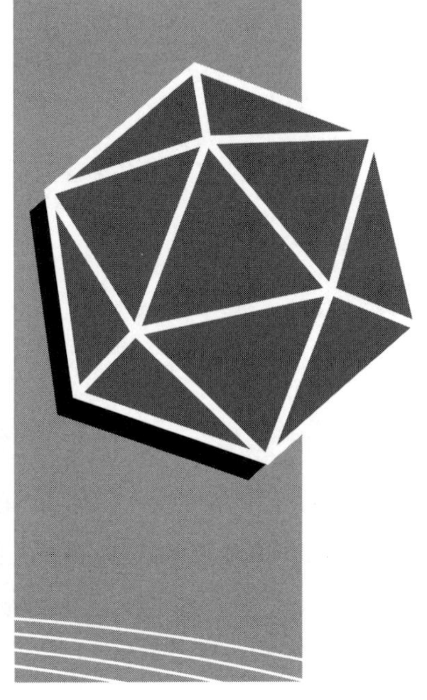

数学A 問題

時間　40分　　　満点　45点

（注）答えが根号を含む数になる場合は，根号の中をできるだけ小さい自然数にしなさい。

1　次の計算をしなさい。

(1)　$7 \times (4 - 2)$　(　　　)

(2)　$3.3 + 1.8$　(　　　)

(3)　$6^2 \div 9$　(　　　)

(4)　$5(x - 1) + x - 6$　(　　　)

(5)　$3x \times (-8x)$　(　　　)

(6)　$7\sqrt{5} - 5\sqrt{5}$　(　　　)

2　次の問いに答えなさい。

(1)　1475 の十の位を四捨五入して得られる値を求めなさい。(　　　)

(2)　次のア～エの比のうち，2：3 と等しいものはどれですか。一つ選び，記号を○で囲みなさい。

(　ア　イ　ウ　エ　)

ア　3：2　　イ　4：9　　ウ　12：13　　エ　16：24

(3)　次のア～エの式のうち，「長さ 100cm のひもから，長さ a cm のひもを 4 本切り取ったときの残りのひもの長さ（cm）」を正しく表しているものはどれですか。一つ選び，記号を○で囲みなさい。(　ア　イ　ウ　エ　)

ア　$4a$　　イ　$100 + 4a$　　ウ　$100 - 4a$　　エ　$4(100 - a)$

(4)　右の表は，ある中学校の生徒 40 人の通学時間を度数分布表にまとめたものである。表中の［　　］に入れるのに適している数を書きなさい。(　　　)

通学時間(分)	度数(人)	累積度数(人)
以上　未満		
0 ～ 5	2	2
5 ～ 10	7	9
10 ～ 15	13	22
15 ～ 20	9	［　　］
20 ～ 25	6	37
25 ～ 30	3	40
合計	40	――

(5)　一次方程式 $2x + 15 = -x + 6$ を解きなさい。(　　　)

(6)　二次方程式 $x^2 - 7x + 10 = 0$ を解きなさい。(　　　)

(7)　赤玉 1 個と青玉 2 個と白玉 4 個とが入っている袋がある。この袋から 1 個の玉を取り出すとき，取り出した玉が青玉である確率はいくらですか。どの玉が取り出されることも同様に確からしいものとして答えなさい。(　　　)

(8) 右の図において，m は関数 $y=\frac{1}{4}x^2$ のグラフを表す。A は m 上の点であり，その x 座標は 3 である。A の y 座標を求めなさい。

(　　　)

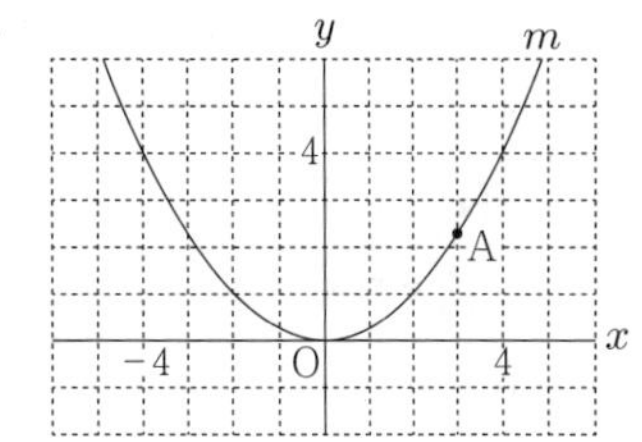

(9) 右の図は，立方体の展開図である。右の展開図を組み立てて立方体をつくったとき，次のア～オの面のうち，面㋕と平行になるものはどれですか。一つ選び，記号を○で囲みなさい。(ア　イ　ウ　エ　オ)

ア　面㋐　　イ　面㋑　　ウ　面㋒　　エ　面㋓　　オ　面㋔

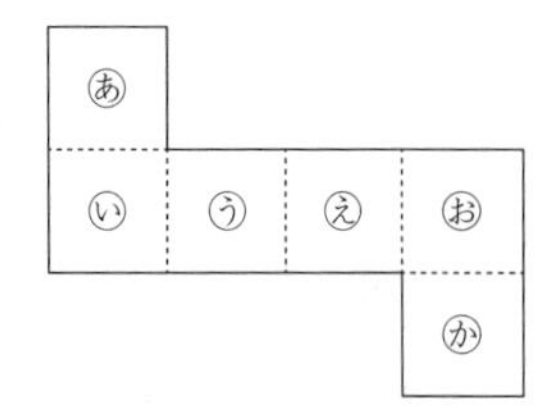

③ M さんは，貯金箱に 500 円硬貨だけを入れて貯金をしている。M さんは，中身を含めた貯金箱の重さと貯金箱に入っている 500 円硬貨の枚数との関係から，中身を含めた貯金箱の重さを量れば貯金した金額がわかることに気が付いた。空の貯金箱の重さは 190g であり，500 円硬貨 1 枚の重さは 7 g である。「500 円硬貨の枚数」が x 枚のときの「中身を含めた貯金箱の重さ」を y g とする。$x=0$ のとき $y=190$ であるとし，x の値が 1 増えるごとに y の値は 7 ずつ増えるものとする。

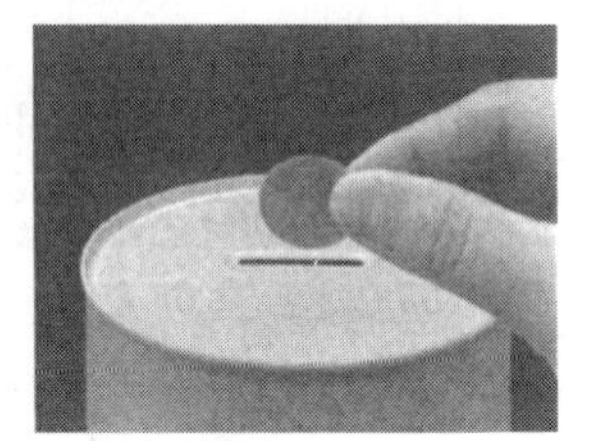

次の問いに答えなさい。

(1) 次の表は，x と y との関係を示した表の一部である。表中の(ア)，(イ)に当てはまる数をそれぞれ書きなさい。(ア)(　　　)　(イ)(　　　)

x	0	1	2	…	6	…
y	190	197	(ア)	…	(イ)	…

(2) x を 0 以上の整数として，y を x の式で表しなさい。(　　　)

(3) M さんは，中身を含めた貯金箱の重さが 295g であるときの，貯金箱に貯金した金額について考えた。次の文中の［㋐］，［㋑］に入れるのに適している数をそれぞれ書きなさい。

㋐(　　　)　㋑(　　　)

> 中身を含めた貯金箱の重さが 295g であることから，500 円硬貨の枚数は［㋐］枚であることがわかる。よって，貯金箱に貯金した金額は［㋑］円であることがわかる。

4　右の図において，四角形ABCDは長方形であり，AB = 4cm，AD = 6cmである。Eは，辺BC上の点である。AとE，DとEとをそれぞれ結ぶ。Fは，Aから線分DEにひいた垂線と線分DEとの交点である。BE = x cmとし，$0 < x < 6$とする。

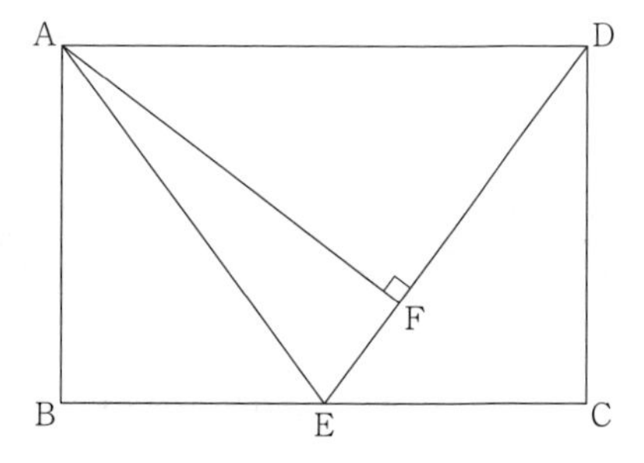

次の問いに答えなさい。

(1)　△ABEの面積をxを用いて表しなさい。(　　　　cm^2)

(2)　次は，△DEC∽△ADFであることの証明である。[ⓐ]，[ⓑ]に入れるのに適している「角を表す文字」をそれぞれ書きなさい。また，ⓒ〔　　〕から適しているものを一つ選び，記号を○で囲みなさい。ⓐ(　　　　)　ⓑ(　　　　)　ⓒ(ア　イ　ウ)

(証明)
△DECと△ADFにおいて
四角形ABCDは長方形だから　∠DCE = 90°……㋐
AF ⊥ DEだから　∠[ⓐ] = 90°……㋑
㋐，㋑より　∠DCE = ∠[ⓐ]……㋒
AD ∥ BCであり，平行線の錯角は等しいから
∠DEC = ∠[ⓑ]……㋓
㋒，㋓より，ⓒ〔ア　1組の辺とその両端の角　　イ　2組の辺の比とその間の角　　ウ　2組の角〕がそれぞれ等しいから
△DEC∽△ADF

(3)　$x = 3$であるときの線分DFの長さを求めなさい。答えを求める過程がわかるように，途中の式を含めた求め方も説明すること。

求め方(　　　　　　　　　　　　　　　　　　　　　　　　　　)(　　　　cm)

数学B 問題

時間　40分　　満点　45点

（注） 答えが根号を含む数になる場合は，根号の中をできるだけ小さい自然数にしなさい。

1 次の計算をしなさい。

(1) $-6 \times 3 - (-1)$ （　　　）

(2) $-8 + 7^2$ （　　　）

(3) $4(2x - y) - 3(x + 3y)$ （　　　）

(4) $18ab^2 \div 2ab$ （　　　）

(5) $x(x + 4) - (x - 1)^2$ （　　　）

(6) $\sqrt{75} + \dfrac{9}{\sqrt{3}}$ （　　　）

2 次の問いに答えなさい。

(1) $-2 + \sqrt{15}$ は，右の数直線上のア～エで示されている範囲のうち，どの範囲に入っていますか。一つ選び，記号を○で囲みなさい。（ア　イ　ウ　エ）

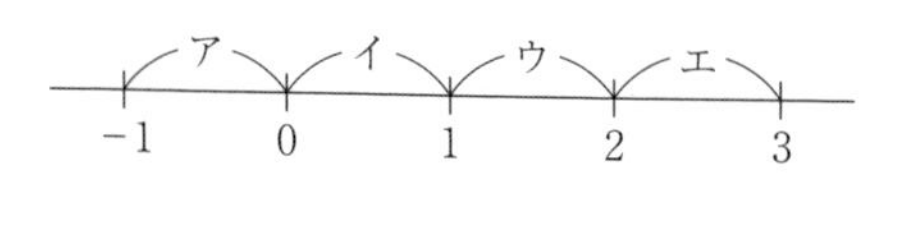

(2) y は x に反比例し，$x = 7$ のとき $y = 2$ である。比例定数を求めなさい。（　　　）

(3) 一次方程式 $\dfrac{x}{3} + \dfrac{x + 3}{4} = -1$ を解きなさい。（　　　）

(4) 二次方程式 $x^2 + 2x - 24 = 0$ を解きなさい。（　　　）

(5) 右の表は，生徒13人の上体起こしの記録を度数分布表にまとめたものである。次のア～エのうち，右の表からわかることとして正しいものはどれですか。一つ選び，記号を○で囲みなさい。

（ア　イ　ウ　エ）

上体起こしの記録（回）	度数（人）
以上　未満	
24 ～ 27	4
27 ～ 30	6
30 ～ 33	2
33 ～ 36	1
合計	13

ア　24回以上27回未満の階級の相対度数は0.4より大きい。

イ　記録が30回以上の生徒の人数は2人である。

ウ　記録の範囲は12回である。

エ　記録の中央値は，27回以上30回未満の階級に含まれている。

(6) 二つの箱A，Bがある。箱Aには自然数の書いてある4枚のカード 1，2，3，4 が入っており，箱Bには偶数の書いてある4枚のカード 2，4，6，8 が入っている。A，Bそれぞれの箱から同時にカードを1枚ずつ取り出すとき，取り出した2枚のカードに書いてある数の積が15より大きい確率はいくらですか。A，Bそれぞれの箱において，どのカードが取り出されることも同様に確からしいものとして答えなさい。（　　　）

(7)　右の図において，△ABC は∠ABC = 90° の直角三角形であり，∠CAB = 30°，BC = 4 cm である。△ABC を直線 AC を軸として 1 回転させてできる立体の体積は何 cm^3 ですか。円周率を π として答えなさい。(　　　cm^3)

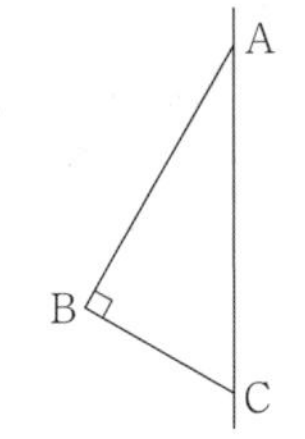

(8)　右の図において，m は関数 $y = ax^2$ (a は正の定数) のグラフを表す。A は y 軸上の点であり，その y 座標は 1 である。ℓ は，A を通り傾きが $-\frac{3}{4}$ の直線である。B は ℓ 上の点であり，その y 座標は -1 である。C は m 上の点であり，C の x 座標は B の x 座標と等しく，C の y 座標は B の y 座標より 5 大きい。a の値を求めなさい。答えを求める過程がわかるように，途中の式を含めた求め方も説明すること。

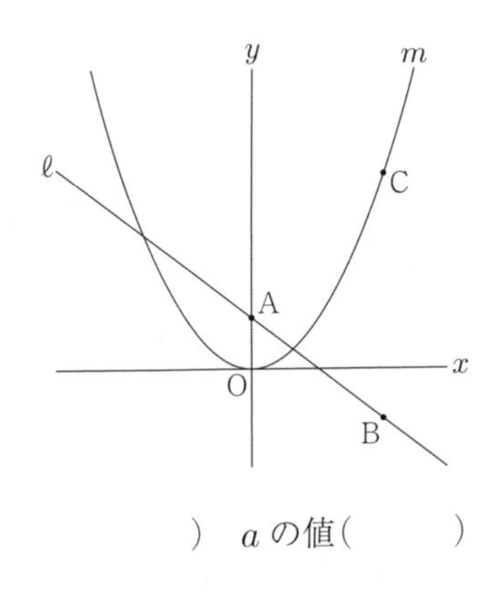

求め方(　　　　　　　　)　a の値(　　　)

3　M さんは，貯金箱に 500 円硬貨と 100 円硬貨を入れて貯金をしている。M さんは，中身を含めた貯金箱の重さと貯金箱に入っている硬貨の枚数との関係に興味をもち，調べてみた。空の貯金箱の重さは 190g であり，500 円硬貨 1 枚の重さは 7g，100 円硬貨 1 枚の重さは 4.8g である。

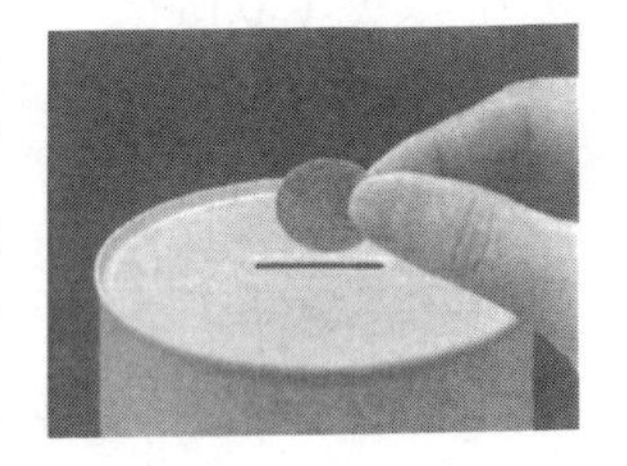

次の問いに答えなさい。

(1)　M さんは，貯金箱に 500 円硬貨だけが入っている場合について考えた。「500 円硬貨の枚数」が x 枚のときの「中身を含めた貯金箱の重さ」を yg とする。$x = 0$ のとき $y = 190$ であるとし，x の値が 1 増えるごとに y の値は 7 ずつ増えるものとする。

①　次の表は，x と y との関係を示した表の一部である。表中の(ア)，(イ)に当てはまる数をそれぞれ書きなさい。(ア)(　　　)　(イ)(　　　)

x	0	1	…	3	…	8	…
y	190	197	…	(ア)	…	(イ)	…

②　x を 0 以上の整数として，y を x の式で表しなさい。(　　　)

③　$y = 358$ となるときの x の値を求めなさい。(　　　)

(2)　M さんは，中身を含めた貯金箱の重さと，貯金箱に入っている硬貨の枚数の合計から，貯金した金額がわかることに気が付いた。中身を含めた貯金箱の重さが 394g であり，貯金箱に入っている 500 円硬貨の枚数と 100 円硬貨の枚数の合計が 37 枚であるとき，M さんが貯金箱に貯金した金額は何円ですか。(　　　円)

4 図Ⅰ，図Ⅱにおいて，四角形ABCDは長方形であり，AB = 6 cm，AD = 15cmである。E，Fは，それぞれ辺AD，BC上の点である。FとDとを結ぶ。Gは，線分FD上にあってF，Dと異なる点である。四角形EFGHはEH ∥ FGの台形であり，四角形EFGH ≡ 四角形EFBAである。Iは，辺HGと辺ADとの交点である。

次の問いに答えなさい。

(1) 図Ⅰにおいて，

① 四角形EFBAの内角∠AEFの大きさをa°とするとき，四角形EFGHの内角∠EFGの大きさをaを用いて表しなさい。（　　　度）

② △HEI ∽ △CFDであることを証明しなさい。

図Ⅰ

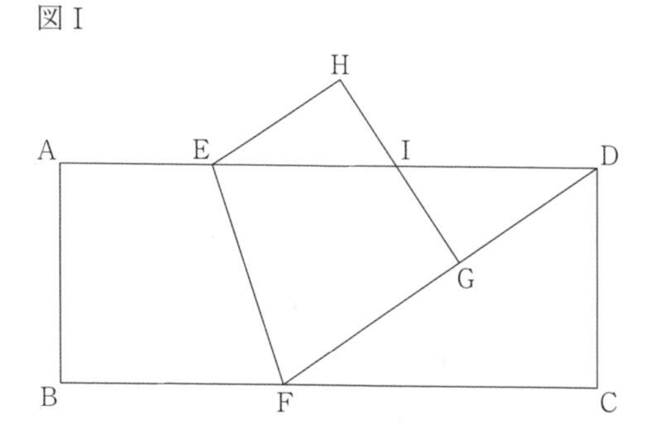

(2) 図Ⅱにおいて，AE = 5 cm，BF = 7 cmである。BとIとを結ぶ。Jは，線分BIと辺EFとの交点である。Kは，直線AJと辺BCとの交点である。

① 線分EIの長さを求めなさい。（　　　cm）

② 線分KCの長さを求めなさい。（　　　cm）

図Ⅱ

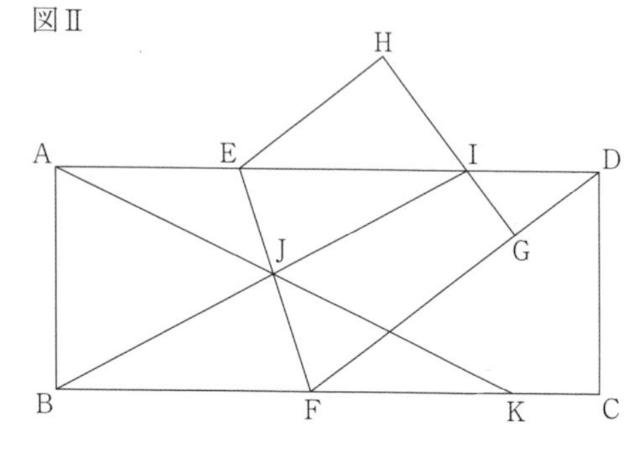

英語A問題

時間　40分　　満点　45点(リスニング共)

(編集部注)「英語リスニング」の問題は「英語B問題」のあとに掲載しています。

(注) 答えの語数が指定されている問題は，コンマやピリオドなどの符号は語数に含めないこと。

1 次の(1)～(12)の日本語の文の内容と合うように，英文中の(　)内のア～ウからそれぞれ最も適しているものを一つずつ選び，記号を○で囲みなさい。

(1) 私は朝，パンを食べます。(ア　イ　ウ)
I eat (ア bread　イ jam　ウ yogurt) in the morning.

(2) 彼の姉は親切です。(ア　イ　ウ)
His sister is (ア cute　イ kind　ウ sleepy).

(3) 彼らは毎週日曜日にプールで泳ぎます。(ア　イ　ウ)
They (ア run　イ sing　ウ swim) in the pool every Sunday.

(4) 私は明日，早く学校に行くつもりです。(ア　イ　ウ)
I will go to school (ア clearly　イ early　ウ finally) tomorrow.

(5) 音楽室はどこですか。(ア　イ　ウ)
(ア What　イ When　ウ Where) is the music room?

(6) 彼は昨日，魚を料理しました。(ア　イ　ウ)
He (ア cook　イ cooked　ウ cooking) fish yesterday.

(7) あの人たちはあなたの友だちですか。(ア　イ　ウ)
(ア Are　イ Do　ウ Is) those people your friends?

(8) 私は放課後におじを訪ねる予定です。(ア　イ　ウ)
I am (ア go　イ goes　ウ going) to visit my uncle after school.

(9) その角を右に曲がりなさい。(ア　イ　ウ)
(ア Turn　イ Turning　ウ To turn) right at the corner.

(10) 彼女は海外を旅行したことがありません。(ア　イ　ウ)
She has never (ア travel　イ traveled　ウ traveling) abroad.

(11) 私は何か食べ物を買いたいです。(ア　イ　ウ)
I want to buy something (ア eat　イ eating　ウ to eat).

(12) 私は毎日，6時に出発する電車に乗ります。(ア　イ　ウ)
I take the train (ア what　イ which　ウ who) leaves at six every day.

2 次の(1)〜(4)の日本語の文の内容と合うものとして最も適しているものをそれぞれア〜ウから一つずつ選び，記号を○で囲みなさい。

(1) 私の友だちは私をトムと呼びます。（ ア イ ウ ）

ア I call my friend Tom.　イ My friend calls me Tom.　ウ My friend is called Tom.

(2) 彼は私に彼のお気に入りの絵を見せました。（ ア イ ウ ）

ア He likes a picture I saw.　イ He looked at my favorite picture.

ウ He showed me his favorite picture.

(3) エリが家に帰ったとき，彼女の兄はテレビを見ていました。（ ア イ ウ ）

ア Eri and her brother came home and watched TV.

イ When Eri came home, her brother was watching TV.

ウ Eri's brother came home when she was watching TV.

(4) 生徒たちは何をすべきか知っていますか。（ ア イ ウ ）

ア What do the students know?　イ What are the students doing?

ウ Do the students know what to do?

3 高校生の由紀（Yuki）と留学生のマイク（Mike）が，ウェブサイトを見ながら会話をしています。ウェブサイトの内容と合うように，次の会話文中の〔　　〕内のア〜ウからそれぞれ最も適しているものを一つずつ選び，記号を○で囲みなさい。

①（ ア イ ウ ） ②（ ア イ ウ ） ③（ ア イ ウ ）

【ウェブサイト】

あさひ図書館
あさひ図書館
開館時間
午前9時〜午後6時
休館日
毎週木曜日
アクセス
あさひ駅北口より800メートル

Yuki： Hi, Mike.

Mike： Hi, Yuki. I need your help.

Yuki： Sure. What can I do?

Mike： I want to borrow some English books. So, I'm looking at the website of the ①〔ア library　イ stadium　ウ theater〕 near Asahi Station. But it's written in Japanese. I want to go there after school. Is it open today?

Yuki： Well, oh, it's closed every ②〔ア Friday　イ Saturday　ウ Thursday〕. So, it's not open today.

Mike： I see, then I will go there tomorrow after school. How far is it from the station?

Yuki： It is 800 meters from the ③〔ア north　イ south　ウ west〕 entrance of the station.

Mike： OK. Thank you!

4　次の(1)~(4)の会話文の[　　　]に入れるのに最も適しているものをそれぞれア~エから一つずつ選び，記号を○で囲みなさい。

(1)(ア　イ　ウ　エ)　(2)(ア　イ　ウ　エ)　(3)(ア　イ　ウ　エ)　(4)(ア　イ　ウ　エ)

(1)　A：　Will you pass me the salt?

B：　[　　　]

ア　It was fun.　　イ　No, I didn't.　　ウ　Yes, you will.　　エ　Here you are.

(2)　A：　I'm sorry, I am late.

B：　What happened?

A：　[　　　]

ア　I'm happy, too.　　イ　You are welcome.　　ウ　I missed the train.

エ　It will happen tomorrow.

(3)　A：　I made a pizza with my friends yesterday.

B：　[　　　]

A：　It was delicious!

ア　How was it?　　イ　How are you?　　ウ　How much was it?

エ　How will you make it?

(4)　A：　We have only one week before the concert.

B：　I think we should practice more for the concert.

A：　[　　　]　Let's practice in the morning, too.

B：　That's a good idea.

ア　I don't think so.　　イ　I agree with you.　　ウ　Why do you think so?

エ　We don't have to practice.

5 彩(Aya)は日本の高校生です。次の[Ⅰ],[Ⅱ]に答えなさい。

[Ⅰ] 次は,彩が英語の授業で行ったセコイア(redwood)という木に関するスピーチの原稿です。彼女が書いた原稿を読んで,あとの問いに答えなさい。

I like trees, so I often read books about them. Last week, I read a book about trees called redwoods. They are [①] in the west side of America. I want to tell you some interesting things about the trees.

a picture of a redwood

Redwoods become very tall. Many redwoods become taller than 60 meters. One redwood is about 116 meters tall. It is the tallest tree in the world. Do you know how tall this school building is? Our teacher says Ⓐit is about 13 meters tall. Now, maybe you can imagine how tall the tree is. Also, the trunks of redwoods are very thick. If you want to put a rope around a redwood trunk, you may need a rope which is longer than 15 meters. Redwoods become so tall and thick, but their seeds are very small. They are about 4 millimeters long. They are as small as the seeds of tomatoes. I was surprised and thought, "How do redwoods become so tall and thick from such small [②]?" I want to know the answer, so I will keep looking for more information about the trees. [③] Thank you for listening.

(注) trunk (木の)幹　millimeter ミリメートル

(1) 次のうち,本文中の[①]に入れるのに最も適しているものはどれですか。一つ選び,記号を○で囲みなさい。(ア イ ウ)

ア saw　イ see　ウ seen

(2) 本文中のⒶitの表している内容に当たるものとして最も適しているひとつづきの**英語3語**を,本文中から抜き出して書きなさい。(　　　　　)

(3) 次のうち,本文中の[②]に入れるのに最も適しているものはどれですか。一つ選び,記号を○で囲みなさい。(ア イ ウ)

ア books　イ seeds　ウ tomatoes

(4) 本文中の[③]が,「私が新たな情報を見つけたときに,それをあなたたちと共有するつもりです。」という内容になるように,次の〔 〕内の語を並べかえて解答欄の____に英語を書き入れ,英文を完成させなさい。

When I find new information, I will〔it　share　with　you〕.

When I find new information, I will ________________________.

[Ⅱ] スピーチの後に,あなた(You)と彩が次のような会話をするとします。あなたならば,どのような話をしますか。あとの条件1・2にしたがって,(①),(②)に入る内容を,それぞれ**5語程度**の英語で書きなさい。解答の際には記入例にならって書くこと。

You: Aya, redwoods are interesting trees. (①)

Aya: Yes, I do. So, I sometimes go to a park to see trees and flowers on weekends. What do you do on weekends?

You: (②)

Aya：　I see.

〈条件１〉　①に，「あなたは花も好きですか。」とたずねる文を書くこと。

〈条件２〉　②に，前後のやり取りに合う内容を書くこと。

記入例

What　time　is　it ?

Well , it's　11　o'clock .

①＿＿＿＿＿＿＿＿＿＿＿＿＿＿＿＿

②＿＿＿＿＿＿＿＿＿＿＿＿＿＿＿＿

英語B問題

時間　40分　　　満点　45点(リスニング共)

＊日本語指導が必要な生徒選抜の検査時間は50分

（編集部注）「英語リスニング」の問題はこの問題のあとに掲載しています。

（注） 答えの語数が指定されている問題は，コンマやピリオドなどの符号は語数に含めないこと。

1 明（Akira）は，日本の高校生です。次の［Ⅰ］，［Ⅱ］に答えなさい。

［Ⅰ］ 明は，英語の授業でごみをリサイクルする方法に関するスピーチを行いました。次は，彼が行ったスピーチの原稿とスピーチの際に用いたスライドです。原稿の内容に合うように，スライド中の ① ～ ⑤ に入れるのに最も適している語を，それぞれあとの（　）内のア～ウから一つずつ選び，記号を○で囲みなさい。

①(ア　イ　ウ)　②(ア　イ　ウ)　③(ア　イ　ウ)　④(ア　イ　ウ)
⑤(ア　イ　ウ)

I will introduce my experience. In my elementary school, the students made compost from food scraps. The students in my class brought food scraps from home and mixed them with a special kind of soil for making compost. For three months, we watched the food scraps and learned how they turned into compost with the help of microbes in the soil. With the compost we made, we also grew vegetables in the school garden and picked them. We ate the vegetables for our school lunch.

Making compost takes a lot of time but it is easy, so anyone can do it at home. Also, it doesn't damage the environment. I do it at home, too. I want to do things I can do to reduce the amount of trash I throw away.

【スライド】

Experience of Making Compost
in My Elementary School

The things we did

- Bringing food scraps from ［ ① ］
- Mixing food scraps with soil
- Learning how microbes ［ ② ］ food scraps turn into compost
- Picking ［ ③ ］ we grew with compost and eating them

Making compost is ［ ④ ］ *and* ［ ⑤ ］*!*

（注） compost　堆肥（落ち葉などを腐らせて作る肥料）　food scrap　生ごみ
mix ～ with …　～を…と混ぜる　microbe　微生物

① ア home　イ class　ウ school

② ア ate　イ helped　ウ watched

③　ア　lunch　　イ　trash　　ウ　vegetables

④　ア　easy　　イ　quick　　ウ　difficult

⑤　ア　dangerous　　イ　traditional　　ウ　eco-friendly

［Ⅱ］ 次は，明，アメリカからの留学生のエミリー（Emily），クラスメートの太郎（Taro）の３人が交わした会話の一部です。会話文を読んで，あとの問いに答えなさい。

Emily：Hi, Akira. Your speech was interesting.

Akira：Thank you. Have you ever made compost from food scraps at home?

Emily：No, I haven't. But actually, making compost is common in some areas in the U.S..

Taro：Hi, Akira and Emily. What are you talking about?

Akira：Hi, Taro. We are talking about making compost.

Taro：Oh, your speech was good, Akira. Until I heard your speech, I didn't know anything about making compost.

Akira：Emily says it is common in some areas in her country.

Taro：Oh, really? Do people living there make compost at home and grow vegetables in their garden?

Emily：I think some people do so. But in my hometown in the U.S., people just put their food scraps into a container on the side of the street near their houses. ［　ア　］

Akira：Do the food scraps turn into compost in the container?

Emily：No. ［　イ　］ The food scraps are collected and brought to composting facilities. ［　ウ　］ After that, the compost is used to grow trees and plants in the town or some compost is brought to farmers. ［　エ　］ The things people have to do are just separating food scraps from other trash, and putting the food scraps into the container.

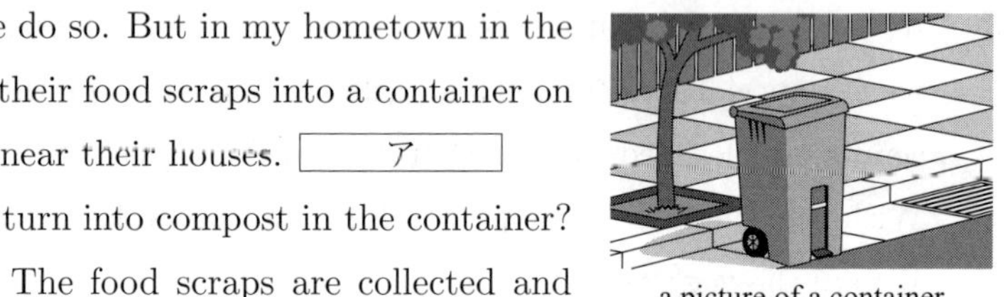

a picture of a container on the side of the street

Akira：［　①　］ a good system! People don't have to prepare special soil and mix food scraps with the soil.

Taro：Separating food scraps from other trash doesn't sound easy to me. Trash from kitchens is not only food scraps. It includes various things.

Emily：Don't worry. People can put other things which can turn into compost, such as tea bags and pizza boxes. They can put such dirty paper into the container with food scraps.

Taro：Wow, even dirty paper can be recycled! It's good to know that we can recycle various things. But if I lived in your town, it would be difficult to remember what to put into the container. I'm afraid that people living there may stop separating trash in the correct way and just put any kinds of trash into the container.

Emily：According to my neighbors, when the system first started, learning what to put into the container was a little difficult, but after they learned it, separating trash in the correct way became easy. [②] I think some of them just follow the system and separate trash, but many of them know separating trash results in reducing a bad influence on the environment, so they try to do it in the correct way.

Akira： I see. Thanks to the system, many things are recycled, and a bad influence on the environment can be greatly reduced. The system sounds great!

Taro ： I think not only the system but also people who try to make the system work for the environment are great.

Akira： You are right. It is important for people to do the things they can do for the environment.

Taro ： I want to do things I can do, too. Today, your speech taught the students in our class a good way of recycling trash, Akira. I want to make compost.

Emily： Me, too.

(注) container コンテナ，容器　composting facility 堆肥を作る施設
separate 分別する

(1) 本文中には次の英文が入ります。本文中の[ア]～[エ]から，入る場所として最も適しているものを一つ選び，ア～エの記号を○で囲みなさい。(ア イ ウ エ)

Then, the food scraps are changed into compost there.

(2) 次のうち，本文中の[①]に入れるのに最も適しているものはどれですか。一つ選び，記号を○で囲みなさい。(ア イ ウ エ)

ア What　イ Which　ウ Why　エ How

(3) 本文の内容から考えて，次のうち，本文中の[②]に入れるのに最も適しているものはどれですか。一つ選び，記号を○で囲みなさい。(ア イ ウ エ)

ア So, now they stopped separating trash.
イ So, now they separate trash in the wrong way.
ウ So, now it is difficult for them to separate trash.
エ So, now they can separate trash in the correct way.

(4) 次のうち，本文で述べられている内容と合うものはどれですか。一つ選び，記号を○で囲みなさい。(ア イ ウ エ)

ア Thanks to the system, people in Emily's hometown just have to prepare special soil to make compost.
イ Only food scraps should be put into the containers on the side of the street in Emily's hometown.
ウ It was difficult for Taro to remember what to put into the container when Taro visited Emily's hometown.
エ Taro thinks both the system and people who try to make it work for the environment are great.

(5) 本文の内容と合うように，次の問いに対する答えをそれぞれ英語で書きなさい。ただし，①は **3** 語，②は **9** 語の英語で書くこと。

① Has Emily ever made compost at home?（　　　　　　　　　　　　）

② According to Taro, what did Akira's speech teach the students in their class?

（　　　　　　　　　　　　　　　　　　　　　　　　　　　　　　　）

2 高校生の香菜（Kana）が英語の授業でスピーチを行いました。次の［Ⅰ］，［Ⅱ］に答えなさい。

［Ⅰ］ 次は，香菜が行ったスピーチの原稿です。彼女が書いた原稿を読んで，あとの問いに答えなさい。

Last month, I went to a zoo and saw elephants. They were eating apples. To eat them, elephants were using their trunk very well. The movement of their trunk [①] me, and I started to wonder what kinds of things elephants could do with their trunk. I didn't know any features of the trunk of elephants, so I did research on it. Today I want to share the things I learned about it with you.

Elephants use their trunk in a variety of ways. [②] Their trunk is used to breathe and to smell. Also, elephants use their trunk to produce a sound for communication with other elephants. Those are perhaps the things you have already heard. There are, however, other things that you may not know. Let me explain two unique features their trunk has.

Elephants can move their trunk flexibly. This is its first unique feature. For example, two elephants sometimes touch each other with their trunks as a sign of love or friendship. The movement is similar to a hug for people. Also, with the end of their trunk, they can grab a small and soft thing without breaking Ⓐ it, such as a flower. Even if you know elephants can do these movements with their trunk, do you know that there are no bones in their trunk? Elephants can move their trunk flexibly because it is controlled by a lot of muscles. Some elephants have a trunk which is longer than two meters and heavier than 130 kilograms. Moving such a huge thing flexibly is quite amazing.

Another unique feature of their trunk is its skill for sucking things. They can grab things with their trunk, but they can also suck things with their trunk. Let me tell you about a research project done in America. An elephant in a zoo was given one kind of vegetable. It was cut and given as small pieces. [③] I thought that the elephant used the skill for sucking things when it was a better way than grabbing things. I actually watched a video which showed the elephant was sucking different kinds of things. For example, the video showed [④]. The elephant sucked it very quickly.

Through learning about the trunk of elephants, I was surprised at its unique features and thought each animal on the earth may have unique features. Some engineers learn from the movements of animals when they invent a new product or robot. Studying about the various movements of the trunk of elephants will be helpful to create a robot which can do various kinds of things. We can learn from animals to [⑤]. Now, I want to know about other animals, too. If you know other interesting animals or their unique features, please let me know. Thank you for listening.

(注) trunk (ゾウの)鼻　breathe 呼吸する　flexibly 柔軟に　grab つかむ　bone 骨
muscle 筋肉　suck 吸う

(1) 本文の内容から考えて，次のうち，本文中の［ ① ］に入れるのに最も適しているものはどれですか。一つ選び，記号を○で囲みなさい。(ア　イ　ウ　エ)

ア attracted　イ explained　ウ imagined　エ learned

(2) 本文中の［ ② ］が，「第一に，ゾウの鼻は私たちの鼻がする役割をしています。」という内容になるように，次の〔　〕内の語を並べかえて解答欄の＿＿に英語を書き入れ，英文を完成させなさい。

First, the trunk of elephants plays 〔nose　our　plays　roles〕.

First, the trunk of elephants plays ＿＿＿＿＿＿＿＿＿＿＿＿＿＿＿＿＿＿＿＿.

(3) 本文中のⒶ itの表している内容に当たるものとして最も適しているひとつづきの**英語5語**を，本文中から抜き出して書きなさい。(　　　　　　　　　　　　)

(4) 本文中の［ ③ ］に，次の(i)～(iii)の英文を適切な順序に並べかえ，前後と意味がつながる内容となるようにして入れたい。あとのア～エのうち，英文の順序として最も適しているものはどれですか。一つ選び，記号を○で囲みなさい。(ア　イ　ウ　エ)

(i) However, when many pieces were given, the elephant got the pieces in a different way.

(ii) Instead of grabbing, the elephant sucked all those many pieces with its trunk, stored them inside for a few seconds, and then put them in its mouth.

(iii) When only a few pieces were given, the elephant grabbed them with its trunk.

ア (i)→(iii)→(ii)　イ (ii)→(i)→(iii)　ウ (iii)→(ii)→(i)　エ (iii)→(i)→(ii)

(5) 本文の内容から考えて，次のうち，本文中の［ ④ ］に入れるのに最も適しているものはどれですか。一つ選び，記号を○で囲みなさい。(ア　イ　ウ　エ)

ア the elephant couldn't suck anything at all

イ the elephant sucked a large amount of water

ウ the elephant wouldn't suck pieces of any kind of vegetable

エ the elephant grabbed many kinds of things instead of sucking them

(6) 本文中の 'We can learn from animals to ［ ⑤ ］.' が，「私たちの生活をより良くするために，私たちは動物から学ぶことができます。」という内容になるように，解答欄の＿＿に**英語4語**を書き入れ，英文を完成させなさい。

We can learn from animals to ＿＿＿＿＿＿＿＿＿＿＿＿＿＿＿＿＿＿＿＿.

(7) 次のうち，本文で述べられている内容と合うものはどれですか。一つ選び，記号を○で囲みなさい。(ア　イ　ウ　エ)

ア Kana visited a zoo to study what kinds of things elephants could do with their trunk.

イ Elephants can move their trunk flexibly because there are many bones in it.

ウ The trunk of elephants has some unique features including its skill for sucking things.

エ Kana said learning about movements of various robots would help us understand unique features of animals.

［Ⅱ］ スピーチの後に，あなた（You）と香菜が，次のような会話をするとします。あなたならば，どのような話をしますか。あとの条件1・2にしたがって，（ ① ），（ ② ）に入る内容をそれぞれ英語で書きなさい。解答の際には記入例にならって書くこと。文の数はいくつでもよい。

You ： Kana, your speech was great. You did good research on elephants. Also, your English was very good. (　　①　　)

Kana： I read an English book every day. It's an effective way for me. Do you think reading books in English is an effective way for you?

You ： (　　②　　)

Kana： I see.

〈条件1〉 ①に，「あなたが英語を上達させるために何をしているか私に教えてください。」と伝える文を，10語程度の英語で書くこと。

〈条件2〉 ②に，解答欄の［　　］内の，Yes, I do.または No, I don't.のどちらかを○で囲み，そのあとに，その理由を20語程度の英語で書くこと。

記入例

When	is	your	birthday ?
Well ,	it's	April	11 .

①＿＿＿＿＿＿＿＿＿＿＿＿＿＿＿＿＿＿＿＿

②［ Yes, I do. · No, I don't. ］

＿＿＿＿＿＿＿＿＿＿＿＿＿＿＿＿＿＿＿＿

＿＿＿＿＿＿＿＿＿＿＿＿＿＿＿＿＿＿＿＿

英語リスニング

時間　15分

＊日本語指導が必要な生徒選抜の検査時間は 20 分

（編集部注）　放送原稿は問題のあとに掲載しています。
音声の再生についてはもくじをご覧ください。

回　リスニングテスト

1　由香とトムとの会話を聞いて，トムのことばに続くと考えられる由香のことばとして，次のア～エのうち最も適しているものを一つ選び，解答欄の記号を○で囲みなさい。

（ア　イ　ウ　エ）

ア　At 11:00.　　イ　4 times.　　ウ　Yes, I did.　　エ　I watched TV.

2　マイクと鈴木先生との会話を聞いて，教室内でマイクが鍵を見つけた場所を表したものとして，次のア～エのうち最も適していると考えられるものを一つ選び，解答欄の記号を○で囲みなさい。

（ア　イ　ウ　エ）

★はマイクが鍵を見つけた場所を示す

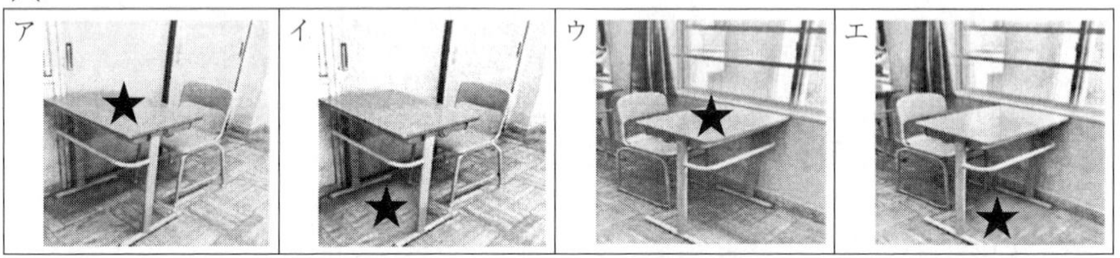

3　二人の会話を聞いて，二人が会話をしている場面として，次のア～エのうち最も適していると考えられるものを一つ選び，解答欄の記号を○で囲みなさい。（ア　イ　ウ　エ）

4　グリーン先生が，英語の授業で生徒に話をしています。その話を聞いて，それに続く二つの質問に対する答えとして最も適しているものをそれぞれア～エから一つずつ選び，解答欄の記号を○で囲みなさい。(1)（ア　イ　ウ　エ）　(2)（ア　イ　ウ　エ）

(1)　ア　In 1831.　　イ　In 1872.　　ウ　In 1878.　　エ　In 1880.

(2)　ア　His students will know which book is good to learn about the English woman.

イ　His students will read a story about the English woman's experience in Japan.

ウ　His students will be surprised when they learn how the English woman came to Japan.

エ　His students will learn about the world from an English book written by a Japanese traveler.

5　ルーシーと光太との会話を聞いて，それに続く二つの質問に対する答えとして最も適しているものをそれぞれア～エから一つずつ選び，解答欄の記号を○で囲みなさい。

(1)(ア　イ　ウ　エ)　(2)(ア　イ　ウ　エ)

(1)　ア　He learned what nurses did.

イ　He had an interview for getting a job.

ウ　He got some medical advice from a doctor.

エ　He explained how important a nurse's job was.

(2)　ア　A photo.　イ　A pilot.　ウ　A scientist.　エ　A travel experience.

6　アビーと佐藤先生が学校の図書室で会話をしています。その会話を聞いて，会話の中で述べられている内容と合うものを，次のア～エから一つ選び，解答欄の記号を○で囲みなさい。

(ア　イ　ウ　エ)

ア　Abby borrowed some books about the World Heritage Sites to do research on all of them.

イ　Abby borrowed a book which would help her choose one site from the World Heritage Sites.

ウ　Abby didn't borrow any books about the World Heritage Sites because she will visit one of them.

エ　Abby will learn details about the histories of the World Heritage Sites from the book she borrowed.

〈放送原稿〉

2024年度大阪府公立高等学校特別入学者選抜，能勢分校選抜，帰国生選抜，日本語指導が必要な生徒選抜英語リスニングテストを行います。

テスト問題は1から6まであります。英文はすべて2回ずつ繰り返して読みます。放送を聞きながらメモを取ってもかまいません。

それでは問題1です。由香とトムとの会話を聞いて，トムのことばに続くと考えられる由香のことばとして，次のア・イ・ウ・エのうち最も適しているものを一つ選び，解答欄の記号を○で囲みなさい。では始めます。

Yuka：　Hi, Tom. I'm so sleepy.

Tom　：　Oh Yuka, what time did you go to bed?

繰り返します。(繰り返す)

問題2です。マイクと鈴木先生との会話を聞いて，教室内でマイクが鍵を見つけた場所を表したものとして，次のア・イ・ウ・エのうち最も適していると考えられるものを一つ選び，解答欄の記号を○で囲みなさい。では始めます。

Mike　　　：　Hello, Ms. Suzuki. I found someone's key in our classroom but everybody went home already.

Ms. Suzuki：　Thank you, Mike. Where was the key in our classroom?

Mike　　　：　It was under the desk next to the window.

Ms. Suzuki：　I see. I will let the students know about it tomorrow morning.

繰り返します。(繰り返す)

問題3です。二人の会話を聞いて，二人が会話をしている場面として，次のア・イ・ウ・エのうち最も適していると考えられるものを一つ選び，解答欄の記号を○で囲みなさい。では始めます。

Clerk　：　Good afternoon. May I help you?

Woman：　Well, I'm looking for a good pair for climbing a mountain.

Clerk　：　How about these? These are light and comfortable. You will not be tired even if you walk for many hours.

Woman：　Can I wear them?

Clerk　：　Of course. Please wear them and walk in the store.

Woman：　I feel they are a little small for my feet. Do you have bigger ones?

Clerk　：　Sure. How about these?

Woman：　They are perfect for my feet. I'll buy them.

繰り返します。(繰り返す)

問題4です。グリーン先生が，英語の授業で生徒に話をしています。その話を聞いて，それに続く二つの質問に対する答えとして最も適しているものをそれぞれア・イ・ウ・エから一つずつ選び，解答欄の記号を○で囲みなさい。では始めます。

Today you will read a story about an English woman's experience in Japan. She is known as a traveler. Before you read the story, I will give you some information about the woman.

She was born in 1831 and died at the age of 72. She traveled around the world. The places she visited include the U.S., Canada, India and Japan. She came to Japan in 1878. She wrote a book about the experience she had in Japan. It was first sold in 1880. The story you will read is based on the book. You can learn how she felt about Japan at that time. It's interesting to know what was surprising for her.

Question (1): When did the English woman come to Japan?

Question (2): What is the thing Mr. Green said?

繰り返します。(話と質問を繰り返す)

問題5です。ルーシーと光太との会話を聞いて，それに続く二つの質問に対する答えとして最も適しているものをそれぞれア・イ・ウ・エから一つずつ選び，解答欄の記号を○で囲みなさい。では始めます。

Lucy : Hi, Kota. How was your work experience program yesterday?

Kota : It was great, Lucy. The nurses in the hospital were so nice to all the patients. I could learn what they actually did by experiencing a part of their job.

Lucy : That's good for you.

Kota : Yes. I also had a chance to interview them and they explained how important their job was. I really want to be a nurse.

Lucy : I'm sure you can be a good nurse.

Kota : Thank you. What do you want to be in the future?

Lucy : Well... When I was a small child, I wanted to be a pilot because I wanted to visit various countries in the world. But my dream changed when I saw a photo of the earth. It was taken from space. The earth in the photo was so beautiful. The photo made me want to be a scientist and find ways to protect the environment of the earth.

Kota : That is a great dream.

Question (1): What did Kota do in the hospital?

Question (2): What changed Lucy's dream?

繰り返します。(会話と質問を繰り返す)

問題6です。アビーと佐藤先生が学校の図書室で会話をしています。その会話を聞いて，会話の中で述べられている内容と合うものを，次のア・イ・ウ・エから一つ選び，解答欄の記号を○で囲みなさい。では始めます。

Abby : Hello, Mr. Sato. I want to do research on the World Heritage Sites in Japan as my summer project. Will you recommend some good books for the research?

Mr. Sato : The topic sounds interesting, Abby. Well... There are more than twenty sites in Japan now. How about choosing one site?

Abby : I see. Actually I don't know much about the World Heritage Sites in Japan. So, it is difficult to choose one.

Mr. Sato : OK. How about this book? You can get the main information about each of the sites in Japan from this book. If you want to know what kind of sites there are in Japan, this is good.

Abby　　：That's great. Can I learn about the histories of the sites from the book?

Mr. Sato：You can't learn details about their histories from this book. Only a little is explained in this book. However, this will help you choose one site.

Abby　　：I see. I will borrow the book.

Mr. Sato：Here you are. Please return this book within two weeks.

Abby　　：OK. Thank you. Will you recommend other books to learn about their histories?

Mr. Sato：There are some books written by a professional history researcher. However, it is also good to visit one of the World Heritage Sites during the summer vacation. There are some World Heritage Sites in this area.

Abby　　：That is a great idea! I'll choose one site to visit from this book. Thank you very much, Mr. Sato.

Mr. Sato：You are welcome.

繰り返します。(繰り返す)

これで，英語リスニングテストを終わります。

社会

時間　40分　　　　満点　45点

1　世界にはさまざまな気候が分布しており，人々の営みと深く関係している。次の問いに答えなさい。

(1)　わが国の国土は南北に長く，地域によって気候が異なる。

①　次のア～エのうち，わが国の国土で最も広い面積を占める気候帯はどれか。一つ選び，記号を○で囲みなさい。（ア　イ　ウ　エ）

ア　温帯　　イ　寒帯　　ウ　熱帯　　エ　冷帯（亜寒帯）

②　都道府県のうち，最も高緯度に位置するのは北海道である。

(a)　右の地図中のア～エのうち，道庁がおかれている札幌(さっぽろ)市の場所はどれか。一つ選び，記号を○で囲みなさい。

（ア　イ　ウ　エ）

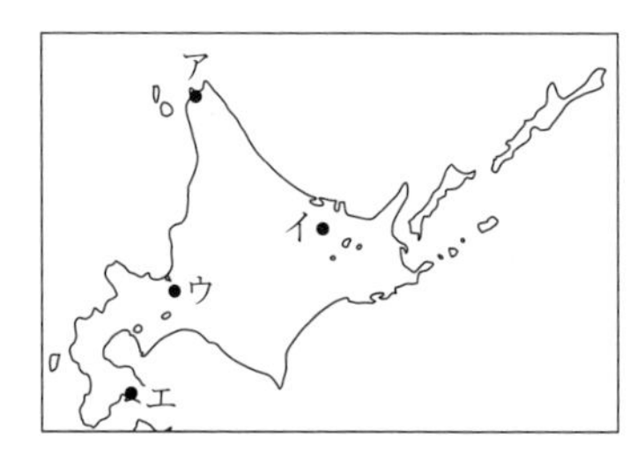

(b)　札幌市とイギリスのロンドンは，いずれも1月の月平均気温が1年のうち最も低い傾向にある。ロンドンは札幌市よりも高緯度に位置しているが，それぞれの1月の月平均気温を比べると，札幌市よりもロンドンの方が高く，比較的温暖である。次の文は，その理由について述べたものである。文中の［ A ］に当てはまる語を**漢字4字**で書きなさい。

（　　　）

ロンドンは，大西洋を北上する暖流の［ A ］海流と，偏西風の影響を受けており，西岸海洋性気候の特徴をもつため。

(2)　オーストラリア大陸では，熱帯，乾燥帯，温帯の三つの気候がみられる。

①　図Ⅰは，オーストラリア大陸とその周辺の地域を示した地図である。図Ⅰ中のX—X′が表している緯度0度の線は何と呼ばれているか。**漢字2字**で書きなさい。（　　　）

図Ⅰ

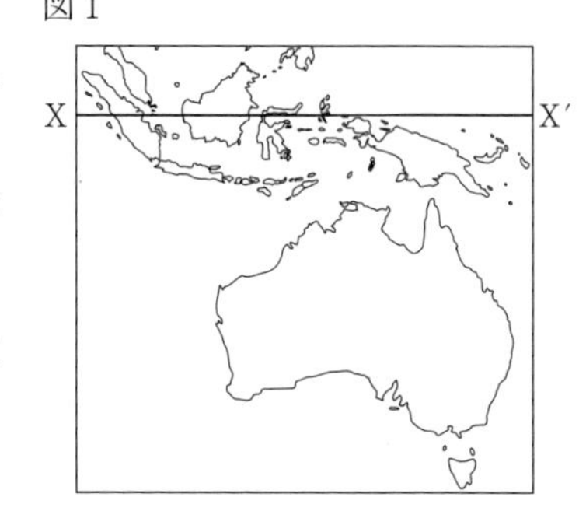

②　次の文は，オーストラリア大陸の気候にかかわることがらについて述べたものである。あとのア～エのうち，文中の［ B ］，［ C ］に当てはまる語の組み合わせとして正しいものはどれか。一つ選び，記号を○で囲みなさい。

（ア　イ　ウ　エ）

・オーストラリア大陸は，世界の諸地域を六つの州に分けた場合，［ B ］州に属しており，各気候の影響を受けて作り出された自然の風景が，世界遺産として登録されている。

・オーストラリア大陸はかつて［ C ］の植民地であった。［ C ］からの移住は，温暖なオーストラリア大陸東岸で始まった。

ア　B　アジア　　C　イギリス　　イ　B　アジア　　C　フランス

ウ　B　オセアニア　　C　イギリス　　エ　B　オセアニア　　C　フランス

(3)　アフリカ州では，熱帯の気候の特徴をもつ地域が広がっており，熱帯の気候に応じた農産物が生産されている。

①　次のア～エのうち，2019 年にコートジボワールが生産量世界第 1 位であった農産物はどれか。一つ選び，記号を○で囲みなさい。（ア　イ　ウ　エ）

ア　オレンジ　　イ　カカオ豆　　ウ　じゃがいも　　エ　とうもろこし

②　次の文は，アフリカ州の一部で行われている焼畑農業について述べたものである。文中の（　　）には，焼畑農業における灰の役割についての内容が入る。文中の（　　）に入れるのに適している内容を，「灰」の語を用いて簡潔に書きなさい。

（　　　　　　　　　　　　　　　　　　　　）

焼畑農業では，森林や草原の草木を焼いて農地とし，その森林や草原の草木を焼いてできた（　　　　　）ことで農産物を生産する。焼畑農業を行う人々は，土地の栄養分がなくなってくると，その土地を一定期間休ませ，別の土地を新たな農地とする。

2　わが国の国家のしくみにかかわる次の問いに答えなさい。

(1)　古代のわが国では，中国の制度や文化を取り入れながら国家のしくみを整えた。

①　701年に制定された，刑罰や政治のきまりなど国家のしくみを定めたものは何と呼ばれているか。次のア～エから一つ選び，記号を○で囲みなさい。（ア　イ　ウ　エ）

ア　十七条の憲法　　イ　大宝律令　　ウ　武家諸法度　　エ　分国法

②　次のア～エのうち，唐で仏教を学び，帰国後に真言宗を広めた人物はだれか。一つ選び，記号を○で囲みなさい。（ア　イ　ウ　エ）

ア　鑑真　　イ　行基　　ウ　空海　　エ　最澄

(2)　中世から近世のわが国では，武士が権力を握るようになり，武家政治のしくみがつくられた。

①　次の(i)～(iii)は，12世紀後半から13世紀前半における，武家政治のしくみにかかわるできごとについて述べた文である。(i)～(iii)をできごとが起こった順に並べかえると，どのような順序になるか。あとのア～カから正しいものを一つ選び，記号を○で囲みなさい。

（ア　イ　ウ　エ　オ　カ）

(i)　平清盛が太政大臣に任じられた。
(ii)　北条泰時が武士の社会の慣習にもとづく御成敗式目を定めた。
(iii)　源頼朝が国ごとに守護を，荘園や公領に地頭をおくことを朝廷に認めさせた。

ア　(i)→(ii)→(iii)　　イ　(i)→(iii)→(ii)　　ウ　(ii)→(i)→(iii)　　エ　(ii)→(iii)→(i)
オ　(iii)→(i)→(ii)　　カ　(iii)→(ii)→(i)

②　右の写真は，室町幕府の8代将軍の足利義政によって建てられた慈照寺の銀閣の写真である。慈照寺の銀閣が建てられたころの文化は何と呼ばれているか。次のア～エから一つ選び，記号を○で囲みなさい。

（ア　イ　ウ　エ）

ア　桃山文化　　イ　東山文化　　ウ　北山文化　　エ　飛鳥文化

③　17世紀，江戸幕府は外国とのかかわりを制限するなか，オランダとの貿易を維持し，オランダから世界のようすにかかわる情報を得た。次のア～エのうち，17世紀における世界のようすについて述べた文として正しいものはどれか。一つ選び，記号を○で囲みなさい。

（ア　イ　ウ　エ）

ア　軍人のナポレオンが権力を握り，フランスの皇帝になった。
イ　マゼランの船隊がスペインの援助を受けて，初めての世界一周を達成した。
ウ　ルターが教会の改革を唱えて教皇や教会を批判し，ドイツで宗教改革が始まった。
エ　クロムウェルを指導者とする議会派が王政を廃止し，イギリスで共和政治が行われた。

(3)　明治時代以降のわが国では，近代国家のしくみが整えられた。わが国では，1889（明治22）年に選挙に関する法律が成立して以降，選挙権を有する者（以下「有権者」という。）の資格は何度か改められた。Uさんは，有権者の資格と，有権者数に興味をもち，わが国の人口と有権者数を調べた。表Iは，衆議院議員総選挙が実施された1890（明治23）年，1902（明治35）年，1920（大正9）年，1928（昭和3）年における，わが国の人口と有権者数を示したものである。あとの文は，Uさんが表Iをもとに調べた内容の一部である。文中のⓐ〔　　〕，ⓑ〔　　〕から適切なものをそれぞれ一つずつ選び，記号を○で囲みなさい。また，文中の（ ⓒ ）に入れるのに適している内容を，「納税額」「制限」の **2** 語を用いて簡潔に書きなさい。

ⓐ(ア　イ　ウ ）ⓑ(エ　オ　カ ）ⓒ(　　　　　　　　　　　　　　　　)

表Ⅰ　わが国の人口と有権者数

	人口(千人)	有権者数(千人)
1890年	39,902	451
1902年	44,964	983
1920年	55,963	3,069
1928年	62,595	12,409

(『新版日本長期統計総覧』により作成)

・表Ⅰより，わが国の人口に占める有権者数の割合が最も低いのはⓐ〔ア　1890　　イ　1902　　ウ　1920〕年である。

・表Ⅰで示した四つの年における有権者の資格のうち，年齢と性別に関する資格はⓑ〔エ　18　　オ　20　　カ　25〕歳以上の男子で共通しているが，納税額に関する資格はそれぞれ異なっている。

・1928年における有権者数の割合が1920年と比べて大きく変化しているのは，1925（大正14）年に選挙に関する法律が改正され，有権者の資格が改められて（　　ⓒ　　）ためである。

3　次の問いに答えなさい。

(1)　次の文は，基本的人権にかかわることについて記されている日本国憲法の条文の一部である。文中の［A］の箇所に用いられている語を書きなさい。（　　　）

「集会，結社及び言論，出版その他一切の［A］の自由は，これを保障する。」

(2)　次の文は，日本国憲法で保障されている社会権のうち，労働者の権利について述べたものである。文中の［B］に当てはまる語を書きなさい。（　　　）

日本国憲法には「勤労者の団結する権利及び［B］その他の団体行動をする権利」が記されており，団結権，［B］権，団体行動権が保障されている。

(3)　わが国では，政治のしくみとして，立法権，行政権，司法権をそれぞれ異なる機関が担当することによって，権力が相互に抑制し合い均衡を保ち，国民の権利や自由を保障している。

①　立法権を担当しているのは国会である。次のア～エのうち，常会（通常国会）について述べた文はどれか。一つ選び，記号を○で囲みなさい。（ア　イ　ウ　エ）

ア　衆議院解散後の総選挙の日から30日以内に召集される。

イ　毎年1回，1月に召集され，会期が150日間となっている。

ウ　衆議院の解散中に，緊急の必要が生じたときに内閣の求めに応じて召集される。

エ　内閣が必要と認めたとき，または，衆議院か参議院の総議員の4分の1以上の要求があったときに召集される。

②　行政権を担当しているのは内閣である。次の文は，内閣の構成について述べたものである。文中の［C］に当てはまる語を**漢字4字**で書きなさい。（　　　）

内閣は，内閣総理大臣とその他の［C］から構成される。内閣総理大臣は国会議員の中から国会の議決で指名され，［C］は内閣総理大臣によって任命される。ただし，［C］の過半数は国会議員の中から選ばれなければならない。

③　司法権を担当しているのは裁判所である。次の文は，裁判官の身分の保障について述べたものである。文中の［D］に当てはまる語を書きなさい。（　　　）

わが国では，裁判の公正を保つために，日本国憲法によって裁判官の身分が保障されている。例えば，国会が設置する［D］裁判所の判決によりやめさせられる場合など，日本国憲法が定める特別な場合を除いて，裁判官はやめさせられない。

(4)　さまざまな財（モノ）やサービスは市場で売買されている。次の文は，市場価格の変動について述べたものである。文中のⓐ〔　　〕，ⓑ〔　　〕から適切なものをそれぞれ一つずつ選び，記号を○で囲みなさい。ⓐ（ア　イ）　ⓑ（ウ　エ）

商品Xが，市場において，ある価格で取り引きされており，その価格で需要量と供給量が一致していたとする。この商品Xの価格が下がると，一般にこの商品Xの需要量はⓐ〔ア　増加　イ　減少〕すると考えられ，このとき供給量に変化がなければ，供給量が需要量を下回る。供給量が需要量を下回ると，一般にこの商品Xの価格はⓑ〔ウ　上がる　エ　下がる〕と考えられる。

4　エネルギー資源と，産業の発展にかかわる次の問いに答えなさい。

(1)　石炭は世界に広く分布するエネルギー資源である。

①　図Ⅰは，2019年における，石炭の生産量の多い上位3か国を示したものである。次のア～エのうち，X，Yに当たる国名の組み合わせとして最も適しているものはどれか。一つ選び，記号を○で囲みなさい。

図Ⅰ

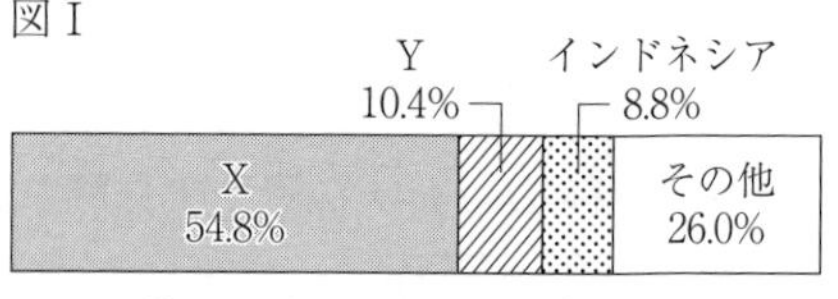

(『世界国勢図会』2022／23年版により作成)

(ア　イ　ウ　エ)

ア　X　カナダ　　Y　サウジアラビア　　イ　X　カナダ　　Y　インド
ウ　X　中国　　Y　サウジアラビア　　エ　X　中国　　Y　インド

②　石炭は鉄鋼の生産にも使用される。20世紀初めに鉄鋼の生産を開始した八幡(やはた)製鉄所は，日本の重工業分野で中心的な役割を果たした。次の文は，20世紀初めにおける日本の工業の発展にかかわることがらについて述べたものである。文中のⓐ〔　〕，ⓑ〔　〕から適切なものをそれぞれ一つずつ選び，記号を○で囲みなさい。ⓐ(ア　イ)　ⓑ(ウ　エ)

・1901（明治34）年，八幡製鉄所は現在のⓐ〔ア　長崎県　　イ　福岡県〕で鉄鋼の生産を開始した。八幡製鉄所の鉄鋼には，中国の鉄鉱石や筑豊(ちくほう)炭田の石炭がおもに使用された。
・工業の発展にともなって，労働者の厳しい労働環境が問題となった。明治政府は，1911（明治44）年に労働時間の制限などの労働環境の改善を定めたⓑ〔ウ　治安維持法　　エ　工場法〕を制定した。

(2)　第二次世界大戦後，産業の発展とともに日本で使用されるおもなエネルギー資源は変化した。

①　次の文は，日本の1950年代から1970年代における産業とエネルギー資源の移り変わりについて述べたものである。文中の［A］に当てはまる語を**漢字2字**で書きなさい。(　　　)

鉄鋼や造船などの重化学工業が発展し，瀬戸内工業地域や中京工業地帯などに巨大な［A］化学コンビナートが造られた。また，おもなエネルギー資源が石炭から［A］に移るエネルギー革命と呼ばれる変化が起きた。

②　1960年代，産業が発展するにつれて公害問題が深刻化した。

(a)　四大公害病の一つである四日市(よっかいち)ぜんそくは，四日市市を中心とした地域で大気汚染が原因となり，発生した。四日市市が位置する県はどこか。県名を書きなさい。(　　　県)

(b)　次のア～エのうち，公害対策や感染症の予防などを行う社会保障の制度はどれか。一つ選び，記号を○で囲みなさい。(ア　イ　ウ　エ)

ア　公衆衛生　　イ　社会福祉　　ウ　公的扶助　　エ　社会保険

(3)　電気は日常のさまざまな場面で使用される。表Ⅰは，2021年における電気自動車の販売台数の多い上位5か国（以下「5か国」という。）について，2020年と2021年の電気自動車の販売台数を示したものである。図Ⅱは，表Ⅰの5か国について，2020年と2021年における乗用車の販売台数に占める電気自動車の販売台数の割合を示したものである。表Ⅰ，図Ⅱの電気自動車の種類はいずれも乗用車である。あとのア～エのうち，表Ⅰ，図Ⅱから読み取れる内容についてまとめたものとして正しいものはどれか。**すべて選び**，記号を○で囲みなさい。(ア　イ　ウ　エ)

表Ⅰ　電気自動車の販売台数（千台）

	2020年	2021年
中国	1,160	3,334
ドイツ	395	681
アメリカ合衆国	295	631
イギリス	175	312
フランス	185	309
その他	783	1,305
世界全体	2,993	6,572

図Ⅱ　乗用車の販売台数に占める電気自動車の販売台数の割合（%）

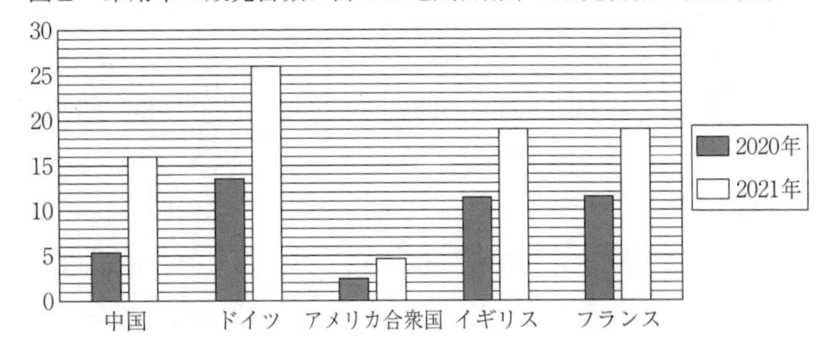

（注）電気自動車＝車外から充電した電気を動力とする自動車と，車外から充電した電気とガソリンを動力とする自動車。
乗用車＝人の輸送に使われる，乗車定員10人以下の自動車。

（表Ⅰ，図Ⅱともに『世界国勢図会』2022／23年版により作成）

ア　電気自動車の販売台数について，2020年と2021年を比べると，世界全体の電気自動車の販売台数は2倍以上に増加しており，5か国いずれの国においても2倍以上に増加している。

イ　乗用車の販売台数に占める電気自動車の販売台数の割合について，2020年と2021年を比べると，5か国いずれの国も増加しており，いずれの年においても，5か国のうちドイツが最も高い。

ウ　中国の電気自動車の販売台数は，2020年と2021年のいずれの年においても，世界全体の電気自動車の販売台数の3分の1以上を占めており，2020年と2021年のいずれの年においても，ドイツ，アメリカ合衆国，イギリス，フランスの販売台数の合計より多くなっている。

エ　5か国のうち，2021年におけるヨーロッパの国々について，いずれの国においても，電気自動車の販売台数は30万台以上であり，乗用車の販売台数に占める電気自動車の販売台数の割合は20％以上を占めている。

理科

時間　40分　　　満点　45点

1　植物のからだのつくりと光合成について，次の問いに答えなさい。

(1)　アブラナやツツジの花には，めしべ，おしべ，花弁などのつくりがある。アブラナやツツジの花のつくりのうち，花粉の入ったやくと呼ばれる部分があるものはどれか。次のア～ウから一つ選び，記号を○で囲みなさい。(　ア　イ　ウ　)

ア　めしべ　　イ　おしべ　　ウ　花弁

(2)　イヌワラビやゼンマイは，胞子でふえ，葉や茎と根の区別がある植物である。このような植物のなかまは何植物に分類されるか。次のア～エから一つ選び，記号を○で囲みなさい。

(　ア　イ　ウ　エ　)

ア　被子植物　　イ　裸子植物　　ウ　コケ植物　　エ　シダ植物

(3)　タマネギは多細胞生物である。多細胞生物について述べた次の文中の［ⓐ］～［ⓒ］に入れるのに適している語の組み合わせを，あとのア～エから一つ選び，記号を○で囲みなさい。

(　ア　イ　ウ　エ　)

多細胞生物は，同じはたらきをもった［ⓐ］が集まって［ⓑ］をつくり，さらにいくつかの種類の［ⓑ］が集まって［ⓒ］をつくっている。

ア　ⓐ　組織　ⓑ　器官　ⓒ　細胞　　イ　ⓐ　組織　ⓑ　細胞　ⓒ　器官

ウ　ⓐ　細胞　ⓑ　器官　ⓒ　組織　　エ　ⓐ　細胞　ⓑ　組織　ⓒ　器官

(4)　植物が光合成を行ってデンプンをつくるのに必要な条件を調べるために，ふ入りの葉をもつ植物を用いて実験を行った。

【実験】　ふ入りの葉をもつ植物を光の当たらない暗い場所に1日置き，図Ⅰのように，アルミニウムはくでふ入りの葉1枚を覆ってからこの植物に十分に光を当てた。その後，アルミニウムはくで覆っていなかった葉を取って葉Aとし，アルミニウムはくで覆っていた葉を取って葉Bとした。葉A，葉Bをエタノールで脱色した後，ヨウ素液に浸して変化を観察した。表Ⅰは，その結果をまとめたものである。

図Ⅰ

ふの部分
緑色の部分
アルミニウムはくで覆った，ふ入りの葉
十分に光を当てた後，この葉を取り，葉Aとする。
十分に光を当てた後，この葉を取り，葉Bとする。

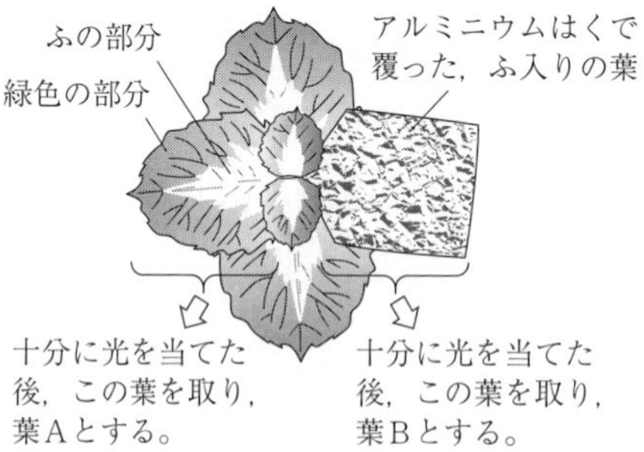

表Ⅰ

	観察した部分	ヨウ素液の色の変化
結果1	葉Aのふの部分	変化しなかった
結果2	葉Aの緑色の部分	青紫色に変化した
結果3	葉Bのふの部分	変化しなかった
結果4	葉Bの緑色の部分	変化しなかった

①　次の文中の［ⓓ］に入れる内容として適しているものをあとのア～カから一つ選び，記号を○で囲みなさい。(　ア　イ　ウ　エ　オ　カ　)

光合成に光が必要であることは，表Ⅰに示す［ⓓ］を比較すると分かる。

ア　結果1と結果2　　イ　結果1と結果3　　ウ　結果1と結果4　　エ　結果2と結果3
オ　結果2と結果4　　カ　結果3と結果4

② 図Ⅱは，ヨウ素液によって青紫色に変化した部分の細胞を顕微鏡で観察したときのスケッチである。細胞内にみられた多数の青紫色に染まった粒は，エタノールで脱色される前はすべて緑色であったことが分かっている。この粒は何と呼ばれているか，書きなさい。（　　　）

図Ⅱ

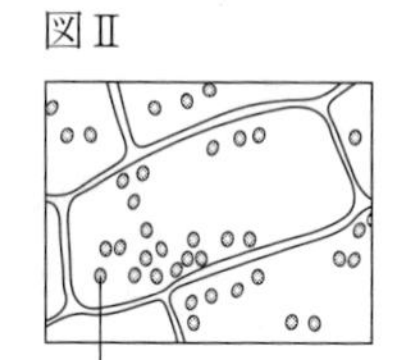

青紫色に染まった粒

(5) 一般に，植物は二酸化炭素や酸素などの気体を取り入れたり放出したりしている。次の文中の［ⓔ］に入れるのに適している語を**漢字2字**で書きなさい。（　　　）

植物は動物と同様に，酸素を取り入れて二酸化炭素を放出する［ⓔ］と呼ばれる生命活動をつねに行っているが，光が十分に当たっているときは，二酸化炭素を取り入れて酸素を放出する光合成だけを行っているようにみえる。

(6) 陸上のある生態系において，つり合いの取れた状態にある，植物，草食動物，肉食動物の生物の数量（生物量）の関係は，図Ⅲのようなピラミッドの形となっている。図Ⅲ中のa～cは，植物，草食動物，肉食動物のいずれかを示している。次の文中のⓕ〔　　〕，ⓖ〔　　〕から適切なものをそれぞれ一つずつ選び，記号を○で囲みなさい。ⓕ（ア　イ）　ⓖ（ウ　エ　オ）

図Ⅲ

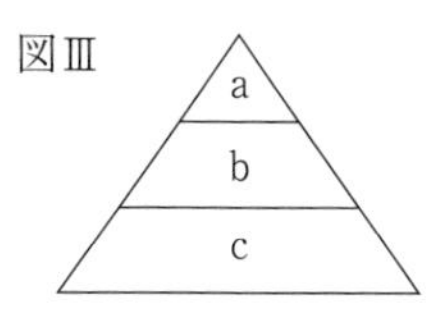

生態系において，光合成を行う植物は，ⓕ〔ア　消費者　　イ　生産者〕と呼ばれており，図Ⅲにおいて，植物を示すものはⓖ〔ウ　a　　エ　b　　オ　c〕であると考えられる。

2　次の［Ⅰ］,［Ⅱ］に答えなさい。

［Ⅰ］　電気の性質と電流について，次の問いに答えなさい。

(1)　電気には＋の電気と－の電気の2種類がある。次のア～ウのうち，電気を帯びた二つの物体が引き合うのはどの場合か。一つ選び，記号を○で囲みなさい。(ア　イ　ウ)

ア　＋の電気を帯びた物体どうしを近づけた場合

イ　－の電気を帯びた物体どうしを近づけた場合

ウ　＋の電気を帯びた物体と－の電気を帯びた物体とを近づけた場合

(2)　金属の中には，電気を帯びた電子が存在している。

①　電子と電流について述べた次の文中のⓐ〔　　〕，ⓑ〔　　〕から適切なものをそれぞれ一つずつ選び，記号を○で囲みなさい。ⓐ(ア　イ)　ⓑ(ウ　エ)

電子はⓐ〔ア　＋の電気　　イ　－の電気〕をもった粒子である。金属に電流が流れているとき，電流の向きと電子の移動の向きはⓑ〔ウ　同じ　　エ　逆〕である。

②　導線に使われる金属のように，電気抵抗が小さく，電流が流れやすい（電気を通しやすい）物質は一般に何と呼ばれているか。**漢字2字**で書きなさい。(　　　)

(3)　電流には直流と交流がある。あとのア～エのうち，家庭のコンセントの電流について述べた次の文中の［ⓒ］，［ⓓ］に入れるのに適している内容の組み合わせはどれか。一つ選び，記号を○で囲みなさい。(ア　イ　ウ　エ)

コンセント

家庭のコンセントの電流は［ⓒ］である。電流の向きに着目すると，［ⓒ］には電流の向きが［ⓓ］という特徴があり，変圧器で電圧を変えやすいという利点がある。

ア　ⓒ　直流　ⓓ　周期的に変わる　　イ　ⓒ　直流　ⓓ　一定である

ウ　ⓒ　交流　ⓓ　周期的に変わる　　エ　ⓒ　交流　ⓓ　一定である

［Ⅱ］　音の伝わり方について，次の問いに答えなさい。

(4)　音が伝わるには，音を伝える物質が必要である。このことについて述べた次のア～エのうち，内容が正しいものを一つ選び，記号を○で囲みなさい。(ア　イ　ウ　エ)

ア　音は，気体の中を伝わり，液体や固体の中では伝わらない。

イ　音は，気体や液体の中を伝わり，固体の中では伝わらない。

ウ　音は，気体や固体の中を伝わり，液体の中では伝わらない。

エ　音は，気体，液体，固体のいずれの中でも伝わる。

(5)　図Ⅰのようなおんさから出た音の波形を，オシロスコープを用いて観察したところ，おんさを鳴らした直後と，おんさを鳴らして数秒後の音の波形は，それぞれ図Ⅱのようになった。ただし，図Ⅱ中の↕は振幅を表し，横軸の1めもりは0.002秒を表している。

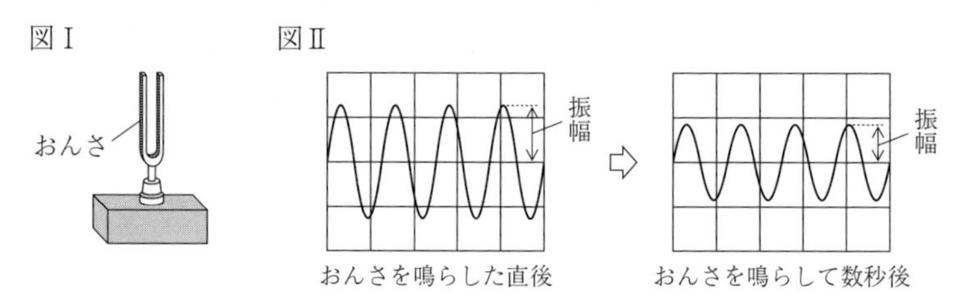

① 1秒間におんさなどの音源が振動する回数を振動数という。次のア～エのうち，振動数の単位を表すものはどれか。一つ選び，記号を○で囲みなさい。（ ア イ ウ エ ）

ア Pa　イ J　ウ Ω　エ Hz

② 図Ⅱより，おんさを鳴らした直後も，おんさを鳴らして数秒後も，おんさは横軸の5めもりが表す時間に4回振動していると考えられる。このことから，おんさは1秒間に何回振動していると考えられるか，求めなさい。（　　　回）

③ オシロスコープを用いると，音のわずかな変化を観察することができる。次の文は，おんさから出た音の大きさの変化について，図Ⅱから分かることを述べたものである。文中の［ⓔ］に入れるのに適している内容を簡潔に書きなさい。（　　　　　　　　）

図Ⅱから，おんさを鳴らして数秒後の音の波形は，おんさを鳴らした直後の音の波形に比べて［ⓔ］ことが読み取れ，おんさを鳴らして数秒間で音は小さくなったことが分かる。

3 理科の授業で，アンモニア，水素，二酸化炭素，酸素をそれぞれ右の図のように試験管に集め，気体の性質を確認する実験を換気が十分な実験室で行った。次の問いに答えなさい。

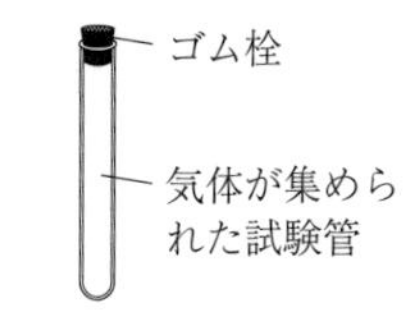

【アンモニアの性質を確認する実験】 アンモニアを集めた試験管のゴム栓を取って，㋐図Ⅰのように，あおぐようにしてにおいを確認したところ，特有の刺激臭が確認された。

図Ⅰ

(1) 次のア～ウのうち，下線部㋐のようにする理由を述べた文として最も適しているものはどれか。一つ選び，記号を○で囲みなさい。

（ア　イ　ウ）

ア　においを確認する気体を必要以上に吸い込まないようにするため。
イ　においを確認する気体の温度を下げるため。
ウ　においを確認する気体が試験管から出ないようにするため。

(2) アンモニアの性質と集め方について述べた次の文中のⓐ〔　　〕，ⓑ〔　　〕から適切なものをそれぞれ一つずつ選び，記号を○で囲みなさい。ⓐ（ア　イ）ⓑ（ウ　エ）

アンモニアは，水にⓐ〔ア　とけやすく　　イ　とけにくく〕，空気より密度がⓑ〔ウ　小さい　エ　大きい〕気体であるため，上方置換法で集める。

【水素の性質を確認する実験】 水素を集めた試験管のゴム栓を取って，速やかに火のついたマッチを試験管の口に近づけたところ，音を立てて㋑燃焼し，㋒水ができた。

(3) 下線部㋑のような，周囲の温度が上がる化学反応が発熱反応と呼ばれているのに対して，炭酸水素ナトリウム水溶液にクエン酸を加えたときのような，周囲の温度が下がる化学反応は何反応と呼ばれているか，書きなさい。（　　　反応）

(4) 下線部㋒の物質を**化学式**で書きなさい。（　　　）

【二酸化炭素，酸素の性質を確認する実験】 図Ⅱのように，二酸化炭素を集めた試験管と酸素を集めた試験管を用意し，次の操作1，操作2を行った。

図Ⅱ

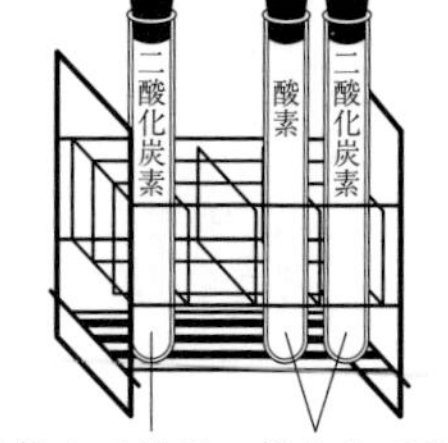

操作1：二酸化炭素を集めた試験管を1本取り，ゴム栓を外して，水でうすめた緑色のBTB溶液を2mL入れた。その後，速やかにゴム栓をして振った。

操作2：酸素を集めた試験管と二酸化炭素を集めた試験管のゴム栓を外し，それぞれに火のついた線香を入れた。

(5) 操作1で試験管を振ると，水でうすめた緑色のBTB溶液に二酸化炭素がとけ，試験管内の緑色のBTB溶液の色は変化した。次の文中のⓒ〔　　〕，ⓓ〔　　〕から適切なものをそれぞれ一つずつ選び，記号を○で囲みなさい。ⓒ（ア　イ）ⓓ（ウ　エ）

二酸化炭素の水溶液は，ⓒ〔ア　酸性　　イ　アルカリ性〕を示す。このため，操作1の結果，試験管内の緑色のBTB溶液の色はⓓ〔ウ　黄色　　エ　青色〕に変化した。

(6) 操作2の結果，それぞれの試験管の中で，線香の火のようすが変化した。

① 操作２の結果から考えられる，試験管に集められた気体の性質について述べた次の文中の［ ⓔ ］に入れるのに適している内容を簡潔に書きなさい。（　　　　　　　　　　　）

操作２の結果，試験管の中で線香が激しく燃えれば，その試験管に集められた気体には，線香に限らず一般に［ ⓔ ］性質があることが考えられる。

② 次のア～エのうち，操作２の結果について述べた文として最も適しているものはどれか。一つ選び，記号を○で囲みなさい。（ ア　イ　ウ　エ ）

ア　酸素を集めた試験管の中では線香は激しく燃え，二酸化炭素を集めた試験管の中でも線香は激しく燃えた。

イ　酸素を集めた試験管の中では線香は激しく燃え，二酸化炭素を集めた試験管の中では線香の火は消えた。

ウ　酸素を集めた試験管の中では線香の火は消え，二酸化炭素を集めた試験管の中では線香は激しく燃えた。

エ　酸素を集めた試験管の中では線香の火は消え，二酸化炭素を集めた試験管の中でも線香の火は消えた。

4　次の［Ⅰ］,［Ⅱ］に答えなさい。

［Ⅰ］　太陽系の天体について，次の問いに答えなさい。

(1)　地球の大気について述べた次の文中のⓐ〔　　〕から適切なものを一つ選び，記号を○で囲みなさい。(　ア　イ　ウ　)

地球の大気は，主にⓐ〔ア　水素とヘリウム　　イ　窒素と酸素　　ウ　二酸化炭素〕からなる。

(2)　惑星は，地球型惑星と木星型惑星に分けられる。

①　次のア～エのうち，火星と土星について述べた文として正しいものはどれか。一つ選び，記号を○で囲みなさい。(　ア　イ　ウ　エ　)

ア　火星も土星も，地球型惑星に分類される。

イ　火星も土星も，木星型惑星に分類される。

ウ　火星は地球型惑星に分類され，土星は木星型惑星に分類される。

エ　火星は木星型惑星に分類され，土星は地球型惑星に分類される。

②　地球型惑星と木星型惑星の，大きさと太陽からの距離について述べた次の文中のⓑ〔　　〕，ⓒ〔　　〕から適切なものをそれぞれ一つずつ選び，記号を○で囲みなさい。

ⓑ(　ア　イ　)　ⓒ(　ウ　エ　)

地球型惑星は木星型惑星に比べて，半径がⓑ〔ア　小さく　　イ　大きく〕，太陽からの距離がⓒ〔ウ　近い　　エ　遠い〕。

(3)　太陽系には，太陽の周りを回る惑星のほかにもさまざまな天体が存在している。月のように，惑星の周りを回る天体は一般に何と呼ばれているか，書きなさい。(　　　　)

［Ⅱ］　湿度と，空気に含まれている水蒸気の量について，次の問いに答えなさい。

(4)　湿度は，乾湿計を用いて測定することができる。図Ⅰは，部屋に設置された乾湿計の一部を模式的に表したものであり，表Ⅰは，湿度表の一部を示している。乾湿計が図Ⅰのような値を示すとき，部屋の湿度は，表Ⅰから何％であると考えられるか，書きなさい。(　　　　％)

図Ⅰ

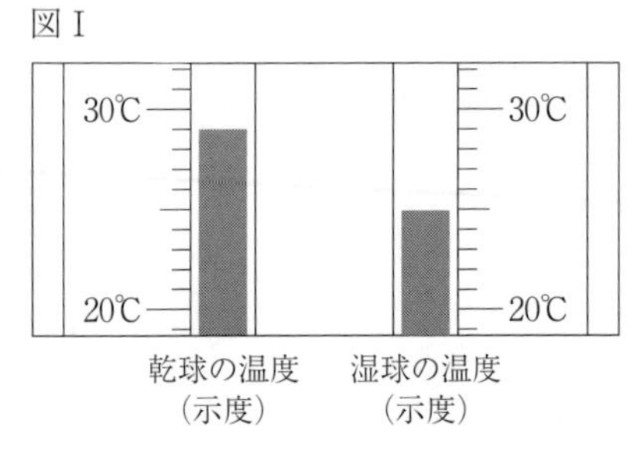

表Ⅰ

乾球〔℃〕	乾球と湿球の温度(示度)の差〔℃〕				
	3.0	3.5	4.0	4.5	5.0
30	78	75	72	68	65
29	78	74	71	68	64
28	77	74	70	67	64
27	77	73	70	66	63
26	76	73	69	65	62
25	76	72	68	65	61

(5)　空気 $1\,m^3$ に含まれている水蒸気の量を $A\,g/m^3$ とし，その空気の温度での空気 $1\,m^3$ の飽和水蒸気量を $B\,g/m^3$ とする。湿度について述べた次の文中の［　ⓓ　］に入れるのに適している文字式を，AとBを用いて書きなさい。(　　　　)

湿度は，［　ⓓ　］に100をかけた値〔％〕で表す。

(6) 密閉された透明な容器内の空気の温度を，18 ℃から下げていった。すると，容器内の空気の温度が 15 ℃のときに湿度は 100 %に達し，空気に含まれている水蒸気が水滴になり始め，容器の内側の面がくもった。さらに，容器内の空気の温度を，15 ℃から下げていった。表Ⅱは，空気の温度に対する飽和水蒸気量を示している。

表Ⅱ

温度〔℃〕	飽和水蒸気量〔g/m^3〕
6	7.3
7	7.8
8	8.3
9	8.8
10	9.4
11	10.0
12	10.7
13	11.4
14	12.1
15	12.8
16	13.6
17	14.5
18	15.4

① 空気が冷やされることによって，空気に含まれている水蒸気が水滴になり始める温度は何と呼ばれているか，書きなさい。

( )

② 次の文は，容器内の空気の温度を下げた際に，容器内で水滴になっている水蒸気の量について述べたものである。文中の ⓔ に入れるのに適している数を，表Ⅱ中の値を用いて求めなさい。ただし，容器内の空気の体積は $0.02m^3$ とする。

( )

容器内の空気の温度を 18 ℃から ⓔ ℃まで下げると，ちょうど 0.1g の水蒸気が水滴になっていると考えられる。

たらしい情報を得るよりも、マテリアルに手で触れて質感を知り、きちんとした実感をともなう生きた知識と思考を蓄積していく必要がある。

イ　空間デザイナーは、モニターの外側にある、広い世界でデザインをするのではなく、デザインを頭のなかだけで起きている現象としてとらえて、デザインをすることが大切である。

ウ　デザインには、過ごした時間の全部が反映されるため、考えつづけることが重要であり、どんなときも興味をもってその瞬間に立ち会い、無為に時を過ごさないことが大切である。

ントーン明るいものにしてもいいかもしれない。逆に空気が乾燥している土地なら日差しを強く感じるから、日除けとなるような装飾を取りつける方法が有効になるかもしれない。そうしたことを判断するには、本や写真やネットからでは得ることができない、自分のからだを通した経験が必要になる。

人についても同じだ。クライアントはいうにおよばず、デザインした空間を使う人のことを知らないと描くことのできないイメージがある。

Ⅰ
先日、京都のある料亭にお邪魔したのだが、お店のつくりやしつらえ、提供される料理にすっかり魅了されて、ここで働いているのはどんな人なのかと、お店の方とすっかり話し込んでしまった。すると、実際に厨房に立ち、料理人と一緒に料理体験をするイベントに誘ってもらえたのだ。これは貴重な体験になった。ふだんとは真逆の、カウンター越しから客席を見る視点に、手元を見せる日本料理の奥深さを感じることができたし、厨房がいかに機能的に、それでいて美的に設計されているかに触れることで、この空間を使う人でなければ見ることのできない景色を体験することができた。

すぐに仕事につながらなくても、こうした経験のくりかえしが、意識的にであれ無意識的にであれ、デザインには着実に反映される。どれだけ実体験をもって設計にあたることができるのか。デザインを頭のなかだけで起きている現象にしないためにも、モニターの外側にある、広い世界でデザインをする。だから、よろこびと驚きをもってさまざまな土地をめぐり、その背景を知ることが大切なのだ。

大事なことは、どんなときも興味をもってその瞬間に立ち会うこと、無為に時を過ごさないこと。デザインには、過ごした時間の全部が反映される。だから考えつづけることが重要になる。考えつづけた時間は、結果を裏切らない。

（吉里謙一「にぎわいのデザイン」より）

（注）マテリアル＝材料。素材。
クライアント＝依頼人。

1 ①その土地を歩き、そこで暮らす人たちと交流するように努めているとあるが、筆者がこのように努めている理由として、本文中で述べられている内容を次のようにまとめた。［a］に入れるのに最も適しているひとつづきのことばを、本文中から二十字で抜き出し、**初めの六字**を書きなさい。また、［b］に入る内容を、本文中のことばを使って**二十字以上、二十五字以内**で書きなさい。

a ［　　　　　　］

b ［　　　　　　　　　　　　　　　　　　　　　　　　　］

空間デザイナーがつくるのは、［a］であり、いきいきとした空間を生みだすにあたって、［b］ほど豊かで貴重なものはないから。

2 次のうち、本文中の［②］に入れるのに最も適していることばはどれか。一つ選び、記号を○で囲みなさい。（ア　イ　ウ）

ア　しかし　　イ　たとえば　　ウ　さらに

3 本文中のⅠで示した箇所は、本文において、どのようなことを説明するための具体例か。その内容についてまとめた次の文の［　］に入れるのに最も適しているひとつづきのことばを、本文中から**二十五字**で抜き出し、**初めの六字**を書きなさい。

［　　　　　　］

空間をデザインする際、その空間を［　］があるということ。

4 次のうち、本文中で述べられていることがらと内容の合うものはどれか。最も適しているものを一つ選び、記号を○で囲みなさい。（ア　イ　ウ）

ア　自分のデザインを支える土台を築きあげるには、読書を通じてあ

④という文字も上の部分がつき出るように書くと⑤という文字になるということをふまえて、「牛よ」と言ったということだね。

Aさん　孔子は、そのことを弟子たちが理解できるかをためそうとし、顔回がその真意を言い当てたわけだね。

1　①いひけるを現代かなづかいになおして、**すべてひらがなで**書きなさい。（　　）

2　次のうち、【会話】中の②に入れるのに最も適していることばはどれか。一つ選び、記号を○で囲みなさい。（ア　イ　ウ）

ア　もの知りだ　　イ　当然だ　　ウ　不思議だ

3　次のうち、【会話】中の③、④、⑤に入れることばの組み合わせとして最も適しているものはどれか。一つ選び、記号を○で囲みなさい。（ア　イ　ウ　エ）

ア　③　午　　④　馬　　⑤　牛
イ　③　馬　　④　午　　⑤　牛
ウ　③　馬　　④　牛　　⑤　午
エ　③　午　　④　牛　　⑤　馬

4　次は、空間デザイナーである筆者がデザインをすることについて書いた文章である。これを読んで、あとの問いに答えなさい。

デザインがたんなる造形表現ではないことは、学生時代に学んだ。重要なのは形だけのアイデアではなく、その形になるように条件づけた要素の抽出と選択だ。そうした自分のデザインを支える土台を築きあげるには、机の前でパソコンと向きあっているだけではだめで、読書を通じてあたらしい情報を得たり、つねにマテリアルを身近なところに置いて手で触れ質感を知ったりすることが欠かせない。つまりきちんとした実感をともなう生きた知識と思考を蓄積していかなければならない。

とくに空間デザイナーがつくるのは、さまざまな人の営みを包摂する立体的な空間だ。空間が単体で成り立つことはなく、たとえばそれが独立した店舗であるならば、周囲にはほかにどのような建物があるのか、そこにはどのような人びとが訪れるのか、街の特色は、地域住民の構成は——そういうことを知ること抜きに、いきいきとした空間を生みだすことはできない。

だから仕事で出かけるとき、とくに出張するときには、できるだけ時間をつくって①その土地を歩き、そこで暮らす人たちと交流するように努めている。どんなに短い時間であっても、全身で体感した経験ほど豊かな情報はないし、生の会話から得られる知見ほど貴重なものはないからだ。

②ホテルの客室を設計するとして、採光がキーポイントになったとする。太陽との位置関係から、客室内の明るさを保つために窓枠の位置と大きさを決めるのだが、そのとき、その土地の太陽の光の強さを知っていなければ、ほんとうに最適な空間を設計することはできないだろう。夏場であってもモヤが立ちこめることの多い環境なら、窓枠のサイズは通常より広くてもいいかもしれない。あるいは壁紙や絨毯（じゅうたん）、クロス類をワ

こと。

3　②漢字を並べただけでも、植物素材と人とのかかわりの長さと深さを垣間見ることができるとあるが、本文中で筆者が挙げている、植物素材と人とのかかわりの長さと深さが垣間見られる漢字の例を次のようにまとめた。［a］に入る内容を、本文中のことばを使って**二十字以上、三十字以内**で書きなさい。また、［b］に入れるのに最も適しているひとつづきのことばを、本文中から**五字**で抜き出しなさい。

a ［　　　　　　　　　　　　　　　　　　　　　　　　　　　　］

b ［　　　　　］

○　箕、笊、籠、竿などのように、［a］という例。

○　「漆」は、木の中でひとつだけ［b］が充てられており、葉や幹よりも樹液が表現されているという例。

4　次のうち、本文中で述べられていることがらと内容の合うものはどれか。最も適しているものを一つ選び、記号を○で囲みなさい。

（ア　イ　ウ）

ア　石油をはじめとした地下資源の使用量が格段に増えていったのは、ここ100年ほどの話であるが、地下資源は、それ以前から植物と同じくらい人の暮らしに役立てられてきた。

イ　植物は再生力を持っているので、木を伐り出したときに新しい苗を植えれば、何十年か後には立派な木が育ち、多年草なら、どんな採り方をしても、来年も、その次の年も収穫することができる。

ウ　いい職人は、自然への畏敬の念ともいえる、素材に対する強い愛着を持っており、ただ素材を自然から採るだけではなく、自然を守っていくことも忘れてはいない。

3　次の【本文】と、その内容についてのAさんとBさんとの【会話】を読んで、あとの問いに答えなさい。

【本文】

孔子の、弟子どもを具して、道をおはしけるに、垣より、馬、かしらをさしいでてありけるを見て、「牛よ」とのたまひければ、弟子ども、あやしと思ひて、あるやうあらむ（あるだろう）と思ひて、道すがら、心を見む（見よう）と思ひけるに、顔回（がんくわい）と①いひける第一の弟子の、一里を行きて、心得たりけるやう、「日よみの午（うま）といへる文字の、かしらさしいだして書きたるをば、牛といふ文字になれば、人の心を見むとて、のたまふなりけり」と思ひて、問ひ申しければ、「しか、さなり（そう、その通りだ）」とぞ、答へ給（たま）ひける。

（注）顔回＝孔子の弟子。
日よみ＝ここでは、十二支のこと。

【会話】

Aさん　孔子が、馬を見て「牛よ」と言ったことに対して、弟子たちは［②］と思い、何か理由があるだろうと、歩きながら、孔子の真意を見ようとしていたよ。

Bさん　そして、第一の弟子の顔回が、その真意に気づいたよね。

Aさん　そうそう。顔回は、孔子が馬を見て「牛よ」と言ったのは、馬が十二支では午という文字で表されることが関係していると考えていたよ。

Bさん　つまり、孔子は、［③］が垣から頭をつき出している様子から、

2　次の文章を読んで、あとの問いに答えなさい。

植物ほど、人 A の暮らしに役立てられてきた天然素材はないのではないだろうか。もっとも、石油をはじめとした地下資源は大量に使われている。しかし、それらの使用量が格段に増えていったのは、ここ100年ほどの話で、人類の歴史 B の中では、ごくごく最近のことである。それまでの人の暮らしは、植物からつくる生活道具に支えられてきた。

これほど木や草が暮らしに役立てられている背景には、植物 C の持っている再生力がある。木を伐り出したときに、新しい苗を植えてやれば、何十年か後には立派な木が育つ。また多年草なら、根を絶やしてしまうような採り方さえしなければ、来年も、その次の年も収穫することができる。植物でつくられた生活道具に接するとき、そうした、自然の恩恵を得ながら、自然を守り続けてきた古人の知恵を思い起こしたいものである。

手仕事の職人には、なぜか、洒落た話を聞かせてくれる人が多い。たくさんの樹種を扱う大工は①「適材適所」とよくいう。必要な場所に最適の人材を配置するということだけではない。もっとも適した樹種を、最適の位置に組み入れることをいうのだ。いい職人は、人の適性を見抜くように、材料の適性をも見極めようとしてきた。もちろん、こうした力は木工技術だけに備わるのではない。この道具にこの素材あり。植物素材の道具たちは、素材の性格が表面にも出やすいので、ぜひその豊かな表情を楽しみたい。

ところで、そんな植物たちの中で、竹は木なのか草なのか。植物学的にはイネ科に属し、どうやら草の部類らしい。しかし、古人は「竹は凡草衆木にあらず」といった。梅雨時だと一日に120cmも伸びるときがあるという生長力や加工のしやすさから、あまたの木や草とは分けたのである。そんな竹でつくった生活道具には、箕、笊、籠、竿などと、みな竹冠の漢字が充てられる。草や木には、種類ごとに草冠、木偏の漢字がある。だが、木の中にひとつだけ三水の漢字を充てられる樹種がある。それは「漆」である。葉や幹よりも樹液が表現されたわけだが、②漢字を並べただけでも、植物素材と人とのかかわりの長さと深さを垣間見ることができる。

「重力に逆らって、何十mも伸びていく。これは考えてみると不思議なことです。そんな植物の神秘的な力に魅せられて、木工の世界にのめり込んでしまいました」

という話をかつて木工職人から聞いたことがある。いい職人とは、素材に強い愛着を持つ人ではないだろうか。それは自然への畏敬の念ともいえる。そんな職人は、ただ素材を自然から採るだけではなく、自然を守っていくことも忘れてはいない。

(藍野裕之「ずっと使いたい、和の生活道具」より)

(注)　箕＝穀類を揺り動かしてふるい、殻やごみを除く農具。

1　本文中のA～Cの──を付けた「の」のうち、一つだけ他とはたらきの異なるものがある。その記号を○で囲みなさい。(　A　B　C　)

2　①「適材適所」とあるが、次のうち、たくさんの樹種を扱う大工がいう「適材適所」が意味することについて、本文中で述べられていることがらと内容の合うものはどれか。最も適しているものを一つ選び、記号を○で囲みなさい。(　ア　イ　ウ　)

ア　人材だけでなく樹種も、最適のものを最適の位置に配置するということ。

イ　材料の適性を理解したうえで、最適な方法で加工していくということ。

ウ　職人が自分の適性を知ったうえで、技術力を高めていくという

国語A問題

時間　四〇分
満点　四五点

（注）答えの字数が指定されている問題は、句読点や「　」などの符号も一字に数えなさい。

1

1　次の問いに答えなさい。
次の(1)～(6)の文中の傍線を付けた漢字の読み方を書きなさい。また、(7)～(10)の文中の傍線を付けたカタカナを漢字になおし、解答欄の枠内に書きなさい。ただし、漢字は楷書（かいしょ）で、大きくていねいに書くこと。

(1)　電話で用件を伝える。（　　える）
(2)　磁気を帯びる。（　　びる）
(3)　店の看板を立てる。（　　　）
(4)　港から乗船する。（　　　）
(5)　規則正しい生活を送る。（　　　）
(6)　系統立てて考える。（　　　）
(7)　カルい荷物。□い
(8)　図書館で本をカリる。□りる
(9)　問題のシュたる原因を調査する。□
(10)　新人選手の活躍をキタイする。□□

2　次のうち、楷書で書いたときに「林」と総画数が同じである漢字はどれか。一つ選び、記号を○で囲みなさい。（ア　イ　ウ）

ア　栄　　イ　固　　ウ　社

3　次のうち、返り点にしたがって読むと「遠きに行くには必ず邇（ちか）きよりす。」の読み方になる漢文はどれか。一つ選び、記号を○で囲みなさい。（ア　イ　ウ　エ）

ア　行クニハ遠キニ必ズ二自（よ）リス邇キ一。
イ　行クニハ遠キニ二必ズ自リス邇キ一。
ウ　行レクニハ遠キニ必レズ自リス邇キ。
エ　行レクニハ遠キニ必ズ自レリス邇キ。

難しさを感じさせてしまうものなのではないかと考えている。

4　次のうち、本文中で述べられていることがらと内容の合うものはどれか。最も適しているものを一つ選び、記号を○で囲みなさい。

（ア　イ　ウ　エ）

ア　人は想像力を駆使してさまざまなものを創りだしてきており、文学、音楽などの芸術作品も、具体的なものを扱った作品を除いて、基本的には想像力によって生み出された作品である。

イ　ルイス・キャロルは、「不思議の国のアリス」という童話の中で、笑いだけを残して消えてしまうチェシャ猫という比喩を用いることによって、概念だけを残して消えてしまう数について説明した。

ウ　読書の最大の面白さの一つは、自分の知らなかった知識を得るためだけに、想像力を羽ばたかせ、自分の見知らぬ世界への空想の旅を楽しみ、自分の世界を広げていくことである。

エ　読書を通して世界を広げていくことと同じように、数式交じりの文章を読めるようになると、数学の想像力に支えられた、異世界への空想の旅を経験することができる。

日本語指導が必要な生徒選抜　作文(時間40分)

「わたしが高校で学びたいこと」という題で文章を書きなさい。(解答用紙省略)

で表現されているのに対して、数学はそれぞれの国の言葉に加えて、数学記号という言語のまじった文章で表現されることが違っているだけです。こう考えると、③数学記号は普通の言葉と同じように人の想像力に働きかけることが分かります。それはけして特別な難しい記号ではありません。私たちは言葉の意味を知ることで、その言葉が作り出すイメージを考えることができる。数学記号もその意味を知ることで、数学記号が作り出すイメージを想像することができます。ただ、数学記号の場合はその意味するものが抽象的な概念や操作そのものであることが、数学記号を難しいと思わせてしまうのでしょうか。

外国語を含め、本が読めるようになると、読書を通して私たちの世界はたいへんに広がります。それは想像力という乗り物を使った、非日常的な旅、たとえば4次元の世界への旅を経験できるということです。読書の目的の一つに、自分が知らなかった知識を得ることもありますが、それだけが読書の目的ではありません。抽象的な経験を通して、想像力を羽ばたかせること、そしてその不思議の国の旅を楽しむこと、読書の最大の面白さの一つがここにあります。手触りのある具体的なことだけが経験なのではありません。直接手で触れることができなくても、読書という経験は私たちを見知らぬ世界へと連れていってくれる。それはやはり一種の抽象的な経験に違いありません。むしろ、ほとんどの人は間接的な経験を通して自らの感性を深めていくのです。

数学でも基本的には同じことです。数式交じりの文章を読めるようになると、数学書を読むことが楽しくなり、そして世界はいっぺんに広がるでしょう。それは想像上の異世界への空想の旅です。しかも、その異世界は数学の想像力に支えられた「不思議の国」なのです。数学はファンタジーやSFと同様に、いや、それ以上に私たちの想像力を刺激し、不思議に魅力的なもう一つの世界を見せてくれるのです。

（瀬山士郎「数学　想像力の科学」より）

1　本文中の［①］には「ありとあらゆる時代と場所」という意味の四字熟語が入る。次のことばが［①］に入れるのに適した四字熟語になるように、［ⓐ］、［ⓑ］に入る**漢字一字**をそれぞれ書きなさい。

古［ⓐ］東［ⓑ］

ⓐ（　　）ⓑ（　　）

2　②文学のリアリティとあるが、文学におけるリアリティについて、本文中で筆者が述べている内容を次のようにまとめた。［a］、［b］に入れるのに最も適しているひとつづきのことばを、それぞれ本文中から抜き出しなさい。ただし、［a］は**十五字**、［b］は**十六字**で抜き出し、それぞれ**初めの五字**を書きなさい。

リアルとは、具体的な手触りがあることだけではなく、［a］に手触りがあることでもあり、文学のリアリティは［b］に支えられている。

a［　　　　　］　b［　　　　　］

3　③数学記号は普通の言葉と同じように人の想像力に働きかけるとあるが、本文中で筆者は、普通の言葉と比べて、数学記号はどのようなものであると考えているか。その内容についてまとめた次の文の［　］に入る内容を、本文中のことばを使って**五十五字以上、六十五字以内**で書きなさい。

数学記号は、普通の言葉のように［　　　　］という点で私たちに

［　　　　　　　　　　　　　　　　　　　　　　　　　　　　　　　　　］

③　次の問いに答えなさい。

1　次の(1)～(4)の文中の傍線を付けた漢字の読み方を書きなさい。また、(5)～(8)の文中の傍線を付けたカタカナを漢字になおし、解答欄の枠内に書きなさい。ただし、漢字は楷書(かいしょ)で、**大きくていねいに書くこと。**

(1)　粋な計らい。（　　らい）

(2)　憩いのひとときを過ごす。（　　い）

(3)　稚魚を放流する。（　　　）

(4)　素晴らしい音楽に陶酔する。（　　　）

(5)　フタタび挑戦する。□び

(6)　期待をヨせる。□せる

(7)　ケイトウ立てて考える。□□

(8)　遊びにキョウじる。□じる

2　次のうち、返り点にしたがって読むと「学は以て已(もつ)むべからず(や)。」の読み方になる漢文はどれか。一つ選び、記号を○で囲みなさい。

ア　学(ハ)不(ず)[レ]可(ベカラ)[レ]以(テ)[レ]已(ム)。

イ　学(ハ)不[二]可(カラ)以(テ)[一]已(ム)。

ウ　学(ハ)不[レ]可(カラ)[二]以(テ)已(ム)[一]。

エ　学(ハ)不[二]可(カラ)[レ]以(テ)已(ム)[一]。

（ア　イ　ウ　エ）

④　次の文章を読んで、あとの問いに答えなさい。

人はあらゆる分野を通して想像力を駆使してさまざまなものを創りだしてきました。想像力を実現した結果、科学技術はいろいろなものを生み出してきた、といえますが、なによりも文学、音楽、美術、映画などの［①］の芸術作品は、たとえそれが具体的なものを扱っていたとしても、基本的には想像力が生み出した作品でした。私が文学の想像力の典型的な例として思い浮かべるのはある種の幻想文学やSFなどですが、そこには想像の中でしか経験できない不思議な世界が広がっています。

「不思議の国のアリス」という童話を書いたルイス・キャロルはチャールズ・ラトウィッジ・ドジソンという19世紀の数学者でした。アリスが経験する不思議の国では、本当に不思議なことが次々に起きます。笑いだけを残して消えてしまうチェシャ猫など、概念だけを残して消えてしまう数のようです。もしかしたらキャロルは不思議の国に数学の世界を重ね合わせていたのかも知れないと思ってしまいます。そこでは、読者は活字による読書を通して、不思議の国の非日常的なリアリティを経験できます。

②文学のリアリティとは、その文学が読み手の想像力をいかに刺激し、その世界をイメージ化できるかということにかかっています。想像力によるイメージの進化と深化こそが作品のリアリティを支えています。リアルとは具体的な手触りがあることだけではありません。手触りは想像力が創りだしたイメージの中にもあるのです。

数学におけるリアリティも基本的な構造は同じです。文学が文字で書かれた文章で想像力を駆使していくのと違って、数学は想像力を数学記号と論理で操りイメージを膨らませていきます。しかし、数学記号も一種の言葉で、今までにもっとも成功した世界共通言語だと考えることもできます。普通の文学が日本語など、それぞれの国で使われている言語

2 次の文章を読んで、あとの問いに答えなさい。

孔子の、弟子どもを具して、道をおはしけるに、垣より、馬、かしらをさしいでてありけるを見て、「牛よ」とのたまひければ、弟子ども、あやしと思ひて、①あるやうあらむと思ひて、道すがら、心を見む（見よう）と思ひけるに、顔回（がんくわい）と②いひける第一の弟子の、一里を行きて、心得たりけるやう、「日よみの午（うま）といへる文字の、かしらさしいだして書きたるをば、牛といふ文字になれば、人の心を見むとて、のたまふなりけり」と思ひて、問ひ申しければ、③「しか、さなり（そう、その通りだ）」とぞ、答へ給（たま）ひける。

（注）顔回＝孔子の弟子。
日よみ＝ここでは、十二支のこと。

1 ①あるやうあらむとあるが、次のうち、このことばの本文中での意味として最も適しているものはどれか。一つ選び、記号を○で囲みなさい。（ア イ ウ エ）

ア 事実を伝えた方が良いだろう　イ 何か理由があるだろう
ウ 物事を良く知っていることだ　エ 当然のことだ

2 ②いひけるを現代かなづかいになおして、**すべてひらがな**で書きなさい。（　　）

3 ③「しか、さなり」とあるが、本文中で、孔子は顔回のどのような考えに対して、「しか、さなり」と述べているか。その内容についてまとめた次の文の［a］に入る内容を本文中から読み取って、現代のことばで**十字以上、二十字以内**で書きなさい。また、［b］に入れるのに最も適していることばをあとから一つ選び、記号を○で囲みなさい。

a ［　　　　　　　　　　］
b（ア イ ウ エ）

孔子が、［a］様子を見て「牛よ」と言ったのは、［b］ということからであり、弟子たちがそれを理解できるかをためそうとしたのではないかという考え。

ア 牛という文字と十二支の午という文字は、文字の上の部分がつき出ているかどうかの違いしかない
イ 馬は、十二支では午という文字で表されるが、牛という文字と似ているので書き間違えやすい
ウ 十二支の午という文字の上の部分をつき出るように書くと、牛という文字になる
エ 馬という文字も十二支の午という文字も、牛という文字がもとになってできた

で囲みなさい。(ア　イ　ウ　エ)

ア　研究で業セキをあげる。　　イ　予ボウ策を講じる。
ウ　これはイ大な芸術家の作品だ。　　エ　岩をフン砕する。

2　②時間の切片とあるが、次のうち、筆者が「波の化石」を見て、このように表現した理由として、本文中で述べられていることがらと内容の合うものはどれか。最も適しているものを一つ選び、記号を○で囲みなさい。(ア　イ　ウ　エ)

ア　太古の昔に残された、美しい波のパターンがついたレマン湖の湖底を、薄く削り取ったものであるとわかったから。
イ　太古の昔に波によって残された痕跡が、光によって残される瞬間の痕跡である写真のはじまりであるということに気づいたから。
ウ　太古の昔に残された、波紋のついた砂地や泥地が、遥かな時を経た今も、そのままの状態でレマン湖に残っているということを知ったから。
エ　太古の昔、レマン湖の湖面にたった波が、遥かな時を超え目の前に現れたように感じ、膨大な時間の塊を薄く削り取ったようなものに思えたから。

3　次のうち、本文中の［③］、［④］に入れることばの組み合わせとして最も適しているものはどれか。一つ選び、記号を○で囲みなさい。
(ア　イ　ウ　エ)

ア　③　痕跡という自然現象　　④　痕跡
イ　③　痕跡という自然現象　　④　技術
ウ　③　文字という文化現象　　④　痕跡
エ　③　文字という文化現象　　④　技術

4　⑤痕跡は、間接的であるとあるが、本文中で筆者がこのように述べるのは、技術としての痕跡がどのようなものであるからか。その内容についてまとめた次の文の［　］に入る内容を、本文中のことばを使って**三十字以上、四十字以内**で書きなさい。

［　　　　　　　　　　　　　　　　　　　　　　　　］

技術としての痕跡は［　　　］ものであるから。

国語B問題

時間　四〇分
満点　四五点

（注）　答えの字数が指定されている問題は、句読点や「　」などの符号も一字に数えなさい。

1　次の文章を読んで、あとの問いに答えなさい。

「波の化石」というものがある。珊瑚礁に守られた浅瀬の底に、きれいな波模様ができているのを見ることがある。どこの海だったか、灰白色の縞模様が海面を照らす太陽の光のなかにゆらめいて、古い羊皮①紙本の波打つページを見ているようだった。なにかの条件で、そうした水底の状態がそのまま保存されることがある。波紋のついた砂地や泥地が、そのまま化石化して残るわけだ。これが波の化石で、わたしはスイスのローザンヌにある美術館の入口ではじめて目にした。大きな石は、レマン湖の湖底が石化したもので、表面に美しい波のパターンがついている。

②時間の切片とでも言おうか。膨大な時間の塊を、ナイフで薄く削り取ったようだ。まるで、ある日ある時、群青色の湖面にたった波が、遥かな時を超え、とつぜん目の前に現れたような気がした。化石には解説がつけられている。

「これは一種の写真です。化石のかたちで、太古の昔に残された、波の痕跡は光の痕跡としての写真の、先祖かもしれません。」

写真美術館なのでそう書いたのであろうが、なかなか洒落た解説である。写真は、光によって残される、瞬間の痕跡だからである。痕跡は、自然がつくる。はるか昔に残された生命や現象の跡は、自然のなかに無数に存在している。ただ人間だけが、それを何かの痕跡として読むことができる。波模様の化石をつくるのは自然であるが、そのかたちから「波」という現象を読み解き、古代のレマン湖を想像するのは人間だけである。

あるとき人間は、自ら痕跡をつくりだすことを始めた。いつどこでどのようにして、という問いは永遠に答えを与えられないかもしれないが、文字と呼ばれる痕跡が現れるのは、メソポタミアが最初であったとされている。博物館で見ることのできる、印章や粘土板がそうだ。図案の彫られた石の筒を柔らかい粘土板のうえに転がしてゆくと、同じ図案が帯状のパターンを描いてゆく。［③］を、記憶のための［④］として利用したはじまりである。「書物」という人類最大の財産リストの最初のページに現れるのは、自然現象としての痕跡を文化現象として扱うことを思いついた、この発明である。

技術というものが、すべて自然のなかから取り出され、自然を変えてきた人間の力だとするならば、痕跡もまた技術である。ただそれは、火や石斧や土器のように目立ってはいない。痕跡は、火や石斧のように、直接物質に働きかけて、破壊したり変形するものではない。その意味で、⑤痕跡は、間接的である。痕跡は必ず、それを読み解く誰かが必要であり、その誰かがいなければ、痕跡はただの自然現象でしかない。読み解かれることによって、痕跡はそれを作り出した誰かの考えや意思を伝える。痕跡は火や石斧のように、直接世界に働きかける代わりに、世界を伝えるのである。

（港　千尋「書物の変」より）

（注）　印章＝印。はんこ。

1　①紙とあるが、次のア～エの傍線を付けたカタカナを漢字になおしたとき、「紙」と部首が同じになるものはどれか。一つ選び、記号を○

2024年度／解答

数学A問題

1 【解き方】(1) 与式$=7\times2=14$

(3) 与式$=36\div9=4$

(4) 与式$=5x-5+x-6=6x-11$

(5) 与式$=3\times(-8)\times x\times x=-24x^2$

(6) 与式$=(7-5)\times\sqrt{5}=2\sqrt{5}$

【答】(1) 14　(2) 5.1　(3) 4　(4) $6x-11$　(5) $-24x^2$　(6) $2\sqrt{5}$

2 【解き方】(1) 十の位の数は7だから，切り上げる。よって1500。

(2) $16:24=(8\times2):(8\times3)=2:3$　よって，エ。

(3) 長さ$a$cmのひも4本の長さの合計は，$a\times4=4a$(cm)　よって，残りのひもの長さは，$(100-4a)$cmだから，ウ。

(4) $22+9=31$

(5) 移項して，$2x+x=6-15$より，$3x=-9$　よって，$x=-3$

(6) 左辺を因数分解して，$(x-2)(x-5)=0$　よって，$x=2,\ 5$

(7) $1+2+4=7$(個)の玉のうち，青玉は2個だから，求める確率は$\dfrac{2}{7}$。

(8) $y=\dfrac{1}{4}x^2$に$x=3$を代入して，$y=\dfrac{1}{4}\times3^2=\dfrac{9}{4}$

(9) 面㋑と面㋓，面㋒と面㋔，面㋐と面㋕がそれぞれ平行になる。よって，ア。

【答】(1) 1500　(2) エ　(3) ウ　(4) 31　(5) $x=-3$　(6) $x=2,\ 5$　(7) $\dfrac{2}{7}$　(8) $\dfrac{9}{4}$　(9) ア

3 【解き方】(1) xが，$2-0=2$増えると，yは，$7\times2=14$増えるから，(ア)$=190+14=204$　また，xが，$6-0=6$増えると，yは，$7\times6=42$増えるから，(イ)$=190+42=232$

(2) yはxの一次関数で，xが1増えるとyは7増えるから，変化の割合は7。また，$x=0$のとき$y=190$だから，切片は190。よって，求める式は，$y=7x+190$

(3) $y=7x+190$に，$y=295$を代入して，$295=7x+190$より，$7x=105$　よって，$x=15$　貯金した金額は，$500\times15=7500$(円)

【答】(1)(ア) 204　(イ) 232　(2) $y=7x+190$　(3) ㋐ 15　㋑ 7500

4 【解き方】(1) $\triangle ABE=\dfrac{1}{2}\times BE\times AB=\dfrac{1}{2}\times x\times4=2x$(cm^2)

(3) $EC=BC-BE=6-3=3$(cm)　直角三角形DECにおいて，三平方の定理より，$DE=\sqrt{3^2+4^2}=5$(cm)　$\triangle DEC\backsim\triangle ADF$より，$DE:EC=AD:DF$だから，$5:3=6:DF$　これを解いて，$DF=\dfrac{18}{5}$(cm)

【答】(1) $2x$(cm^2)　(2) ⓐ AFD　ⓑ ADF　ⓒ ウ　(3) $\dfrac{18}{5}$(cm)

数学B問題

1 【解き方】(1) 与式 $= -18+1=-17$

(2) 与式 $= -8+49=41$

(3) 与式 $= 8x-4y-3x-9y=5x-13y$

(4) 与式 $= \dfrac{18ab^2}{2ab}=9b$

(5) 与式 $= x^2+4x-(x^2-2x+1)=x^2+4x-x^2+2x-1=6x-1$

(6) 与式 $= 5\sqrt{3}+\dfrac{9\times\sqrt{3}}{\sqrt{3}\times\sqrt{3}}=5\sqrt{3}+3\sqrt{3}=8\sqrt{3}$

【答】(1) -17　(2) 41　(3) $5x-13y$　(4) $9b$　(5) $6x-1$　(6) $8\sqrt{3}$

2 【解き方】(1) $\sqrt{9}<\sqrt{15}<\sqrt{16}$ より，$3<\sqrt{15}<4$ だから，$1<-2+\sqrt{15}<2$　よって，ウ。

(2) 反比例の式を $y=\dfrac{a}{x}$ として，$x=7$，$y=2$ を代入すると，$2=\dfrac{a}{7}$ より，$a=14$　よって，比例定数は14。

(3) 両辺を12倍して，$4x+3(x+3)=-12$ より，$4x+3x+9=-12$ だから，$7x=-21$　よって，$x=-3$

(4) 左辺を因数分解して，$(x+6)(x-4)=0$　よって，$x=-6,\ 4$

(5) ア．相対度数は，$4\div13=0.30\cdots$となるので，0.4より小さい。よって，間違い。イ．$2+1=3$(人)だから，間違い。ウ．最小値と最大値がわからないので，記録の範囲はわからない。よって，正しいとはいえない。エ．回数の少ない方から7番目の記録が中央値で，$4+6=10$ より，27回以上30回未満の階級に含まれている。よって，正しい。

(6) カードの取り出し方は全部で，$4\times4=16$(通り)　このうち，積が15より大きい場合は，(A，B)＝(2，8)，(3，6)，(3，8)，(4，4)，(4，6)，(4，8)の6通り。よって，確率は，$\dfrac{6}{16}=\dfrac{3}{8}$

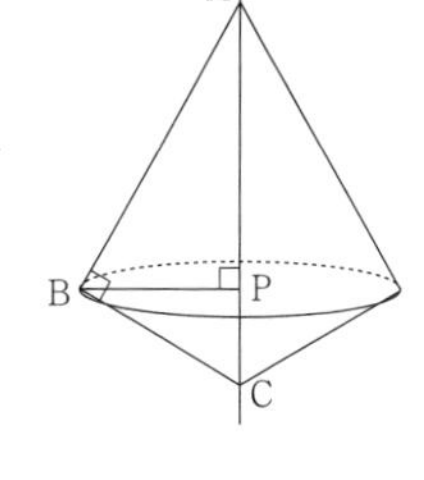

(7) 右図のように，BからACに垂線をひき，交点をPとすると，できる立体は，底面の半径がBPで高さがAPの円錐と，底面の半径がBPで高さがCPの円錐を合わせたものになる。△BCPは30°，60°の直角三角形になるから，$\mathrm{BP}=\dfrac{\sqrt{3}}{2}\mathrm{BC}=2\sqrt{3}$ (cm)　また，△ABCも30°，60°の直角三角形だから，$\mathrm{AC}=2\mathrm{BC}=8$ (cm)　よって，求める立体の体積は，$\dfrac{1}{3}\times\pi\times(2\sqrt{3})^2\times(\mathrm{AP}+\mathrm{CP})=\dfrac{1}{3}\times\pi\times(2\sqrt{3})^2\times\mathrm{AC}=\dfrac{1}{3}\times\pi\times(2\sqrt{3})^2\times8=32\pi\ (\mathrm{cm}^3)$

(8) ℓ の式は，$y=-\dfrac{3}{4}x+1$ だから，$y=-1$ を代入して，$-1=-\dfrac{3}{4}x+1$ より，$x=\dfrac{8}{3}$　よって，$\mathrm{B}\left(\dfrac{8}{3},\ -1\right)$　したがって，Cの x 座標は $\dfrac{8}{3}$，y 座標は，$-1+5=4$ だから，$y=ax^2$ に，$x=\dfrac{8}{3}$，$y=4$ を代入して，$4=a\times\left(\dfrac{8}{3}\right)^2$ より，$a=\dfrac{9}{16}$

【答】(1) ウ　(2) 14　(3) $x=-3$　(4) $x=-6,\ 4$　(5) エ　(6) $\dfrac{3}{8}$　(7) $32\pi\ (\mathrm{cm}^3)$　(8) (a の値) $\dfrac{9}{16}$

3 【解き方】(1) ① x が，$3-0=3$ 増えると，y は，$7\times3=21$ 増えるから，(ア)$=190+21=211$　また，x が，$8-0=8$ 増えると，y は，$7\times8=56$ 増えるから，(イ)$=190+56=246$　② y は x の一次関数で，x が1増えると y は7増えるから，変化の割合は7。また，$x=0$ のとき $y=190$ だから，切片は190。よって，求める式は，$y=7x+190$　③ $y=7x+190$ に，$y=358$ を代入して，$358=7x+190$ より，$7x=$

168　よって，$x = 24$

(2) 500 円硬貨の枚数を s 枚，100 円硬貨の枚数を t 枚とすると，中身を含めた貯金箱の重さについて，$7s + 4.8t + 190 = 394$……㋐が成り立つ。また，枚数の合計について，$s + t = 37$……㋑が成り立つ。㋐，㋑を連立方程式として解くと，$s = 12$，$t = 25$　よって，貯金した金額は，$500 \times 12 + 100 \times 25 = 8500$ (円)

【答】 (1) ① (ア) 211　(イ) 246　② $y = 7x + 190$　③ 24　(2) 8500 (円)

4 **【解き方】** (1) ① 四角形 EFGH ≡ 四角形 EFBA だから，$\angle HEF = \angle AEF = a°$，$\angle EHG = \angle EAB = 90°$，$\angle HGF = \angle ABF = 90°$　よって，四角形 EFGH において，$\angle EFG = 360° - (90° + 90° + a°) = 180° - a°$

(2) ① △HEI ∽ △CFD より，HE : HI = CF : CD = (15 − 7) : 6 = 4 : 3　HE = AE = 5 cm より，$HI = \frac{3}{4}HE = \frac{15}{4}$ (cm)　直角三角形 HEI において，三平方の定理より，$EI = \sqrt{5^2 + \left(\frac{15}{4}\right)^2} = \frac{25}{4}$ (cm)　② IE ∥ BF だから，$IJ : BJ = IE : BF = \frac{25}{4} : 7 = 25 : 28$　また，IA ∥ BK だから，IA : BK = IJ : BJ = 25 : 28　よって，$BK = \frac{28}{25}IA = \frac{28}{25} \times \left(5 + \frac{25}{4}\right) = \frac{28}{25} \times \frac{45}{4} = \frac{63}{5}$ (cm)　したがって，$KC = 15 - \frac{63}{5} = \frac{12}{5}$ (cm)

【答】 (1) ① $180 - a$ (度)　② △HEI と△CFD において，四角形 EFGH ≡ 四角形 EFBA だから，∠EHI = ∠EAB……㋐　四角形 ABCD は長方形だから，∠FCD = ∠EAB = 90°……㋑　㋐，㋑より，∠EHI = ∠FCD……㋒　EH ∥ FD より，平行線の錯角は等しいから，∠HEI = ∠EDF……㋓　AD ∥ BC より，平行線の錯角は等しいから，∠CFD = ∠EDF……㋔　㋓，㋔より，∠HEI = ∠CFD……㋕　㋒，㋕より，2 組の角がそれぞれ等しいから，△HEI ∽ △CFD

(2) ① $\frac{25}{4}$ (cm)　② $\frac{12}{5}$ (cm)

英語A問題

1 **【解き方】**(1)「パン」= bread。

(2)「親切だ」= kind。

(3)「泳ぐ」= swim。

(4)「早く」= early。

(5)「どこ」= where。

(6)「料理した」は過去形 cooked で表す。

(7) be 動詞の文の疑問文。主語の those people が複数なので Are を用いる。

(8)「～する予定だ」= be going to ～。

(9)「～しなさい」は命令文で表す。命令文は動詞の原形で始める。

(10) 経験を表す現在完了〈have + 過去分詞〉の文。travel の過去分詞は traveled。

(11)「何か食べ物」は「食べるための何か」と考えて something to eat と表す。

(12) 主格の関係代名詞を使った文。先行詞 train は「もの」なので which を用いる。

【答】(1) ア (2) イ (3) ウ (4) イ (5) ウ (6) イ (7) ア (8) ウ (9) ア (10) イ (11) ウ (12) イ

2 **【解き方】**(1)「A を B と呼ぶ」= call A B。

(2)「A に B を見せる」= show A B。「彼のお気に入りの～」= his favorite ～。

(3)「～のとき」= when ～。「テレビを見ていた」は，過去進行形〈be 動詞の過去形＋～ing〉を使って was watching TV と表す。

(4)「生徒たちは～を知っていますか？」= Do the students know ～?。「何をすべきか」= what to do。

【答】(1) イ (2) ウ (3) イ (4) ウ

3 **【解き方】**① マイクが見ているのは「あさひ図書館」のウェブサイト。「図書館」= library。

② あさひ図書館は毎週「木曜日」が休館日となっている。「木曜日」= Thursday。

③ あさひ図書館はあさひ駅の「北口」から 800 メートルのところにある。「北」= north。

【答】① ア ② ウ ③ ア

◀全訳▶

由紀 ：こんにちは，マイク。

マイク：こんにちは，由紀。僕は君の助けが必要です。

由紀 ：いいですよ。私は何ができますか？

マイク：僕は英語の本を何冊か借りたいと思っています。だから，僕はあさひ駅の近くにある図書館のウェブサイトを見ています。でもそれは日本語で書かれています。僕は放課後そこに行きたいと思っています。今日，そこは開いていますか？

由紀 ：ええと，ああ，そこは毎週木曜日は閉まっています。だから，今日は開いていません。

マイク：わかりました，では僕は明日の放課後そこに行きます。それは駅からどれくらいの距離がありますか？

由紀 ：それは駅の北口から 800 メートルです。

マイク：わかりました。ありがとう！

4 **【解き方】**(1)「私に塩を手渡してくれますか？」—「はい，どうぞ」。Will you pass me ～? =「私に～を手渡してくれませんか？」。Here you are. =「はい，どうぞ」。

(2)「すみません，遅刻です」—「何があったのですか？」—「電車を逃しました」。遅れてしまった理由を説明する文が入る。miss the train =「電車を逃す」。

(3)「それはどうでしたか？」—「それはおいしかったです！」。昨日作ったピザの感想を尋ねる文が入る。How was ～? =「～はどうでしたか？」。

(4)「私たちはコンサートのためにもっと練習するべきだと思います」―「私はあなたに同意します。午前中も練習しましょう」。相手の意見に賛成する表現が入る。agree with ～＝「～に同意する，～に賛成する」。

【答】 (1) エ　(2) ウ　(3) ア　(4) イ

5 **【解き方】**［Ⅰ］(1)「それらはアメリカの西側で見られる」。「～される」は受動態〈be 動詞＋過去分詞〉で表す。see の過去分詞は seen。

(2) 下線部を含む文の直前の文中にある「この校舎」を指している。

(3) 直前の 3 文で，セコイアの「種」がとても小さいことについて述べられている。

(4)「～を…と共有する」= share ～ with …。

［Ⅱ］①「あなたは～も好きですか」= Do you like ～, too?。

②「あなたは週末に何をしますか？」という質問に対する返答。解答例は「私はよく映画を見ます」という意味。

【答】［Ⅰ］(1) ウ　(2) this school building　(3) イ　(4) share it with you

［Ⅱ］(例) ① Do you like flowers, too?　② I often watch a movie.

◀全訳▶　私は木が好きなので，よくそれらに関する本を読みます。先週，私はセコイアと呼ばれる木に関する本を読みました。それらはアメリカの西側で見られます。私はその木についていくつかの興味深いことをあなたたちに話したいと思います。

セコイアはとても高くなります。多くのセコイアは 60 メートルよりも高くなります。あるセコイアは約 116 メートルの高さです。それは世界で最も高い木です。あなたたちはこの校舎がどれくらいの高さなのか知っていますか？　私たちの先生は，それは約 13 メートルの高さだと言っています。今，たぶんあなたたちはその木がどれほど高いのか想像できるでしょう。また，セコイアの幹はとても太いです。もしセコイアの幹の周りにロープを巻きたければ，あなたたちは 15 メートルよりも長いロープが必要かもしれません。セコイアはとても高くて太くなりますが，それらの種はとても小さいです。それらは約 4 ミリメートルの長さです。それらはトマトの種と同じくらい小さいです。私は驚いて，「セコイアはどのようにしてそんなに小さい種からとても高くて太くなるのか？」と思いました。私はその答えが知りたいので，その木に関するもっと多くの情報を探し続けるでしょう。私が新たな情報を見つけたときに，それをあなたたちと共有するつもりです。お聞きいただいてありがとうございました。

英語B問題

1 【解き方】[Ⅰ] ① スピーチの第1段落3文目を見る。生徒たちは「家」から生ごみを持ってきた。

② スピーチの第1段落4文目を見る。生徒たちはその生ごみを観察し，土の中の微生物がどのように生ごみが堆肥に変わるのを助けるのか学んだ。「Aが～するのを助ける」=〈help ＋ A ＋原形不定詞〉。

③ スピーチの第1段落の最後の2文を見る。生徒たちは堆肥を使って育てた「野菜」を摘み取って，それらを食べた。

④ スピーチの第2段落1文目を見る。堆肥を作るのは「簡単」である。

⑤ スピーチの第2段落2文目に「それは環境にダメージを与えない」と述べられている。eco-friendly =「環境に優しい」。

[Ⅱ] (1)「それから，生ごみはそこで堆肥に変えられます」という意味の文。「その生ごみは回収されて，堆肥を作る施設に運ばれます」という文の直後のウに入る。there（そこ）がどこなのかを考える。

(2) エミリーが説明した堆肥を作るシステムについて，明は「なんと良いシステムでしょう！」と言った。Whatを使った感嘆文〈What ＋ a ＋形容詞＋名詞！〉にする。

(3) 直前の「彼らがそれを学んだあとは，正しいやり方でごみを分別するのは簡単になりました」という内容に続くもの。エの「だから，今は彼らは正しいやり方でごみを分別することができます」が入る。

(4) ア．エミリーの4番目のせりふを見る。エミリーは「人々がしなければならないことは，他のごみから生ごみを分別し，生ごみをその容器に入れることだけ」と述べている。イ．エミリーの5番目のせりふを見る。エミリーの地元の町では，ティーバッグやピザの箱など，堆肥に変わる他のものを容器に入れることができる。ウ．太郎がエミリーの地元の町を訪れたという記述はない。エ．「太郎はこのシステムと環境のためにそれを機能させようとする人々の両方が素晴らしいと考えている」。太郎の6番目のせりふを見る。内容と合う。

(5) ①「エミリーは今までに家で堆肥を作ったことがありますか？」。明は最初のせりふでエミリーに「あなたは今までに家で生ごみから堆肥を作ったことがありますか？」と質問し，エミリーは「いいえ，ありません」と答えている。②「太郎によれば，明のスピーチはクラスの生徒たちに何を教えましたか？」。太郎の最後のせりふを見る。明のスピーチはクラスの生徒たちにごみをリサイクルする良い方法を教えた。

【答】[Ⅰ] ① ア　② イ　③ ウ　④ ア　⑤ ウ

[Ⅱ] (1) ウ　(2) ア　(3) エ　(4) エ

(5) (例) ① No, she hasn't.　② It taught them a good way of recycling trash.

◀全訳▶　[Ⅰ] 私の経験を紹介します。私の小学校では，生徒たちが生ごみから堆肥を作っていました。私のクラスの生徒たちは家から生ごみを持ってきて，それらを堆肥を作るための特別な種類の土と混ぜました。3か月間，私たちはその生ごみを観察し，土の中の微生物の助けで，それらがどのように堆肥に変わるのか学びました。私たちが作った堆肥で，私たちは学校の庭園で野菜を育てたり，それらを摘み取ったりもしました。私たちは学校給食にその野菜を食べました。

堆肥を作ることにはたくさんの時間がかかりますが，それは簡単なので，誰でもそれを家庭ですることができます。また，それは環境にダメージを与えません。私も家でそれをしています。私は捨てるごみの量を減らすために私ができることをしたいと思います。

[Ⅱ]

エミリー：こんにちは，明。あなたのスピーチは面白かったです。

明　　　：ありがとう。あなたは今までに家で生ごみから堆肥を作ったことがありますか？

エミリー：いいえ，ありません。でも実際は，堆肥を作ることはアメリカのいくつかの地域でよくあります。

太郎　　：こんにちは，明とエミリー。あなたたちは何について話しているのですか？

明　　　：こんにちは，太郎。僕たちは堆肥を作ることについて話しています。

太郎　　：ああ，あなたのスピーチはよかったですよ，明。あなたのスピーチを聞くまで，僕は堆肥を作ることについて何も知りませんでした。

明　　　：エミリーは，それは彼女の国のいくつかの地域でよくあると言っています。

太郎　　：へえ，本当ですか？　そこに住んでいる人々は家で堆肥を作り，庭で野菜を育てているのですか？

エミリー：そうしている人もいると思います。でも，アメリカの私の地元の町では，人々は家の近くの道路の脇にある容器の中に生ごみを入れるだけです。

明　　　：生ごみがその容器の中で堆肥に変わるのですか？

エミリー：いいえ。その生ごみは回収されて，堆肥を作る施設に運ばれます。それから，生ごみはそこで堆肥に変えられます。その後，その堆肥は町の木や植物を育てるために使われ，また，いくらかの堆肥は農家に運ばれます。人々がしなければならないことは，他のごみから生ごみを分別し，生ごみをその容器に入れることだけです。

明　　　：なんと良いシステムでしょう！　人々は特別な土を準備したり，生ごみを土と混ぜたりする必要がないのですね。

太郎　　：他のごみから生ごみを分別することは，僕にとって簡単には思えません。台所からのごみは生ごみだけではありません。それは様々な物を含んでいます。

エミリー：心配しないでください。人々は，ティーバッグやピザの箱など，堆肥に変わり得る他のものを入れることができます。彼らはそのような汚れた紙を生ごみと一緒に容器に入れることができます。

太郎　　：へえ，汚れた紙もリサイクルされ得るのですね！　僕たちが様々なものをリサイクルできることを知るのは良いです。しかし，もし僕があなたの町に住んでいたら，その容器に何を入れるべきかを覚えるのは難しいでしょう。そこに住んでいる人々が正しいやり方でごみを分別するのをやめて，どんな種類のごみもその容器に入れてしまうかもしれないことをぼくは恐れます。

エミリー：私の隣人によると，そのシステムが初めて始まったとき，その容器に何を入れるべきか学ぶのは少し難しかったのですが，彼らがそれを学んだあとは，正しいやり方でごみを分別するのは簡単になりました。だから，今は彼らは正しいやり方でごみを分別することができます。彼らの中にはただそのシステムに従ってごみを分別しているだけの人もいますが，彼らの多くはごみを分別することが環境への悪影響を減らす結果になることを知っているので，正しい方法でそうしようとしているのだと私は思います。

明　　　：なるほど。そのシステムのおかげで，多くのものがリサイクルされ，環境への悪影響が大きく減らされ得るのですね。そのシステムは素晴らしそうです！

太郎　　：システムだけでなく，環境のためにそのシステムを機能させようとしている人々も素晴らしいと僕は思います。

明　　　：その通りです。人々にとって，環境のために彼らができることをするのは大切です。

太郎　　：僕も僕ができることをしたいと思います。今日，あなたのスピーチはクラスの生徒たちにごみをリサイクルする良い方法を教えました，明。僕は堆肥を作りたいです。

エミリー：私もです。

2 **【解き方】**［Ⅰ］(1) ゾウが鼻でどんな種類のことができるのだろうかと香菜が思いをめぐらし始めた理由を述べた部分。ゾウの鼻の動きは香菜を「引き付けた」。「～を引き付ける」= attract。

(2)「役割をする」= play roles。roles の直後に目的格の関係代名詞が省略されている。

(3)「また，彼らは鼻の端で，花のような小さくて柔らかいものを，それを壊すことなくつかむことができる」という意味の文。it は同じ文の前半にある「小さく柔らかいもの」を指す。

(4) ゾウの鼻で吸う能力の研究プロジェクトについて述べられた部分。文頭にある However（しかし）や Instead of ～（～の代わりに）などの語句をヒントに考える。「ほんのいくつかのかけらだけが与えられたとき，ゾウはそれらを鼻でつかみました(iii)」→「しかし，多くのかけらが与えられたとき，そのゾウはそのかけらを別の方法で手に入れました(i)」→「つかむ代わりに，そのゾウは鼻でそれらのたくさんのかけら全てを吸い，中に数秒間蓄え，そしてそれからそれらを口に入れました(ii)」の順になる。

(5) 香菜が見たのは「ゾウがさまざまな種類のものを吸っているのを示すビデオ」であったことに着目する。イの「例えば，そのビデオはゾウが大量の水を吸うのを示していました」が入る。

(6)「～をより良くする」= make ～ better。

(7) ア．第1段落を見る。香菜は動物園でゾウの鼻の動きを見ているときに，ゾウが鼻でどんな種類のことができるのだろうかと思いをめぐらし始めた。「ゾウが鼻でどんな種類のことができるのか研究するために動物園を訪れた」わけではない。イ．第3段落の6文目を見る。ゾウの鼻には骨がない。ウ．「ゾウの鼻はものを吸うための能力を含むいくつかのユニークな特徴を持つ」。第3段落に「ゾウは鼻を柔軟に動かすことができる」こと，第4段落に「ゾウは鼻でものを吸うことができる」ことが述べられている。内容と合う。エ．最終段落の3文目を見る。香菜は「ゾウの鼻の様々な動きについて研究することは，様々な種類のことができるロボットを創造するのに役立つでしょう」と述べている。

[Ⅱ] ①「～を私に教えてください」= Please tell me ～。「あなたが何をしているか」は間接疑問〈疑問詞＋主語＋動詞〉を使い，what you do と表す。「～を上達させる」= improve ～。

②「あなたは英語で本を読むことがあなたにとって効果的な方法であると思いますか？」に対する返答。解答例は「はい，思います。私は本から様々な役立つ表現を学ぶことができます。多くの表現を知っていることは，英語を理解することと英語を話すことの両方にとって重要です」という意味。

【答】 [Ⅰ] (1) ア　(2) roles our nose plays　(3) a small and soft thing　(4) エ　(5) イ
(6) make our lives better　(7) ウ

[Ⅱ]（例）① Please tell me what you do to improve your English.（10語）

② Yes, I do.／I can learn various useful phrases from books. Knowing many phrases is important for both understanding English and speaking English.（20語）

◀全訳▶　先月，私は動物園に行ってゾウを見ました。彼らはリンゴを食べていました。それらを食べるために，ゾウは鼻をとても上手に使っていました。彼らの鼻の動きは私を引き付け，私はゾウが鼻でどんな種類のことができるのだろうかと思いをめぐらし始めました。私はゾウの鼻の特徴を何も知らなかったので，それについて調査をしました。今日は私がそれについて学んだことをあなたたちと共有したいと思います。

ゾウは様々な方法で鼻を使います。第一に，ゾウの鼻は私たちの鼻がする役割をしています。彼らの鼻は呼吸したり，においを嗅いだりするために使われます。また，ゾウは他のゾウとのコミュニケーションのための音を出すのに鼻を使います。これらはおそらくあなたたちもすでに聞いたことがあることでしょう。しかし，あなたたちの知らないかもしれない他のことがあります。彼らの鼻が持っている2つのユニークな特徴を私に説明させてください。

ゾウは鼻を柔軟に動かすことができます。これが1つ目のユニークな特徴です。例えば，2頭のゾウはときどき，愛情や友情のしるしとして，お互いに鼻で触れ合います。その動きは人々にとってのハグに似ています。また，彼らは鼻の端で，花のような小さくて柔らかいものを，それを壊すことなくつかむことができます。たとえゾウが鼻でこれらの動作ができることを知っているとしても，あなたたちは彼らの鼻に骨がないことを知っていますか？　鼻が多くの筋肉によって制御されているので，ゾウは鼻を柔軟に動かすことができるのです。ゾウの中には2メートルよりも長く，130キログラムよりも重い鼻を持つものもいます。そのような巨大なものを柔軟に動かすのはかなり驚くべきことです。

彼らの鼻のもう1つのユニークな特徴はものを吸う能力です。彼らは鼻でものをつかむことができますが，鼻でものを吸うこともできます。私にアメリカで行われた研究プロジェクトについてあなたたちにお話しさせてください。ある動物園のゾウが1種類の野菜を与えられました。それは刻まれ，小さいかけらとして与えられました。ほんのいくつかのかけらだけが与えられたとき，ゾウはそれらを鼻でつかみました。しかし，多くのかけらが与えられたとき，そのゾウはそのかけらを別の方法で手に入れました。つかむ代わりに，そのゾウは鼻でそれらのたくさんのかけら全てを吸い，中に数秒間蓄え，そしてそれからそれらを口に入れました。ものをつかむよりも良い方法だったとき，そのゾウはものを吸う能力を用いたのだと私は思いました。私は実際にゾウが様々な種類のものを吸っているのを示すビデオを見ました。例えば，そのビデオはゾウが大量の水を吸うのを示していました。そのゾウはそれをとても素早く吸いました。

ゾウの鼻について学ぶことを通して，私はそのユニークな特徴に驚き，地球上のそれぞれの動物がユニークな特徴を持つかもしれないと思いました。新しい製品やロボットを発明するとき，技術者の中には動物の動きから学ぶ人もいます。ゾウの鼻の様々な動きについて研究することは，様々な種類のことができるロボットを創造するのに役立つでしょう。私たちの生活をより良くするために，私たちは動物から学ぶことができます。今，私は他の動物についても知りたいと思っています。もしあなたたちが他の興味深い動物や彼らのユニークな特徴を知っていたら，私に知らせてください。お聞きいただいてありがとうございました。

英語リスニング

回 【解き方】1.「あなたは何時に寝ましたか？」に対する返答。At 11:00. =「11 時です」。

2.「その鍵は教室のどこにありましたか？」に対して，マイクが「それは窓の横の机の下にありました」と答えている。

3. 店員の「それらを履いて店の中を歩いてください」というせりふや，女性の「私の足には少し小さいと感じます」というせりふに着目する。女性は登山用の靴を買いに来た。

4. (1)「彼女は 1878 年に日本に来ました」と言っている。(2) グリーン先生は最初に「今日，あなたたちはあるイギリス人女性の日本での経験についての物語を読む予定です」と説明している。

5. (1) 光太は「彼ら（病院の看護師たち）の仕事の一部を経験することによって，僕は彼らが実際に何をしているのかを学ぶことができました」と言っている。(2) ルーシーは「地球の写真を見たときに私の夢は変わりました」と言っている。

6. 佐藤先生の「これはあなたが 1 つの場所を選ぶのを助けるでしょう」という言葉を聞いて，アビーは「わかりました。その本を借りることにします」と言っている。

【答】1. ア　2. エ　3. ウ　4. (1) ウ　(2) イ　5. (1) ア　(2) ア　6. イ

◀全訳▶　1.

由香：こんにちは，トム。私はとても眠いです。

トム：ああ，由香，あなたは何時に寝ましたか？

2.

マイク　：こんにちは，鈴木先生。僕は教室で誰かの鍵を見つけたのですが，みんなすでに帰宅しました。

鈴木先生：ありがとう，マイク。その鍵は教室のどこにありましたか？

マイク　：それは窓の横の机の下にありました。

鈴木先生：わかりました。明日の朝，私がそれについて生徒たちに知らせます。

3.

店員：こんにちは。ご用でしょうか？

女性：ええと，私は登山用の良い一足を探しています。

店員：これらはいかがですか？　これらは軽くて快適です。たとえ長時間歩いても，あなたは疲れないでしょう。

女性：それらを履いてみてもいいですか？

店員：もちろんです。それらを履いて，店の中を歩いてください。

女性：それらは私の足には少し小さいと感じます。もっと大きいのはありますか？

店員：もちろんです。これらはいかがですか？

女性：それらは私の足に最適です。それらを買います。

4. 今日，あなたたちはあるイギリス人女性の日本での経験についての物語を読む予定です。彼女は旅行者として知られています。あなたたちがその物語を読む前に，私はあなたたちにその女性に関する情報をいくつか伝えます。彼女は 1831 年に生まれ，72 歳で亡くなりました。彼女は世界中を旅しました。彼女が訪れた場所はアメリカ，カナダ，インド，そして日本を含みます。彼女は 1878 年に日本に来ました。彼女は日本でした経験について本を書きました。それは 1880 年に初めて売られました。あなたたちが読む物語はその本に基づいています。あなたたちは彼女が当時の日本についてどう感じたかを学ぶことができます。彼女にとって何が驚きだったのかを知るのは興味深いです。

質問(1)：イギリス人女性はいつ日本に来ましたか？

質問(2)：グリーン先生が言ったことは何ですか？

5.

ルーシー：こんにちは，光太。昨日の職業体験はどうでしたか？
光太　　：それは素晴らしかったです，ルーシー。病院の看護師たちは全ての患者にとても親切でした。彼らの仕事の一部を経験することによって，僕は彼らが実際に何をしているのかを学ぶことができました。
ルーシー：それはあなたにとって良いですね。
光太　　：はい。僕が彼らにインタビューする機会もあり，彼らは彼らの仕事がいかに大切なのかを説明してくれました。僕は本当に看護師になりたいです。
ルーシー：私はあなたがきっと良い看護師になることができると思います。
光太　　：ありがとう。あなたは将来何になりたいのですか？
ルーシー：そうですね…。小さな子どもだったとき，私は世界の様々な国を訪れたかったので，パイロットになりたいと思っていました。でも，地球の写真を見たときに私の夢は変わりました。それは宇宙から撮られました。写真の中の地球はとても美しかったです。その写真は私に科学者になって地球の環境を守るための方法を見つけたいと思わせました。
光太　　：それは素晴らしい夢ですね。
質問(1)：光太は病院で何をしましたか？
質問(2)：何がルーシーの夢を変えましたか？

6.

アビー　：こんにちは，佐藤先生。私は夏の企画として日本の世界遺産について研究したいと思っています。その研究のための良い本を何冊か推薦していただけますか？
佐藤先生：そのテーマは面白そうですね，アビー。ええと…。日本には現在，20以上の場所があります。1つの場所を選んではどうですか？
アビー　：わかりました。実は，私は日本の世界遺産についてあまり知りません。だから，1つを選ぶのは難しいです。
佐藤先生：わかりました。この本はどうですか？　この本からあなたは日本の各場所に関する主な情報を得ることができます。日本にどんな種類の場所があるのか知りたいなら，これが良いです。
アビー　：それは素晴らしいですね。私はその本からそれらの場所の歴史について学ぶことができますか？
佐藤先生：この本からそれらの歴史についての詳細を学ぶことはできません。この本ではほんの少ししか説明されていません。でも，これはあなたが1つの場所を選ぶのを助けるでしょう。
アビー　：わかりました。その本を借りることにします。
佐藤先生：はい，どうぞ。2週間以内にこの本を返却してください。
アビー　：わかりました。ありがとうございます。それらの歴史について学ぶための他の本を推薦していただけますか？
佐藤先生：専門の歴史研究者によって書かれた本が何冊かあります。しかし，夏休みの間に世界遺産の1つを訪れることも良いことです。この地域には世界遺産がいくつかあります。
アビー　：それは素晴らしい考えです！　私はこの本から訪れる場所を1つ選びます。どうもありがとうございます，佐藤先生。
佐藤先生：どういたしまして。

社　会

1 **【解き方】** (1) ① 本州を中心に温帯が占める。エの冷帯（亜寒帯）にあたるのは北海道。② (a) アは稚内市，イは北見市，エは函館市。(b) 暖流上の暖かい空気を西から吹く偏西風が運ぶため，温暖な気候となる。

(2) ① インドネシアのスマトラ島やカリマンタン島などを通る緯線。② B. ニュージーランドや多くの太平洋の島々なども含まれる。C. オーストラリアの国旗には，イギリスの国旗（ユニオンジャック）がデザインされている。

(3) ① チョコレートの原料となる。ギニア湾沿岸の国々で生産がさかん。② 焼畑農業は主に熱帯，山間部で行われており，特にアフリカや南アメリカなどでさかん。

【答】 (1) ① ア　② (a) ウ　(b) 北大西洋　(2) ① 赤道　② ウ　(3) ① イ　② 灰を肥料にする（同意可）

2 **【解き方】** (1) ① 文武天皇の命令により制定された。藤原不比等などが関わった。② 高野山に建てられた金剛峯寺を布教の中心寺院の一つとした。

(2) ① (i)は 1167 年，(ii)は 1232 年，(iii)は 1185 年。② 東山文化の発展時期には，水墨画の広がりや御伽草子も見られるようになった。③ アは 19 世紀，イ・ウは 16 世紀のようす。

(3) 人口に占める有権者数の割合は，1890 年が約 1.1 %，1902 年が約 2.2 %，1920 年が約 5.5 %，1928 年が約 19.8 %。1925 年に制定された普通選挙法では満 25 歳以上のすべての男子に選挙権が与えられ，それまであった納税額による制限はなくなった。

【答】 (1) ① イ　② ウ　(2) ① イ　② イ　③ エ　(3) ⓐ ア　ⓑ カ　ⓒ 納税額による制限がなくなった（同意可）

3 **【解き方】** (1) 自由権のうちの「精神の自由」に含まれる。

(2) 団体交渉は労働組合を通じて行われる。

(3) ① アは特別国会，ウは参議院の緊急集会，エは臨時国会の説明。② 内閣総理大臣も国務大臣も文民（軍人ではない人）でなければならない。③ 裁判官としてふさわしくない行為のあった者を裁くため，衆議院・参議院から 7 名ずつで構成されている。

(4) 供給量が需要量を下回ると品不足の状態となり，希少性が高まるので価格は上がる。

【答】 (1) 表現　(2) 団体交渉　(3) ① イ　② 国務大臣　③〔裁判官〕弾劾　(4) ⓐ ア　ⓑ ウ

4 **【解き方】** (1) ① 日本は石炭の多くをオーストラリアから輸入している。② ⓐ 現在の北九州市に建設された。ⓑ 日本で最初の工場労働者保護のための法律。

(2) ① 石油化学コンビナートでは，関連する工場がパイプラインでつながり，原料の輸送が効率化されている。② (a) 四日市ぜんそく，水俣病，イタイイタイ病，新潟水俣病を合わせて四大公害病という。(b) 社会保障制度は，生存権を保障するために整備されている。

(3) ア. 5 か国のうち，ドイツ・イギリス・フランスは 2 倍以上になっていない。エ. ヨーロッパの国々のうち，イギリス・フランスは 20 %未満となっている。

【答】 (1) ① エ　② ⓐ イ　ⓑ エ　(2) ① 石油　② (a) 三重(県)　(b) ア　(3) イ・ウ

理　科

1 【解き方】(4) ① 表Ⅰより，葉Aの緑色の部分だけが青紫色に変化しているので，葉の緑色の部分で，光が当たるかどうかの条件が異なるものを比べる。

(6) 一般的に，植物はもっとも数量が多く，生態系は植物などの生産者をもっとも下の層とするピラミッドの形で表すことができる。

【答】(1) イ　(2) エ　(3) エ　(4) ① オ　② 葉緑体　(5) 呼吸　(6) ⓕ イ　ⓖ オ

2 【解き方】[Ⅰ] (1) 同じ種類の電気を帯びた物体どうしはしりぞけ合う。

[Ⅱ] (5) ② 横軸の1めもりは0.002秒なので，図Ⅱより，おんさは，0.002 (秒) × 5 = 0.01 (秒) で4回振動する。よって，おんさが1秒間に振動する回数は，$4\,(\text{回}) \times \dfrac{1\,(\text{秒})}{0.01\,(\text{秒})} = 400\,(\text{回})$

【答】(1) ウ　(2) ① ⓐ イ　ⓑ エ　② 導体　(3) ウ　(4) エ　(5) ① エ　② 400 (回)　③ 振幅が小さい (同意可)

3 【解き方】(6) ② 酸素にはものを燃やす性質があるが，二酸化炭素にはものを燃やす性質はない。

【答】(1) ア　(2) ⓐ ア　ⓑ ウ　(3) 吸熱(反応)　(4) H_2O　(5) ⓒ ア　ⓓ ウ　(6) ① ものを燃やす (同意可)　② イ

4 【解き方】[Ⅱ] (4) 図Ⅰより，乾球の示度は29℃，湿球の示度は25℃なので，乾球と湿球の示度の差は，29 (℃) − 25 (℃) = 4 (℃)　表Ⅰより，29の行と，4.0の列との交点の値を読み取る。

(6) ② 容器内の空気の露点は15℃。表Ⅱより，15℃での飽和水蒸気量は12.8g/m^3なので，容器内の空気中に含まれる水蒸気の質量は，$12.8\,(\text{g/m}^3) \times 0.02\,(\text{m}^3) = 0.256\,(\text{g})$　0.1gの水蒸気が水滴になると，容器内の空気中に残った水蒸気の質量は，0.256 (g) − 0.1 (g) = 0.156 (g)　よって，空気1m^3中に含まれる水蒸気量は，$\dfrac{0.156\,(\text{g})}{0.02\,(\text{m}^3)} = 7.8\,(\text{g/m}^3)$　これが飽和水蒸気量になる温度は，表Ⅱより，7℃。

【答】(1) イ　(2) ① ウ　② ⓑ ア　ⓒ ウ　(3) 衛星　(4) 71 (%)　(5) $\dfrac{A}{B}$ (または，A ÷ B)

(6) ① 露点〔温度〕　② 7

国語A問題

1 【解き方】2.「林」は八画。アは九画，ウは七画である。

3.「レ点」は，一字戻って読み，「一・二点」は，「一」のついている字から「二」のついている字へと戻って読む。

【答】1. (1) つた(える) (2) お(びる) (3) かんばん (4) じょうせん (5) きそく (6) けいとう (7) 軽(い) (8) 借(りる) (9) 主 (10) 期待 2. イ 3. エ

2 【解き方】1. A・Bは，次の名詞につなげて連体修飾をつくる。Cは，「が」に言い換えられ，主体を示す。

2.「必要な場所に…配置するということ」に加えて，「もっとも適した樹種を…組み入れること」をいうと説明し，「いい職人」は，「人の適性」と同じように「材料の適性」も見極めようとしてきたと述べている。

3. a.「竹」という「植物素材」でつくり，日常の「生活道具」として使う「箕，笊，籠，竿」などが，すべて「竹冠の漢字」であるという例を挙げている。b.「樹液」と「人とのかかわり」が深いことから，木の中でひとつだけ「三水の漢字を充てられる樹種」があるとして，「漆」を挙げている。

4. 本文の最後で，「いい職人」についての考えをまとめている。素材への「強い愛着」，つまり「自然への畏敬の念」ともいえる気持ちを持つ人であり，「素材を自然から採る」だけでなく，「自然を守っていくこと」も忘れていないとつけ加えている。

【答】1. C 2. ア

3. a. 竹でつくった生活道具には，竹冠の漢字が充てられている (26字) (同意可) b. 三水の漢字 4. ウ

3 【解き方】1. 語頭以外の「は・ひ・ふ・へ・ほ」は「わ・い・う・え・お」にする。

2.「垣より，馬，かしらをさしいでてありける」ところを見て，孔子が「牛よ」と言ったことを，弟子たちは理解できずに「あやし」と思っている。

3. ③は「垣より…かしらをさしいでて」，④は「日よみの…いへる文字」，⑤は「かしらさしいだして書きたるをば…文字になれば」という部分に着目する。

【答】1. いいける 2. ウ 3. イ

◀口語訳▶ 孔子が，弟子たちを連れて，道を歩いていらっしゃったところ，垣根から，馬が，頭をつき出していたのを見て，「牛よ」とおっしゃったので，弟子たちは，不思議だと思って，何か理由があるだろうと考え，道中で，真意を見ようと思っていると，顔回という第一の弟子が，一里を行って，真意に気づいたことに，「十二支の午という文字の，頭をつき出して書くと，牛という文字になるので，私たちが理解できるかを見ようとして，おっしゃったのだ」と思って，尋ね申し上げたところ，「そう，その通りだ」というように，答えなさった。

4 【解き方】1. a.「空間デザイナーがつくるのは…立体的な空間だ」と述べている。空間は「単体」では成り立たず，周囲の建物や訪れる人びと，「街の特色」や「地域住民の構成」などを知ることで，「いきいきとした空間」を生みだせることに着目する。b.「その土地」を歩いて「全身で体感した経験」ほど「豊かな情報」はなく，「そこで暮らす人たちと交流」して「生の会話から得られる知見ほど貴重なものはない」ことをおさえる。

2. 空間をデザインする際に，その地で自身が体感した「経験」が重要であることについて，「ホテルの客室を設計する」ときを例に挙げて説明している。

3. Ⅰでは，「京都のある料亭」で厨房に立ってみて，「この空間を使う人でなければ見ることのできない景色」を体験したことを述べている。この例は，デザインするときに，「空間を使う人」の視点を知る必要があるという筆者の考えを具体的に説明したものであることをおさえる。

4. すぐに仕事に直結しなくても，「実体験」を積んでおくことがデザインに「着実に反映される」と述べている。そして最後に，「大事なことは，どんなときも興味をもって…無為に時を過ごさないこと」であり，「過ごした時間の全部」がデザインに「反映される」ので，「考えつづけることが重要になる」と述べている。

【答】1. a. さまざまな人 b. 全身で体感した経験や生の会話から得られる知見 (22字) (同意可) 2. イ

3. 使う人のこと 4. ウ

国語B問題

1 【解き方】1. アは「績」で部首は「糸」，イは「防」で部首は「阝」，ウは「偉」で部首は「亻」，エは「粉」で部首は「米」である。

2.「膨大な時間の塊を…薄く削り取ったようだ」というたとえで表現し，この波の化石を見て感じたことを，「ある日ある時…湖面にたった波」が「遥かな時を超え…目の前に現れたような気がした」と説明している。

3. 前で，「あるとき人間は，自ら痕跡をつくりだすことを始めた」として，「文字と呼ばれる痕跡」をつくりだす「印章や粘土板」を挙げていることに着目する。また，「書物」に現れるものについて，「自然現象としての痕跡を…思いついた，この発明」と説明していることもあわせて考える。

4.「火や石斧」のように「直接物質に働きかけて…変形するもの」ではなく，その「痕跡」を「読み解く誰か」が間に入ることで，「痕跡」を「作り出した誰かの考えや意思を伝える」ことから，「間接的」ととらえていることをおさえる。

【答】1. ア　2. エ　3. イ

4. 誰かに読み解かれることによって，痕跡を作り出した誰かの考えや意思を伝える（36字）（同意可）

2 【解き方】1.「やう」は，ここでは事情，わけを意味する。馬を見て，孔子が「牛よ」と言ったことを，弟子たちは理解できず，孔子の「心」を見ようと思っている。

2. 語頭以外の「は・ひ・ふ・へ・ほ」は「わ・い・う・え・お」にする。

3. a.「垣より，馬，かしらをさしいでてありける」というところを見て，「牛よ」と言っている。b. 顔回が，「日よみの午」という文字の「かしら」をつき出して書くと「牛といふ文字」になると気づいたことを，孔子が「さなり」と認めている。

【答】1. イ　2. いいける　3. a. 垣から馬が頭を出している（12字）（同意可）　b. ウ

◀口語訳▶　孔子が，弟子たちを連れて，道を歩いていらっしゃったところ，垣根から，馬が，頭をつき出していたのを見て，「牛よ」とおっしゃったので，弟子たちは，不思議だと思って，何か理由があるだろうと考え，道中で，真意を見ようと思っていると，顔回という第一の弟子が，一里を行って，真意に気づいたことに，「十二支の午という文字の，頭をつき出して書くと，牛という文字になるので，私たちが理解できるかを見ようとして，おっしゃったのだ」と思って，尋ね申し上げたところ，「そう，その通りだ」というように，答えなさった。

3 【解き方】2.「レ点」は，一字戻って読み，「一・二点」は，「一」のついている字から「二」の字へと戻る。

【答】1. (1) はか(らい)　(2) いこ(い)　(3) ちぎょ　(4) とうすい　(5) 再(び)　(6) 寄(せる)　(7) 系統　(8) 興(じる)　2. ウ

4 【解き方】2. a.「リアルとは具体的な手触りがあることだけではありません」に続いて，「手触りは…中にもあるのです」と述べている。b.「その文学が読み手の想像力を…その世界をイメージ化できるか」にかかっているとして，「イメージの進化と深化」が「作品のリアリティ」を支えていると述べている。

3. 言葉と数学記号の相違点について，「言葉の意味を知ることで…イメージを考えることができる」ことと，「数学記号もその意味を知ることで…イメージを想像することができ」ることという共通点を示したあとで，「ただ，数学記号の場合は…難しいと思わせてしまう」という相違点を指摘している。

4.「読書を通して私たちの世界はたいへんに広がります」として，「抽象的な経験を通して…その不思議の国の旅を楽しむこと」が「読書の最大の面白さの一つ」であると述べている。さらに「数学でも基本的には同じことです」として，「数式交じりの文章」を読めるようになると，数学の想像力に支えられた「不思議の国」である「想像上の異世界」への「空想の旅」によって「世界はいっぺんに広がる」と述べている。

【答】1. ⓐ 今　ⓑ 西　2. a. 想像力が創　b. 想像力によ

3. その意味を知ることで，それが作り出すイメージを想像することができるが，その意味するものが抽象的な概念や操作そのものである（60字）（同意可）　4. エ

大阪府公立高等学校
（特別入学者選抜）
（能勢分校選抜）（帰国生選抜）
（日本語指導が必要な生徒選抜）

2023年度
入学試験問題

※能勢分校選抜の検査教科は，数学Ｂ問題・英語Ｂ問題・社会・理科・国語Ｂ問題。帰国生選抜の検査教科は，数学Ｂ問題・英語Ｂ問題および面接。日本語指導が必要な生徒選抜の検査教科は，数学Ｂ問題・英語Ｂ問題および作文（国語Ｂ問題の末尾に掲載しています）。

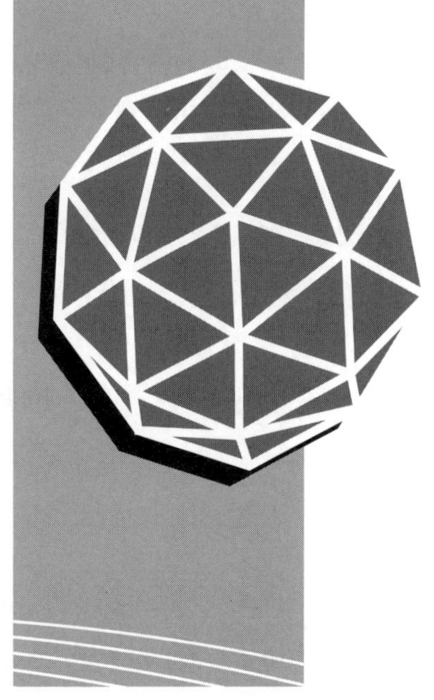

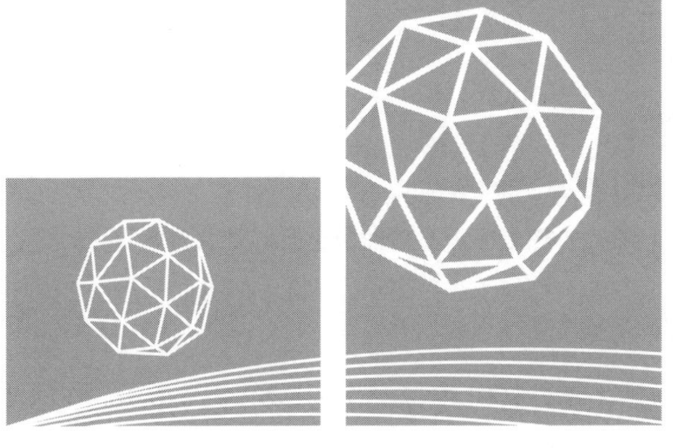

数学A問題

時間　40分　　満点　45点

(注)　答えが根号を含む数になる場合は，根号の中をできるだけ小さい自然数にしなさい。

1　次の計算をしなさい。

(1)　$18-5\times2$　(　　　)

(2)　$\frac{1}{2}+\frac{3}{7}$　(　　　)

(3)　$-22+5^2$　(　　　)

(4)　$3(x-3)+6x-2$　(　　　)

(5)　$-7x\times x$　(　　　)

(6)　$8\sqrt{3}-3\sqrt{3}$　(　　　)

2　次の問いに答えなさい。

(1)　次のア～エのうち，8と20の最大公約数はどれですか。一つ選び，記号を○で囲みなさい。

(　ア　イ　ウ　エ　)

ア　2　　イ　4　　ウ　8　　エ　40

(2)　バターと小麦粉を，重さの比が2：5になるように混ぜてクッキーを作る。バターの重さが60gであるとき，混ぜる小麦粉の重さは何gであるか求めなさい。(　　　g)

(3)　右図は，20人の生徒それぞれが1学期に読んだ本の冊数を，M先生が調べてグラフにまとめたものである。20人の生徒それぞれが読んだ本の冊数の平均値は4.5冊であった。20人の生徒のうち，読んだ本の冊数が平均値より多い生徒の人数を求めなさい。

(　　　人)

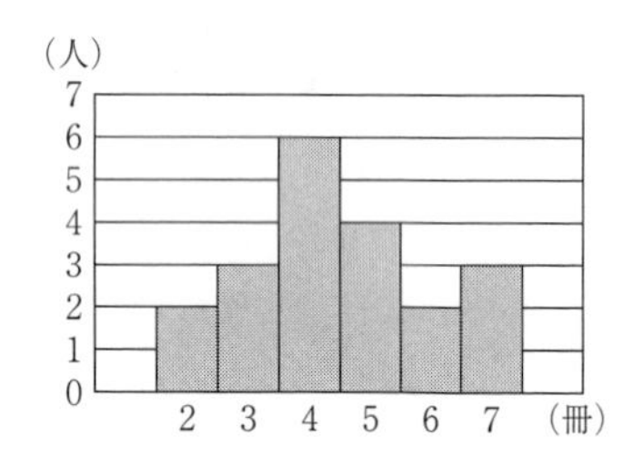

(4)　次のア～エの式のうち，「1000mLの水をa人で同じ量に分けたときの一人当たりの水の量(mL)」を正しく表しているものはどれですか。一つ選び，記号を○で囲みなさい。

(　ア　イ　ウ　エ　)

ア　$1000-a$　　イ　$1000a$　　ウ　$\frac{1000}{a}$　　エ　$\frac{a}{1000}$

(5)　一次方程式$7x-9=2x+21$を解きなさい。(　　　)

(6)　次の［㋐］，［㋑］に入れるのに適している自然数をそれぞれ書きなさい。

㋐(　　　)　㋑(　　　)

$x^2+2x-15=(x+$［㋐］$)(x-$［㋑］$)$

(7)　10本のくじがあり，そのうち1等が1本，2等が3本である。この10本のくじから1本をひくとき，ひいたくじが2等である確率はいくらですか。どのくじをひくことも同様に確からしいものとして答えなさい。(　　　)

(8) 右図において，m は関数 $y = x^2$ のグラフを表す。次のア～エのうち，m 上にある点はどれですか。一つ選び，記号を○で囲みなさい。

(ア　イ　ウ　エ)

ア　点(0, 2)　　イ　点(4, －3)　　ウ　点(3, 6)　　エ　点(－2, 4)

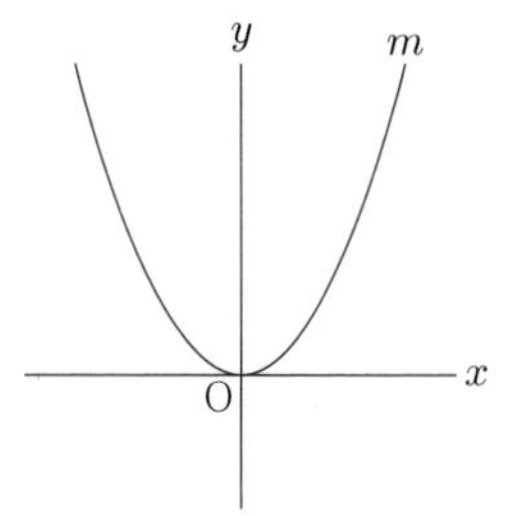

(9) 右図は，ある立体Pの投影図である。次のア～エのうち，立体Pの見取図として最も適しているものはどれですか。一つ選び，記号を○で囲みなさい。(ア　イ　ウ　エ)

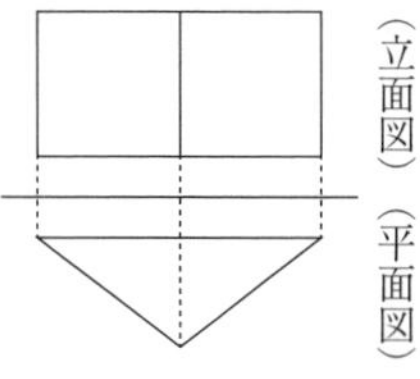

ア

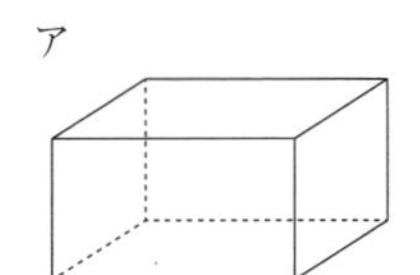

イ

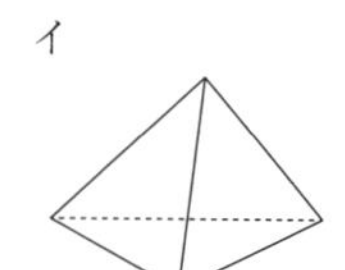

ウ

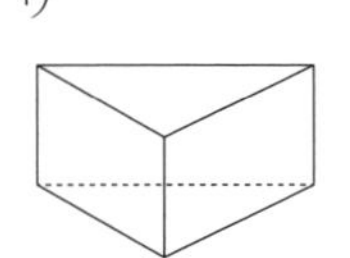

エ

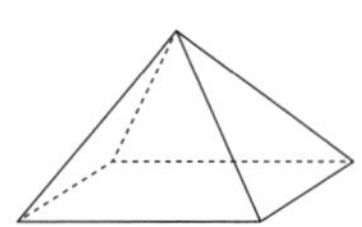

③ バレーボール部に所属するFさんは，部活動でミニハードルを使ったトレーニングをしようと考えた。Fさんは，200cm の助走路を設定したあと同じ大きさのミニハードルを等間隔に並べることにし，助走路を含めたミニハードルの列の長さについて考えてみた。ミニハードルの奥行は 24cm である。下図は，ミニハードルを 80cm ごとに配置したときのようすを表す模式図である。

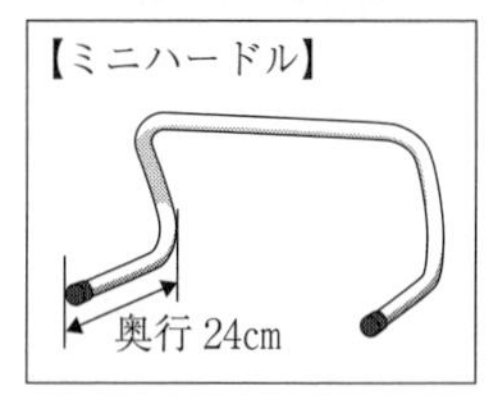

下図において，O，Pは直線 ℓ 上の点である。「ミニハードルの個数」が x のときの「線分OPの長さ」を y cm とする。$x = 1$ のとき $y = 224$ であるとし，x の値が1増えるごとに y の値は 80 ずつ増えるものとする。

次の問いに答えなさい。

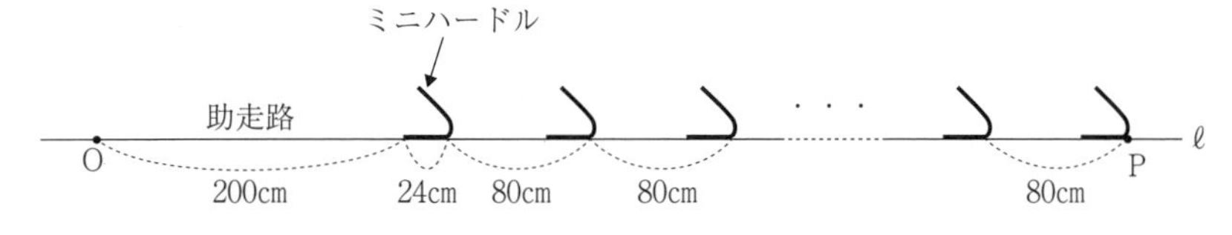

(1) 次の表は，x と y との関係を示した表の一部である。表中の(ア)，(イ)に当てはまる数をそれぞれ書きなさい。(ア)(　　　) (イ)(　　　)

x	1	2	3	…	6	…
y	224	304	(ア)	…	(イ)	…

(2) x を自然数として，y を x の式で表しなさい。(　　　)

(3) $y = 1184$ となるときの x の値を求めなさい。(　　　)

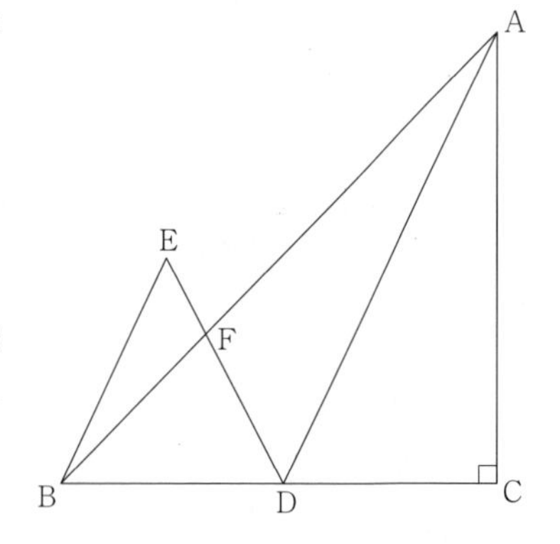

4　右図において，△ABCは∠ACB = 90°，AC = BC = 9cmの直角二等辺三角形である。Dは，辺BC上の点である。AとDとを結ぶ。AD = 10cmである。△EBDは鋭角三角形であり，EB∥ADである。Fは，辺EDと辺ABとの交点である。

次の問いに答えなさい。

(1)　△ADCの内角∠ADCの大きさを$a°$とするとき，△ADCの頂点Dにおける外角∠ADBの大きさをaを用いて表しなさい。(　　　度)

(2)　次は，△EBF∽△DAFであることの証明である。ⓐ，ⓑに入れるのに適している「**角を表す文字**」をそれぞれ書きなさい。また，ⓒ〔　　〕から適しているものを一つ選び，記号を○で囲みなさい。

ⓐ(　　　)　ⓑ(　　　)　ⓒ(ア　イ　ウ)

> (証明)
> △EBFと△DAFにおいて
> 対頂角は等しいから∠BFE = ∠ ⓐ ……あ
> EB∥ADであり，平行線の錯角は等しいから
> ∠EBF = ∠ ⓑ ……い
> あ，いより，
> ⓒ〔ア　1組の辺とその両端の角　　イ　2組の辺の比とその間の角　　ウ　2組の角〕がそれぞれ等しいから
> △EBF∽△DAF

(3)　EB = 5cmであるときの線分AFの長さを求めなさい。答えを求める過程がわかるように，途中の式を含めた求め方も説明すること。

求め方(　　　　　　　　　　　　　　　　　　　　　)(　　　cm)

数学B 問題

時間　40分　　満点　45点

＊日本語指導が必要な生徒選抜の検査時間は50分

(注)　答えが根号を含む数になる場合は，根号の中をできるだけ小さい自然数にしなさい。

1　次の計算をしなさい。

(1)　$8-18\div(-3)$　(　　)

(2)　$(-2)^2-5$　(　　)

(3)　$5(x+3y)-(2x-y)$　(　　)

(4)　$6ab\div2b\times a$　(　　)

(5)　$(x+5)(x-1)+x(x+4)$　(　　)

(6)　$\sqrt{8}-\sqrt{2}-\sqrt{50}$　(　　)

2　次の問いに答えなさい。

(1)　a，bを1けたの自然数とする。次のア～エの式のうち，十の位の数がa，一の位の数がbである2けたの自然数を表しているものはどれですか。一つ選び，記号を○で囲みなさい。

(ア　イ　ウ　エ)

ア　ab　　イ　$10ab$　　ウ　$10+a+b$　　エ　$10a+b$

(2)　yはxに反比例し，$x=3$のとき$y=8$である。$x=2$のときのyの値を求めなさい。

(　　)

(3)　連立方程式$\begin{cases} x-2y=10 \\ 3x+y=16 \end{cases}$を解きなさい。(　　　)

(4)　二次方程式$x^2-6x-27=0$を解きなさい。(　　)

(5)　バドミントン部の顧問であるT先生は，部員が行ったハンドボール投げの記録を度数分布表にまとめ，資料を作成した。ところが，右図のようにその資料が破れて一部が読み取れなくなっている。右図の度数分布表において，23m以上26m未満の階級の相対度数を求めなさい。答えは小数で書くこと。(　　)

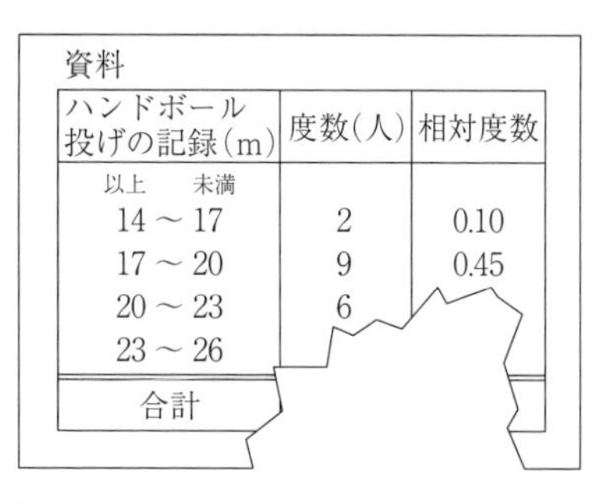

資料

ハンドボール投げの記録(m)	度数(人)	相対度数
以上　未満		
14～17	2	0.10
17～20	9	0.45
20～23	6	
23～26		
合計		

(6)　二つのさいころを同時に投げるとき，出る目の数の積が8以下である確率はいくらですか。1から6までのどの目が出ることも同様に確からしいものとして答えなさい。(　　)

(7)　右図において，立体 ABCD—EFGH は直方体であり，AB = 5 cm，AD = 6 cm，AE = 4 cm である。I は，辺 AB 上にあって線分 CI の長さと線分 IE の長さとの和が最も小さくなる点である。線分 CI の長さと線分 IE の長さとの和を求めなさい。(　　　cm)

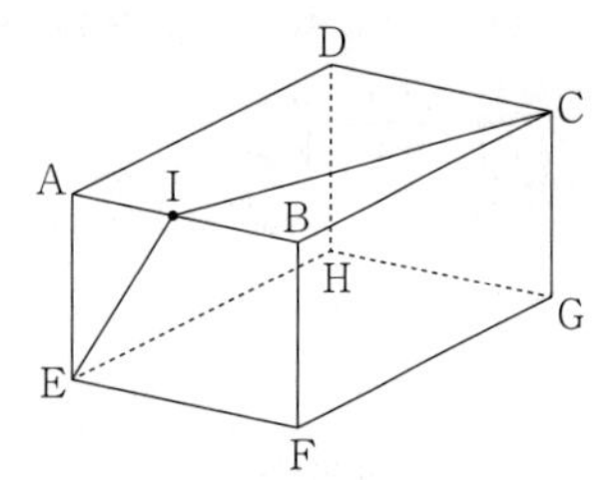

(8)　右図において，m は関数 $y = ax^2$ (a は正の定数) のグラフを表し，ℓ は関数 $y = x + 1$ のグラフを表す。A は m と ℓ との交点のうち，x 座標が正の点である。B は y 軸上の点であり，その y 座標は 2 である。n は，B を通り傾きが $-\frac{3}{2}$ の直線である。C は n 上の点であり，C の y 座標と A の y 座標は等しい。C の x 座標は -2 である。a の値を求めなさい。答えを求める過程がわかるように，途中の式を含めた求め方も説明すること。

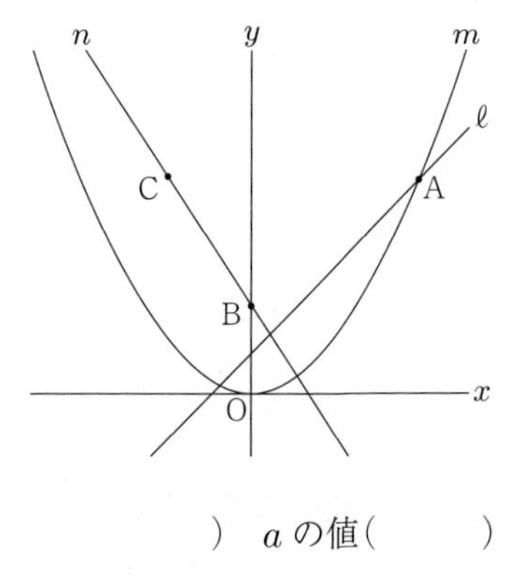

求め方(　　　　　　　　　　　　　　　　　　　　　　　　　　　　　)　a の値(　　　)

3 バレーボール部に所属するFさんは，部活動でミニハードルを使ったトレーニングをしようと考えた。Fさんは，200cmの助走路を設定したあと同じ大きさのミニハードルを等間隔に並べることにし，助走路を含めたミニハードルの列の長さについて考えてみた。ミニハードルの奥行は24cmである。図Ⅰは，ミニハードルを等間隔に並べたときのようすを表す模式図である。

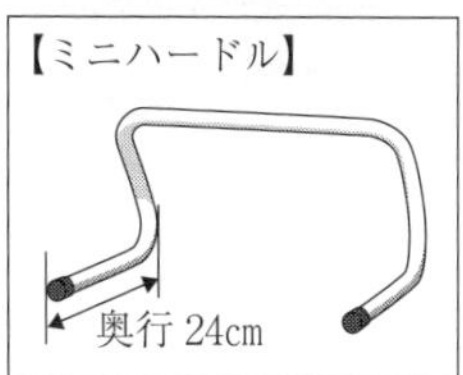

図Ⅰにおいて，O，Pは直線 ℓ 上の点である。「ミニハードルの個数」が1のとき「線分OPの長さ」は224cmであるとし，「ミニハードルの個数」が1増えるごとに「線分OPの長さ」は a cmずつ長くなるものとする。ただし，$a > 24$ とする。

次の問いに答えなさい。

図Ⅰ

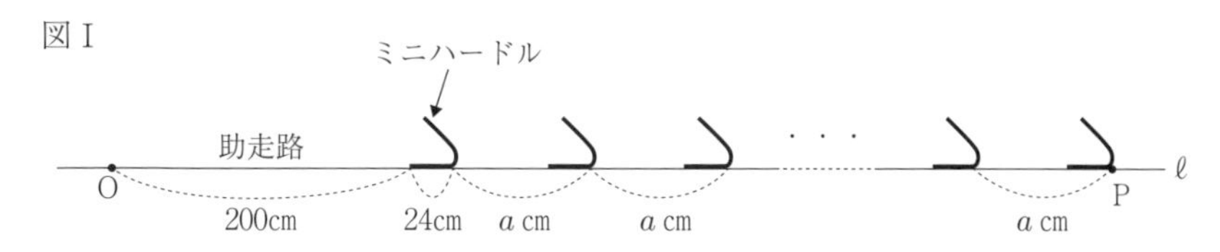

(1) Fさんは，図Ⅰにおいて $a = 80$ である場合について考えた。「ミニハードルの個数」が x のときの「線分OPの長さ」を y cmとする。

① 次の表は，x と y との関係を示した表の一部である。表中の(ア)，(イ)に当てはまる数をそれぞれ書きなさい。(ア)(　　　)　(イ)(　　　)

x	1	2	…	4	…	7	…
y	224	304	…	(ア)	…	(イ)	…

② x を自然数として，y を x の式で表しなさい。(　　　)

③ $y = 1184$ となるときの x の値を求めなさい。(　　　)

(2) バレーボール部には，ミニハードルが全部で17個ある。Fさんは，17個のミニハードルをすべて使い，助走路を含めたミニハードルの列の長さが1440cmになるように，ミニハードルの間隔を決めることにした。

図Ⅰにおいて，「ミニハードルの個数」を17とする。「線分OPの長さ」が1440cmとなるときの a の値を求めなさい。(　　　)

4　図Ⅰ，図Ⅱにおいて，A，B，Cは円Oの周上の異なる3点であり，3点A，B，Cを結んでできる△ABCは内角∠ABCが鈍角の三角形であって，AB > BCである。Dは，直線OBと円Oとの交点のうちBと異なる点である。DとAとを結ぶ。四角形AEFCは長方形であり，Fは直線AB上にある。Gは，直線CBと辺EFとの交点である。

円周率をπとして，次の問いに答えなさい。

(1)　図Ⅰにおいて，

①　DO = a cmとするとき，円Oの周の長さをaを用いて表しなさい。(　　　cm)

②　△DAB ∽ △GFCであることを証明しなさい。

(　　　　　　　　　　　　)

図Ⅰ

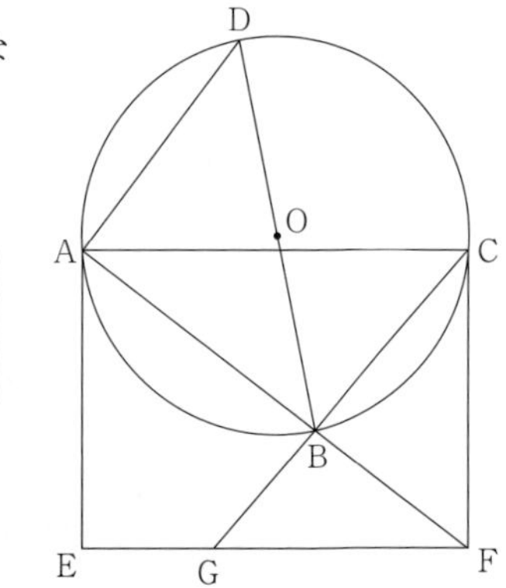

(2)　図Ⅱは，Gが辺EFの中点であるときの状態を示している。

図Ⅱにおいて，AE = 5 cm，AF = 9 cmである。Hは，Eから線分AFにひいた垂線と線分AFとの交点である。DとHとを結ぶ。

①　線分GFの長さを求めなさい。(　　　cm)

②　△DAHの面積を求めなさい。(　　　cm^2)

図Ⅱ

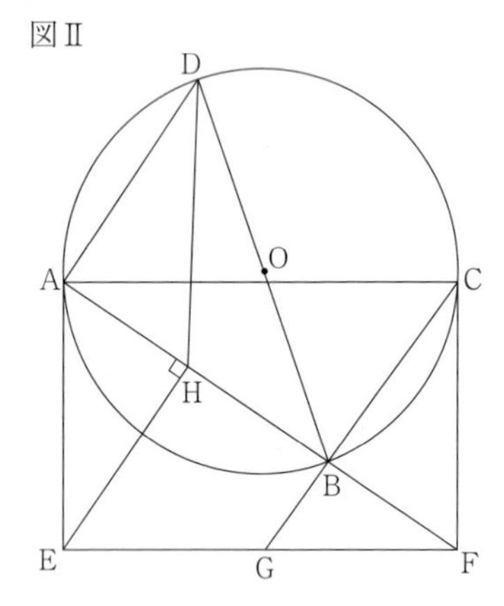

英語A問題

時間　40分　　満点　45点（リスニング共）

（編集部注）「英語リスニング」の問題は「英語B問題」のあとに掲載しています。

（注）答えの語数が指定されている問題は，コンマやピリオドなどの符号は語数に含めないこと。

1 次の(1)～(12)の日本語の文の内容と合うように，英文中の（　）内のア～ウからそれぞれ最も適しているものを一つずつ選び，記号を○で囲みなさい。

(1) これは私の自転車です。（ア　イ　ウ）
This is my（ア　bike　イ　desk　ウ　doll）.

(2) 私たちはいくつかの花を買うつもりです。（ア　イ　ウ）
We will buy some（ア　eggs　イ　flowers　ウ　hats）.

(3) 私は毎日，英語を勉強します。（ア　イ　ウ）
I（ア　feel　イ　study　ウ　teach）English everyday.

(4) あの古いギターを見てください。（ア　イ　ウ）
Look at that（ア　long　イ　new　ウ　old）guitar.

(5) 彼は彼の祖父と歩いていました。（ア　イ　ウ）
He was walking（ア　in　イ　on　ウ　with）his grandfather.

(6) 彼女は私たちにいくつかの写真を見せました。（ア　イ　ウ）
She showed（ア　our　イ　us　ウ　ours）some photos.

(7) なんてかわいいのでしょう。（ア　イ　ウ）
（ア　How　イ　What　ウ　Which）cute!

(8) 窓を開けてもいいですか。（ア　イ　ウ）
May I（ア　open　イ　opens　ウ　to open）the window?

(9) あの教会は約150年前に建てられました。（ア　イ　ウ）
That church was（ア　build　イ　built　ウ　to build）about 150 years ago.

(10) あなたはこれまでに馬に乗ったことがありますか。（ア　イ　ウ）
Have you ever（ア　ride　イ　rode　ウ　ridden）a horse?

(11) 考えを共有することは大切です。（ア　イ　ウ）
（ア　Share　イ　Shared　ウ　Sharing）ideas is important.

(12) マンガを読んでいる生徒たちは私の友だちです。（ア　イ　ウ）
The students（ア　read　イ　reading　ウ　to read）comics are my friends.

2　次の(1)～(4)の日本語の文の内容と合うものとして最も適しているものをそれぞれア～ウから一つずつ選び，記号を○で囲みなさい。

(1)　この歌はあの歌と同じくらい人気があります。(ア　イ　ウ)

ア　This song is as popular as that one.　　イ　This song is more popular than that one.

ウ　That song is more popular than this one.

(2)　この音楽は私を幸せにするでしょう。(ア　イ　ウ)

ア　I will make this music happy.　　イ　This happy music was made by me.

ウ　This music will make me happy.

(3)　これは昨日，彼女が私にくれたプレゼントです。(ア　イ　ウ)

ア　She got this present from me yesterday.　　イ　This is the present she gave me yesterday.

ウ　I gave her this present yesterday.

(4)　私のおばは彼女の犬をラッキーと名付けました。(ア　イ　ウ)

ア　My aunt named her dog Lucky.　　イ　My aunt Lucky named her dog.

ウ　I named my aunt's dog Lucky.

3　高校生の洋子（Yoko）と留学生のポール（Paul）が，駅でポスターを見ながら会話をしています。ポスターの内容と合うように，次の会話文中の〔　　〕内のア～ウからそれぞれ最も適しているものを一つずつ選び，記号を○で囲みなさい。

①(ア　イ　ウ)　②(ア　イ　ウ)　③(ア　イ　ウ)

Yoko：　Paul, look! The city holds a free bus tour. Let's join the tour next ①〔ア　Friday　イ　Saturday　ウ　Sunday〕.

Paul：　That's a good idea. Where can we visit?

Yoko：　We can visit various places, for example, the shrine and the temple. You are interested in Japanese art, right? We can also visit the ②〔ア　museum　イ　restaurant　ウ　zoo〕.

Paul：　That's great!

Yoko：　We need to bring our lunch and we will eat it together at the park.

Paul：　Sounds fun! Oh, but I help my host family prepare dinner every weekend, so I have to go home by five o'clock.

Yoko：　Don't worry. The tour will finish at ③〔ア　one　イ　four　ウ　nine〕 o'clock.

Paul：　Then, there is no problem. Let's join the tour!

Yoko：　OK!

【ポスター】

いちょう市
無料バスツアー
毎週土曜日開催！

訪れる場所

さくら神社 → もみじ寺 →
わかば公園 → 市立美術館

集合時間・場所

午前9時　いちょう駅

終了時間・場所

午後4時　いちょう駅

※わかば公園で午後1時に昼食を食べます。各自持参してください。

4　次の(1)～(4)の会話文の［　　］に入れるのに最も適しているものをそれぞれア～エから一つずつ選び，記号を○で囲みなさい。

(1)(ア　イ　ウ　エ)　(2)(ア　イ　ウ　エ)　(3)(ア　イ　ウ　エ)　(4)(ア　イ　ウ　エ)

(1)　A：　Where did you go yesterday?

　　B：　［　　　　］

ア　No, I don't.　　イ　You are very kind.　　ウ　I went to the stadium.

エ　I am a junior high school student.

(2)　A：　Look! Some cats are under the tree.

　　B：　How many cats are there?

　　A：　［　　　　］

ア　Yes, they are.　　イ　No, they aren't.　　ウ　It is sleeping.

エ　There are eight cats.

(3)　A：　Which season do you like the best?

　　B：　I like winter the best.［　　　　］

　　A：　I like summer the best. I like to swim in the sea.

ア　How about you?　　イ　How cold is it?　　ウ　How far is it?　　エ　How old are you?

(4)　A：　Let's play video games.

　　B：　［　　　　］But, I wish I could play video games with you.

　　A：　Then, let's do it next time.

　　B：　Sure.

ア　Yes, I do.　　イ　No, it isn't.　　ウ　Me, too.　　エ　I'm sorry, I can't now.

5 秀（Hide）は日本の高校生です。次の［Ⅰ］，［Ⅱ］に答えなさい。

［Ⅰ］ 次は，秀が英語の授業で行ったポップコーン（popcorn）に関するスピーチの原稿です。彼が書いたこの原稿を読んで，あとの問いに答えなさい。

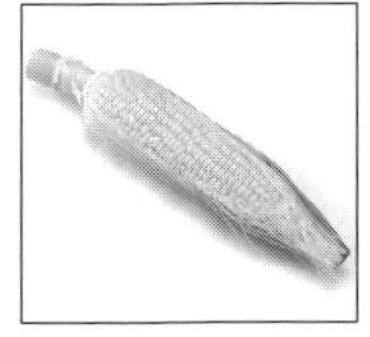
corn（とうもろこし）

Today, I will tell you about my favorite food. I like popcorn very much. Did you know that popcorn is made from corn? One day, when I was eating popcorn at a movie theater, I thought, "How can I make popcorn at home?" After the movie, I found corn for making popcorn at a supermarket and bought it. The next day, I made popcorn at home. [①] I was making popcorn, I found that the corn for making popcorn was hard. I became interested in corn, so I read a book about corn. According to Ⓐ it, there are many kinds of corn, and the corn for making popcorn and the corn we usually eat are different kinds.

I also learned many other things about corn. There are various colors. For example, there are white corn, red corn, and even black corn. And, people eat corn in many ways. For example, people in various areas in the world eat bread made from corn. Some people in Korea like to drink tea made from corn. In South America, a drink made from corn is very popular. The drink [②] black, and it is so sweet. [③] Thank you for listening.

（注） made from ～ ～からできた　South America 南アメリカ

(1) 次のうち，本文中の [①] に入れるのに最も適しているものはどれですか。一つ選び，記号を○で囲みなさい。（ ア イ ウ ）

ア What　イ When　ウ Why

(2) 本文中のⒶ itの表している内容に当たるものとして最も適しているひとつづきの**英語 4 語**を，本文中から抜き出して書きなさい。（　　　　　　）

(3) 次のうち，本文中の [②] に入れるのに最も適しているものはどれですか。一つ選び，記号を○で囲みなさい。（ ア イ ウ ）

ア looks　イ sees　ウ watches

(4) 本文中の [③] が，「もし私が将来世界中を旅行することができたら，そのような食べ物や飲み物を試してみるでしょう。」という内容になるように，次の〔　〕内の語を並べかえて解答欄の____に英語を書き入れ，英文を完成させなさい。

If〔around　can　I　travel〕the world in the future, I will try such food and drinks.

If ________________ the world in the future, I will try such food and drinks.

［Ⅱ］ スピーチの後に，あなた（You）と秀が次のような会話をするとします。あなたならば，どのような話をしますか。あとの条件1・2にしたがって，（ ① ），（ ② ）に入る内容を，それぞれ**5 語程度**の英語で書きなさい。解答の際には記入例にならって書くこと。

You ： I like popcorn, too.（　①　）

Hide： That's good. I can teach you how to make it.

You ： Thank you.（　②　）

Hide： Don't worry. It is not so difficult.

〈条件１〉 ①に，ポップコーンを作りたいと伝える内容を書くこと。

〈条件２〉 ②に，前後のやり取りに合う内容を書くこと。

記入例

What time is it ?

Well , it's 11 o'clock .

①________________________________

②________________________________

英語B 問題

時間　40分　　　満点　45点(リスニング共)

＊日本語指導が必要な生徒選抜の検査時間は50分

（編集部注）「英語リスニング」の問題はこの問題のあとに掲載しています。

（注）答えの語数が指定されている問題は，コンマやピリオドなどの符号は語数に含めないこと。

1　高校生の裕真（Yuma）は，滋賀県（Shiga Prefecture）の針江（はりえ）地区（Harie area）を訪れ，湧き水を使うためのシステムに興味をもつようになりました。次の［Ⅰ］，［Ⅱ］に答えなさい。

［Ⅰ］裕真は，次の文章の内容をもとに英語の授業でスピーチを行いました。文章の内容と合うように，下の英文中の〔　　〕内のア～ウからそれぞれ最も適しているものを一つずつ選び，記号を○で囲みなさい。

①（ア　イ　ウ）　②（ア　イ　ウ）　③（ア　イ　ウ）　④（ア　イ　ウ）
⑤（ア　イ　ウ）

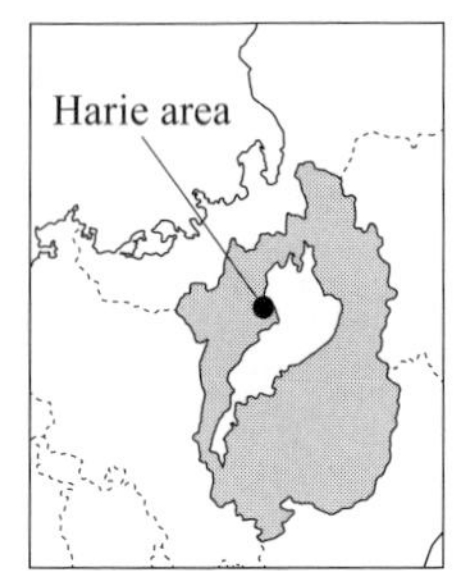

Shiga Prefecture

みなさんは湧き水について知っていますか。それは地面から出てくる水です。湧き水は日本の多くの場所で使われています。滋賀県の針江地区はその中の一つです。昨年の夏，私はおばとその地域を訪れ，地元のガイドたちによって行われているツアーに参加しました。そのツアーの中で，私たちは湧き水で満たされたいくつかの水をためる場所を見ました。そのガイドは，「ここの人々は湧き水を生活のために使います。湧き水を使うためのシステムは『かばた』と呼ばれています。この水は飲めます。試してください。」と言いました。私がそれを試したとき，その水はとても冷たかったです。とても暑い日だったので，その水は私を涼しく感じさせました。

> Do you know about spring water? It is the water ①〔ア came　イ coming　ウ come〕 out from the ground. Spring water is used in many places in Japan. Harie area in Shiga Prefecture is ②〔ア one　イ any　ウ many〕 of them. Last summer, I visited the area with my aunt and joined a tour held by ③〔ア foreign　イ local　ウ official〕 guides. In the tour, we saw some basins which were full of spring water. The guide said, "People here use spring water for their lives. The system of using spring water is ④〔ア call　イ calling　ウ called〕 '*kabata*.' You can drink this water. Please try it." When I tried it, the water was very cold. It was a very hot day, so the water ⑤〔ア did　イ made　ウ took〕 me feel cool.

（注）spring water　湧き水　　basin　水をためる場所　　*kabata*　かばた

［Ⅱ］次は，裕真とアメリカからの留学生のマイク（Mike）が，池田先生（Ms. Ikeda）と交わした会話の一部です。会話文を読んで，あとの問いに答えなさい。

Mike : Hi, Yuma. Your speech was very interesting.

Yuma : Thank you, Mike. I was surprised that the water was very cold. According to our guide, the temperature of the spring water is almost the same temperature at any time of the year.

Mike : That's interesting.

Ms. Ikeda : Hello, Yuma and Mike. What are you talking about?

Mike : Hello, Ms. Ikeda. We are talking about the speech Yuma made in our class. I am interested in his experience.

Ms. Ikeda : Oh, I enjoyed his speech, too. *Kabata* sounds interesting. Yuma, please tell us more about your experience in Harie area.

Yuma : Sure. I'll tell you the things I learned there. Look at this picture. They are some of the basins I saw.

Mike : Wow. [①] are they used?

Yuma : Each basin is used in a different way. The spring water goes into the first basin. The water in this basin is very clean, so people use this water for cooking or drinking.

Mike : Oh, I see. There is another basin next to the first basin. How about this one?

Yuma : [ア] When the first basin becomes full of water, the water will overflow into this second basin. The water in this basin is still clean, so it is used for keeping things cold, for example, vegetables or fruit.

Mike : That's nice. By using the basin, people don't need electricity for keeping things cold. They just put things in the basin. It's very simple and good for the environment.

Yuma : [イ] I think so, too. And, when the second basin becomes full, the water will overflow into the third basin. The third basin is the largest basin of the three basins. People sometimes put their dishes in this basin after using them and leave them for a few hours.

Ms. Ikeda : Why do they do that?

Yuma : [ウ] Actually, in the third basin, some fish are swimming although there are no fish in the first and second basins. The fish eat small pieces of food on the dishes, so the fish help people wash the dishes. In addition, the fish also eat any food in the water, so [②].

Mike : Really? That sounds great! That means people use things in nature to keep the water clean.

Yuma : That's right.

Mike : Where does the water in the third basin finally go?

Yuma : [エ] The water in the basin goes to a river in the area and finally goes into the lake near the area. It comes back as rain or snow in the future.

Mike : I see. The water circulates.

Yuma : That's right.

Ms. Ikeda : Mike, we have learned many things about *kabata*, right? What do you think about it?

Mike : I think *kabata* is wonderful. It helps people's lives.

Ms. Ikeda : That's true. People in the area use it in a wonderful way. Yuma, you had an amazing experience.

Yuma : Yes, I really had a great experience. Through this experience, I understand that people are a part of nature.

Mike : I agree with you. We should pay attention to the water we use every day.

Ms. Ikeda : Thank you for telling us a nice story, Yuma.

(注) overflow あふれる circulate 循環する

(1) 本文の内容から考えて，次のうち，本文中の[①]に入れるのに最も適しているものはどれですか。一つ選び，記号を○で囲みなさい。(ア イ ウ エ)

ア What イ Where ウ Who エ How

(2) 本文中には次の英文が入ります。本文中の[ア]～[エ]から，入る場所として最も適しているものを一つ選び，ア～エの記号を○で囲みなさい。(ア イ ウ エ)

To clean the dishes.

(3) 本文の内容から考えて，次のうち，本文中の[②]に入れるのに最も適しているものはどれですか。一つ選び，記号を○で囲みなさい。(ア イ ウ エ)

ア the water can be kept clean

イ the fish make the water in the basin full

ウ the small pieces of food easily clean the water

エ people in that area use electricity to make the water clean

(4) 次のうち，本文で述べられている内容と合うものはどれですか。一つ選び，記号を○で囲みなさい。(ア イ ウ エ)

ア The temperature of the spring water in summer and the temperature of the spring water in winter are very different.

イ Yuma had a chance to see some basins which are used in Harie area.

ウ People in Harie area put nothing in the largest basin because the water there is very clean.

エ Mike told Yuma and Ms. Ikeda where the spring water used in Harie area finally went.

(5) 本文の内容と合うように，次の問いに対する答えをそれぞれ英語で書きなさい。ただし，①は**3**語，②は**9**語の英語で書くこと。

① Are fish swimming in the first basin? (   )

② What does Yuma understand through his experience in Harie area?

（　　　　　　　　　　　　　　　　　　　　　　　　　　　　　　　　）

2 大阪の高校生の真奈（Mana）が英語の授業でスピーチを行いました。次の［Ⅰ］，［Ⅱ］に答えなさい。

［Ⅰ］ 次は，真奈が行ったスピーチの原稿です。彼女が書いたこの原稿を読んで，あとの問いに答えなさい。

a native dandelion

a non-native dandelion

We can find dandelions everywhere in Japan. I thought all dandelions were the same kind. However, one day, my grandfather told me that there were various kinds of dandelions. According to him, some kinds of dandelions are native dandelions and they have been in Japan for a long time. Other kinds of dandelions were [①] from other countries more than one hundred years ago. He called them "non-native dandelions." A lot of dandelions we see now are non-native dandelions. He showed me some pictures of native dandelions and non-native dandelions. [②] I understood their differences. About fifty years ago, my grandfather was able to find a lot of native dandelions in the area around our school. At that time, the area had many fields and farms, and native dandelions were found there. Now, there are not many fields and farms because many houses and buildings were built there. He said, "We can't find native dandelions in this area now." I wanted to check the thing he said. The next day, I tried to find native dandelions in the area around our school. I was able to find many dandelions. I looked carefully at the dandelions found there. All of Ⓐ<u>them</u> were non-native dandelions. Then, I had a question. Why was it impossible for me to find native dandelions in the area around our school although there were many non-native dandelions? I wanted to know the reason, so I read some books about dandelions.

From the books, I learned there were several reasons. The size of the space dandelions need is one reason. To produce seeds, a native dandelion needs to get pollen from another native dandelion. This means a native dandelion can't increase if there are not other native dandelions around it. So, it needs a wide space to grow with other native dandelions. [③] Although there are not many wide spaces in cities, non-native dandelions can still grow in cities. For native dandelions, [④]. We sometimes find a dandelion on the street if there is a small space which is not covered with asphalt. That is a non-native dandelion.

After learning about the differences between native dandelions and non-native dandelions, I wanted to know where I could find native dandelions. On the Internet, I looked for the place. I found [⑤] about dandelions. According to it, in Osaka, there are some places which have a lot of native dandelions! I was excited because I didn't think there were native dandelions in Osaka. I want to visit some of those places with my grandfather and see native dandelions with him. Thank you for listening.

(注) dandelion　タンポポ　　native dandelion　在来種のタンポポ
non-native dandelion　在来種でないタンポポ　　seed　種子　　pollen　花粉
increase　繁殖する　　asphalt　アスファルト

(1) 次のうち，本文中の［ ① ］に入れるのに最も適しているものはどれですか。一つ選び，記号を○で囲みなさい。(ア　イ　ウ　エ)

ア　bring　　イ　brought　　ウ　bringing　　エ　to bring

(2) 本文中の［ ② ］が，「彼はそれらがどのように見えたかを説明しました。」という内容になるように，次の〔　〕内の語を並べかえて解答欄の＿＿に英語を書き入れ，英文を完成させなさい。

He〔they　explained　looked　how〕.

He ＿＿＿＿＿＿＿＿＿＿＿＿＿＿＿＿＿＿＿＿＿＿＿＿＿＿.

(3) 本文中のⒶ them の表している内容に当たるものとして最も適しているひとつづきの**英語4語**を，本文中から抜き出して書きなさい。(　　　　　　　　　　　)

(4) 本文中の［ ③ ］に，次の(i)～(iii)の英文を適切な順序に並べかえ，前後と意味がつながる内容となるようにして入れたい。あとのア～エのうち，英文の順序として最も適しているものはどれですか。一つ選び，記号を○で囲みなさい。(ア　イ　ウ　エ)

(i) So, it doesn't need a wide space to grow with them.

(ii) This means it doesn't need other dandelions around it to increase.

(iii) However, a non-native dandelion can produce seeds without another dandelion's pollen.

ア　(i)→(iii)→(ii)　　イ　(ii)→(i)→(iii)　　ウ　(iii)→(i)→(ii)　　エ　(iii)→(ii)→(i)

(5) 本文の内容から考えて，次のうち，本文中の［ ④ ］に入れるのに最も適しているものはどれですか。一つ選び，記号を○で囲みなさい。(ア　イ　ウ　エ)

ア　it is not necessary to grow in a wide space to increase

イ　it is not difficult to grow in a small space to increase

ウ　it is more difficult to grow in cities

エ　it is easier to grow in cities

(6) 本文中の 'I found ［ ⑤ ］ about dandelions.' が，「私はタンポポについて書かれた一つのレポートを見つけました。」という内容になるように，解答欄の＿＿に**英語3語**を書き入れ，英文を完成させなさい。

I found ＿＿＿＿＿＿＿＿＿＿＿＿＿＿＿＿＿＿ about dandelions.

(7) 次のうち，本文で述べられている内容と合うものはどれですか。一つ選び，記号を○で囲みなさい。(ア　イ　ウ　エ)

ア　Mana found both native dandelions and non-native dandelions in the area around her school.

イ　Mana heard about the way of producing seeds of dandelions from her grandfather.

ウ　Mana learned about the differences between native dandelions and non-native dandelions.

エ　Mana visited the place which had many native dandelions with her grandfather.

［Ⅱ］ スピーチの後に，あなた（You）と真奈が，次のような会話をするとします。あなたならば，どのような話をしますか。あとの条件１・２にしたがって，（ ① ），（ ② ）に入る内容をそれぞれ英語で書きなさい。解答の際には記入例にならって書くこと。文の数はいくつでもよい。

You　：　Mana, your speech was interesting. (　①　) Did you go to the library to get information about dandelions?

Mana：　Yes. I usually go to the library. I also used the Internet to get information about dandelions. Do you go to a library to get information about something?

You　：　(　②　)

Mana：　I see.

〈条件１〉 ①に，「あなたは私が知らなかったたくさんのことを私に教えてくれました。」と伝える文を，**10語程度**の英語で書くこと。

〈条件２〉 ②に，解答欄の［　　］内の，Yes, I do.または No, I don't.のどちらかを○で囲み，そのあとに，その理由を**20語程度**の英語で書くこと。

記入例

When	is	your	birthday ?
Well ,	it's	April	11 .

①＿＿＿＿＿＿＿＿＿＿＿＿＿＿＿＿＿＿＿＿

②［ Yes, I do. · No, I don't. ］

＿＿＿＿＿＿＿＿＿＿＿＿＿＿＿＿＿＿＿＿

＿＿＿＿＿＿＿＿＿＿＿＿＿＿＿＿＿＿＿＿

英語リスニング

時間　15分

＊日本語指導が必要な生徒選抜の検査時間は 20 分

（編集部注）　放送原稿は問題のあとに掲載しています。

音声の再生についてはもくじをご覧ください。

回　リスニングテスト

1　絵里とジョーとの会話を聞いて，ジョーのことばに続くと考えられる絵里のことばとして，次のア～エのうち最も適しているものを一つ選び，解答欄の記号を○で囲みなさい。

（ア　イ　ウ　エ）

ア　Two apples.　　イ　I like orange.　　ウ　Yes, I do.　　エ　No, we aren't.

2　真理とロブとの会話を聞いて，ロブが描いている絵として，次のア～エのうち最も適していると考えられるものを一つ選び，解答欄の記号を○で囲みなさい。（ア　イ　ウ　エ）

3　下の図は，エマと啓太が通う学校の周りのようすを示したものです。二人の会話を聞いて，エマの行き先として，図中のア～エのうち最も適していると考えられるものを一つ選び，解答欄の記号を○で囲みなさい。（ア　イ　ウ　エ）

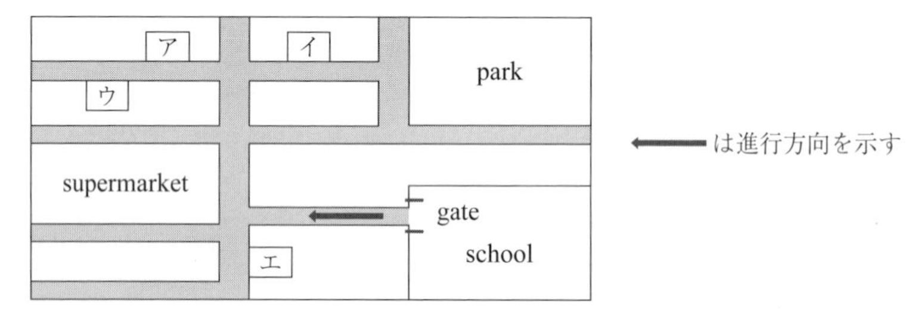

4　空港の搭乗口でアナウンスが流れてきました。そのアナウンスを聞いて，それに続く二つの質問に対する答えとして最も適しているものを，それぞれア～エから一つずつ選び，解答欄の記号を○で囲みなさい。(1)（ア　イ　ウ　エ）　(2)（ア　イ　ウ　エ）

(1)　ア　Two.　　イ　Three.　　ウ　Four.　　エ　Seven.

(2)　ア　People with small children.

　　イ　People who have questions for a clerk.

　　ウ　People who have a seat number from 1 to 14.

　　エ　People who have a seat number from 15 to 30.

5　明とケイトとの会話を聞いて，それに続く二つの質問に対する答えとして最も適しているものを，それぞれア～エから一つずつ選び，解答欄の記号を○で囲みなさい。

(1)(ア イ ウ エ) (2)(ア イ ウ エ)

(1) ア They will go to a flower shop. イ They will go to a bookstore.
ウ They will watch a movie. エ They will eat lunch.

(2) ア At 10:25. イ At 10:30. ウ At 11:15. エ At 1:30.

6 由香とサムとの会話を聞いて，会話の中で述べられている内容と合うものを，次のア～エから一つ選び，解答欄の記号を○で囲みなさい。(ア イ ウ エ)

ア Yuka said, “That’s not good advice,” because her brother didn’t like Sam’s advice.

イ Yuka said, “That’s not good advice,” because her brother liked the present she gave last year.

ウ Yuka said, “That’s not good advice,” because she still didn’t know what to give to her brother.

エ Yuka said, “That’s not good advice,” because her brother was going to watch a baseball game.

〈放送原稿〉

2023年度大阪府公立高等学校特別入学者選抜，能勢分校選抜，帰国生選抜，日本語指導が必要な生徒選抜英語リスニングテストを行います。

テスト問題は1から6まであります。英文はすべて2回ずつ繰り返して読みます。放送を聞きながらメモを取ってもかまいません。

それでは問題1です。絵里とジョーとの会話を聞いて，ジョーのことばに続くと考えられる絵里のことばとして，次のア・イ・ウ・エのうち最も適しているものを一つ選び，解答欄の記号を○で囲みなさい。では始めます。

Eri：　Hi, Joe. The color of your T-shirt is nice.

Joe：　Thank you, Eri. I like blue. Which color do you like?

繰り返します。(繰り返す)

問題2です。真理とロブとの会話を聞いて，ロブが描いている絵として，次のア・イ・ウ・エのうち最も適していると考えられるものを一つ選び，解答欄の記号を○で囲みなさい。では始めます。

Mari：　Hi, Rob. What are you painting?

Rob：　Hi, Mari. This is a picture of the beach I visited with my friends.

Mari：　Oh! These people are you and your friends, right?

Rob：　Yes.

Mari：　I like this picture!

繰り返します。(繰り返す)

問題3です。下の図は，エマと啓太が通う学校の周りのようすを示したものです。二人の会話を聞いて，エマの行き先として，図中のア・イ・ウ・エのうち最も適していると考えられるものを一つ選び，解答欄の記号を○で囲みなさい。では始めます。

Emma：　Hi, Keita. I want to go to the library today to borrow some books for my homework. Can you tell me the way?

Keita：　OK, Emma. It's not so difficult. Now, we are at school. So, from the school gate, just go straight and you will see the supermarket in front of you. Then turn right. After that, go straight and turn left at the second corner. Then go straight and you'll see the library on your left. There is a man who speaks English in the library. He will help you find the books.

Emma：　Thank you.

繰り返します。(繰り返す)

問題4です。空港の搭乗口でアナウンスが流れてきました。そのアナウンスを聞いて，それに続く二つの質問に対する答えとして最も適しているものを，それぞれア・イ・ウ・エから一つずつ選び，解答欄の記号を○で囲みなさい。では始めます。

Good afternoon. Thank you for choosing our flight company today. Before you get on a plane, let us tell you about three rules you need to follow. First, each of you can bring two bags into a plane. Second, your bags should not be heavier than 7 kg. Next, you can't bring hot drinks into a plane. If you have any questions, please talk to a clerk. Now the plane is ready. People with small children can go into the plane first. People who have a seat number from 15 to 30 can go into the plane next. After that, people who have a seat number from 1 to 14 will go into the plane. Please check your seat number on your ticket now. Have a nice flight! Thank you.

Question (1): How many bags can each person bring into a plane?

Question (2): Who can go into the plane first?

繰り返します。(アナウンスと質問を繰り返す)

問題5です。明とケイトとの会話を聞いて，それに続く二つの質問に対する答えとして最も適しているものを，それぞれア・イ・ウ・エから一つずつ選び，解答欄の記号を○で囲みなさい。では始めます。

Akira： Kate! Hurry up! It's 10:25 now. We have only 5 minutes before the movie "Space Travel" starts! The theater is on the 4th floor of this building.

Kate： Oh, Akira. We can't get to the theater in 5 minutes. We also have to buy tickets. I don't want to miss the first part of the movie. Let's watch the next "Space Travel." What time will it start?

Akira： I'll check it with my cellphone. Well, it will start at 1:30.

Kate： We have to wait for 3 hours. That's too long.

Akira： You're right. There is a different movie from 11:15.

Kate： I see... But I really want to see "Space Travel." How about eating lunch first? After that, let's watch the movie from 1:30. There is a Chinese restaurant on the 3rd floor. It opens at 11:30.

Akira： That's a good idea. We still have a lot of time before the restaurant opens. Can we go to a bookstore? I want to buy a new flower magazine.

Kate： OK! Maybe I will buy something, too.

Question (1): What will Akira and Kate do next?

Question (2): What time will Akira and Kate watch the movie?

繰り返します。(会話と質問を繰り返す)

問題6です。由香とサムとの会話を聞いて，会話の中で述べられている内容と合うものを，次のア・イ・ウ・エから一つ選び，解答欄の記号を○で囲みなさい。では始めます。

Yuka： Hi, Sam! I need your advice.

Sam： What happened, Yuka?

Yuka： It's my brother's birthday this Sunday.

Sam： Oh, really? Did you buy something for him?

Yuka： No. I don't know what to buy for him. Do you have a good idea? You know my brother very well because you and my brother practice baseball together.

Sam： How about clothes?

Yuka： I gave him a shirt last year but he didn't like it. I don't know what kind of clothes he likes. When I see him, he is always wearing a baseball uniform. I really want him to like my present this year.

Sam ： How about tickets to a baseball game? He always talks about his favorite player.

Yuka： He already has a plan to watch some games with my uncle.

Sam ： I see. Well... I would be happy with any present if you gave it to me.

Yuka： Oh. That's not good advice. I still have no good idea!

Sam ： Well... I can ask your brother for you now.

繰り返します。(繰り返す)

これで，英語リスニングテストを終わります。

社会

時間　40分　　　　満点　45点

1　ユーラシア大陸はヨーロッパ州とアジア州に分けられる。ユーラシア大陸にかかわる次の問いに答えなさい。

(1)　次の文は，大陸にかかわることがらについて述べたものである。文中のⓐ〔　　〕，ⓑ〔　　〕から適切なものをそれぞれ一つずつ選び，記号を○で囲みなさい。ⓐ（ア　イ）　ⓑ（ウ　エ）

地球の陸地はⓐ〔ア　六つ　　イ　九つ〕の大陸と多くの島々からなる。地球を赤道で南北に分けた場合，大陸のうち最も広いユーラシア大陸はⓑ〔ウ　南半球　　エ　北半球〕に位置する。

(2)　ヨーロッパでは宗教をはじめとした共通の文化がみられる。また，ヨーロッパの国々にはかつて植民地であった国々や周辺諸国から異なる文化をもつ人々が移り住み，多様な文化が共存している。

①　次のア～エのうち，ヨーロッパで広く信仰されている宗教で，カトリックやプロテスタント，正教会などの宗派がある宗教はどれか。一つ選び，記号を○で囲みなさい。

（ア　イ　ウ　エ）

ア　ヒンドゥー教　　イ　キリスト教　　ウ　イスラム教　　エ　仏教

②　ヨーロッパの国々によって1993年にヨーロッパ連合が結成された。ヨーロッパ連合では2002年から加盟国の多くで共通通貨（単一通貨）が使用されるようになった。この共通通貨（単一通貨）は何と呼ばれているか。**カタカナ**で書きなさい。（　　　）

③　かつてヨーロッパの国々の植民地であった国の多くは，今もヨーロッパの国々と強いつながりがあり，ヨーロッパへの移民が多い。次の文は，ヨーロッパへの移民が多い国について述べたものである。あとのア～カのうち，文中の［A］，［B］に当てはまる国名の組み合わせとして正しいものはどれか。一つ選び，記号を○で囲みなさい。（ア　イ　ウ　エ　オ　カ）

・2019年におけるイギリスへの移民の人数が最も多かった国は，［A］である。［A］は20世紀中ごろまでの200年近くイギリスの植民地であった影響で，人口の約1割に当たる1億人以上が英語を話すという統計がある。

・2019年における［B］への移民の人数が最も多かった国はアルジェリアであり，次いでモロッコである。その他，セネガルやギニアなどアフリカの国々からの移民が多く，アルジェリア，モロッコ，セネガル，ギニアはかつて［B］の植民地であった影響で［B］語が広く用いられている。

ア　A　インド　　B　ドイツ
イ　A　インド　　B　フランス
ウ　A　ブラジル　　B　ドイツ
エ　A　ブラジル　　B　フランス
オ　A　エチオピア　　B　ドイツ
カ　A　エチオピア　　B　フランス

(3)　アジアにはさまざまな気候や自然環境がみられる。

①　図Ⅰ中のP～Sはそれぞれ，異なる気候の特徴をもつ都市を示しており，次のア～エのグラフはそれぞれ，砂漠気候の特徴をもつ都市P，熱帯雨林気候の特徴をもつ都市Q，温暖湿潤気候の特徴をもつ都市R，冷帯（亜寒帯）気候の特徴をもつ都市Sのいずれかの気温と降水量を表したものである。冷帯（亜寒帯）気候の特徴をもつ都市Sの気温と降水量を表したグラフを，次のア～エから一つ選び，記号を○で囲みなさい。（ア　イ　ウ　エ）

図Ⅰ

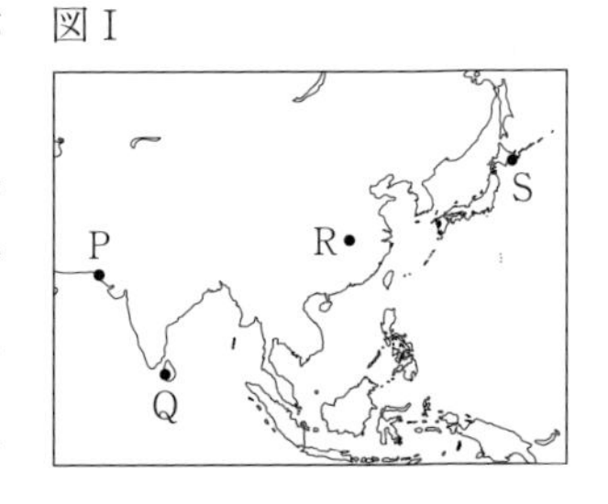

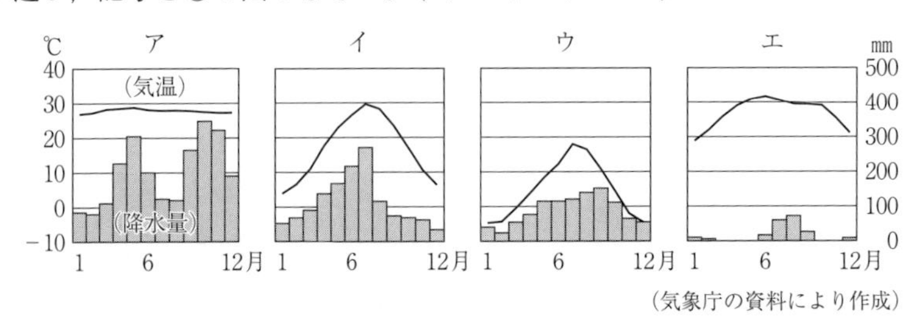

（気象庁の資料により作成）

②　次の文は，アジアの自然環境について述べたものである。文中の（　　）に入れるのに適している内容を，「海洋」「大陸」の**2**語を用いて簡潔に書きなさい。

（　　　　　　　　　　　　　　　　　　　　　　　　　　）

アジアにはモンスーンと呼ばれる風が吹く地域がある。モンスーンは夏と冬とで風向きが変わり，夏はおもに（　　　　　）。冬は夏とほぼ逆の風向きになる。そのため，季節によって気温や降水量に違いが生じる。

2　わが国と諸外国の歴史や文化は相互にかかわっている。わが国の国際関係にかかわる次の問いに答えなさい。

(1)　古代のわが国は，東アジアからさまざまな影響を受けながら国家を形成した。

①　中国の制度や文化を取り入れるため，たびたび使節が派遣された。次のア～エのうち，7世紀に遣隋使（けんずいし）として隋に派遣された人物はだれか。一つ選び，記号を○で囲みなさい。

（ア　イ　ウ　エ）

ア　大伴家持（おおとものやかもち）　イ　小野妹子（おののいもこ）　ウ　鑑真（がんじん）　エ　空海（くうかい）

②　仏教は大陸からもたらされた。次のア～エのうち，仏教の力で国家を守るため，聖武（しょうむ）天皇によって東大寺が建てられた都はどれか。一つ選び，記号を○で囲みなさい。

（ア　イ　ウ　エ）

ア　長岡京　イ　藤原京　ウ　平安京　エ　平城京

(2)　中世から近世のわが国は，東アジアにおける交流やヨーロッパ諸国との接触により，政治や文化において影響を受けた。

①　次のア～エのうち，明（みん）にわたって水墨画を学んだ禅僧で，帰国後，日本の水墨画を大成した人物はだれか。一つ選び，記号を○で囲みなさい。（ア　イ　ウ　エ）

ア　雪舟（せっしゅう）　イ　法然（ほうねん）　ウ　千利休（せんのりきゅう）　エ　狩野永徳（かのうえいとく）

②　次のア～エのうち，豊臣秀吉（とよとみひでよし）が行った対外政策はどれか。一つ選び，記号を○で囲みなさい。

（ア　イ　ウ　エ）

ア　大輪田泊（おおわだのとまり）（兵庫の港）を修築し，宋（そう）との貿易を行った。

イ　倭寇（わこう）を取り締まり，明に朝貢する形で勘合貿易を行った。

ウ　長崎がイエズス会に寄進されたことなどから，宣教師の追放を命じた。

エ　異国船打払令（外国船打払令）を出し，接近する外国船の撃退を命じた。

③　次の文は，江戸時代の文化にかかわることがらについて述べたものである。文中のⓐ〔　　〕，ⓑ〔　　〕から最も適しているものをそれぞれ一つずつ選び，記号を○で囲みなさい。

ⓐ（ア　イ）　ⓑ（ウ　エ）

鎖国と呼ばれる江戸幕府の対外政策が行われる中，17世紀末ごろから，経済力をもった上方のⓐ〔ア　武士　　イ　町人〕たちを中心に栄えた文化は元禄（げんろく）文化と呼ばれ，絵画では浮世絵の祖といわれるⓑ〔ウ　尾形光琳（おがたこうりん）　　エ　菱川師宣（ひしかわもろのぶ）〕が『見返り美人図』を描いた。

(3)　近代のわが国は，近代国家のしくみを整え，欧米諸国やアジア諸国と密接なかかわりをもった。

①　19世紀後半，明治政府が欧米に派遣した岩倉（いわくら）使節団と呼ばれる使節団とともに5人の女子留学生がアメリカ合衆国にわたった。次のア～エのうち，岩倉使節団に同行した女子留学生で，後に，日本で女子英学塾を設立するなど，女子教育の発展に尽力した人物はだれか。一つ選び，記号を○で囲みなさい。（ア　イ　ウ　エ）

ア　平塚（ひらつか）らいてう　イ　与謝野晶子（よさのあきこ）　ウ　津田梅子（つだうめこ）　エ　市川房枝（いちかわふさえ）

②　次の(i)～(iii)は19世紀後半にわが国で起こったできごとについて述べた文である。(i)～(iii)をできごとが起こった順に並べかえると，どのような順序になるか。あとのア～カから正しいものを一つ選び，記号を○で囲みなさい。（ア　イ　ウ　エ　オ　カ）

(i) 国会期成同盟が結成された。

(ii) 大日本帝国憲法が発布された。

(iii) 民撰(みんせん)議院設立建白書が提出された。

ア (i)→(ii)→(iii)　イ (i)→(iii)→(ii)　ウ (ii)→(i)→(iii)　エ (ii)→(iii)→(i)

オ (iii)→(i)→(ii)　カ (iii)→(ii)→(i)

③ 20世紀前半，わが国の貿易は第一次世界大戦の影響によるアジア市場などへの輸出の増加によって発展し，1914（大正3）年に約6億円であった輸出総額は，1918（大正7）年には約20億円になった。表Ⅰは，当時の軽工業と重工業のおもな輸出品について，1914年から1918年までのそれぞれの輸出額を，1914年を基準（1.0）として示したものである。次の文は，1914年から1918年までにおけるわが国の貿易の発展について，表Ⅰをもとに述べたものである。文中の（　）に入れるのに適している内容を簡潔に書きなさい。

表Ⅰ

	生糸	綿織物	鉄	船舶
1914年	1.0	1.0	1.0	1.0
1915年	0.9	1.1	1.2	1.4
1916年	1.7	1.7	3.5	23.5
1917年	2.2	3.7	34.1	133.1
1918年	2.3	6.8	78.6	109.2

（『日本長期統計総覧』により作成）

（　　　　　　　　　　　　　　　　）

1914年から1918年までの期間において，表Ⅰ中の輸出品それぞれの輸出額は増加傾向にあり，軽工業と重工業はいずれも発展した。また，1914年から1918年までの期間について，表Ⅰ中の輸出品を軽工業と重工業に分けて値の推移を比べると，（　　　　）ことが読み取れる。

3　次の問いに答えなさい。

(1)　日本国憲法には，基本的人権の保障や，政治のしくみに関することが記されている。

①　日本国憲法は1946（昭和21）年11月に公布され，翌年の5月に施行された。次のア～エのうち，1940年代に起こったできごとについて述べた文として正しいものはどれか。一つ選び，記号を○で囲みなさい。（ ア　イ　ウ　エ ）

ア　国際連合が発足した。

イ　ベトナム戦争が起こった。

ウ　サンフランシスコ平和条約が締結された。

エ　インドネシアのバンドンでアジア・アフリカ会議が開かれた。

②　日本国憲法には三つの基本原則があり，そのうちの二つは「平和主義」と「基本的人権の尊重」である。もう一つの基本原則は何か，書きなさい。（　　　）

③　次の文は，基本的人権にかかわることについて記されている日本国憲法の条文である。文中の［　　］の箇所に用いられている語を書きなさい。（　　　）

「［　　］及び良心の自由は，これを侵してはならない。」

④　日本国憲法において外交関係の処理や条約の締結などを行うと規定されている機関で，わが国の行政権を担当する機関は何か，書きなさい。（　　　）

(2)　次の文は，わが国の経済に関することがらについて述べたものである。文中のⓐ〔　　〕から最も適しているものを一つ選び，記号を○で囲みなさい。また，文中の［ ⓑ ］に当てはまる語を**漢字4字**で書きなさい。ⓐ（ ア　イ　ウ　エ ）ⓑ（　　　）

・企業など生産者によって生産された商品はさまざまな経路をへて消費者に届く。この過程はⓐ〔ア　金融　　イ　景気　　ウ　貯蓄　　エ　流通〕と呼ばれている。

・市場が，少数の企業などによって支配され，価格の自由な競争がなくなると，不当に高い価格で商品が販売され，消費者にとって不利益になることがある。このようなことを防ぐため，わが国では独占禁止法と呼ばれる法律にもとづき，［ ⓑ ］委員会と呼ばれる機関が設置されている。

4　人，もの，お金，情報の国境を越えた移動が活発化し，地球規模に広がっていくことをグローバル化という。グローバル化にかかわる次の問いに答えなさい。

(1)　グローバル化により，貿易を通じた商品・サービスの取り引きなどが増大することで世界における経済的な結びつきが深まっている。

①　自由貿易協定によって貿易にともなう関税の削減や撤廃がすすんでいる。税は直接税と間接税とに分けられ，関税は間接税に含まれる。次のア～エのうち，間接税はどれか。一つ選び，記号を○で囲みなさい。(ア　イ　ウ　エ)

ア　法人税　　イ　相続税　　ウ　所得税　　エ　消費税

②　外国と貿易する場合，為替レートの変動による影響を受ける。次の文は，為替レートの変動について述べたものである。文中のⓐ〔　　〕，ⓑ〔　　〕から適切なものをそれぞれ一つずつ選び，記号を○で囲みなさい。ただし，「ドル」は「アメリカドル」を意味するものとする。

ⓐ(ア　イ)　ⓑ(ウ　エ)

為替レートが変動し，「1ドル＝150円」から「1ドル＝100円」になった場合，円のドルに対する価値がⓐ〔ア　上がった　　イ　下がった〕ことになり，ⓑ〔ウ　円高　　エ　円安〕になったといえる。

(2)　技術や輸送手段の進歩は，グローバル化を進展させた。

①　18世紀における産業革命以降，鉄道や蒸気船が普及し，貿易がさかんになった。次の文は，18世紀における産業革命にかかわることがらについて述べたものである。文中の［　A　］に当てはまる語を**漢字2字**で書きなさい。(　　　)

産業革命がすすむ中，工場や機械など生産の元手をもつ［　A　］家が，労働者を賃金で雇い，利益の獲得をめざして生産活動を行う［　A　］主義と呼ばれる経済のしくみが成立した。

②　情報通信技術は1990年代以降急速に発展し，インターネットが普及した。

(a)　人工知能の進化にともない，膨大なデータを分析して災害を予測する研究などがすすめられている。人工知能の略称を**アルファベット**で書きなさい。(　　　)

(b)　次のア～エのうち，1990年代の日本のようすについて述べた文として正しいものはどれか。一つ選び，記号を○で囲みなさい。(ア　イ　ウ　エ)

ア　原油価格が高騰し，石油危機と呼ばれる経済の混乱が起こった。

イ　地球環境問題への対策をすすめるため，環境基本法が制定された。

ウ　女子差別撤廃条約の採択を受けて，男女雇用機会均等法と呼ばれる法律が制定された。

エ　中国との国交の正常化をへて，経済・文化関係の発展をはかる日中平和友好条約が結ばれた。

(3)　グローバル化がすすむ中，地球規模の課題を解決するため，国際協力の必要性が増大している。

①　地球規模の課題の一つとして，グローバルエイジングと呼ばれる，世界的な高齢化やそれにともなう諸問題があげられている。次の文は，日本の高齢化と日本の国際協力にかかわることがらについて述べたものである。文中の［　B　］に当てはまる語を**漢字2字**で書きなさい。

(　　　)

日本は世界の中でも早くから，人口に占める高齢者の割合が増加する「高齢化」と，出生率の低下により若年者の人口が減少する「 B 化」とが同時に進行する「 B 高齢化」がすすんでいる。日本の「高齢化」に対する取り組みについて，急速な「高齢化」が今後すすむと予測されている国々と知見を共有するなど国際協力を行うことが期待されている。

② 地球規模の課題の一つとして，森林問題があげられており，国際的な取り組みがすすめられている。図Ⅰは，アジア，ヨーロッパ，アフリカ，北アメリカ，南アメリカ，オセアニアの六つの地域について，1990（平成2）年～2000（平成12）年，2000年～2010（平成22）年，2010年～2020（令和2）年の10年ごとにおける，森林面積の1年当たりの増減量を示したものである。例えば，アジアは1990年～2000年において，森林面積が1年当たり20万ha増加しており，これは森林面積が1年当たり20万haの速さで増加したということである。あとのア～エのうち，図Ⅰから読み取れる内容についてまとめたものとして正しいものはどれか。**二つ**選び，記号を○で囲みなさい。(ア イ ウ エ)

図Ⅰ 地域別森林面積の1年当たりの増減量

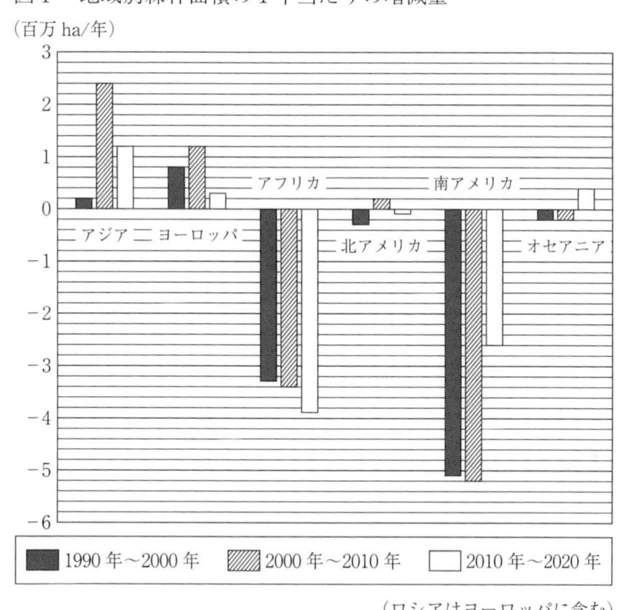

(ロシアはヨーロッパに含む)

(国際連合食糧農業機関の資料により作成)

ア アフリカでは，1990年から2020年までを10年ごとにみると，森林面積が減少する速さは速くなっている。

イ 南アメリカでは，2010年～2020年における森林面積が減少する速さは，2000年～2010年と比べて3分の1以下になっている。

ウ 2010年～2020年における1年当たりの森林面積の増加量について，アジアの増加量は，ヨーロッパとオセアニアを合わせた増加量よりも多い。

エ 六つの地域を合わせた世界全体の森林面積について，1990年から2020年までを10年ごとにみると，世界全体の森林面積は減少を続けており，世界全体の森林面積が減少する速さは速くなっている。

理科

時間　40分　　満点　45点

1　次の［Ⅰ］,［Ⅱ］に答えなさい。

［Ⅰ］　火山や火成岩について，次の問いに答えなさい。

(1)　火山の噴火について述べた次の文中の［ⓐ］に入れるのに適している語を書きなさい。

(　　　)

地下にある岩石が高温になってとけたものを［ⓐ］という。噴火が起こると，［ⓐ］が地表に噴出し溶岩として流れ出したり，火山灰や火山ガスなどが放出されたりする。

(2)　火成岩は，火山岩と深成岩に分類される。

①　火成岩について述べた次の文中の［　　］に入れるのに適している語を書きなさい。

(　　　)

一般に，火山岩のつくりがはん状組織と呼ばれるのに対し，深成岩のつくりは［　　］状組織と呼ばれる。

②　火成岩をつくる鉱物は，有色鉱物（有色の鉱物）と無色鉱物（白色・無色の鉱物）に分けられる。表Ⅰは，ある深成岩に含まれる鉱物の割合〔%〕を示したものである。表Ⅰから，この深成岩に含まれる有色鉱物（有色の鉱物）の割合〔%〕はいくらか，求めなさい。

(　　　%)

表Ⅰ

鉱物	チョウ石	セキエイ	クロウンモ	カクセン石	カンラン石	キ石	合計
割合〔%〕	64	24	9	3	0	0	100

［Ⅱ］　ある地域の沿岸部において，夏の日に陸上と海上の気温を1時間ごとに測定したところ，図Ⅰのようなグラフが得られた。次の問いに答えなさい。

図Ⅰ

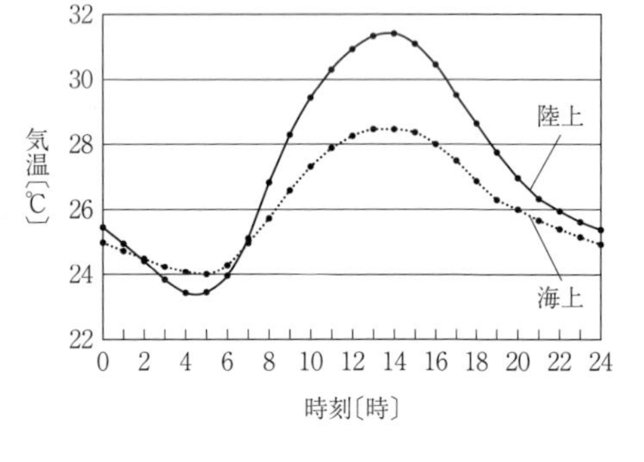

(3)　図Ⅰから考えられることについて述べた次の文中のⓑ〔　　〕，ⓒ〔　　〕から適切なものをそれぞれ一つずつ選び，記号を○で囲みなさい。

ⓑ(ア　イ)　ⓒ(ウ　エ)

陸上は海上に比べて，1日の気温の変化がⓑ〔ア　小さかった　　イ　大きかった〕と考えられる。また，1日のうち，海上の気温が陸上の気温よりも高くなっていた時間は，ⓒ〔ウ　約5時間　　エ　約7時間〕であったと考えられる。

(4)　3時ごろにおけるこの地域の沿岸部の天気，風向，風力が，天気図では図Ⅱのような記号で示されていた。図Ⅱの記号が表す天気と風力をそれぞれ書きなさい。ただし，風力は**整数**で書くこと。天気(　　　)　風力(　　　)

図Ⅱ

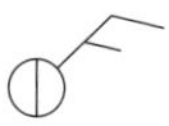

(5) 地表付近では，陸上と海上の間で気温の差が大きくなると，陸上と海上の間で気圧の差も大きくなる。それにともなって陸風や海風も強くなる。

① 海風が吹くしくみについて述べた次の文中の［　　］に入れるのに適している内容を，「気圧」の語を用いて簡潔に書きなさい。(　　　　　　　　　)

地表付近では，陸上の方が海上よりも気温が高くなると，陸上の方が海上よりも［　　］。すると，海上から陸上に向かって空気が移動する。この空気の移動が海風となる。

② 次のア～エのうち，図Ⅰにおいて，海風が最も強く吹いていたと考えられる時間帯はいつか。最も適しているものを一つ選び，記号を○で囲みなさい。(ア イ ウ エ)

ア 3時～5時　　イ 8時～10時　　ウ 13時～15時　　エ 18時～20時

2 次の［Ⅰ］，［Ⅱ］に答えなさい。

［Ⅰ］ 水の入ったやかんをガスコンロで加熱した。加熱のためにガスコンロを点火すると，その直後に，やかんの外側の乾いた面にくもりが生じた。加熱に用いたガスコンロは，メタン CH_4 を主な成分とする都市ガスを燃焼させるものであった。次の問いに答えなさい。

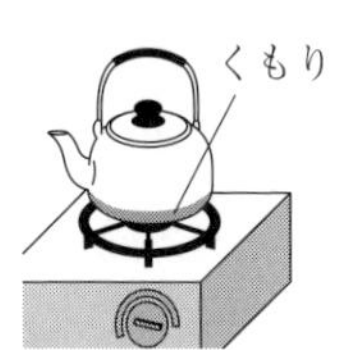

(1) メタンの燃焼を表した次の化学反応式中の［　　］に入れるのに適している数を書きなさい。

(　　)

CH_4 + $2O_2$ → CO_2 + ［　　］H_2O

(2) 燃焼について述べた次の文中の ⓐ〔　〕，ⓑ〔　〕から適切なものをそれぞれ一つずつ選び，記号を○で囲みなさい。ⓐ(ア イ) ⓑ(ウ エ)

物質が燃焼する化学変化はⓐ〔ア 発熱反応　イ 吸熱反応〕である。メタンはⓑ〔ウ 無機物　エ 有機物〕であるため，燃焼にともなって二酸化炭素と水が生じる。

(3) やかんの外側の面に生じたくもりは，水蒸気が水滴に変化したものである。

① 物質の姿や形が変化することのうち，特に温度によって物質の姿が固体，液体，気体の三つの間で変化することは何と呼ばれる変化か，書きなさい。(　　変化)

② やかんの外側の面に生じたくもりについて述べた次の文中の ⓒ〔　〕，ⓓ〔　〕から適切なものをそれぞれ一つずつ選び，記号を○で囲みなさい。ⓒ(ア イ) ⓓ(ウ エ)

やかんの外側の面に生じたくもりは，水蒸気がやかんの外側の面にふれてⓒ〔ア 温められて　イ 冷やされて〕できた水滴であると考えられる。また，ガスコンロを点火した直後にくもったことから，水滴に変化した水蒸気の大部分はⓓ〔ウ やかんの中から出てきたもの　エ メタンの燃焼によって生じたもの〕であったと考えられる。

［Ⅱ］ 炭酸水素ナトリウムを加熱すると気体が発生する。次の問いに答えなさい。

(4) 図Ⅰに示す装置で，乾燥した炭酸水素ナトリウムを加熱すると，ガラス管の先から出た二酸化炭素により，石灰水が白く濁った。また，ⓐ加熱した試験管の口付近の内側に無色透明の液体がついた。加熱を終了するとき，ⓘガラス管を石灰水から抜いてからガスバーナーの火を消した。

図Ⅰ

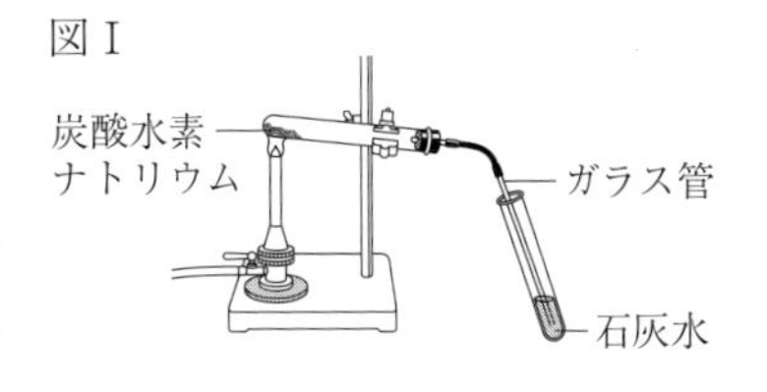

① 下線部(あ)について，無色透明の液体が水であることを確認する方法と結果について述べた次の文中の［ ⓔ ］に入れるのに適しているものを，あとのア～エから一つ選び，記号を○で囲みなさい。(ア　イ　ウ　エ)

（方法） 加熱した試験管の口付近の内側についた液体に乾いた塩化コバルト紙をつける。

（結果） 塩化コバルト紙につけた液体が水ならば，塩化コバルト紙の色は青色から［ ⓔ ］に変化する。

ア　赤色（桃色）　　イ　黄色　　ウ　緑色　　エ　青紫色

② 下線部(い)のようにする理由について述べた次の文中の［　　］に入れるのに適している内容を，「石灰水」の語を用いて簡潔に書きなさい。(　　　　　　　　　　)

ガラス管を石灰水から抜く前にガスバーナーの火を消すと，［　　］ことが考えられるから。

(5) 炭酸水素ナトリウムの性質を利用して，食品トレーなどに用いられる発泡ポリスチレンをつくることができる。炭酸水素ナトリウムとポリスチレンの混合物を加熱すると，ポリスチレンはやわらかくなり，炭酸水素ナトリウムから発生した気体が気泡となって膨らむ。これが冷えて固まると，気泡が無数の小さな穴として残り，発泡ポリスチレンとなる。

発泡ポリスチレン製の食品トレー

図Ⅱ

ポリスチレンでできた薄い壁

小さな穴

発泡ポリスチレン

図Ⅱは，顕微鏡で60倍に拡大して観察した，発泡ポリスチレン製の食品トレーの断面をスケッチしたものである。このような発泡ポリスチレンの密度はポリスチレンの10分の1程度である。次の文中のⓕ〔　　〕，ⓖ〔　　〕から適切なものをそれぞれ一つずつ選び，記号を○で囲みなさい。ⓕ(ア　イ)　ⓖ(ウ　エ)

ポリスチレンと発泡ポリスチレンを同じ体積で比べると，ポリスチレンの方が発泡ポリスチレンよりも質量はⓕ〔ア　小さい　　イ　大きい〕。ポリスチレンと発泡ポリスチレンを同じ質量で比べると，ポリスチレンの方が発泡ポリスチレンよりも体積はⓖ〔ウ　小さい　　エ　大きい〕。

3 現在，地球上には100万種類を超える生物が確認されている。これらの生物は，体のつくりなどの特徴によって分類される。次の問いに答えなさい。

(1) 動物の分類について述べた次の文中の [ⓐ] に入れるのに適しているものを，あとのア～ウから一つ選び，記号を○で囲みなさい。(ア イ ウ)

動物のうち，[ⓐ] をもつものはセキツイ動物であり，[ⓐ] をもたないものは無セキツイ動物である。

ア 筋肉　イ 背骨　ウ 外骨格

(2) 無セキツイ動物の種類について述べた次の文中のⓑ〔　〕から適切なものを一つ選び，記号を○で囲みなさい。(ア イ ウ エ)

無セキツイ動物には，昆虫類や甲殻類などの節足動物や，イカやⓑ〔ア アサリ　イ クモ　ウ ウニ　エ ミミズ〕のように外とう膜をもつ軟体動物など多くの種類がある。

(3) 表Ⅰは，セキツイ動物の五つのなかま（グループ）を地球上に初めて出現した順に左から並べ，それぞれの一般的な呼吸器官および体温調節の方法による分類をまとめたものである。

表Ⅰ

	魚類	[ⓒ] 類	[ⓓ] 類	ホニュウ類	[ⓔ] 類
呼吸器官	えら	幼生（子）：えらと皮ふ 成体（おとな）：肺と皮ふ	肺	肺	肺
体温調節の方法による分類	変温動物	変温動物	変温動物	恒温動物	恒温動物

① 次のア～エのうち，表Ⅰ中の [ⓒ] ～ [ⓔ] に入れるのに適している語の組み合わせはどれか。一つ選び，記号を○で囲みなさい。(ア イ ウ エ)

ア ⓒ 両生　ⓓ ハチュウ　ⓔ 鳥
イ ⓒ 両生　ⓓ 鳥　ⓔ ハチュウ
ウ ⓒ ハチュウ　ⓓ 両生　ⓔ 鳥
エ ⓒ ハチュウ　ⓓ 鳥　ⓔ 両生

② ホニュウ類が地球上に初めて出現したのは，中生代であることが分かっている。次のア～エのうち，中生代に生きていたことが分かっているものはどれか。一つ選び，記号を○で囲みなさい。(ア イ ウ エ)

ア ビカリア　イ フズリナ　ウ サンヨウチュウ　エ 恐竜

③ セキツイ動物のほとんどは，有性生殖によって子をつくる。次の文中のⓕ〔　〕から適切なものを一つ選び，記号を○で囲みなさい。(ア イ ウ)

一般に，有性生殖では，減数分裂によってできた生殖細胞が受精することで子がつくられる。このため，親の生殖細胞における染色体の数はⓕ〔ア 親の体細胞の半分　イ 親の体細胞と同じ　ウ 親の体細胞の2倍〕であり，子の体細胞における染色体の数は親の体細胞と同じになる。

④ 地球上にセキツイ動物が初めて出現してから現在までに約5億年がたっている。この間にセキツイ動物は進化して，体のつくりが変わっていった結果，表Ⅰに示した五つのなかまが出現

してきたと考えられている。

(i)　進化について述べた次の文中の□に入れるのに適している**物質名**を書きなさい。

(　　　)

遺伝子の本体である□がさまざまな原因により変化し，親にはない形質が子孫に伝えられることがある。代を重ねる間にこのようなことが積み重なり，生物のからだの特徴が変化することは進化と呼ばれている。

(ii)　セキツイ動物の，進化と生活場所の広がりについて述べた次の文中のⓖ〔　　〕，ⓗ〔　　〕から適切なものをそれぞれ一つずつ選び，記号を○で囲みなさい。

ⓖ(ア　イ　ウ)　ⓗ(エ　オ)

約1億5千万年前の地層から見つかったシソチョウと呼ばれる生物の化石には，ⓖ〔ア　ハチュウ　　イ　ホニュウ　　ウ　両生〕類と鳥類の両方の特徴がみられる。シソチョウのような生物の化石の存在などから，セキツイ動物の五つのなかまは進化の結果出現してきたものと考えられている。また，セキツイ動物は進化して，生活場所がⓗ〔エ　水中から陸上　オ　陸上から水中〕へ広がっていったものと考えられている。

4　次の［Ⅰ］，［Ⅱ］に答えなさい。

［Ⅰ］　図Ⅰと図Ⅱは，それぞれ水平な机の上に箱がのっているようすを表した模式図であり，机と箱は静止している。また，図Ⅰと図Ⅱ中の矢印は，物体にはたらく力を表している。次の問いに答えなさい。

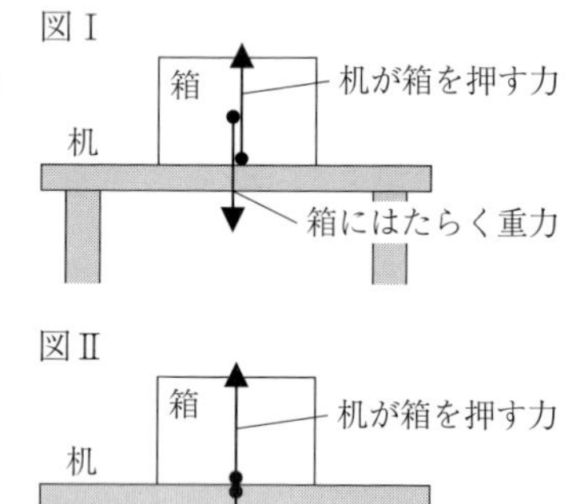

(1)　図Ⅰ中の矢印は，つり合っている2力を表している。

①　机が箱を押す力は，何と呼ばれる力か。次のア～ウのうち，最も適しているものを一つ選び，記号を○で囲みなさい。(ア　イ　ウ)

ア　摩擦力　　イ　垂直抗力　　ウ　浮力

②　図Ⅰの箱の質量が500gであった場合，机が箱を押す力の大きさは何Nになるか，求めなさい。答えは**小数第1位まで**書くこと。ただし，質量1.0kgの物体にはたらく重力の大きさは9.8Nとする。(　　　N)

(2)　図Ⅱ中の矢印は，作用と反作用の2力を表している。

①　図Ⅱ中に示された作用と反作用の2力について述べた次の文中のⓐ〔　　〕，ⓑ〔　　〕から適切なものをそれぞれ一つずつ選び，記号を○で囲みなさい。

ⓐ(ア　イ)　ⓑ(ウ　エ)

作用と反作用の2力は，向きが反対であり，大きさがⓐ〔ア　異なる　　イ　等しい〕。また，作用と反作用の2力は，それぞれⓑ〔ウ　異なる物体　　エ　同じ物体〕にはたらく。

②　図Ⅱ中の　A　に入れるのに適している内容を書きなさい。(　　　)

［Ⅱ］　磁力と電流について，次の問いに答えなさい。

(3)　磁石のまわりの磁力について述べた次の文中の□に入れるのに適している語を書きな

さい。(　　　)

磁力は，磁石から離れていてもはたらく。これは，磁石のまわりに磁力のはたらく空間があるためである。このような磁力のはたらく空間を［　　］という。

(4) 磁力のはたらく空間のようすを表す磁力線について述べた次の文中のⓒ〔　　〕，ⓓ〔　　〕から適切なものをそれぞれ一つずつ選び，記号を○で囲みなさい。

ⓒ(ア　イ)　ⓓ(ウ　エ)

磁力線は，ⓒ〔ア　N極から出てS極に入る向き　　イ　S極から出てN極に入る向き〕に矢印をつけて表す。磁力が大きいところほど，磁力線の間隔はⓓ〔ウ　せまい　　エ　広い〕。

(5) 図Ⅲのような実験装置を組み立ててコイルに電流を流し，電流計で電流を測定しながら，コイルがどの向きに動くのかを調べた。

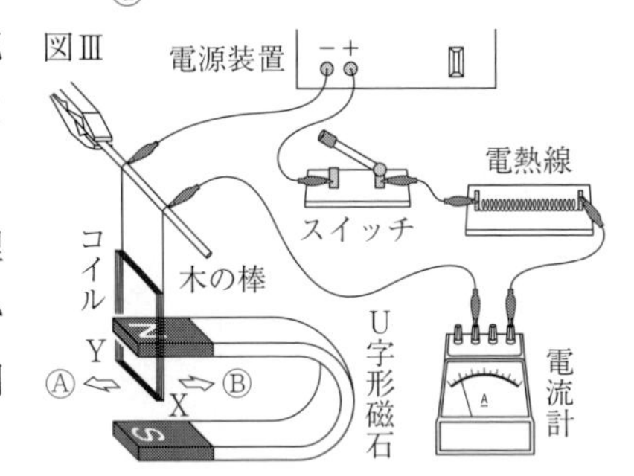

① 図Ⅲのように，回路に電熱線（抵抗器）を入れる理由について述べた次の文中のⓔ〔　　〕，ⓕ〔　　〕から適切なものをそれぞれ一つずつ選び，記号を○で囲みなさい。ⓔ(ア　イ)　ⓕ(ウ　エ)

仮に，図Ⅲの状態から，電熱線を取り除いて回路をつくり，電流を流した場合，回路全体の電気抵抗は図Ⅲの状態で電流を流したときよりもⓔ〔ア　小さく　　イ　大きく〕なる。このとき，電源装置の電圧が変わらないものとして，回路に流れる電流をオームの法則を使って考えると，図Ⅲの状態で電流を流したときよりも，回路に流れる電流はⓕ〔ウ　小さく　　エ　大きく〕なり，電流計で測定できない可能性がある。そのため，回路には電熱線を入れる。

② 図Ⅲの状態で電流を流すと，コイルの下部にはX→Yの向きに200mAの電流が流れ，コイルが矢印Ⓐの向きに動いた。その後，図Ⅲの状態から次のア～エのとおりに条件を変えてそれぞれ実験を行った。次のア～エのうち，コイルが矢印Ⓑの向きに動くものはどれか。二つ選び，記号を○で囲みなさい。(ア　イ　ウ　エ)

ア　N極とS極の位置を逆にし，コイルの下部にX→Yの向きに200mAの電流を流す。
イ　N極とS極の位置を逆にし，コイルの下部にY→Xの向きに200mAの電流を流す。
ウ　N極とS極の位置は変えず，コイルの下部にX→Yの向きに400mAの電流を流す。
エ　N極とS極の位置は変えず，コイルの下部にY→Xの向きに200mAの電流を流す。

転換が起こるからです。「の」一字をとるだけのことですが、それによって「冬支度」という言葉の質と句の構造が変わる。それが句に静かさと深みをもたらすのです。

（長谷川　櫂「一億人の『切れ』入門」より）

1　次のうち、①着陸と熟語の構成が同じものはどれか。一つ選び、記号を○で囲みなさい。（ア　イ　ウ）

ア　降車　　イ　海底　　ウ　増加

2　②これが違うとあるが、もとの句と直した句との違いについて、本文中で筆者が述べている内容を次のようにまとめた。［a］、［b］、［c］に入れるのに最も適しているひとつづきのことばを、それぞれ本文中から抜き出しなさい。ただし、［a］は**六字**、［b］は**五字**、［c］は**九字**で抜き出すこと。

a［　　　　　　］　b［　　　　　］　c［　　　　　　　　　］

もとの句は、飛行機の窓から［a］地上の街を見下ろしているという散文的な内容であり、「冬支度」は［b］でしかないが、直した句では、飛行機の窓から見下ろしているのはあくまで地上の街であり、「冬支度」は［c］となる。

3　この文章を授業で読んだSさんは、「俳句の切れによる効果」について発表することになりました。次は、Sさんが書いた【発表原稿の一部】です。

【発表原稿の一部】

> 俳句の「切れ」とは、句のつながりや意味が切れる部分のことであり、句の調子を整えたり、感動や印象を深めたりする効果があります。本文では、もとの句から「の」をとることで生まれた［a］がもたらす「間」によって、直した句の中では、［b］が起こり、その結果、句に静かさと深みがもたらされるということが述べられていました。
>
> 実際に、私はこの句を音読した時、「雲間から見下ろす地上」と読んだあと、自然と一呼吸おいてから「冬支度」と読んでいました。この一呼吸が、「雲間から見下ろす地上」から「冬支度」へと、句の世界観が切りかわる瞬間を意識させたり、世界観の広がりを予感させたりすることに気づきました。私はこれが「切れ」による効果であると考えました。
>
> みなさんも、このように俳句の「切れ」を意識して、様々な俳句にふれてみませんか。

(1)　【発表原稿の一部】中の［a］に入れるのに最も適しているひとつづきのことばを、本文中から**五字**で抜き出しなさい。また、［b］に入る内容を、本文中のことばを使って**十字以上、十五字以内**で書きなさい。

a［　　　　　］　b［　　　　　　　　　　　　　　　］

(2)　次のうち、【発表原稿の一部】にみられるSさんの工夫を説明したものとして**適切でないもの**はどれか。一つ選び、記号を○で囲みなさい。（ア　イ　ウ）

ア　発表の内容を明確にするために、本文で述べられていた内容と自分の考えを分けて述べている。

イ　発表の内容に興味を持ってもらうために、本文を読んで疑問に思ったことを聞き手に問いかけている。

ウ　発表の内容をわかりやすく伝えるために、本文で述べられていた内容と句を音読した自分の体験を結びつけながら説明している。

はすごいよ。きっと餅を食べることができただろうね。

1 ①振る舞はんを現代かなづかいになおして、すべてひらがなで書きなさい。（　　）

2 次のうち、【会話】中の ② に入れるのに最も適していることばはどれか。一つ選び、記号を○で囲みなさい。（ア イ ウ）

ア みんなで食べようと思って坊主が餅を焼いていたら、児がそれらを独り占めしようとした

イ 坊主がかくれて餅を焼こうとしているのを児に気づかれてしまい、他の人に言いふらされた

ウ 坊主が児にかくれて餅を焼いて、二つに分けて食べようとしている時に人の足音が聞こえてきた

3 【会話】中の ③ に入れるのに最も適していることばを、【本文】中から抜き出しなさい。（　　）

4 次は、大学で俳句を教えていた筆者が書いた文章である。これを読んで、あとの問いに答えなさい。

この前、ある学生がこんな句を出しました。

雲間から見下ろす地上の冬支度

飛行機に乗って冬支度の進む地上を見下ろしているところです。①着陸するとき、住宅地や商店街がすぐそこに見える羽田（はねだ）や伊丹（いたみ）のような飛行場を想像すればいい。

この句は入選にしたのですが、一つ指摘したことがあります。それは「地上の冬支度」の「の」です。この「の」がはたして必要かどうか。仮に「の」をとってしまうと、次のようになります。

雲間から見下ろす地上冬支度

「なんだ、もとの句と同じじゃないか」と思うかもしれませんが、②これが違う。どう違うかというと、もとの句は飛行機の窓から冬支度の進む地上の街を見下ろしているという、いわば、散文的な（つまり説明的な）内容です。

一方、直した句は飛行機から見下ろしているのはあくまで地上の街です。作者は密集した住宅の屋根を眺めながら、「どの家も冬支度で忙しいのだろうな」と想像する。つまり、もとの句では「冬支度」は地上の説明でしかありませんが、直した句では作者が想像するものに変わります。このほうが一句のリズムも整います。

なぜ、このような変化が生まれるのか。それは「の」をとることによって、ここに小さな切れが生まれ、この切れのもたらす「間」によって「雲間から見下ろす地上」という事実から「冬支度」という想像の世界への

ら十二字で抜き出し、初めの五字を書きなさい。また、［b］に入る内容を、本文中のことばを使って十五字以上、二十五字以内で書きなさい。

a ［　　　　　］

b ［　　　　　　　　　　　　　　　　　　　　　　　　　］

○ 光が不足すると、種をじゅうぶんに育てることが出来ないので、［a］よりも前に芽を出し、葉や茎を出すよりも先に花を咲かせる。

○ 早春には花粉を運ぶ虫がなかなか来ないうえに、福寿草には蜜がないので、パラボラアンテナのような形に［b］ことによって虫を誘う。

3 次の【本文】と、その内容を鑑賞しているAさんとBさんとの【会話】を読んで、あとの問いに答えなさい。

【本文】

児(ちご)にかくして坊主(ぼうず)餅を焼き、二つに分け、両の手に持ち食せん(食べよう)とするところへ、人の足音するを聞き、畳のへり(端)を上げ、あわてて半分をかくすに、はや児見付けたり。坊主、赤面しながら、「今程の有様をおもしろく歌に詠(よ)みたらば、①振る舞はん(振る舞おう)」といふに、

山寺の畳のへりは雲なれやかたわれ月(半月)の入るをかくして

(注) 畳＝ここでは、わらなどで編んだ薄い敷物のこと。

【会話】

Aさん　餅を焼いていた坊主は、どのようなことに対してあわてたんだろう。

Bさん　［②］ことに対して、坊主はあわてたんだよ。そして、畳のへりを上げて餅の半分をかくしたんだ。あっという間に、児に見つけられてしまったけれどね。

Aさん　なるほど。それで坊主は恥ずかしがりながら、今の状況をおもしろく歌に詠むことができれば、餅を振る舞おうと児に言ったんだね。

Bさん　そういうことだよ。この時に児が詠んだ和歌では比喩表現が使われているよ。二つに分けた餅のうちの一つをかくす畳のへりが、半月をかくす［③］にたとえられているね。

Aさん　とっさに詠んだ和歌の中で、こんな比喩表現を使えるなんて、児

2 次の文章を読んで、あとの問いに答えなさい。

寒さがゆるんだある日、ちょっと遠くまで散歩しました。お日さまの光があたたかく、気持ちのいい日でした。冬枯れの景色もまた素敵です。枯れた草は日の光を受けてほっこり暖かそうですし、春を待つ枝々の先はふくらみを ① 。

日当たりのいい畦（あぜ）には、オオイヌノフグリの小さな青い花が、金平糖（こんぺいとう）のように散らばっていました。この季節に花を咲かせているのは、このくらいかな、と思っていたら、庭のあるお宅の生垣のあいだから、黄色い花が見えてきました。光沢のある花びらが、パラボラアンテナのように広がって光を受けています。葉も見えず、花だけが、庭の地面から直接 ② 。

福寿草でした。

どうして福寿草は、突然、花を咲かせた姿を見せるのか、いつも不思議に思っていました。

調べてみると、福寿草が、いきなり花を咲かせるには、ほんとうに涙ぐましいわけがあるのです。

野生の福寿草が咲くのは、早春の林の中。まだ木々には葉がなく、地面には光がふんだんに届きます。福寿草はほかの植物が活動を始める前に芽を出し、葉が出る前に大急ぎで花を咲かせます。というのは、ぐずぐずしていては、木々の葉っぱが芽吹いて林の中に光があまり当たらなくなってしまうから。光が不足すると、種をじゅうぶんに育てることが出来ません。葉や茎が出てくるのは半月も後になってからです。

けれども早春には、花粉を運ぶ虫はなかなか来てくれません。それに、福寿草には蜜がないのだそうです。そこで、花びらをパラボラアンテナのような形に広げて光を集め、花の中を暖かくして、寒さにふるえる虫を誘うのです。光沢のある花びらは光をよく反射して、花の中は、外に比べて、十度も高いと書いてある本もありました。 A

福寿草は、暖かい午前中に花を咲かせ、虫が来るのを待って、ひと月近くも咲き続けます。 B けれども、暖かい日だけではありません。 C そんなときは、花を閉じて、じっと寒さに耐えているのです。

③福寿草の必死に生き抜く知恵を知るうちに、ただかわいい、きれいと見ていた花の世界が、違って見えてきました。

（大橋鎭子「すてきなあなたに」より）

（注）畦＝田と田との間に土を盛り上げて作った土手。
パラボラアンテナ＝衛星放送の受信などに使われる、おわんのような形のアンテナ。

1 次のうち、本文中の ① 、 ② に入れることばの組み合わせとして最も適しているものはどれか。一つ選び、記号を○で囲みなさい。

ア ① 見えています ② 咲かせているかのよう
イ ① 見えています ② 咲いているかのよう
ウ ① 見せています ② 咲かせているかのよう
エ ① 見せています ② 咲いているかのよう

（ア イ ウ エ）

2 本文中には次の一文が入る。入る場所として最も適しているものを本文中の A ～ C から一つ選び、記号を○で囲みなさい。

ときには雪が舞い、冬に逆戻りすることだってあります。

（A B C）

3 ③福寿草の必死に生き抜く知恵とあるが、福寿草の必死に生き抜く知恵について、本文中で筆者が述べている内容を次のようにまとめた。 a に入れるのに最も適しているひとつづきのことばを、本文中か

国語A問題

時間　四〇分
満点　四五点

（注）　答えの字数が指定されている問題は、句読点や「　」などの符号も一字に数えなさい。

1　次の問いに答えなさい。

1　次の(1)～(6)の文中の傍線を付けた漢字の読み方を書きなさい。また、(7)～(10)の文中の傍線を付けたカタカナを漢字になおし、解答欄の枠内に書きなさい。ただし、漢字は楷書（かいしょ）で、大きくていねいに書くこと。

(1)　約束を守る。（　　　）
(2)　電池を並列につなぐ。（　　　）
(3)　雑誌を購入する。（　　　）
(4)　友人と銭湯に行く。（　　　）
(5)　シャワーを浴びる。（　　　びる）
(6)　計画を実行に移す。（　　　す）
(7)　ごみをヒロう。□う
(8)　窓ガワの席に座る。□
(9)　動画の再生をテイシする。□□
(10)　接戦の末にショウブがつく。□□

2　次は、Tさんが書写の授業で書いた【下書き】と【清書】です。Tさんが書いた【清書】は【下書き】と比べて、どのようなことに注意して書かれていますか。Tさんが注意したことを説明した内容として、**適切でないもの**をあとのア～ウから一つ選び、記号を○で囲みなさい。
（ア　イ　ウ）

【下書き】
夢を実現する

【清書】
夢を実現する

ア　仮名は漢字よりも少し小さくなるようにした。
イ　行の中心をそろえ、書体を行書に統一した。
ウ　用紙の上下に余白を取り、字間を均等にそろえた。

3　次のうち、返り点にしたがって読むと「善に従ふこと流るるがごとし。」の読み方になる漢文はどれか。一つ選び、記号を○で囲みなさい。
（ア　イ　ウ　エ）

ア　従(フコト)レ善(ニ)如(ごとシ)レ流(ルルガ)。
イ　従(フコト)善(ニ)レ如(シ)レ流(ルルガ)。
ウ　従(フコト)二善(ニ)如(シ)流(ルルガ)一。
エ　従(フコト)善(ニ)二如(シ)流(ルルガ)一。

ウ　『徒然草』は、明快な作品であるが、そのどこかにこだわると一転して難解な印象を受けたり、書かれている話題に関する知識や思索が深まってから読むと文の行間にひそむ複雑で重いものが見えたりするようになる。

エ　兼好が、さまざまなものを念頭に置きながらも、けっして多くない言葉数で自説を展開できたのはなぜかを知るためには、兼好がいわず語らずのうちに継受したもの、反発・批判していたものなどを知る必要がある。

日本語指導が必要な生徒選抜　作文（時間40分）

「わたしが高校（こうこう）でしたいこと」という題（だい）で文章（ぶんしょう）を書（か）きなさい。（解答用紙省略）

後はおおむね連想の糸によって結ばれているらしい。読者は、はじめから読みすすむ場合、作者の心の動きにみちびかれて、各方面の物事をめぐって知的刺激を与えられるはずである。文章は、硬い説得調、のんびりした世間話風の語り口、詠嘆的な美文、ふとした時のひとりごとめいた寸言などさまざまで、多彩な内容に応じて、実に変化に富んでいる。その変化を味わうのが、『徒然草』が与えてくれるえがたい楽しみである。

③、作品の流れに身をゆだねて、変化や多彩さばかりに心を奪われていては、貴重なものを見失ってしまうことになる。個々の段、時には一文・一語に立ち止まってその表現世界に沈潜することも必要であろう。『徒然草』は、初歩の古典教育の素材に好んで採り上げられることからも明らかなように、実に明快な作品であるが、そのどこかにこだわると一転して難解な印象を与えはじめる。また、ふれられている話題についての知識や思索が深まってから読み直してみると、なにげなく書き流されたように見えていた文の行間にひそんでいた複雑で重いものが徐々に見えるようになる。

そのことは、兼好が、さまざまなものを念頭に置きつつ、けっして多くない言葉数によって自説を展開していたことの現れであろう。とすると、われわれは、兼好がいわず語らずのうちに継受したもの、反発・批判していたものなどを知らなければ、ついに彼の真意になかなか近づけないにちがいない。残念ながら、直接に兼好にただすことのできないわれわれとしては、彼の教養・体験の質と量、発想や論理の型などから『徒然草』の内部をのぞくよりほかないわけである。　（三木紀人「徒然草」より）

1　①とりとめとあるが、次のうち、このことばの本文中での意味として最も適しているものはどれか。一つ選び、記号を○で囲みなさい。
（ア　イ　ウ　エ）
ア　根拠　　イ　まとまり　　ウ　面白み　　エ　変化

2　②兼好は、この『枕草子』に触発され、それを意識しつつ本書を書きはじめたとあるが、『徒然草』が書かれることとなった過程について、本文中で筆者が述べている内容を次のようにまとめた。［　　］に入る内容を、本文中のことばを使って**四十字以上、五十字以内**で書きなさい。

筆を手にするとほとんど自動的に文章が生まれ、それによって心がある輪郭をとりはじめるというような、随筆が生まれるときの［　　　　］ことにより、『徒然草』が書かれることになった。

3　次のうち、本文中の ③ に入れるのに最も適していることばはどれか。一つ選び、記号を○で囲みなさい。（ア　イ　ウ　エ）
ア　ただし　　イ　あるいは　　ウ　つまり　　エ　なぜなら

4　次のうち、本文中で述べられていることがらと内容の合うものはどれか。最も適しているものを一つ選び、記号を○で囲みなさい。
（ア　イ　ウ　エ）
ア　『徒然草』は、二百四十四の章段に分けて読むならわしになっており、各段は内容においても執筆時においてもすべてが連続していることから、各段の前後がおおむね連想の糸によって結ばれているように感じられる。
イ　多彩な内容に応じた文章の変化を味わうことが『徒然草』の与えてくれるえがたい楽しみであり、その変化を味わうためには、個々の段や一文・一語に立ち止まって、その表現世界に沈潜することが大切である。

き出しなさい。a（　　）b（　　）c（　　）

この和歌は、［a］が詠んだものであり、二つに分けた［b］のうちの一つをかくす畳のへりを、半月をかくす［c］のようだとたとえて詠んだものである。

4　次の文章を読んで、あとの問いに答えなさい。

『徒然草』は不思議な書物である。世捨て人兼好の作ということはだれでも知っているが、いつ、いかなる事情によって書かれたものかはっきりしない。他の評論的な作品の成立事情から類推して、貴人に献呈されたものかとする説もあるが、それにしては、よかれあしかれ自由で①とりとめがなさすぎる。やはり、序段に示されているように、これは「つれづれ」の境地から生まれたもので、「心にうつりゆくよしなしごとを、そこはかとなく書きつ」けた作品としておく方が無難であろう。

そのような作品は、いうまでもなく、「随筆」と呼ばれる。しかし、この用語も概念も兼好の時代の日本人の知識にはない。随筆的な部分を持つ作品は少なくなかったが、随筆というよりほかに呼び方のない作品としては、かろうじて、例の『枕草子』があるだけであった。しかし、『枕草子』は、後世の知名度の高さからすると信じがたいことだが、あまりもてはやされることなく、一部少数の人々に珍重されるだけだったらしい。②兼好は、この『枕草子』に触発され、それを意識しつつ本書を書きはじめたのであろうが、彼自身も、「筆を執れば物書かれ」と書き、「心は必ず事に触れて来る」（ともに第一五七段）と書いた人である。筆を手にするとほとんど自動的に文章が生まれ、そのことによって心がある輪郭をとりはじめる。随筆というものが生まれるときの、こうした衝動と行為について、十分に自覚的であったことはたしかであろう。その自覚から兼好は随筆という形でしか現せない真実がこの世にあるのだということに気づいたとおぼしく、その結果『徒然草』が書かれることになったのであろう。

この作品は、二百四十四の章段に分けて読むならわしになっている。各段は、内容的にも、執筆時においても非連続の部分もあるようだが、前

条件よりも、陶芸家自身の構想力と力量に支配される部分が大きい。

イ　素晴らしい陶芸作品は、素材となる粘土、制作時や制作場所の気候など、すべてが陶芸家の構想通りにそろったときに生み出されるものである。

ウ　陶芸は、自然と人とが協働して創造される芸術であるという意味では、人為では制御しきれない面や偶然に任せねばならない面がある。

エ　陶芸は、大自然の創造力に身を任せる芸術であり、自然の中にみずからの行為を参入させるのではなく、自然に随順になることが必要である。

3　③素晴らしい作品を作るには、材料の個性に精通していなければならないとあるが、筆者がこのように述べるのは、「素材」がどのようなものであるからか。その内容についてまとめた次の文の［a］に入る内容を、本文中のことばを使って**十五字以上、二十五字以内**で書きなさい。また、［b］に入れるのに最も適しているひとつづきのことばを、本文中から**十二字**で抜き出し、**初めの五字**を書きなさい。

a［　　　　　　　　　　　　　　　　　　　　　　　　　］

b［　　　　　］

素材は、そのもので［a］ものであり、芸術の形成作用に対して抵抗もするが、［b］ものであるから。

4　芸術家の役割について、本文中で筆者が述べている内容を次のようにまとめた。［a］、［b］に入れるのに最も適しているひとつづきのことばを、それぞれ本文中から抜き出しなさい。ただし、［a］は**十六字**、［b］は**十八字**で抜き出し、それぞれ**初めの五字**を書きなさい。

a［　　　　　］　b［　　　　　］

［a］を通じて、［b］ことが芸術家の役割である。

3　次の文章を読んで、あとの問いに答えなさい。

児(ちご)にかくして坊主(ぼうず)餅を焼き、二つに分け、両の手に持ち食せん(食べよう)とするところへ、人の足音するを聞き、畳のへり(端)を上げ、①あわてて半分をかくすに、はや児見付けたり。坊主、赤面しながら、「今程の有様をおもしろく歌に詠(よ)みたらば、②振る舞はん(振る舞おう)」といふに、

山寺の畳のへりは雲なれやかたわれ月(半月)の入るをかくして――Ⓐ

(注)　畳＝ここでは、わらなどで編んだ薄い敷物のこと。

1　①あわててとあるが、坊主はどのようなことに対してあわてたのか。次のうち、最も適しているものを一つ選び、記号を○で囲みなさい。（ア　イ　ウ　エ）

ア　児にかくれて餅を焼いて食べようとした時に人の足音が聞こえてきたこと。

イ　自分がかくれて餅を焼いていたことを児が他の人に言いふらしたこと。

ウ　自分が後で食べようととっておいた餅を児が食べてしまっていたこと。

エ　みんなで食べるはずの餅をかくれて食べているのを児に見られたこと。

2　②振る舞はんを現代かなづかいになおして、**すべてひらがなで**書きなさい。（　　　）

3　本文中のⒶで示した和歌について説明した次の文の［a］、［b］、［c］に入れるのに最も適していることばを、それぞれ本文中から抜

2　次の文章を読んで、あとの問いに答えなさい。

画家にしても、彫刻家にしても、芸術家は、対象をよく見て、自分の感性でそれを構成し、①作品を作っていく。しかし、必ずしも、自分の構想通りに作品を作り上げられるわけではない。

②陶芸は、その最も適切な例であろう。もともと、陶芸家は、単に自分だけの構想力と力量だけで作品を作ろうとは思っていない。どのような作品が出来上がるかは、かなりの程度、素材や条件に支配される部分が大きい。粘土の組成や性質、火の温度の加減、湿度など、その時、その場の気候、風土など、自然に任せねばならない部分が大きいのである。陶芸は、ある意味で、大自然の創造力に身を任せる芸術である。素晴らしい陶芸作品は、土の声を聞き、火に従い、自然に随順になったとき生み出される。陶芸は、地水火風、天地人すべてが協働して創造されてくる芸術なのである。その意味では、陶芸の場合、人為では制御しきれない面、偶然に任せねばならない面がある。どのような味わい深い色が出てくるかは、炎や窯の偶然を当てにしなければならないのである。むしろ、そういう偶然の効果や成果を喜ぶのが陶芸でもある。陶芸は、自然の中にみずからの行為を参入させて、自然の方から作品を作り出す芸術だとも言える。

通常、芸術作品は、経験的な素材に主観の想像力が加えられることによって成立すると考えられている。しかし、芸術制作に働く想像力は無制限ではない。単なる想像力だけなら、夢想にすぎない。また、芸術家は、自分の頭だけで考えたイメージや計画を、そのまま腕ずくで素材に強制するわけでもない。制作の現場では、芸術家は常に素材から制限されている。しかも、素材に制限されてこそ、造形芸術は成り立つ。素材は、芸術の形成作用に対して抵抗もするが、形作りを助けもしてくれる。素材は素材ですでに形作られており、石にしても、土にしても、木片にしても、布にしても、ゴツゴツしていたり、粒だっていたり、ざらついていたり、節が多かったり、それ自身の性質をもっている。だから、画家にしても、彫刻家にしても、③素晴らしい作品を作るには、材料の個性に精通していなければならない。

芸術の制作や表現は素材なくしてはありえない。素材に制約されなければ、形はできない。芸術家が材料の中に身をもって働きかけるとき、材料そのものが応答してくる。この能動と受動の相互作用から、創造的形は生まれてくる。形は、素材との出会いから生み出されてくるものなのである。

制作の現場は、素材との対話である。確かに、形も素材に働きかけ、素材を変貌させるが、同時に、素材の方も形に抵抗し、形を変えていく。芸術家の素材への働きかけと素材からの応答が芸術家の経験となり、その経験から新しいものが生み出される。しかし、素材との出会いの中から何が生み出されるかは、必ずしも、芸術家自身にまえもって分かっているわけではなく、出来上がるまでは分からない部分がある。むしろ、素材の中から創造的形を引き出してくることが、芸術家の役割なのである。

（小林道憲「芸術学事始め」より）

1　次のうち、①作品と熟語の構成が同じものはどれか。一つ選び、記号を○で囲みなさい。（ア　イ　ウ　エ）

ア　価値　　イ　異国　　ウ　起伏　　エ　登山

2　②陶芸は、その最も適切な例であろうとあるが、次のうち、陶芸について、本文中で述べられていることがらと内容の合うものはどれか。最も適しているものを一つ選び、記号を○で囲みなさい。（ア　イ　ウ　エ）

ア　陶芸の制作において、どのような作品が出来上がるかは、素材や

国語B問題

時間　四〇分
満点　四五点

(注)　答えの字数が指定されている問題は、句読点や「　」などの符号も一字に数えなさい。

1　次の問いに答えなさい。

1　次の(1)〜(4)の文中の傍線を付けた漢字の読み方を書きなさい。また、(5)〜(8)の文中の傍線を付けたカタカナを漢字になおし、解答欄の枠内に書きなさい。ただし、漢字は楷書(かいしょ)で、大きくていねいに書くこと。

(1)　朝は気分が爽やかだ。(　　やか)
(2)　名所を訪ねる。(　　ねる)
(3)　街灯の光が輝いている。(　　　)
(4)　峡谷に架かる橋。(　　　)
(5)　不安を取りノゾく。□く
(6)　茶わんに飯をモる。□る
(7)　ソンザイ感のある役者。□
(8)　ボウエキを自由化する。□

2　次は、「種」という漢字を行書で書いたものである。楷書と比較したとき、◯で囲まれた①と②の部分に表れている行書の特徴の組み合わせとして最も適しているものを、次のア〜エから一つ選び、記号を○で囲みなさい。(ア　イ　ウ　エ)

種
① ②

ア　①　点画の連続　　②　筆順の変化
イ　①　点画の省略　　②　点画の連続
ウ　①　筆順の変化　　②　点画の省略
エ　①　点画の省略　　②　筆順の変化

3　次の文中の傍線を付けたことばが「多くの人が共通の目的をもって一つの場所に集まって」という意味になるように、□にあてはまる漢字一字を、あとのア〜エから一つ選び、記号を○で囲みなさい。(ア　イ　ウ　エ)

各校の代表選手が一□に会して、競技が行われた。

ア　同　　イ　動　　ウ　堂　　エ　道

2023年度／解答

数学A問題

1 【解き方】(1) 与式 $= 18 - 10 = 8$

(2) 与式 $= \frac{7}{14} + \frac{6}{14} = \frac{13}{14}$

(3) 与式 $= -22 + 25 = 3$

(4) 与式 $= 3x - 9 + 6x - 2 = 9x - 11$

(5) 与式 $= -7 \times x \times x = -7x^2$

(6) 与式 $= (8 - 3) \times \sqrt{3} = 5\sqrt{3}$

【答】(1) 8　(2) $\frac{13}{14}$　(3) 3　(4) $9x - 11$　(5) $-7x^2$　(6) $5\sqrt{3}$

2 【解き方】(1) 8の約数は1，2，4，8。20の約数は1，2，4，5，10，20。よって，8と20の最大公約数は4だから，イ。

(2) 小麦粉の重さを x gとすると，$60 : x = 2 : 5$ が成り立つから，$2x = 300$　よって，$x = 150$

(3) 平均値が4.5冊だから，5冊，6冊，7冊の生徒が平均値より多く読んでいる。よって，$4 + 2 + 3 = 9$（人）

(4)（全体の水の量）÷（人数）＝（一人当たりの水の量）になるから，$1000 \div a = \frac{1000}{a}$（mL）　よって，ウ。

(5) 移項して，$7x - 2x = 21 + 9$ だから，$5x = 30$　よって，$x = 6$

(6) 和が2，積が-15である2数は，5と-3だから，与式 $= (x + 5)(x - 3)$　よって，㋐は5，㋑は3。

(7) 10本のくじのうち2等が3本あるから，求める確率は $\frac{3}{10}$。

(8) $y = x^2$ に x の値を代入すると，ア．$y = 0^2 = 0$　イ．$y = 4^2 = 16$　ウ．$y = 3^2 = 9$　エ．$y = (-2^2) = 4$　よって，y の値が一致するのはエ。

(9) 立面図が長方形だから柱体である。底面が三角形だから，三角柱。よって，ウ。

【答】(1) イ　(2) 150（g）　(3) 9（人）　(4) ウ　(5) $x = 6$　(6) ㋐ 5　㋑ 3　(7) $\frac{3}{10}$　(8) エ　(9) ウ

3 【解き方】(1) x が1増えると，y は80増えるから，x が，$3 - 1 = 2$ 増えると，y は，$80 \times 2 = 160$ 増える。よって，(ア)は，$224 + 160 = 384$　また，x が，$6 - 1 = 5$ 増えると，y は，$80 \times 5 = 400$ 増えるから，(イ)は，$224 + 400 = 624$

(2) y は x の1次関数で，x が1増えると y は80増えるから，変化の割合は80。よって，$y = 80x + b$ として，$x = 1$，$y = 224$ を代入すると，$224 = 80 \times 1 + b$ より，$b = 144$　よって，求める式は，$y = 80x + 144$

(3) $y = 80x + 144$ に，$y = 1184$ を代入して，$1184 = 80x + 144$ より，$x = 13$

【答】(1)(ア) 384　(イ) 624　(2) $y = 80x + 144$　(3) 13

4 【解き方】(1) $\angle ADC + \angle ADB = 180°$ だから，$\angle ADB = 180° - a°$

(3) $\triangle ABC$ は直角二等辺三角形だから，$AB = \sqrt{2}AC = 9\sqrt{2}$（cm）　$\triangle EBF \backsim \triangle DAF$ だから，$BF : AF = EB : DA = 5 : 10 = 1 : 2$　よって，$AF = AB \times \frac{2}{1 + 2} = 9\sqrt{2} \times \frac{2}{3} = 6\sqrt{2}$（cm）

【答】(1) $180 - a$（度）　(2) ⓐ AFD　ⓑ DAF　ⓒ ウ　(3) $6\sqrt{2}$（cm）

数学B問題

1 【解き方】(1) 与式 $= 8 - (-6) = 8 + 6 = 14$

(2) 与式 $= 4 - 5 = -1$

(3) 与式 $= 5x + 15y - 2x + y = 5x - 2x + 15y + y = 3x + 16y$

(4) 与式 $= \dfrac{6ab \times a}{2b} = 3a^2$

(5) 与式 $= x^2 + 4x - 5 + x^2 + 4x = 2x^2 + 8x - 5$

(6) 与式 $= 2\sqrt{2} - \sqrt{2} - 5\sqrt{2} = -4\sqrt{2}$

【答】(1) 14　(2) -1　(3) $3x + 16y$　(4) $3a^2$　(5) $2x^2 + 8x - 5$　(6) $-4\sqrt{2}$

2 【解き方】(1) 2けたの整数は，10×(十の位の数)＋(一の位の数)で表せるから，$10 \times a + b = 10a + b$　よって，エ。

(2) 反比例の式を $y = \dfrac{a}{x}$ として，$x = 3$，$y = 8$ を代入すると，$8 = \dfrac{a}{3}$ より，$a = 24$　よって，$y = \dfrac{24}{x}$ に $x = 2$ を代入して，$y = \dfrac{24}{2} = 12$

(3) 与式を順に(i)，(ii)とする。(i)＋(ii)×2より，$7x = 42$　よって，$x = 6$　(ii)に代入して，$3 \times 6 + y = 16$ より，$y = -2$

(4) 左辺を因数分解して，$(x + 3)(x - 9) = 0$　よって，$x = -3$，9

(5) 14m以上17m未満の階級の度数が2人で相対度数が0.10だから，部員の人数は，$2 \div 0.10 = 20$ (人)　よって，23m以上26m未満の階級の度数は，$20 - (2 + 9 + 6) = 3$ (人)だから，相対度数は，$3 \div 20 = 0.15$

(6) さいころの目の出方は全部で，$6 \times 6 = 36$ (通り)　このうち，出る目の数の積が8以下の場合は，二つのさいころの出る目を a，b とすると，$(a,\ b) = (1,\ 1)$，$(1,\ 2)$，$(1,\ 3)$，$(1,\ 4)$，$(1,\ 5)$，$(1,\ 6)$，$(2,\ 1)$，$(2,\ 2)$，$(2,\ 3)$，$(2,\ 4)$，$(3,\ 1)$，$(3,\ 2)$，$(4,\ 1)$，$(4,\ 2)$，$(5,\ 1)$，$(6,\ 1)$の16通り。よって，確率は，$\dfrac{16}{36} = \dfrac{4}{9}$

(7) 面AEFBと面ABCDを展開図に表すと，右図のようになる。CIとEIの長さの和が最も小さくなるとき，右図で3点C，I，Eはこの順に1直線上に並ぶ。$FC = 4 + 6 = 10$ (cm)より，直角三角形EFCにおいて三平方の定理より，$EC = \sqrt{5^2 + 10^2} = \sqrt{125} = 5\sqrt{5}$ (cm)

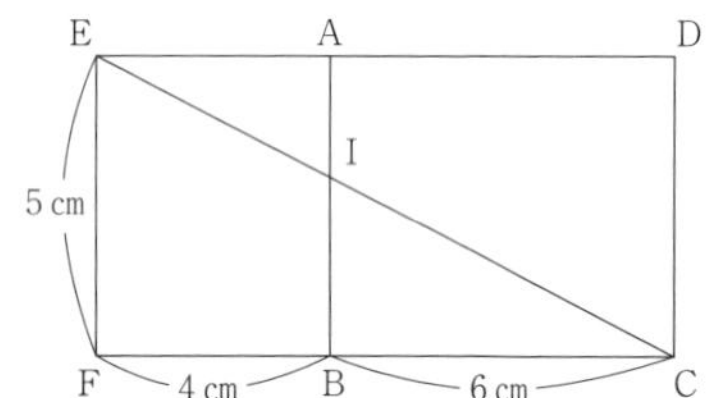

(8) n の式は，$y = -\dfrac{3}{2}x + 2$　Cは n 上の点だから，y 座標は，$y = -\dfrac{3}{2} \times (-2) + 2 = 5$　Cの y 座標とAの y 座標は等しいから，Aの y 座標は5。よって，Aの x 座標は，$y = x + 1$ に $y = 5$ を代入して，$5 = x + 1$ より，$x = 4$　$y = ax^2$ に，$x = 4$，$y = 5$ を代入して，$5 = 16a$ となるから，$a = \dfrac{5}{16}$

【答】(1) エ　(2) 12　(3) $x = 6$，$y = -2$　(4) $x = -3$，9　(5) 0.15　(6) $\dfrac{4}{9}$　(7) $5\sqrt{5}$ (cm)　(8) (a の値) $\dfrac{5}{16}$

3 【解き方】(1) ① x が1増えると，y は80増えるから，x が，$4 - 1 = 3$ 増えると，y は，$80 \times 3 = 240$ 増える。よって，(ア)は，$224 + 240 = 464$　また，x が，$7 - 1 = 6$ 増えると，y は，$80 \times 6 = 480$ 増えるから，(イ)は，$224 + 480 = 704$　② y は x の1次関数で，x が1増えると y は80増えるから，変化の割合は80。よって，$y = 80x + b$ として，$x = 1$，$y = 224$ を代入すると，$224 = 80 \times 1 + b$ より，$b = 144$　よって，求める式は，$y = 80x + 144$　③ $y = 80x + 144$ に，$y = 1184$ を代入して，$1184 = 80x + 144$ より，$x = 13$

(2) ミニハードルの個数が17のとき，ハードル間は，$17-1=16$(か所)あるから，OP間の長さは，$(224+16a)$ cmと表せる。これが1440cmだから，$224+16a=1440$より，$a=76$

【答】 (1) ① (ア) 464　(イ) 704　② $y=80x+144$　③ 13　(2) 76

4 **【解き方】** (1) ① DOは円の半径だから，円Oの周の長さは，$2\pi\times a=2\pi a$ (cm)

(2) ① 四角形AEFCは長方形だから，$\angle AEF=90°$　直角三角形AEFにおいて三平方の定理より，$EF=\sqrt{9^2-5^2}=2\sqrt{14}$ (cm)　GはEFの中点だから，$GF=\frac{1}{2}EF=\sqrt{14}$ (cm)　② AC∥EFだから，AB：BF＝AC：GF＝2：1　よって，$AB=AC\times\frac{2}{2+1}=9\times\frac{2}{3}=6$ (cm)　△DAB∽△GFCより，AB：AD＝FC：FGだから，$6:AD=5:\sqrt{14}$　よって，$AD=\frac{6\sqrt{14}}{5}$ (cm)　また，△AHEと△AEFにおいて，$\angle AHE=\angle AEF=90°$，$\angle EAH=\angle FAE$より，2組の角がそれぞれ等しいので，△AHE∽△AEF　よって，AH：AE＝AE：AFだから，$AH:5=5:9$　したがって，$AH=\frac{25}{9}$ (cm)だから，$\triangle DAH=\frac{1}{2}\times AD\times AH=\frac{1}{2}\times\frac{6\sqrt{14}}{5}\times\frac{25}{9}=\frac{5\sqrt{14}}{3}$ (cm^2)

【答】 (1) ① $2\pi a$ (cm)　② △DABと△GFCにおいて，半円の弧に対する円周角は90°だから，$\angle DAB=90°$……㋐　四角形AEFCは長方形だから，$\angle GFC=90°$……㋑　㋐，㋑より，$\angle DAB=\angle GFC$……㋒　同じ弧に対する円周角は等しいから，$\angle ADB=\angle ACB$……㋓　AC∥EFであり，平行線の錯角は等しいから，$\angle FGC=\angle ACB$……㋔　㋓，㋔より，$\angle ADB=\angle FGC$……㋕　㋒，㋕より，2組の角がそれぞれ等しいから，△DAB∽△GFC

(2) ① $\sqrt{14}$ (cm)　② $\frac{5\sqrt{14}}{3}$ (cm^2)

英語A問題

1 【解き方】(1)「自転車」= bike。

(2)「花」= flower。

(3)「～を勉強する」= study ～。

(4)「古い」= old。

(5)「～と」= with ～。

(6)「私たちに」= us。

(7) How から始まる感嘆文。「なんて～なのでしょう！」=〈How ＋形容詞もしくは副詞＋!〉。

(8)「～してもいいですか？」=〈May ＋ I ＋動詞の原形～?〉。

(9)「～された」は受動態〈be 動詞＋過去分詞〉で表す。build の過去分詞は built。

(10) 現在完了の疑問文。「あなたはこれまでに～したことがありますか？」=〈Have you ever ＋過去分詞～?〉。ride の過去分詞は ridden。

(11)「～すること」は動名詞で表すことができる。

(12) 現在分詞の後置修飾。reading comics が後ろから the students を修飾する。

【答】(1) ア　(2) イ　(3) イ　(4) ウ　(5) ウ　(6) イ　(7) ア　(8) ア　(9) イ　(10) ウ　(11) ウ　(12) イ

2 【解き方】(1)「～と同じくらい…」= as … as ～。

(2)「～を幸せにする」= make ～ happy。

(3)「彼女が私にくれたプレゼント」= the present she gave me。present のあとには目的格の関係代名詞が省略されている。

(4)「A を B と名付ける」= name A B。

【答】(1) ア　(2) ウ　(3) イ　(4) ア

3 【解き方】① ポスターの 3 行目を見る。無料バスツアーが開催されるのは毎週土曜日。「土曜日」= Saturday。

② ポスターの「訪れる場所」を見る。ツアーでは美術館も訪れる。「美術館」= museum。

③ ポスターの「終了時間」を見る。ツアーは午後 4 時に終わる。

【答】① イ　② ア　③ イ

◀全訳▶

洋子　：ポール，見て！　市が無料バスツアーを開催しているわ。次の土曜日，そのツアーに参加しましょう。

ポール：それはいい考えだね。僕たちはどこに行くことができるの？

洋子　：私たちは例えば，神社やお寺のようなさまざまな場所を訪れることができるのよ。あなたは日本の美術に興味があるのでしょう？　私たちは美術館も訪れることができるわ。

ポール：それはいいね！

洋子　：私たちは昼食を持参する必要があって，公園で一緒にそれを食べるのよ。

ポール：楽しそう！　ああ，でも僕は毎週末にホストファミリーが夕食を準備するのを手伝っているから，5 時までに帰宅しなければならない。

洋子　：心配はいらないわ。そのツアーは 4 時に終わる予定よ。

ポール：それなら，全く問題はないよ。そのツアーに参加しよう！

洋子　：そうしましょう！

4 【解き方】(1)「昨日あなたはどこに行きましたか？」—「私は競技場に行きました」。Where は場所をたずねる疑問詞。

(2) How many は数をたずねる疑問詞なので，数を答えているものを選ぶ。

(3) 相手に同じ質問を聞き返す表現が入る。「あなたはどうですか？」= How about you?。

(4)「テレビゲームをしましょう」という誘いに対する返答。直後の「でも，私はあなたと一緒にテレビゲームができればよかったのに」という表現から考える。I'm sorry, I can't now.＝「残念ですが，私は今はできません」。

【答】 (1) ウ　(2) エ　(3) ア　(4) エ

5 **【解き方】**［Ⅰ］(1)「私がポップコーンを作っていたとき」。「～していたとき」＝ when ～。

(2) 直前の文中にある「とうもろこしに関する本」を指している。

(3)「その飲み物は黒く見える」。「～に見える」＝ look ～。

(4)「～中を旅行する」＝ travel around ～。

［Ⅱ］①「私は～したい」＝ I want to ～。

②「私はそれが難しいと思う」などの文が入る。「私は～だと思う」＝ I think ～。

【答】［Ⅰ］(1) イ　(2) a book about corn　(3) ア　(4) I can travel around

［Ⅱ］(例) ① I want to make popcorn.　② I think it is difficult.

◀全訳▶　今日，私は私の大好きな食べ物についてお話しします。私はポップコーンが大好きです。みなさんはポップコーンがとうもろこしからできていることを知っていましたか？　ある日，映画館でポップコーンを食べていたとき，私は「どのようにすれば私は家でポップコーンを作ることができるのだろう？」と思いました。映画のあと，私はポップコーンを作るためのとうもろこしをスーパーマーケットで見つけ，それを買いました。その翌日，私は家でポップコーンを作りました。私はポップコーンを作っていたとき，ポップコーンを作るためのとうもろこしが硬いことに気付きました。私はとうもろこしに興味をもったので，とうもろこしに関する本を読みました。それによれば，とうもろこしにはたくさんの種類があり，ポップコーンを作るためのとうもろこしと，私たちがふだん食べているとうもろこしは，異なる種類です。

私はまた，とうもろこしに関する他の多くのことも学びました。さまざまな色があります。例えば，白いとうもろこし，赤いとうもろこし，そして黒いとうもろこしまであります。そして，人々は多くの方法でとうもろこしを食べます。例えば，世界のさまざまな地域の人々は，とうもろこしからできたパンを食べています。韓国では，とうもろこしからできたお茶を好んで飲む人がいます。南アメリカでは，とうもろこしからできた飲み物はとても人気があります。その飲み物は黒く見え，とても甘いです。もし私が将来世界中を旅行することができたら，そのような食べ物や飲み物を試してみるでしょう。お聞きいただいてありがとうございました。

英語B問題

1 **【解き方】**［Ⅰ］① 現在分詞の後置修飾。coming out from the ground が直前の water を修飾している。
② 「～の一つ」= one of ～。
③ 「地元の」= local。
④ 「～されている」は受動態〈be 動詞＋過去分詞〉で表す。
⑤ 「A に～させる」=〈make ＋ A ＋原形不定詞〉。

［Ⅱ］(1) 直後に裕真が水をためる場所の使い方を説明していることから考える。方法，手段をたずねる疑問詞は How。

(2) 「皿を洗うためです」という文。池田先生の「なぜ彼らはそのようにするのですか？」という質問の直後に入る。

(3) 文前半の「それらの魚は水中のどんな食べ物も食べるので」という表現から，「水がきれいに保たれることができます」が入る。「～に保たれる」= be kept ～。「きれいな」= clean。

(4) ア．裕真の最初のせりふを見る。湧き水の温度は1年のどの時期でもほとんど同じである。イ．「裕真は針江地区で利用されているいくつかの水をためる場所を見る機会があった」。裕真の2番目のせりふを見る。内容に合っている。ウ．裕真の5番目のせりふを見る。三つ目の最も大きな水をためる場所には，ときどき使ったあとの皿が入れられる。エ．裕真の8番目のせりふを見る。針江地区の湧き水が最終的にどこに行くのか説明したのは裕真。

(5) ①「最初の水をためる場所で魚は泳いでいますか？」。裕真の6番目のせりふを見る。魚が泳いでいるのは三つ目の水をためる場所だけ。②「裕真は針江地区での経験を通して何を理解していますか？」。裕真の最後のせりふを見る。彼は「人々が自然の一部であること」を理解している。

【答】［Ⅰ］① イ　② ア　③ イ　④ ウ　⑤ イ
［Ⅱ］(1) エ　(2) ウ　(3) ア　(4) イ
(5)（例）① No, they aren’t.　② He understands that people are a part of nature.

◀全訳▶　［Ⅱ］

マイク　：こんにちは，裕真。あなたのスピーチはとても興味深いものでした。

裕真　　：ありがとう，マイク。水がとても冷たいことに私は驚きました。私たちのガイドによると，湧き水の温度は1年のどの時期でもほとんど同じ温度です。

マイク　：それは興味深いです。

池田先生：こんにちは，裕真とマイク。あなたたちは何について話しているのですか？

マイク　：こんにちは，池田先生。私たちは裕真が授業で行ったスピーチについて話しています。私は彼の経験に興味をもっています。

池田先生：ああ，私も彼のスピーチを楽しみました。かばたは面白そうですね。裕真，針江地区でのあなたの経験についてもっと私たちに話してください。

裕真　　：わかりました。そこで私が学んだことをお話しします。この写真を見てください。それらは私が見た水をためる場所のいくつかです。

マイク　：うわあ。それらはどのように使われるのですか？

裕真　　：それぞれの水をためる場所は異なる方法で使われます。湧き水は一つ目の水をためる場所に入ります。この水をためる場所の水はとてもきれいなので，人々はこの水を料理や飲み水に使います。

マイク　：ああ，なるほど。一つ目の水をためる場所の隣にもう一つの水をためる場所があります。こちらはどうなのですか？

裕真　　：一つ目の水をためる場所が満たされると，この二つ目の水をためる場所に水があふれて入ります。この水をためる場所の水はまだきれいなので，それは，例えば，野菜や果物のようなものを冷やしておくために使われます。

マイク　：それはいいですね。水をためる場所を使うことで，人々はものを冷やしておくための電力を必要としません。彼らは水をためる場所にものを入れるだけです。それはとても簡単だし，環境にやさしいです。

裕真　　：私もそう思います。そして，二つ目の水をためる場所が満たされると，三つ目の水をためる場所に水があふれて入ります。三つ目の水をためる場所は三つの中で最も大きな場所です。人々はときどき，皿を使ったあとでこの水をためる場所に入れ，それらを数時間そのままにしておきます。

池田先生：なぜ彼らはそのようにするのですか？

裕真　　：皿を洗うためです。実は，一つ目と二つ目の水をためる場所には魚がいませんが，三つ目の水をためる場所には，何匹かの魚が泳いでいます。皿についた食べ物の小さなかけらを食べてくれるので，それらの魚は人々が皿を洗う手助けをしているのです。その上，それらの魚は水中のどんな食べ物も食べるので，水がきれいに保たれることができます。

マイク　：本当ですか？　それはすごいですね！　それは，水をきれいに保つために人々が自然にあるものを利用しているということを意味しますね。

裕真　　：その通りです。

マイク　：三つ目の水をためる場所の水は最終的にどこに行くのですか？

裕真　　：その水をためる場所の水はその地区の川に行き，最終的にはその地区の近くにある湖に流れ込みます。それは将来，雨や雪として戻ってきます。

マイク　：なるほど。水が循環しているのですね。

裕真　　：その通りです。

池田先生：マイク，私たちはかばたについて多くのことを学びましたね？　あなたはそれについてどう思いますか？

マイク　：私はかばたが素晴らしいと思います。それは人々の生活を助けています。

池田先生：そうですね。その地区の人々はそれを素晴らしいやり方で利用しています。裕真，あなたは素晴らしい経験をしましたね。

裕真　　：はい，私は本当に素晴らしい経験をしました。この経験を通して，私は人々が自然の一部であることを理解しています。

マイク　：私もあなたと同意見です。私たちは毎日使っている水に注意を払うべきです。

池田先生：私たちに素敵な話をしてくれてありがとう，裕真。

2 **【解き方】**［Ⅰ］⑴ 他の種類のタンポポは他の国々から「持ち込まれた」。受動態〈be 動詞＋過去分詞〉の文。bring の過去分詞は brought。

⑵「それらがどのように見えたか」は間接疑問を使い，〈how ＋主語＋動詞〉で表す。「～に見える」＝ look ～。

⑶ 直前の文中の「そこで見つかったタンポポ」を指している。found は後置修飾をする過去分詞。

⑷ 直前の「在来種のタンポポは他の在来種のタンポポの花粉を得る必要があるため，それは他の在来種のタンポポと一緒に育つための広いスペースを必要とします」から続く流れを考える。「しかし，在来種でないタンポポは他のタンポポの花粉がなくても種を作ることができます（(iii)）」→「これは，それが繁殖するために周囲に他のタンポポは必要ではないということを意味します（(ii)）」→「そのため，それは他のタンポポと一緒に育つための広いスペースが必要ではありません（(i)）」と続く。接続詞や指示語にも注目する。

⑸ 在来種でないタンポポは他のタンポポの花粉がなくても種を作ることができるため，あまり広いスペースが必要ではない。それに対して，在来種のタンポポは他の在来種のタンポポと一緒に育つための広いスペースを必要とする。そのため，在来種のタンポポにとって，「都市で育つことはより困難である」。

(6) 過去分詞の後置修飾を用いた文。「～について書かれた一つのレポート」＝ a report written about ～。

(7) ア．第1段落の後半を見る。真奈が学校周辺で見つけたタンポポは全て在来種でないタンポポだった。イ．第2段落の前半を見る。本を読むことによって真奈はタンポポの種の作り方について知った。ウ．「真奈は在来種のタンポポと在来種でないタンポポの違いについて学んだ」。最終段落の1文目を見る。内容に合っている。エ．最終段落の最後から2文目を見る。真奈は祖父と一緒に在来種のタンポポが見たいと思っているが，すでに在来種のタンポポがたくさんある場所を訪れたわけではない。

［Ⅱ］①「AにBを教える」＝ tell（または，teach）A B。「私が知らなかったたくさんのこと」＝ a lot of things I didn't know。things のあとには目的格の関係代名詞が省略されている。

②「あなたは何かに関する情報を得るために図書館に行きますか？」という質問に対する返答。解答例は「家にはない本がたくさんあります。どの本も私が新しい情報を得るのに役立ちます。図書館はとても便利です」という意味。

【答】［Ⅰ］(1) イ　(2) explained how they looked　(3) the dandelions found there　(4) エ　(5) ウ

(6) a report written　(7) ウ

［Ⅱ］（例）① You told me a lot of things I didn't know.（10語）

② Yes, I do.／There are many books I don't have at home. Each book helps me get new information. Libraries are very useful.（20語）

◀全訳▶　私たちは日本のあらゆる場所でタンポポを見つけることができます。私は全てのタンポポが同じ種類だと思っていました。しかし，ある日，私の祖父が私にタンポポにはさまざまな種類があることを教えてくれました。彼によると，何種類かのタンポポは在来種のタンポポで，長い間日本に存在しています。他の種類のタンポポは100年以上前に他の国々から持ち込まれました。彼はそれらを「在来種でないタンポポ」と呼びました。現在私たちが目にする多くのタンポポは在来種でないタンポポです。彼は私に在来種のタンポポと在来種でないタンポポの写真を見せてくれました。彼はそれらがどのように見えたかを説明しました。私はそれらの違いを理解しました。約50年前，私の祖父は私たちの学校周辺の地域で在来種のタンポポをたくさん見つけることができました。当時，その地域にはたくさんの野原や畑があり，そこで在来種のタンポポが見つけられました。現在，そこには多くの家や建物が建てられたため，野原や畑があまりありません。彼は「今では私たちはこの地域で在来種のタンポポを見つけることができない」と言いました。私は彼が言ったことを調べたいと思いました。その翌日，私は学校周辺の地域で在来種のタンポポを見つけようとしました。私はたくさんのタンポポを見つけることができました。私はそこで見つかったタンポポを注意深く見ました。それらは全て在来種でないタンポポでした。そのとき，私は疑問を持ちました。在来種でないタンポポはたくさんあったのに，学校周辺の地域で在来種のタンポポを見つけることが私にとって不可能だったのはなぜでしょう？　その理由が知りたかったので，私はタンポポに関する何冊かの本を読みました。

それらの本から，私はいくつかの理由があることを知りました。タンポポが必要とするスペースの大きさが一つの理由です。種を作るため，在来種のタンポポは他の在来種のタンポポの花粉を得る必要があります。これは，周囲に他の在来種のタンポポがなければ，在来種のタンポポは繁殖することができないということを意味します。そのため，それは他の在来種のタンポポと一緒に育つための広いスペースを必要とします。しかし，在来種でないタンポポは他のタンポポの花粉がなくても種を作ることができます。これは，それが繁殖するために周囲に他のタンポポは必要ではないということを意味します。そのため，それは他のタンポポと一緒に育つための広いスペースが必要ではありません。都市には広いスペースがあまりありませんが，それでも在来種でないタンポポは都市で育つことができます。在来種のタンポポにとって，都市で育つことはより困難です。アスファルトで覆われていない小さなスペースがあれば，私たちは道でタンポポを見つけることがあります。それは在来種でないタンポポです。

在来種のタンポポと在来種でないタンポポの違いについて知ってから，私はどこで在来種のタンポポを見つけることができるのか知りたいと思いました。インターネットで，私はその場所を探しました。私はタンポポについて書かれた一つのレポートを見つけました。それによれば，大阪には，在来種のタンポポがたくさんある場所がいくつかあります！　大阪に在来種のタンポポがあると思っていなかったので，私はわくわくしました。私は祖父と一緒にそれらの場所のいくつかを訪れて，彼と在来種のタンポポが見たいと思っています。お聞きいただいてありがとうございました。

英語リスニング

回【解き方】1. ジョーの「あなたはどの色が好きですか？」という質問に対する返答を選ぶ。I like orange.＝「私はオレンジ色が好きです」。

2.「これは僕が友だちと訪れた浜辺の絵だよ」というせりふや,「これらの人たちはあなたとあなたの友だちなのね？」に「はい」と答えていることから考える。

3. turn right（右に曲がる), on your left（左側に）などの表現に注意しながら聞く。「校門から, そのまままっすぐ進むと, 君の目の前にスーパーマーケットが見える」,「そこを右に曲がる」,「そのあと, まっすぐ進んで2番目の角で左に曲がる」,「まっすぐ進むと, 左側に図書館が見える」という案内から, ウが図書館であることがわかる。

4. (1) 乗客はそれぞれ, 飛行機に2個のバッグを持ち込むことができる。(2) 小さな子どもを連れた人が最初に飛行機に乗り込むことができる。

5. (1) 二人は中華料理店で昼食を食べる前に, 書店に行くことにした。(2) 二人は1時30分から「スペーストラベル」を見ることにした。

6. 由香が「それはいいアドバイスではない」と言ったのは, サムに相談しても, 弟にあげる誕生日プレゼントについてのいい考えをもらえず, 弟に何をあげるべきかわからなかったから。

【答】1. イ　2. エ　3. ウ　4. (1) ア　(2) ア　5. (1) イ　(2) エ　6. ウ

◀全訳▶　1.

絵里　：こんにちは, ジョー。あなたのTシャツの色は素敵ですね。

ジョー：ありがとう, 絵里。僕は青色が好きです。あなたはどの色が好きですか？

2.

真理：こんにちは, ロブ。あなたは何を描いているの？

ロブ：こんにちは, 真理。これは僕が友だちと訪れた浜辺の絵だよ。

真理：まあ！　これらの人たちはあなたとあなたの友だちなのね？

ロブ：そうだよ。

真理：私はこの絵が気に入ったわ！

3.

エマ：こんにちは, 啓太。私は今日, 私の宿題のために本を何冊か借りに図書館へ行きたいの。私に道を教えてくれる？

啓太：いいよ, エマ。それはそれほど難しくないよ。今, 僕たちは学校にいる。それで, 校門から, そのまままっすぐ進むと, 君の目の前にスーパーマーケットが見えるよ。そしてそこを右に曲がる。そのあと, まっすぐ進んで2番目の角で左に曲がるんだ。それからまっすぐ進むと, 左側に図書館が見えるよ。その図書館には英語を話す男性がいる。彼は君が本を見つけるのを手伝ってくれるよ。

エマ：ありがとう。

4. こんにちは。本日は私たちの航空会社を選んでいただきありがとうございます。飛行機に乗る前に, みなさんに従っていただく必要のある三つのルールについてお話しいたします。まず, みなさんはそれぞれ, 飛行機の中に2個のバッグを持ち込むことができます。二つ目に, みなさんのバッグは7キログラム以下でなければなりません。次に, みなさんは飛行機内に熱い飲み物を持ち込むことができません。何かご質問がありましたら, 係員にお知らせください。さて飛行機は準備ができました。小さなお子さまをお連れの方は, 最初に飛行機に乗ることができます。次に, 座席番号が15から30までの方が, 飛行機に乗ることができます。そのあと, 座席番号が1から14の方が, 飛行機に乗ることができます。今からご自分のチケットの座席番号をご確認ください。楽しい飛行機の旅を！　ありがとうございました。

質問(1)：それぞれの人は飛行機に何個のバッグを持ち込むことができますか？

質問(2)：最初に飛行機に乗ることができるのは誰ですか？

5.

明　　：ケイト！　急いで！　もう10時25分だよ。「スペーストラベル」の映画が始まるまで僕たちにはあと5分しかない！　劇場はこの建物の4階にあるんだよ。

ケイト：ああ，明。私たちがあと5分で劇場まで行くことはできないわ。私たちはチケットも買わなければならないし。私は映画の最初の部分を見逃したくないわ。次の「スペーストラベル」を見ましょう。それは何時に始まるの？

明　　：僕が携帯電話でそれを調べてみるよ。ええと，それは1時30分に始まるよ。

ケイト：私たちは3時間待たなければならない。それは長すぎるわね。

明　　：そうだね。11時15分から別の映画があるよ。

ケイト：そうなのね…。でも私は「スペーストラベル」がとても見たいのよ。最初に昼食を食べるのはどう？　そのあと，1時30分から映画を見ましょうよ。3階に中華料理店があるの。そこは11時30分に開店するわ。

明　　：それはいい考えだ。レストランが開店するまで，僕たちにはまだ時間がたっぷりある。書店に行くことはできる？　僕は新刊の花の雑誌が買いたいんだ。

ケイト：いいわよ！　たぶん私も何か買うわ。

質問(1)：明とケイトは次に何をする予定ですか？

質問(2)：明とケイトは何時に映画を見る予定ですか？

6.

由香：こんにちは，サム！　私はあなたのアドバイスが必要なの。

サム：何があったの，由香？

由香：今週の日曜日は私の弟の誕生日なの。

サム：へえ，本当？　君は彼のために何か買ったの？

由香：いいえ。私は彼に何を買ってあげたらいいのかわからないのよ。あなたは何かいい考えがある？　あなたと弟は一緒に野球の練習をしているから，あなたは弟のことをよくわかっているでしょう。

サム：服はどう？

由香：私は昨年彼にシャツをあげたのだけれど，彼はそれを気に入ってくれなかったのよ。私は彼がどんな服が好きなのかわからないの。私が彼を見るとき，彼はいつも野球のユニフォームを着ているわ。今年，私は本当に私のプレゼントを彼に気に入ってもらいたいのよ。

サム：野球の試合のチケットはどう？　彼はいつも彼のお気に入りの選手のことを話しているよ。

由香：彼にはすでにおじと一緒に試合を見る計画があるわ。

サム：なるほど。そうだな…。もし君が僕にくれたら，僕はどんなプレゼントでもうれしいだろうな。

由香：まあ。それはいいアドバイスではないわね。私はまだ何もいい考えが思い浮かばない！

サム：じゃあ…。今，僕が君のかわりに君の弟に聞くことができるよ。

社　会

1 **【解き方】** (1) ⓐ 地球には，ユーラシア・アフリカ・北アメリカ・南アメリカ・オーストラリア・南極の各大陸が存在している。ⓑ ユーラシア大陸はすべて赤道より北の北半球に位置する。

(2) ① 南ヨーロッパやフランスではカトリック，ドイツやイギリス，北ヨーロッパではプロテスタント，東ヨーロッパでは正教会を信仰する人が多い。② EU 加盟国 27 か国のうち，20 か国で導入されている。③ A.「ブラジル」はポルトガルの，「エチオピア」はイタリアの植民地となっていた。B.「ドイツ」は，カメルーンやトーゴ，タンザニアなどを植民地としていた。

(3) ① 冷帯気候の地域は，冬の気温が低くなる一方で，夏には比較的気温が高くなる。アはQ，イはR，エはPの雨温図。② 大陸は，海洋よりも暖まりやすく冷えやすい。特に夏には海洋よりも暖かくなるため，大陸で上昇気流が発生し，海洋から大陸に向かって風が吹く。「モンスーン」は，季節風ともいう。

【答】 (1) ⓐ ア　ⓑ エ　(2) ① イ　② ユーロ　③ イ　(3) ① ウ　② 海洋から大陸へ吹く（同意可）

2 **【解き方】** (1) ① アは『万葉集』の成立に深く関わった歌人。ウは唐から来日し，唐招提寺を開いた僧。エは唐で密教を学び，帰国後に真言宗を開いた僧。② 8 世紀半ばに，聖武天皇は国ごとに国分寺と国分尼寺を建て，それらの中心となる寺として，平城京に東大寺を建立した。

(2) ① イは浄土宗を開いた僧，ウはわび茶を大成した人物，エは安土桃山時代の画家。② アは平清盛，イは足利義満が行った。また，エは江戸幕府の 11 代将軍徳川家斉(いえなり)の時代の政策。③ ⓐ 江戸時代には都市が発展し，特に豊かになった大阪・京都の町人が元禄文化の中心となった。ⓑ「尾形光琳」は，江戸時代中期に「燕子花図屛風(かきつばたずびょうぶ)」などを描いた画家。

(3) ① アは婦人解放運動を行った活動家，イは「君死にたまふことなかれ」という詩を残した歌人，エは平塚らいてうらとともに新婦人協会を設立した活動家。② (i)は 1880 年，(ii)は 1889 年，(iii)は 1874 年のできごと。③ 1918 年の軽工業の品目に分類される生糸は 2.3 倍，綿織物は 6.8 倍になっているのに対し，重工業の品目に分類される鉄は 78.6 倍，船舶は 109.2 倍になっており，重工業の方が数値が大きい。

【答】 (1) ① イ　② エ　(2) ① ア　② ウ　③ ⓐ イ　ⓑ エ

(3) ① ウ　② オ　③ 軽工業の値よりも重工業の値が伸びた（同意可）

3 **【解き方】** (1) ① 国際連合は，1945 年 10 月に発足した。イは 1964 年に全面戦争となった。ウは 1951 年，エは 1955 年のできごと。② 大日本帝国憲法で主権者とされた天皇は，日本国憲法では日本国と日本国民統合の象徴とされ，政治的な権能は持たないとされた。③ 個人がどのような思想や良心を持つかは自由であり，権力によって強制されないことを保障している。④ 行政権は内閣，立法権は国会，司法権は裁判所に属している。

(2) ⓐ 卸売業者や小売業者が担い手となっている。ⓑ 独占を防ぐために市場を監視し，企業に対して警告を出したり，問題のある行為をやめさせたりする。

【答】 (1) ① ア　② 国民主権　③ 思想　④ 内閣　(2) ⓐ エ　ⓑ 公正取引

4 **【解き方】** (1) ① 税を負担する人と納める人が同じ税を直接税，異なる税を間接税という。② 同じ額の円でより多くのドルと交換できるようになっているため，円の価値は相対的に上がっている。このような状態を円高という。

(2) ① 産業革命により，工場などを持つ資本家と，生産手段を持たない労働者という 2 つの階級が生まれた。② (a) AI の発展により，さまざまな仕事を効率的に行えるようになる一方で，今まで人間が行っていた仕事も AI に取って代わられ，雇用が失われる恐れがある。(b) 環境基本法は，公害対策基本法を発展させる形で 1993 年に制定された。アは 1973 年と 1979 年，ウは 1985 年，エは 1978 年のできごと。

(3) ① 日本では，出生率が低下し，若年の女性も減少していることから，生まれる子どもの数が減少している。② イ．南アメリカの森林面積は，2000 年から 2010 年には 520 万 ha 減少し，2010 年から 2020 年には 260

万 ha 減少しているため，減少する速さは 2 分の 1 になっている。エ．世界全体の森林面積は，1990 年から 2000 年には約 790 万 ha，2000 年から 2010 年には約 500 万 ha，2010 年から 2020 年には約 470 万 ha 減少しており，減少する速さは遅くなっている。

【答】 ⑴ ① エ　② ⓐ ア　ⓑ ウ　⑵ ① 資本　② (a) AI　(b) イ　⑶ ① 少子　② ア・ウ

理　科

1 **【解き方】**［Ⅰ］⑵ ② チョウ石とセキエイが無色鉱物，その他が有色鉱物になるので，有色鉱物の割合は，100 (%) − 64 (%) − 24 (%) = 12 (%)

［Ⅱ］⑶ ⓑ 図Ⅰより，陸上の最高気温と最低気温の差の方が，海上の最高気温と最低気温の差より大きい。ⓒ 海上の気温が陸上の気温より高くなっているのは，2 時から 7 時ごろまでの，7 (時) − 2 (時) = 5 (時間)

⑸ ② 気温の差が大きいほど気圧の差が大きくなり，風が強く吹くと考えられる。よって，海風が最も強く吹くのは，陸上の気温の方が高く，陸上の気温と海上の気温の差が最も大きい 14 時ごろになる。

【答】 ⑴ マグマ(または，岩しょう)　⑵ ① 等粒　② 12 (%)　⑶ ⓑ イ　ⓒ ウ　⑷ (天気) 晴れ　(風力) 2
⑸ ① 気圧が低くなる (同意可)　② ウ

2 **【解き方】**［Ⅰ］⑴ 化学反応式では化学変化の前後で原子の種類と数を合わせる必要がある。反応前の水素原子の数はメタン分子 1 個に含まれている 4 個，反応後の水分子 (H_2O) 1 個に含まれる水素原子が 2 個なので，反応後の水分子の数は，$\dfrac{4\,(個)}{2\,(個)} = 2\,(個)$

⑶ ② 水蒸気 (気体) が水滴 (液体) に変わるのは温度が下がったとき。

［Ⅱ］⑸ 密度は $1\,cm^3$ あたりの質量なので，密度が違う物質を同じ体積で比べると，密度の大きい物質の方が質量は大きくなり，同じ質量で比べると，密度の大きい物質の方が体積は小さくなる。

【答】 ⑴ 2　⑵ ⓐ ア　ⓑ エ　⑶ ① 状態(または，相・三態)(変化)　② ⓒ イ　ⓓ エ
⑷ ① ア　② 石灰水が逆流する (同意可)　⑸ ⓕ イ　ⓖ ウ

3 **【解き方】** ⑵ クモは節足動物で，ウニやミミズは外とう膜をもたないので軟体動物ではない。

⑶ ① 魚類・両生類・ハチュウ類は変温動物，ホニュウ類・鳥類は恒温動物なので，ⓓはハチュウ類，ⓔは鳥類。② ビカリアは新生代，フズリナ・サンヨウチュウは古生代の示準化石。④ (ii) ⓗ 魚類→両生類→ハチュウ類→ホニュウ類と進化したので，生活場所は水中から陸上へ広がったと考えられる。

【答】 ⑴ イ　⑵ ア　⑶ ① ア　② エ　③ ア　④ (i) DNA (または，デオキシリボ核酸)　(ii) ⓖ ア　ⓗ エ

4 **【解き方】**［Ⅰ］⑴ ② 500g = 0.5kg より，箱にはたらく重力の大きさは，$9.8\,(N) \times \dfrac{0.5\,(kg)}{1.0\,(kg)} = 4.9\,(N)$　箱にはたらく重力と机が箱を押す力はつり合っているので，机が箱を押す力の大きさは 4.9N。

⑵ 机が箱を押す力は箱にはたらき，箱が机を押す力は机にはたらく。

［Ⅱ］⑸ ① 電熱線は抵抗器なので，電熱線を取り除いたときの回路全体の抵抗値は小さくなる。オームの法則を使って考えると，電流 = $\dfrac{電圧}{抵抗}$ なので，抵抗の値が小さくなると電流の値は大きくなる。② コイルに流れる電流の大きさはコイルにはたらく力の向きには関係がない。コイルにはたらく力の向きが逆になるのは，コイルに流れる電流の向きが同じで，磁石の N 極と S 極が逆のときと，コイルに流れる電流の向きが逆で，磁石の N 極と S 極の向きが同じとき。コイルに流れる電流の向きと磁石の N 極と S 極がどちらも逆のときは，コイルにはたらく力の向きは同じになる。

【答】 ⑴ ① イ　② 4.9 (N)　⑵ ① ⓐ イ　ⓑ ウ　② 箱が机　⑶ 磁界(または，磁場)　⑷ ⓒ ア　ⓓ ウ
⑸ ① ⓔ ア　ⓕ エ　② ア・エ

国語A問題

1 【解き方】2.【下書き】は，ひらがなを楷書で書き，漢字を行書で書いている。一方【清書】は，【下書き】の漢字に見られた点画の連続がなく，ひらがなと同じく楷書を用いて書いている。

3. 一字戻って読む場合には「レ点」を，二字以上戻って読む場合には「一・二点」を用いる。

【答】1. (1) やくそく　(2) へいれつ　(3) ざっし　(4) せんとう　(5) あ(びる)　(6) うつ(す)　(7) 拾(う)　(8) 側　(9) 停止　(10) 勝負

2. イ　3. ア

2 【解き方】1. ①は，「枝々の先は」という主語が「ふくらみを」という目的語をともなっているので，述語には他動詞がふさわしい。②は，「花だけが」が主語であり，目的語をともなわないので，述語には自動詞がふさわしい。

2.「そんなときは…寒さに耐えている」とあり，「そんな」が，入る一文中の「雪が舞い，冬に逆戻りする」を受けることをおさえる。

3.「福寿草が，いきなり花を咲かせるには…涙ぐましいわけがある」とし，直後で詳しく説明している。「早春の林の中」は「ほかの植物が活動を始める前」なので，地面には「光がふんだんに届」く。「光が不足すると，種をじゅうぶんに育てることが出来」ないので，福寿草は「大急ぎで花を咲かせ」るとある。また，蜜がない福寿草は，「花びらをパラボラアンテナのような形に広げて光を集め，花の中を暖かくして，寒さにふるえる虫を誘う」と述べている。

【答】1. エ　2. C

3. a. ほかの植物　b. 花びらを広げて光を集め，花の中を暖かくする（21字）（同意可）

3 【解き方】1. 語頭以外の「は・ひ・ふ・へ・ほ」は「わ・い・う・え・お」にする。

2. 坊主は「人の足音するを聞き」あわてている。また，そのとき坊主が，「児にかくして…食せん」としていたことをあわせておさえる。

3. 児は，坊主が「畳のへりを上げ」て，二つに分けた餅の半分をかくした様子を歌に詠んでいる。半分に分けられた餅を「かたわれ月」に見立て，畳のへりを月をかくすものに見立てている。

【答】1. ふるまわん　2. ウ　3. 雲

◀口語訳▶　児にかくれて坊主が餅を焼き，二つに分けて，両手に持って食べようとしている時に，人の足音が聞こえてきたので，畳の端を上げて，あわてて（持っていた餅の）半分をかくしたが，あっという間に児が見つけてしまった。坊主は，恥ずかしがりながら，「今の状況をおもしろく歌に詠むことができれば，餅を振る舞おう」と言うと，児は次のように詠んだ。

山寺の畳のへりは雲でありましょうか，半月を雲がかくすように，半月のような餅をそこにかくして

4 【解き方】1.「着陸」とアは，上の漢字が動作を表し，下の漢字がその対象を表している。イは，上の漢字が下の漢字を修飾している。ウは，同意の漢字の組み合わせ。

2. もとの句について，「飛行機の窓から…見下ろしているという，いわば，散文的な（つまり説明的な）内容」であると述べ，一方で直した句について，「地上の街」を見下ろして作者が想像したことを詠んでいると具体的に説明している。そのあと，「つまり，もとの句では…直した句では作者が想像するものに変わ」ると，もとの句と直した句の違いをまとめている。

3. (1) 本文の「なぜ，このような変化が生まれるのか」以下で，俳句における「切れ」の効果を説明している。「の」をとることで「小さな切れ」が生まれ，この切れが「間」をもたらし「事実から…想像の世界への転換が起こる」と述べている。(2)【発表原稿の一部】では，はじめに，俳句の「切れ」の効果について本文の内容を説明したあと，Sさん自身がこの句を音読した体験について，本文の内容と関連づけながら説明している。そして最後に，「様々な俳句にふれてみませんか」と，聞き手にも，Sさんと同じように本文の内容をふまえ

て俳句を鑑賞することを勧めている。

【答】1. ア　2. a. 冬支度の進む　b. 地上の説明　c. 作者が想像するもの

3. ⑴ a. 小さな切れ　b. 事実から想像の世界への転換(13字)(同意可)　⑵ イ

国語B問題

1 【解き方】2. のぎへん「禾」は，楷書では五画だが，①では五画目を省略して書いている。「重」の八・九画目は，楷書では一画ずつ分けて書くが，②では連続して書いている。

【答】1. ⑴ さわ(やか)　⑵ たず(ねる)　⑶ がいとう　⑷ きょうこく　⑸ 除(く)　⑹ 盛(る)　⑺ 存在　⑻ 貿易

2. イ　3. ウ

2 【解き方】1.「作品」とイは，上の漢字が下の漢字を修飾している。アは，同意の漢字の組み合わせ。ウは，反意の漢字の組み合わせ。エは，上の漢字が動作を表し，下の漢字がその対象を表している。

2. 筆者は，芸術家が「必ずしも，自分の構想通りに作品を作り上げられるわけではない」ことの最も適切な例として陶芸を挙げている。そして陶芸とは「大自然の創造力に身を任せる芸術」だとし，「人為では制御しきれない面，偶然に任せねばならない面がある」と述べたあと，陶芸は「自然の中にみずからの行為を参入させて…作品を作り出す芸術だ」とまとめている。

3.「素材は，芸術の形成作用に対して抵抗もするが，形作りを助けも」すると述べ，それは素材が「すでに形作られて」おり，「それ自身の性質をもっている」という特徴があるからだと説明している点をおさえる。

4. 芸術作品は「素材なくしてはありえない」ものであるため，芸術の制作は「素材との対話」であるという筆者の考えをおさえる。素材との対話について，芸術家が素材に働きかけ，それに応答して素材が形を変えたり抵抗したりすることだと説明したあとで，素材との対話を通して作品を生み出すという芸術家の役割について言及している。

【答】1. イ　2. ウ

3. a. すでに形作られており，それ自身の性質をもっている(24字)(同意可)　b. 形作りを助

4. a. 素材への働　b. 素材の中か

3 【解き方】1. 坊主は「人の足音する」を聞いて，あわてている。また，そのとき坊主が，「児にかくして…食せん」としていたことをあわせておさえる。

2. 語頭以外の「は・ひ・ふ・へ・ほ」は「わ・い・う・え・お」にする。

3. この和歌は，かくした餅を児に見つけられてしまった坊主が，「今程の有様をおもしろく歌に詠みたらば」餅を振る舞おうと申し出たことを受けて，児が詠んだものである。和歌の中では，半分に分けられた餅を「かたわれ月」に見立て，餅をかくす畳のへりを月をかくすものに見立てている。

【答】1. ア　2. ふるまわん　3. a. 児　b. 餅　c. 雲

◀口語訳▶　児にかくれて坊主が餅を焼き，二つに分けて，両手に持って食べようとしている時に，人の足音が聞こえてきたので，畳の端を上げて，あわてて(持っていた餅の)半分をかくしたが，あっという間に児が見つけてしまった。坊主は，恥ずかしがりながら，「今の状況をおもしろく歌に詠むことができれば，餅を振る舞おう」と言うと，児は次のように詠んだ。

山寺の畳のへりは雲でありましょうか，半月を雲がかくすように，半月のような餅をそこにかくして

4 【解き方】2. 筆者は，兼好が「筆を執れば物書かれ」「心は必ず事に触れて来る」という，随筆が生まれるときの心身の働きを自覚していたと考えている。そして「その自覚から兼好は…書かれることになった」と，『徒然草』成立の経緯を推測している。

3.「多彩な内容…その変化を味わうのが，『徒然草』が与えてくれるえがたい楽しみである」と述べたあとで，「変化や多彩さばかりに心を奪われていては，貴重なものを見失ってしまうことになる」と，注意すべき点を

補足している。

4.『徒然草』について,「各段は…非連続の部分もあるようだが」とあるので,アの「各段は…すべてが連続していることから」は誤り。「作品の流れに身をゆだねて,変化や多彩さばかりに心を奪われていては,貴重なものを見失ってしまう」と述べているので,イの「その変化を味わうためには…沈潜することが大切である」は誤り。兼好の「真意」に近づくためには,兼好が「いわず語らずのうちに継受したもの,反発・批判していたもの」などを知ることが必要になると述べているのであって,エの「…自説を展開できたのはなぜかを知るためには」は誤り。

【答】1. イ

2. 衝動と行為についての自覚から,随筆という形でしか現せない真実がこの世にあると気づいた(42字)(同意可)

3. ア　4. ウ

大阪府公立高等学校
（特別入学者選抜）
（能勢分校選抜）（帰国生選抜）
（日本語指導が必要な生徒選抜）

2022年度
入学試験問題

※能勢分校選抜の検査教科は，数学Ｂ問題・英語Ｂ問題・社会・理科・国語Ｂ問題。帰国生選抜の検査教科は，数学Ｂ問題・英語Ｂ問題および面接。日本語指導が必要な生徒選抜の検査教科は，数学Ｂ問題・英語Ｂ問題および作文（国語Ｂ問題の末尾に掲載しています）。

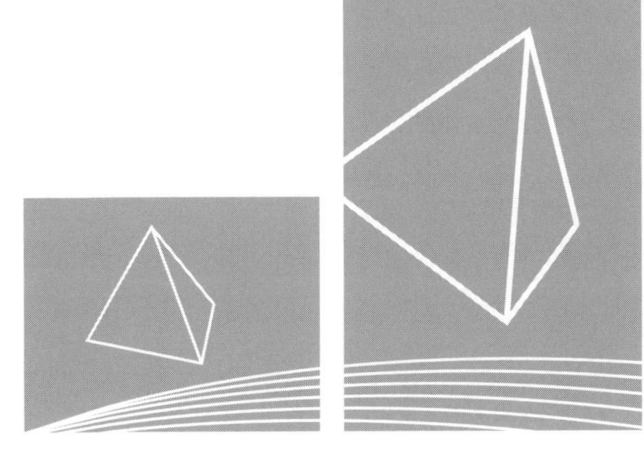
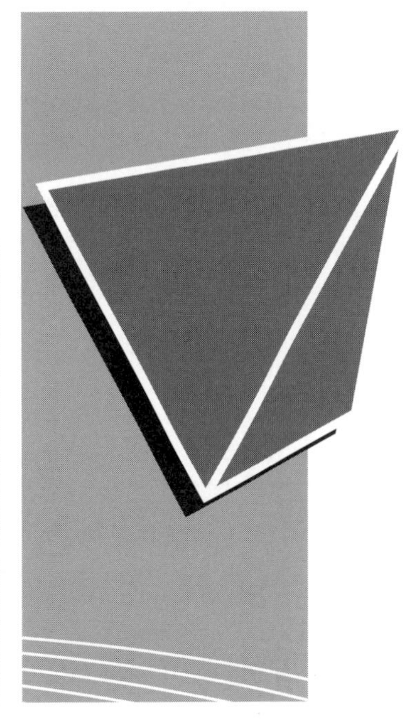

数学A問題

時間　40分　　満点　45点

1　次の計算をしなさい。

(1)　$7 \times (9 - 6)$　(　　　)

(2)　$\frac{2}{5} + \frac{1}{4}$　(　　　)

(3)　$-16 + 3^2$　(　　　)

(4)　$8x - 1 - 4(x + 2)$　(　　　)

(5)　$5x^2 \times 6x$　(　　　)

(6)　$2\sqrt{7} + 3\sqrt{7}$　(　　　)

2　次の問いに答えなさい。

(1)　23は，0.23を何倍した数ですか。(　　　倍)

(2)　$\frac{8}{3}$は，右の数直線上のア～エで示されている範囲のうち，どの範囲に入っていますか。一つ選び，記号を○で囲みなさい。(ア　イ　ウ　エ)

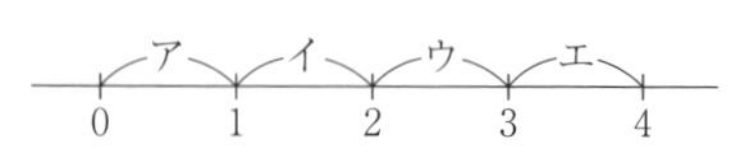

(3)　次のア～エのうち，$a + b$という式で表されるものはどれですか。一つ選び，記号を○で囲みなさい。(ア　イ　ウ　エ)

ア　縦の長さが$a$cm，横の長さが$b$cmである長方形の面積 (cm^2)

イ　amLのお茶をb人で同じ量に分けたときの一人当たりのお茶の量 (mL)

ウ　a枚のはがきのうちのb枚を使ったときの残りのはがきの枚数 (枚)

エ　重さがagの箱に重さがbgのコップを1個入れたときの全体の重さ (g)

(4)　一次方程式$7x + 8 = 5x + 4$を解きなさい。(　　　)

(5)　$(x + 1)(x + 3)$を展開しなさい。(　　　)

(6)　右の表は，テニス部員20人の反復横とびの記録をまとめたものである。テニス部員20人の反復横とびの記録の最頻値を求めなさい。

(　　　回)

反復横とびの記録(回)	部員の人数(人)
46	3
47	7
48	5
49	3
50	2
合計	20

(7)　奇数の書いてある5枚のカード 1，3，5，7，9 が箱に入っている。この箱から1枚のカードを取り出すとき，取り出したカードに書いてある数が4より小さい確率はいくらですか。どのカードが取り出されることも同様に確からしいものとして答えなさい。(　　　)

(8) 次のア～エのうち，関数 $y=-\dfrac{1}{2}x^2$ のグラフが示されているものはどれですか。一つ選び，記号を○で囲みなさい。(ア イ ウ エ)

ア

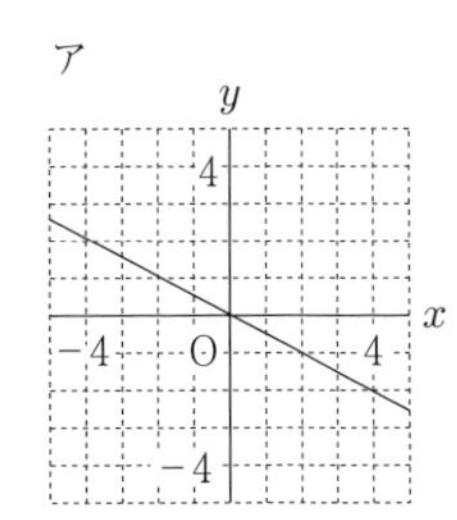

イ

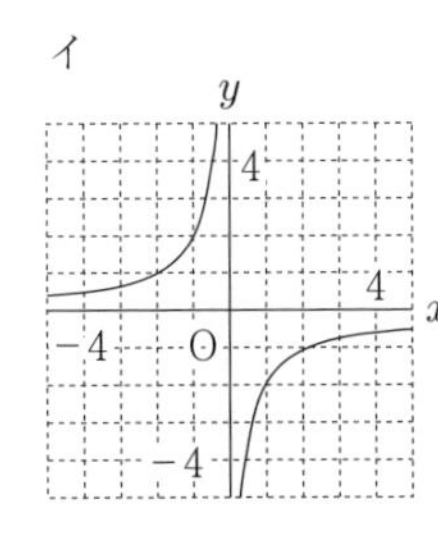

ウ

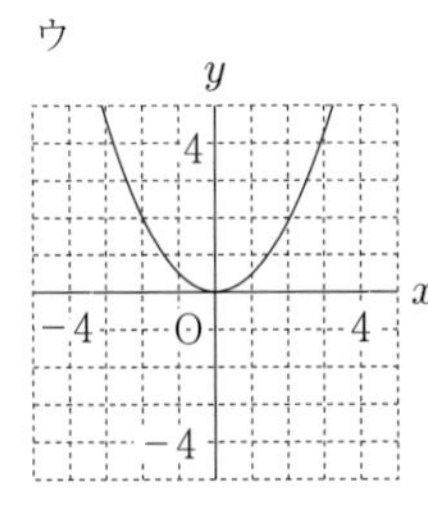

エ

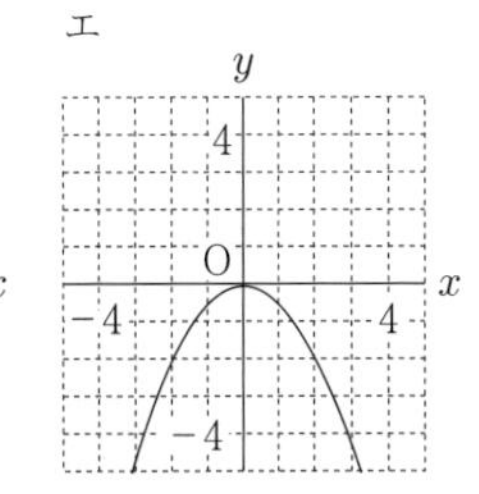

(9) 右図は，ある立体Pの展開図である。次のア～エのうち，立体Pの見取図として最も適しているものはどれですか。一つ選び，記号を○で囲みなさい。

(ア イ ウ エ)

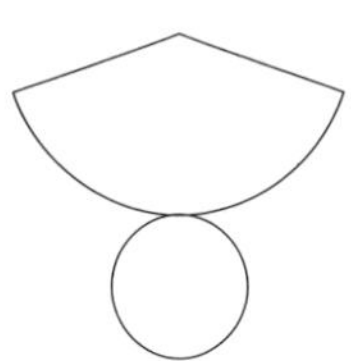

ア

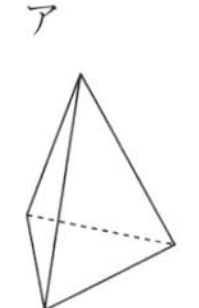

イ

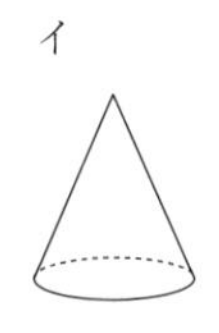

ウ

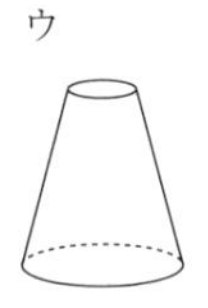

エ

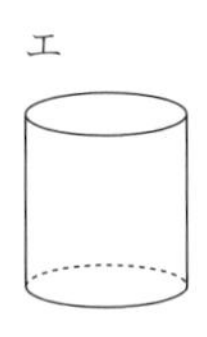

3　右の写真のように自転車が並んでいるようすに興味をもったEさんは，同じ大きさの自転車を等間隔で並べたときに必要となる駐輪スペースの幅について考えてみた。

図Ⅰは，車体の幅が60cmの自転車を10cm間隔で並べたときのようすを表す模式図である。「自転車の台数」が1のとき「必要となる駐輪スペースの幅」は60cmであるとし，「自転車の台数」が1増えるごとに「必要となる駐輪スペースの幅」は70cmずつ長くなるものとする。

次の問いに答えなさい。

図Ⅰ

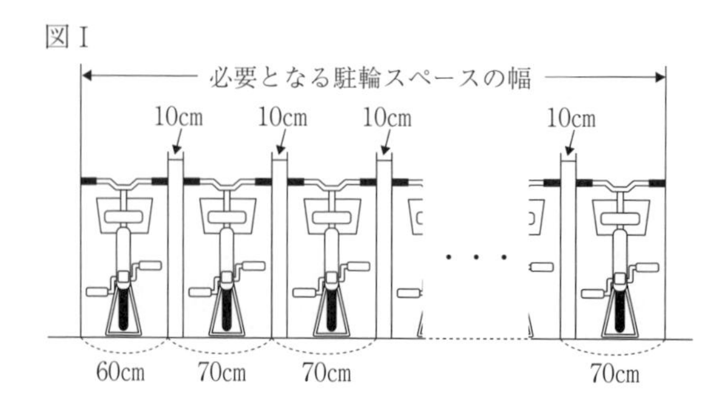

(1)　Eさんは，「自転車の台数」と「必要となる駐輪スペースの幅」との関係について考えることにした。「自転車の台数」がxのときの「必要となる駐輪スペースの幅」を$y$cmとする。

①　次の表は，xとyとの関係を示した表の一部である。表中の(ア)，(イ)に当てはまる数をそれぞれ書きなさい。(ア)(　　　)　(イ)(　　　)

x	1	2	3	…	6	…
y	60	130	(ア)	…	(イ)	…

②　xを自然数として，yをxの式で表しなさい。(　　　)

(2)　Eさんは，図Ⅰのように自転車を並べるものとして，必要となる駐輪スペースの幅が1950cmとなるときの自転車の台数を考えることにした。

「自転車の台数」をtとする。「必要となる駐輪スペースの幅」が1950cmとなるときのtの値を求めなさい。(　　　)

4 右図において，四角形ABCDは長方形であり，AB = 5cm，AD = 3cmである。AとCとを結ぶ。Eは，辺DC上にあってD，Cと異なる点である。AとEとを結ぶ。Fは，Dを通り線分AEに平行な直線と直線BCとの交点である。

次の問いに答えなさい。

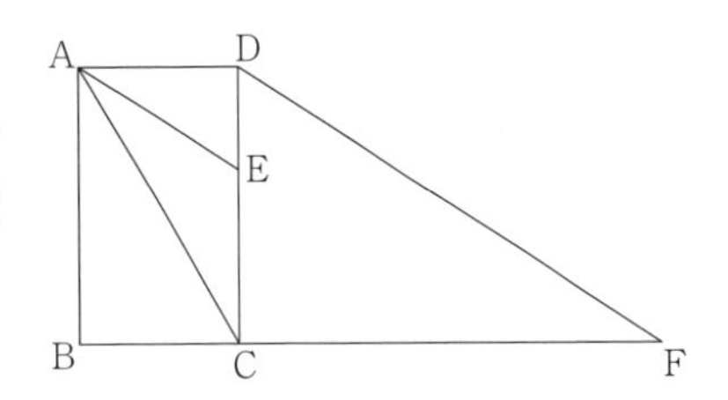

(1) 線分ACの長さを求めなさい。(　　　cm)

(2) 次は，△AED ∽△FDCであることの証明である。[ⓐ]・[ⓑ]に入れるのに適している**「角を表す文字」**をそれぞれ書きなさい。また，ⓒ〔　〕から適しているものを一つ選び，記号を○で囲みなさい。ⓐ(　　　)　ⓑ(　　　)　ⓒ(ア　イ　ウ)

(証明)

△AEDと△FDCにおいて

四角形ABCDは長方形だから

∠ADE = ∠[ⓐ] = 90°……㋐

AE∥DFであり，平行線の錯角は等しいから

∠AED = ∠[ⓑ]……㋑

㋐，㋑より，

ⓒ〔ア　1組の辺とその両端の角　　イ　2組の辺の比とその間の角　　ウ　2組の角〕

がそれぞれ等しいから

△AED ∽△FDC

(3) CF = 8cmであるときの線分ECの長さを求めなさい。答えを求める過程がわかるように，途中の式を含めた求め方も書くこと。

(求め方)(　　　　　　　　　　　　　　　　　　　　)(　　　cm)

数学B問題

時間　40分　　　　満点　45点

＊日本語指導が必要な生徒選抜の検査時間は50分

1　次の計算をしなさい。

(1)　$19 + 8 \times (-2)$　(　　　)

(2)　$10 - (-6)^2$　(　　　)

(3)　$7(2x + y) - 2(x + 4y)$　(　　　)

(4)　$45a^2b \div 3a$　(　　　)

(5)　$(x + 2)^2 - (x^2 - 9)$　(　　　)

(6)　$\sqrt{20} + \dfrac{5}{\sqrt{5}}$　(　　　)

2　次の問いに答えなさい。

(1)　－2.5より大きく1.3より小さい整数の個数を求めなさい。(　　　個)

(2)　nを整数とするとき，次のア～エの式のうち，その値がつねに偶数になるものはどれですか。一つ選び，記号を○で囲みなさい。(ア　イ　ウ　エ)

ア　$n + 1$　　イ　$2n + 1$　　ウ　$2n + 2$　　エ　$n^2 + 2$

(3)　連立方程式 $\begin{cases} x + 2y = 16 \\ 8x - y = 9 \end{cases}$ を解きなさい。(　　　　)

(4)　二次方程式 $x^2 + 3x - 54 = 0$ を解きなさい。(　　　)

(5)　5人の生徒が，反復横とびの記録の測定を2回ずつ行った。次の表は，5人の生徒の1回目と2回目の反復横とびの記録をそれぞれ示したものである。これらの反復横とびの記録において，5人の生徒の1回目の記録の平均値と2回目の記録の平均値とが同じであるとき，表中のxの値を求めなさい。(　　　)

	Aさん	Bさん	Cさん	Dさん	Eさん
1回目の反復横とびの記録(回)	46	55	48	51	57
2回目の反復横とびの記録(回)	49	56	52	47	x

(6)　2から7までの自然数が書いてある6枚のカード 2，3，4，5，6，7 が箱に入っている。この箱から2枚のカードを同時に取り出すとき，取り出した2枚のカードに書いてある数の積が12の倍数である確率はいくらですか。どのカードが取り出されることも同様に確からしいものとして答えなさい。(　　　)

(7) 右図において，立体 A—BCDE は四角すいであり，$\angle ABC = \angle ABE = 90°$ である。四角形 BCDE は 1 辺の長さが 3 cm の正方形であり，AE = 6 cm である。立体 A—BCDE の体積を求めなさい。(　　　　cm^3)

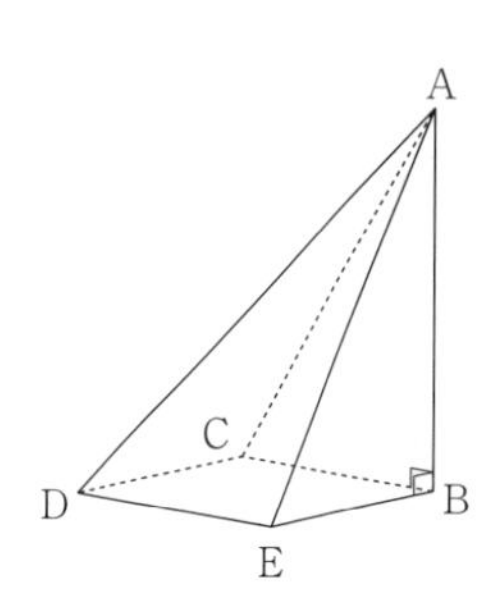

(8) 右図において，m は関数 $y = \frac{1}{4}x^2$ のグラフを表し，ℓ は関数 $y = \frac{3}{4}x + 2$ のグラフを表す。A は ℓ 上の点であり，その x 座標は 2 である。B は m 上の点であり，その x 座標は負である。B の x 座標を t とし，$t < 0$ とする。B の y 座標が A の y 座標と等しいときの t の値を求めなさい。答えを求める過程がわかるように，途中の式を含めた求め方も書くこと。

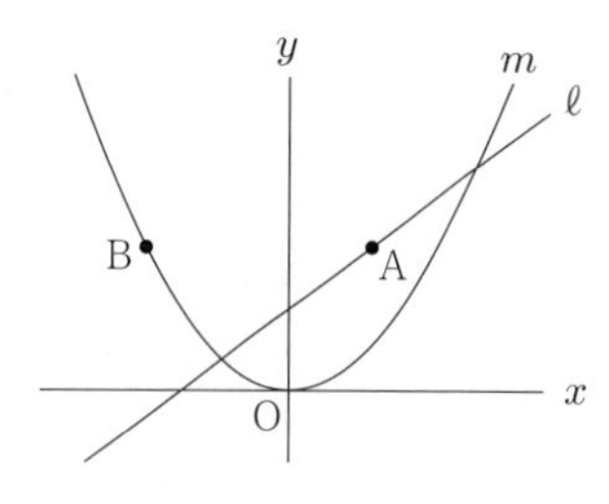

(求め方)(　　　　　　　　　　　　　　　　　　　　　　　　　　　　　　)　t の値(　　　　)

[3]　右の写真のように自転車が並んでいるようすに興味をもったEさんは，同じ大きさの自転車を等間隔で並べたときに必要となる駐輪スペースの幅について考えてみた。

図Ⅰは，車体の幅が60cmの自転車を10cm間隔で並べたときのようすを表す模式図である。図Ⅰにおいて，O，Pは直線ℓ上の点である。「OP間の自転車の台数」が1のとき「線分OPの長さ」は60cmであるとし，「OP間の自転車の台数」が1増えるごとに「線分OPの長さ」は70cmずつ長くなるものとする。

図Ⅱは，車体の幅が60cmの自転車を15cm間隔で並べたときのようすを表す模式図である。図Ⅱにおいて，Q，Rは直線m上の点である。「QR間の自転車の台数」が1のとき「線分QRの長さ」は60cmであるとし，「QR間の自転車の台数」が1増えるごとに「線分QRの長さ」は75cmずつ長くなるものとする。

次の問いに答えなさい。

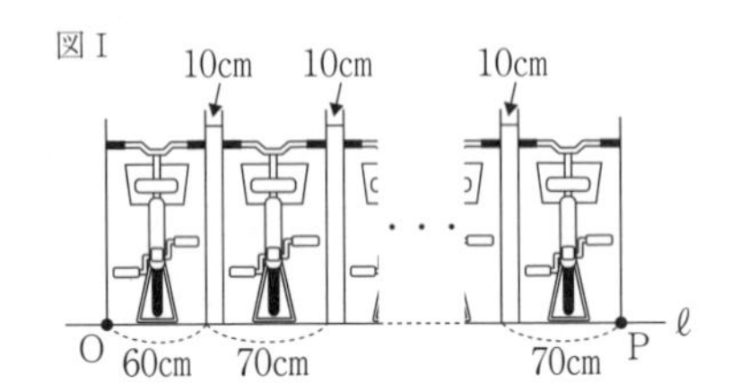

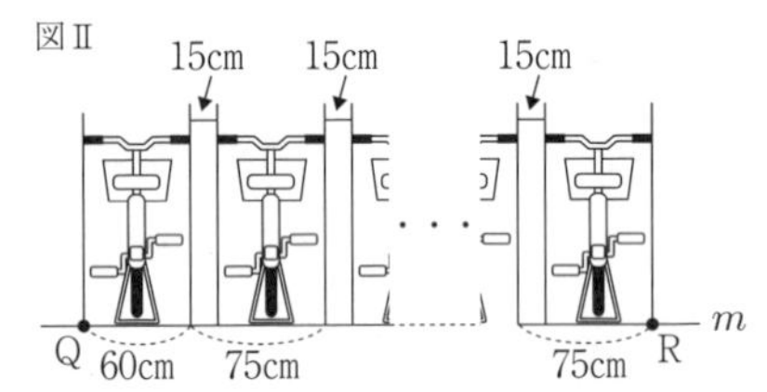

(1)　Eさんは，図Ⅰのように自転車を並べた場合について考えた。「OP間の自転車の台数」がxのときの「線分OPの長さ」を$y$cmとする。

①　次の表は，xとyとの関係を示した表の一部である。表中の(ア)，(イ)に当てはまる数をそれぞれ書きなさい。(ア)(　　　)　(イ)(　　　)

x	1	2	…	4	…	7	…
y	60	130	…	(ア)	…	(イ)	…

②　xを自然数として，yをxの式で表しなさい。(　　　)

③　$y = 1950$となるときのxの値を求めなさい。(　　　)

(2)　Eさんは，同じ台数の自転車を図Ⅰ，図Ⅱのようにそれぞれ並べたときに必要となる駐輪スペースの幅を比較した。

「OP間の自転車の台数」をtとする。「QR間の自転車の台数」は「OP間の自転車の台数」と等しく，「線分QRの長さ」が「線分OPの長さ」よりも80cm長くなるとき，tの値を求めなさい。(　　　)

4 図Ⅰ，図Ⅱにおいて，四角形ABCDはAD∥BCの台形であり，∠ADC = ∠DCB = 90°，BC = DC = 9 cm，AD < BCである。Eは，Dを通り辺ABに平行な直線と辺BCとの交点である。四角形FGBAは正方形であり，F，Gは直線ABについてCと反対側にある。Hは，Gを通り辺BCに平行な直線と辺ABとの交点である。

次の問いに答えなさい。

(1) 図Ⅰにおいて，

図Ⅰ

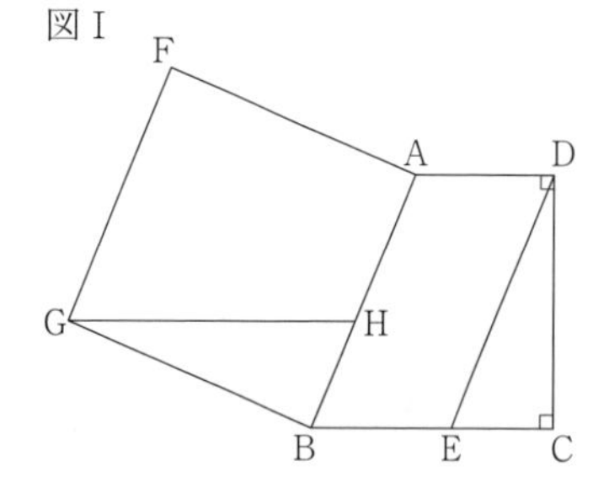

① AD = a cmとするとき，四角形ABEDの面積をaを用いて表しなさい。(　　　cm^2)

② △GBH ∽ △DCEであることを証明しなさい。

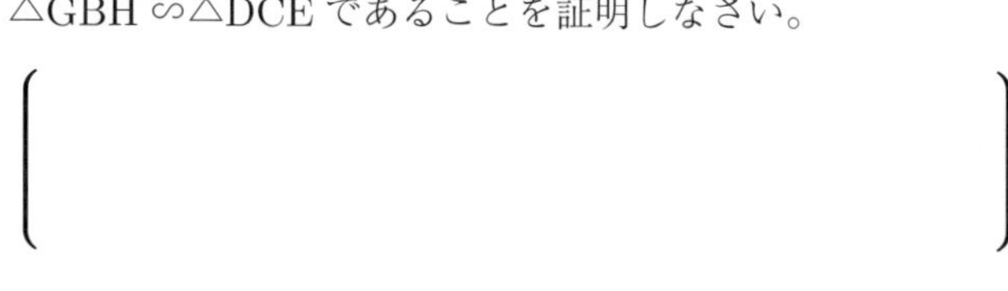

(2) 図Ⅱにおいて，AD = 6 cmである。GとDとを結ぶ。Iは，線分GDと線分AHとの交点である。

図Ⅱ

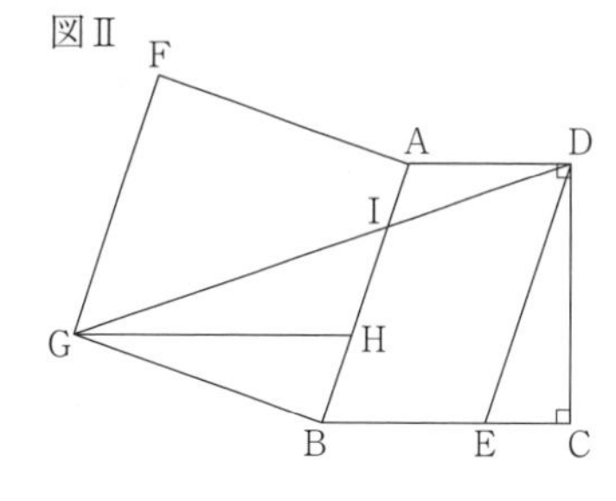

① 辺GBの長さを求めなさい。(　　　cm)

② 線分IHの長さを求めなさい。(　　　cm)

英語A問題

時間　40分　　　満点　45点(リスニング共)

(編集部注)「英語リスニング」の問題は「英語B問題」のあとに掲載しています。

(注)　答えの語数が指定されている問題は，コンマやピリオドなどの符号は語数に含めないこと。

1　次の(1)～(12)の日本語の文の内容と合うように，英文中の(　　)内のア～ウからそれぞれ最も適しているものを一つずつ選び，記号を○で囲みなさい。

(1)　私は歴史が好きです。(ア　イ　ウ)
I like (ア　history　イ　math　ウ　science).

(2)　私の町には大きな競技場があります。(ア　イ　ウ)
There is a big (ア　farm　イ　hotel　ウ　stadium) in my town.

(3)　2匹のねこがその木の下で眠っています。(ア　イ　ウ)
Two cats are sleeping (ア　on　イ　over　ウ　under) the tree.

(4)　彼女は私の大好きな歌手です。(ア　イ　ウ)
She is my (ア　favorite　イ　kind　ウ　large) singer.

(5)　私はそのコンサートで，このジャケットを着るつもりです。(ア　イ　ウ)
I will (ア　make　イ　wash　ウ　wear) this jacket at the concert.

(6)　私は先週，彼の友だちに会いました。(ア　イ　ウ)
I met (ア　he　イ　his　ウ　him) friend last week.

(7)　あなたは昨日，どこへ行きましたか。(ア　イ　ウ)
Where (ア　do　イ　did　ウ　were) you go yesterday?

(8)　なんと美しい眺めでしょう。(ア　イ　ウ)
(ア　How　イ　What　ウ　Which) a beautiful view!

(9)　この部屋の中で話をしてはいけません。(ア　イ　ウ)
Don't (ア　talk　イ　talked　ウ　talking) in this room.

(10)　私たちはこの店で買うべきものがたくさんあります。(ア　イ　ウ)
We have many things (ア　buy　イ　buying　ウ　to buy) at this store.

(11)　この魚は英語で何と呼ばれていますか。(ア　イ　ウ)
What is this fish (ア　called　イ　calling　ウ　to call) in English?

(12)　私は一度もこの野菜を食べたことがありません。(ア　イ　ウ)
I have never (ア　eat　イ　ate　ウ　eaten) this vegetable.

2 次の(1)～(4)の日本語の文の内容と合うものとして最も適しているものをそれぞれア～ウから一つずつ選び，記号を○で囲みなさい。

(1) このコンピュータはあのコンピュータよりも古いです。（ ア イ ウ ）

ア This computer is older than that one.

イ That computer is older than this one.

ウ This computer is as old as that one.

(2) ケンは私に，アンを手伝うように頼みました。（ ア イ ウ ）

ア I asked Ann to help Ken.

イ Ken asked me to help Ann.

ウ Ken asked Ann to help me.

(3) 私がおじを訪ねたとき，彼は台所で料理をしていました。（ ア イ ウ ）

ア When I visited my uncle, he was cooking in the kitchen.

イ When my uncle visited me, I was cooking in the kitchen.

ウ When I was cooking in the kitchen, my uncle visited me.

(4) これは私がホストファミリーに書いた手紙です。（ ア イ ウ ）

ア This is a letter I wrote to my host family.

イ This is a letter my host family wrote to me.

ウ This letter was written to me by my host family.

3 高校生の直子（Naoko）と留学生のティム（Tim）が，ポスターを見ながら会話をしています。ポスターの内容と合うように，次の会話文中の〔　　〕内のア～ウからそれぞれ最も適しているものを一つずつ選び，記号を○で囲みなさい。

①（ ア イ ウ ） ②（ ア イ ウ ） ③（ ア イ ウ ）

【ポスター】

市立美術館
高校生絵画コンテスト
2022

テーマ（描くもの）
季節の花々

応募締切
7月22日（金）
美術館事務所へ送ること。

作品展示期間
8/4（木）～8/14（日）
全作品が美術館に展示されます。
※毎週月曜日休館。

Naoko： Tim, look. The city museum will hold a picture contest for high school students. Are you interested in it?

Tim ： Yes, Naoko. I like drawing. What should I draw for the contest?

Naoko： Well, you should draw flowers of a ①〔ア country イ dream ウ season〕.

Tim ： Sounds fun. I'll do it.

Naoko： Then, you should send your picture to the ②〔ア garden イ office ウ shop〕 in the museum by July 22.

Tim ： OK. I think I can do it.

Naoko： Great. All pictures will be shown in the museum for ten days. Remember that the museum is closed every ③〔ア Sunday イ Monday ウ Thursday〕.

Tim ： Thank you, Naoko. I'm excited!

4　次の(1)～(4)の会話文の［　　］に入れるのに最も適しているものをそれぞれア～エから一つずつ選び，記号を○で囲みなさい。

(1)(ア　イ　ウ　エ)　(2)(ア　イ　ウ　エ)　(3)(ア　イ　ウ　エ)　(4)(ア　イ　ウ　エ)

(1) A： Shall I carry the books for you?

B： ［　　］ I'm OK.

ア Yes, it was.　イ Yes, you are.　ウ No, thank you.　エ No, I'm not.

(2) A： You play the piano very well.

B： Thank you.

A： How long have you played it?

B： ［　　］

ア At 4 p.m.　イ For 5 years.　ウ 8 years ago.　エ Next month.

(3) A： Happy birthday! This is a present for you.

B： Wow, this box looks wonderful. Can I open it?

A： Of course. ［　　］

B： I'm sure I will.

ア I am 15 years old.　イ I went to the party.　ウ I hope you'll like it.

エ I wish you were here.

(4) A： Oh, I left my red pen at home.

B： ［　　］

A： But you need it, too.

B： Don't worry, I always have two in my bag.

ア I have no pen.　イ I need the pen.　ウ Your pen is new.

エ You can use mine.

5 翔太(Shota)は日本の高校生です。次の［Ⅰ］，［Ⅱ］に答えなさい。

［Ⅰ］ 次は，翔太が英語の授業で行った鳩(はと)(pigeon)に関するスピーチの原稿です。彼が書いたこの原稿を読んで，あとの問いに答えなさい。

Hello, everyone. One day, I enjoyed [①] with my grandfather in the park. We saw some pigeons there. Then, my grandfather said, "Do you know pigeons are great?" I couldn't imagine any great points about them. So, I said, "[②] What do you mean?" My grandfather said, "Pigeons can do great things. You will find them if you look for information about pigeons." I was interested, so I went to a library and read some books.

a pigeon

I found two great points about pigeons. First, pigeons have a lot of energy to fly. They use it to take a long flight. They can fly about 100 kilometers. Next, from a very far place, pigeons can go back to their home. They can find Ⓐit without a map. Pigeons know where their home is. They have a special sense for finding their home. When I learned about these, I thought pigeons were great.

The next day, I told my grandfather about the two points. I said, "Pigeons don't have a map, but they can come home from a far place. That's amazing. Maybe, pigeons can do other great things." My grandfather smiled and said, "I agree. [③]" Thank you for listening.

(1) 次のうち，本文中の[①]に入れるのに最も適しているものはどれですか。一つ選び，記号を○で囲みなさい。(ア イ ウ)

ア walked　イ walking　ウ to walk

(2) 本文の内容から考えて，次のうち，本文中の[②]に入れるのに最も適しているものはどれですか。一つ選び，記号を○で囲みなさい。(ア イ ウ)

ア No, I don't.　イ No, you didn't.　ウ No, we aren't.

(3) 本文中のⒶitの表している内容に当たるものとして最も適しているひとつづきの**英語2語**を，本文中から抜き出して書きなさい。(　　　)

(4) 本文中の[③]が，「私たちが知らないたくさんのことがあります。」という内容になるように，次の〔　〕内の語を並べかえて解答欄の＿＿に英語を書き入れ，英文を完成させなさい。

There are a lot of ＿＿＿＿＿＿＿＿＿＿＿＿＿＿＿＿＿＿＿＿.

There are a lot of〔know　things　don't　we〕.

［Ⅱ］ スピーチのあとに，あなた(You)と翔太が次のような会話をするとします。あなたならば，どのような話をしますか。あとの条件1・2にしたがって，(①)，(②)に入る内容を，それぞれ**5語程度**の英語で書きなさい。解答の際には記入例にならって書くこと。

You　：I learned about pigeons. (　①　)

Shota：I think so, too. I bought a book about pigeons.

You　：Really? (　②　)

Shota：OK. It's at home now. I will bring it to school next time.

〈条件１〉 ①に，「私はそれらは興味深いと思います。」と伝える文を書くこと。

〈条件２〉 ②に，「私にその本を見せてください。」と頼む文を書くこと。

記入例

What	time	is	it ?
Well ,	it's	11	o'clock .

①＿＿＿ ＿＿＿ ＿＿＿ ＿＿＿ ＿＿＿ ＿＿＿ ＿＿＿ ＿＿＿

②＿＿＿ ＿＿＿ ＿＿＿ ＿＿＿ ＿＿＿ ＿＿＿ ＿＿＿ ＿＿＿

英語B問題

時間　40分　　満点　45点（リスニング共）

＊日本語指導が必要な生徒選抜の検査時間は50分

（編集部注）「**英語リスニング**」の問題はこの問題のあとに掲載しています。

（注）答えの語数が指定されている問題は，コンマやピリオドなどの符号は語数に含めないこと。

1　智也（Tomoya）は日本の高校生です。次の［Ⅰ］，［Ⅱ］に答えなさい。

［Ⅰ］智也は，次の文章の内容をもとに英語の授業でスピーチを行いました。文章の内容と合うように，下の英文中の〔　　〕内のア～ウからそれぞれ最も適しているものを一つずつ選び，記号を○で囲みなさい。

①（ア　イ　ウ）　②（ア　イ　ウ）　③（ア　イ　ウ）　④（ア　イ　ウ）
⑤（ア　イ　ウ）

こんにちは，みなさん。先月，私はアメリカ出身の友だちに誕生日プレゼントをあげました。私の前で，彼女は急いでそれを開けました。私はいつもゆっくり開けるので，彼女の開け方を見て少し驚きました。私は彼女になぜそんなに急いでそれを開けたのかたずねました。すると彼女は理由を説明してくれました。彼女は，そのプレゼントをもらってうれしくてわくわくしていたと言いました。彼女はそれを急いで開けることで彼女のうれしさを私にわかってもらいたかったのです。この経験を通して，私は，友だちと私とではプレゼントの開け方が異なるとわかりました。私は，それは興味深いと思います。あなたならどんなふうにプレゼントを開けますか。

Hello, everyone. Last month, I gave a birthday present to my friend ①〔ア what　イ who　ウ whose〕 is from America. ②〔ア Behind　イ In front of　ウ Without〕 me, she opened it quickly. I was a little surprised ③〔ア see　イ seen　ウ to see〕 her way of opening it because I always do it slowly. I asked her why she opened it so quickly. Then she explained the reason. She said she was happy and excited to get the present. She wanted ④〔ア me　イ me to　ウ to me〕 understand her happiness by opening it quickly. Through this experience, I understood that my friend and I had ⑤〔ア different　イ easy　ウ same〕 ways of opening presents. I think that is interesting. How do you open a present?

［Ⅱ］次は，オーストラリアからの留学生のナタリー（Natalie）と智也が，河野先生（Ms. Kono）と交わした会話の一部です。会話文を読んで，あとの問いに答えなさい。

Natalie　：Hi, Tomoya. I enjoyed your speech. I can understand your friend's feeling. I usually open a present quickly, too.

Tomoya　：Oh, ［　①　］ That's interesting, Natalie.

Natalie : Well, I have a question. When I gave a present to my host family, they took off the wrapping paper slowly. Do you know why they did so?

Tomoya : Well, I guess your host family thinks the wrapping paper is also a part of the present. Maybe, you chose their favorite color for the paper. Presents are prepared with a lot of care, so I think they wanted to be careful to enjoy the paper, too.

Natalie : That's a nice way of thinking. Next time, I'll open a present like them.

Ms. Kono : Hello, Natalie and Tomoya. What are you talking about?

Natalie : Hello, Ms. Kono. We are talking about the feelings we have when we receive presents.

Ms. Kono : Oh, I enjoyed your speech, Tomoya. I think showing and understanding feelings are important. I usually send presents with some messages. [ア]

Tomoya : Me, too. [イ] I write a short message on a small card when I send a present.

Natalie : Oh, really? [ウ] People who get the card say they are happy with it.

Tomoya : I think I've never sent such a card. Please tell us more.

Natalie : OK. [エ] We give or send a card to family and friends when we celebrate some events, for example, a birthday or the new year.

Tomoya : I see. [②]

Natalie : No, a little different. Like postcards, some cards have various pictures. But the cards I usually use are folded in two. They are as big as postcards when they are folded in two. And, the card is usually in an envelope.

some cards and an envelope

Ms. Kono : Oh, I received a card like that. When I opened the envelope, I was excited. The feeling was the same one I had when I opened a present.

Natalie : I know we can exchange messages easily by e-mail, but I feel it is special to receive a card. Maybe, this feeling comes because I know that the person spent time for preparing it.

Tomoya : It's a nice idea. I want to send cards.

Natalie : You can buy cards at shops or make cards by yourself. If you want to write messages, just a few words are OK. Thinking about the person who receives a card is the most important point.

Tomoya : I see. Sending a card means a lot. Just a card can be a gift. That's interesting.

Ms. Kono : I agree. Any present or any card can be a wonderful gift if it is prepared carefully.

Tomoya : I understand. I feel that sending and receiving gifts are good ways to connect with each other.

Natalie　：　That's true. In various ways, we'll be happy that our feelings can reach the person through giving gifts. That's wonderful.

(注)　wrapping paper　包装紙　　folded in two　二つに折られた　　envelope　封筒

(1)　本文の内容から考えて，次のうち，本文中の[①]に入れるのに最も適しているものはどれですか。一つ選び，記号を○で囲みなさい。(ア　イ　ウ　エ)

ア　sorry.　　イ　please.　　ウ　yes, let's.　　エ　you, too?

(2)　本文中には次の英文が入ります。本文中の[ア]～[エ]から，入る場所として最も適しているものを一つ選び，ア～エの記号を○で囲みなさい。(ア　イ　ウ　エ)

I also do that, but I sometimes send only a card.

(3)　本文の内容から考えて，次のうち，本文中の[②]に入れるのに最も適しているものはどれですか。一つ選び，記号を○で囲みなさい。(ア　イ　ウ　エ)

ア　Have they sent cards?

イ　Do your friends like it?

ウ　You mean postcards, right?

エ　Did they celebrate the events, too?

(4)　次のうち，本文で述べられている内容と合うものはどれですか。一つ選び，記号を○で囲みなさい。(ア　イ　ウ　エ)

ア　Tomoya thinks Natalie's host family took off the wrapping paper slowly to enjoy it.

イ　Natalie explains that the size of cards folded in two is not equal to the size of postcards.

ウ　Ms. Kono's feeling from opening the envelope and her feeling from opening a present were different.

エ　Receiving a card is special for Natalie because it is quick to exchange messages by a card.

(5)　本文の内容と合うように，次の問いに対する答えをそれぞれ英語で書きなさい。ただし，①は**3**語，②は**6**語の英語で書くこと。

①　Did both Natalie and Ms. Kono enjoy Tomoya's speech? (　　　　　)

②　What can any present or any card be if it is prepared carefully?

(　　　　　　　　　　　　)

2　高校生の咲子（Sakiko）が英語の授業でスピーチを行いました。次の［Ⅰ］，［Ⅱ］に答えなさい。

［Ⅰ］　次は，咲子が行ったスピーチの原稿です。彼女が書いたこの原稿を読んで，あとの問いに答えなさい。

Hello, everyone. Last month, I visited my grandfather's house. He ［ ① ］ me an old piece of paper. On the paper, information about his mother's grades at school and health condition was written. According to it, she was 5 *shaku* tall. I couldn't understand what "*shaku*" meant, so I asked my grandfather about it. He told me that *shaku* was one of the units people in the past used, and 1 *shaku* was about 30.3 centimeters in length. I wanted to know more about the units people in the past used, so I went to a library. I learned some interesting things on units. I am going to tell you about Ⓐ them.

In the old days, there was no common unit shared around the world to express length. Various units were used in the world. People in different areas used different units. For example, in Japan, people used *shaku*. In some areas of Europe, people used a unit called "cubit." From these examples, we can say that in the old days, ［ ② ］. If we compare the length of 1 *shaku* and the length of 1 cubit, they are not the same length.

In the 15th century, many people started to go overseas. When they communicated with people in other areas, they were very confused. ［ ③ ］ During the 18th century, international trade became more popular and people exchanged things all over the world. So, a common unit which could be used by people around the world was needed.

Some scientists started trying to make a new unit. To do it, they decided to use the size of the earth. They thought the earth was something common for everyone in the world and they believed the size of the earth would never change. ［ ④ ］ Then, by using it, a new unit called "meter" was finally made. Although the new unit was made, many people kept using their own units. However, on May 20 in 1875, at an international meeting held in France, 17 countries agreed to use the new unit. Japan accepted it in 1885. Several years later, some people in Japan started to use the meter. People in many countries used it in their lives, and this new unit made people's lives convenient.

I think making common units is great work. It changed people's lives very much. If we didn't have common units, our lives ［ ⑤ ］. I never knew that the meter was made by using the size of the earth. Through learning about units, I have found that everything in the world has an interesting history. Thank you.

（注）*shaku*　尺（長さの単位，複数形も *shaku*）　unit　単位　length　長さ
common　共通の　cubit　キュービット（長さの単位）　trade　貿易

(1)　次のうち，本文中の［ ① ］に入れるのに最も適しているものはどれですか。一つ選び，記号を○で囲みなさい。（ア　イ　ウ　エ）

ア　looked　イ　saw　ウ　showed　エ　watched

(2)　本文中のⒶ themの表している内容に当たるものとして最も適しているひとつづきの**英語5**

語を，本文中から抜き出して書きなさい。（　　　　　　　　　　）

(3) 本文中の ② に入れるのに最も適しているものはどれですか。一つ選び，記号を○で囲みなさい。（ア　イ　ウ　エ）

ア　people in each area in the world used their own unit to express length

イ　people around the world were able to express length with the shared common unit

ウ　*shaku* was used as a common unit to express length around the world

エ　the cubit was the unit which was not used in any areas of Europe to express length

(4) 本文中の ③ が，「彼らが理解できなかったたくさんの種類の単位がありました。」という内容になるように，次の〔　〕内の語を並べかえて解答欄の＿＿に英語を書き入れ，英文を完成させなさい。

There were many kinds of ＿＿＿＿＿＿＿＿＿＿＿＿＿＿＿＿ understand.

There were many kinds of〔couldn't　that　they　units〕understand.

(5) 本文中の ④ に，次の(i)～(iii)の英文を適切な順序に並べかえ，前後と意味がつながる内容となるようにして入れたい。あとのア～エのうち，英文の順序として最も適しているものはどれですか。一つ選び，記号を○で囲みなさい。（ア　イ　ウ　エ）

(i) It took several years to complete that work, and they could know the size of the earth.

(ii) But, at that time, no one knew its exact size.

(iii) So, they tried to know the size of the earth by using a map and a machine.

ア (i)→(ii)→(iii)　イ (i)→(iii)→(ii)　ウ (ii)→(i)→(iii)　エ (ii)→(iii)→(i)

(6) 本文中の 'If we didn't have common units, our lives ⑤ .' が，「もし私たちが共通の単位をもっていなければ，私たちの生活はもっと困難でしょうに。」という内容になるように，解答欄の＿＿に**英語 4 語**を書き入れ，英文を完成させなさい。

If we didn't have common units, our lives ＿＿＿＿＿＿＿＿＿＿＿＿＿＿＿＿.

(7) 次のうち，本文で述べられている内容と合うものはどれですか。一つ選び，記号を○で囲みなさい。（ア　イ　ウ　エ）

ア　Sakiko went to her school to learn about her grandfather's health condition.

イ　The meter was made by using the size of something common for everyone in the world.

ウ　International trade in the 18th century didn't have any influences on people's need for a common unit.

エ　Before learning about units, Sakiko knew that the meter was made in Japan in 1885.

［Ⅱ］ スピーチのあとに，あなた（You）と咲子が，次のような会話をするとします。あなたならば，どのような話をしますか。あとの条件 1・2 にしたがって，（ ① ），（ ② ）に入る内容をそれぞれ英語で書きなさい。解答の際には記入例にならって書くこと。文の数はいくつでもよい。

You　：Sakiko, your speech was interesting.（　①　）

Sakiko：Thank you. There are other things that are different in each area in the world. For example, languages.

You　：That's right. We use our own language every day, but we can also study other languages.

Sakiko：　Yes. We study English at school. Do you want to study other languages in the future?

You　：　(②)

Sakiko：　I see.

〈条件1〉　①に，「私はスピーチの中で紹介されたその二つの単位を知りませんでした。」と伝える文を，**10 語程度**の英語で書くこと。

〈条件2〉　②に，解答欄の［　　］内の，Yes, I do.または No, I don't.のどちらかを○で囲み，そう考える理由を **20 語程度**の英語で書くこと。

記入例

When　is　your　birthday ?

Well ,　it's　April　11 .

①

②［ Yes, I do.　No, I don't. ］

英語リスニング

時間　15分

＊日本語指導が必要な生徒選抜の検査時間は 20 分

（編集部注） 放送原稿は問題のあとに掲載しています。

音声の再生についてはもくじをご覧ください。

回　リスニングテスト

1　ジョンと由美との会話を聞いて，由美のことばに続くと考えられるジョンのことばとして，次のア～エのうち最も適しているものを一つ選び，解答欄の記号を○で囲みなさい。

（ア　イ　ウ　エ）

ア　Yes, he did.　　イ　No, I didn't.　　ウ　A black shirt.　　エ　At the station.

2　二人の会話を聞いて，二人が会話をしている場面として，次のア～エのうち最も適していると考えられるものを一つ選び，解答欄の記号を○で囲みなさい。（ア　イ　ウ　エ）

3　優子とジムとの会話を聞いて，二人が映画館で待ち合わせをする時刻として，次のア～エのうち最も適していると考えられるものを一つ選び，解答欄の記号を○で囲みなさい。

（ア　イ　ウ　エ）

4　グリーン先生が，最初の英語の授業で生徒に話をしています。その話を聞いて，それに続く二つの質問に対する答えとして最も適しているものを，それぞれア～エから一つずつ選び，解答欄の記号を○で囲みなさい。(1)（ア　イ　ウ　エ）(2)（ア　イ　ウ　エ）

(1)　ア　In Japan.　　イ　In China.　　ウ　In America.　　エ　In Australia.

(2)　ア　Study about children.　　イ　Take notes.　　ウ　Do research.

エ　Ask questions.

5　ロブとホストファミリーの真理子との会話を聞いて，それに続く二つの質問に対する答えとして最も適しているものを，それぞれア～エから一つずつ選び，解答欄の記号を○で囲みなさい。

(1)（ア　イ　ウ　エ）(2)（ア　イ　ウ　エ）

(1)　ア　Because Mariko wanted to relax.

イ　Because Rob wanted to go to the library.

ウ　Because Rob likes listening to music.

エ　Because it will be sunny in the morning.

(2)　ア　A lunch.　　イ　A guitar.　　ウ　Books.　　エ　Umbrellas.

6　エミリーと拓也が学校の教室で会話をしています。二人の会話を聞いて，会話の中で述べられている内容と合うものを，次のア～エから一つ選び，解答欄の記号を○で囲みなさい。

（ア　イ　ウ　エ）

ア　Takuya said “I’m sorry,” because he couldn’t move the desks and chairs.

イ　Takuya said “I’m sorry,” because he walked on Emily’s bag.

ウ　Emily said “I’m sorry,” because she put a desk on Takuya’s foot.

エ　Emily said “I’m sorry,” because she couldn’t move the desks and chairs alone.

〈放送原稿〉

2022年度大阪府公立高等学校特別入学者選抜，能勢分校選抜，帰国生選抜，日本語指導が必要な生徒選抜英語リスニングテストを行います。

テスト問題は1から6まであります。英文はすべて2回ずつ繰り返して読みます。放送を聞きながらメモを取ってもかまいません。

それでは問題1です。ジョンと由美との会話を聞いて，由美のことばに続くと考えられるジョンのことばとして，次のア・イ・ウ・エのうち最も適しているものを一つ選び，解答欄の記号を○で囲みなさい。では始めます。

John： Yumi, I saw a famous baseball player yesterday. He was so cool!

Yumi： Really? You were lucky, John. Where did you see him?

繰り返します。(繰り返す)

問題2です。二人の会話を聞いて，二人が会話をしている場面として，次のア・イ・ウ・エのうち最も適していると考えられるものを一つ選び，解答欄の記号を○で囲みなさい。では始めます。

Clerk ： Excuse me. May I take your order?

Woman： Oh, please wait, I'm thinking... What is today's special menu?

Clerk ： Chocolate cake. It is delicious.

Woman： Sounds good. Then, I'll have the cake with tea, please.

繰り返します。(繰り返す)

問題3です。優子とジムとの会話を聞いて，二人が映画館で待ち合わせをする時刻として，次のア・イ・ウ・エのうち最も適していると考えられるものを一つ選び，解答欄の記号を○で囲みなさい。では始めます。

Yuko： Jim, we are going to watch a movie at the theater today. I'm excited.

Jim ： Me, too, Yuko. What time will the movie start?

Yuko： It will start at 3:50. Let's meet 20 minutes before the movie.

Jim ： Sounds good. I'll wait for you at the theater.

Yuko： OK. I'll see you there.

繰り返します。(繰り返す)

問題4です。グリーン先生が，最初の英語の授業で生徒に話をしています。その話を聞いて，それに続く二つの質問に対する答えとして最も適しているものを，それぞれア・イ・ウ・エから一つずつ選び，解答欄の記号を○で囲みなさい。では始めます。

Hello, everyone. Nice to meet you. My name is Green. Please call me Mr. Green. I have been teaching children in Japan for two years. Before that, I was working in China.

I was born in America. When I was a child, I had a friend who spoke three languages. So, when I was a college student in Australia, I studied how children learned languages. I also studied what was important to learn foreign languages. I did a lot of research and found some interesting facts.

Now, I'll give some useful advice for studying English. And, I'll ask you some questions about my advice, so you should take notes when you are listening to me.

Question (1): Where was Mr. Green born?

Question (2): What should students do when they are listening to Mr. Green?

繰り返します。(話と質問を繰り返す)

問題5です。ロブとホストファミリーの真理子との会話を聞いて，それに続く二つの質問に対する答えとして最も適しているものを，それぞれア・イ・ウ・エから一つずつ選び，解答欄の記号を○で囲みなさい。では始めます。

Rob　: Mariko, do you remember our plan for next Sunday?

Mariko: Of course, Rob. I heard it would be rainy, so we'll go to the library and read books, right? I'll take my new umbrella. I think we can relax and enjoy reading books.

Rob　: Well, now the TV news says we don't need umbrellas because it will be sunny on Sunday morning.

Mariko: Oh, really? Then, that's good for going out. What do you think, Rob?

Rob　: I think so, too. We can go to the library next time. How about going to the park?

Mariko: That's a good idea. What do you want to do there?

Rob　: Well, I want to have lunch there. I'll make a lunch and take it. Let's eat it together.

Mariko: You are kind. Thank you, Rob. Then, I'll take my guitar to the park. I'll play it for you.

Rob　: Really? That sounds great, Mariko.

Mariko: I can't wait for Sunday. Let's enjoy music with a wonderful lunch.

Question (1): Why did Mariko and Rob change their plan for Sunday?

Question (2): What will Rob take to the park?

繰り返します。(会話と質問を繰り返す)

問題6です。エミリーと拓也が学校の教室で会話をしています。二人の会話を聞いて，会話の中で述べられている内容と合うものを，次のア・イ・ウ・エから一つ選び，解答欄の記号を○で囲みなさい。では始めます。

Emily　: Takuya, can you come here and help me?

Takuya: OK, Emily. What can I do for you?

Emily　: Well, I want to move these desks and chairs. You know we'll practice a dance here in the drama club, so we need to make space for it.

Takuya: I see. Then, I'll move these desks first. Where do you want me to put them?

Emily　: Thank you, Takuya. To the corner of this room, please.

Takuya: OK. ...Oh, these are quite heavy.

Emily　: Please be careful... Oh, don't walk on that! It's my bag!

Takuya: A bag? Oh, I didn't notice my foot was on it. I'm sorry, Emily. I couldn't see it.

Emily　: It's OK, Takuya. I'm sorry, too. It happened because I didn't put my bag on the desk.

Takuya： Thank you for saying so. Well, there are still many desks and chairs. I'll look for other members who can help us.

繰り返します。（繰り返す）

これで，英語リスニングテストを終わります。

社会

時間　40分　　　　満点　45点

1　右の地図は，中心（東京）からの距離と方位が正しくなるように描かれた地図である。この地図では，中心から見て，上が北である。次の問いに答えなさい。

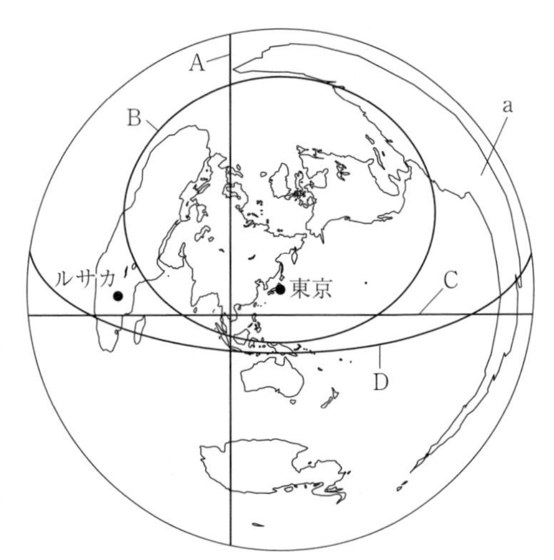

(1)　地図中には，六つの大陸と多くの島々が描かれており，地図中のルサカはザンビアの首都である。

①　地図中において，東京から見てルサカはおよそどの方位に位置するか。次のア～エから一つ選び，記号を○で囲みなさい。（ア　イ　ウ　エ）
ア　東　　イ　西　　ウ　南　　エ　北

②　ザンビアは内陸国である。内陸国とは国土が全く海に面していない国のことである。次のア～エのうち，内陸国はどれか。一つ選び，記号を○で囲みなさい。（ア　イ　ウ　エ）
ア　カナダ　　イ　トルコ　　ウ　モンゴル　　エ　オーストラリア

③　ザンビアには，1989年に世界遺産に登録されたビクトリアの滝がある。次の文は，世界遺産にかかわることがらについて述べたものである。文中の［X］に当てはまる語を**カタカナ4字**で書きなさい。（　　　）

世界遺産は人類共通の財産であり，その保護は世界のすべての人々にとって重要である。世界遺産の保護を行う機関の一つに［X］と呼ばれる国連教育科学文化機関があり，世界遺産は1972（昭和47）年の［X］総会で採択された世界遺産条約と呼ばれる条約にもとづいて国際的に保護されている。

(2)　赤道は，地球上の緯度0度線上のことをいう。

①　地図中のA～Dのうち，赤道を示したものとして最も適しているものはどれか。一つ選び，記号を○で囲みなさい。（A　B　C　D）

②　赤道付近では，熱帯の気候に応じた農産物が栽培されている地域がある。図Ⅰは，2019年における，ある農産物の生産量の多い上位3か国を示したものである。この農産物に当たるものを，次のア～エから一つ選び，記号を○で囲みなさい。（ア　イ　ウ　エ）

図Ⅰ

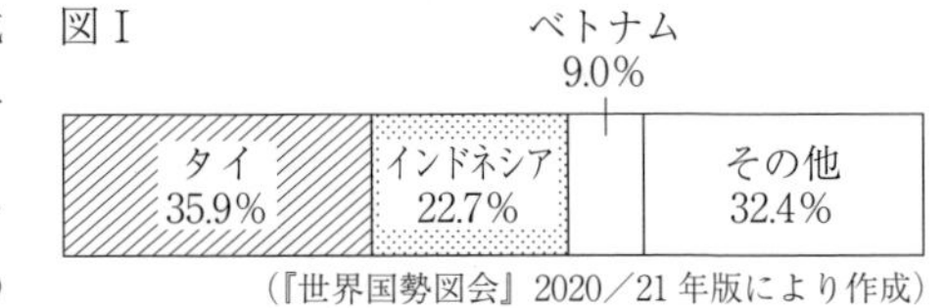

（『世界国勢図会』2020／21年版により作成）

ア　天然ゴム　　イ　カカオ豆　　ウ　バナナ　　エ　茶

(3)　地図中のaは，六つの大陸のうちの一つを示している。aにある河川名と山脈名との組み合わせとして正しいものを，次のア～エから一つ選び，記号を○で囲みなさい。（ア　イ　ウ　エ）
ア　ボルガ川—ウラル山脈　　　イ　インダス川—ヒマラヤ山脈
ウ　ラプラタ川—アンデス山脈　　エ　ミシシッピ川—アパラチア山脈

(4) 次の文は，アメリカ合衆国の都市であるサンフランシスコの位置について述べたものである。文中のⓐ〔　〕，ⓑ〔　〕から適切なものをそれぞれ一つずつ選び，記号を○で囲みなさい。

ⓐ(ア　イ)　ⓑ(ウ　エ)

サンフランシスコは，ⓐ〔ア　太平洋　　イ　大西洋〕に面している都市である。地図を使って考えると，東京からルサカまでの距離よりも東京からサンフランシスコまでの距離の方がⓑ〔ウ　短い　　エ　長い〕ことが分かる。

2　Uさんは，わが国で使用された四つの貨幣とそれらが使用された当時の社会や経済活動について調べた。次は，Uさんが調べた内容をまとめたものである。あとの問いに答えなさい。

㋐和同開珎	永楽通宝	㋓慶長小判	10円金貨
708年に発行が始まった銅銭。都には東市と西市がおかれ，全国から運びこまれた地方の特産物が売買された。	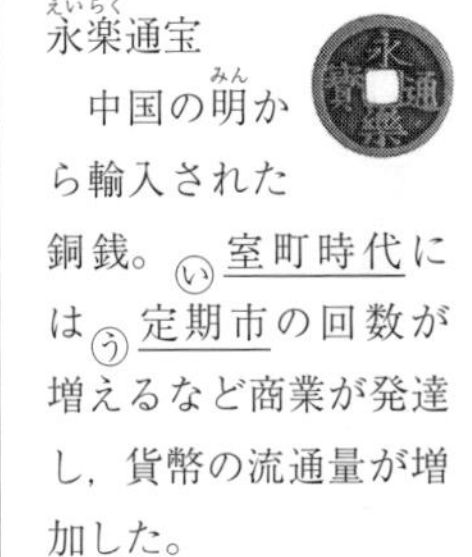 中国の明から輸入された銅銭。㋑室町時代には㋒定期市の回数が増えるなど商業が発達し，貨幣の流通量が増加した。	㋔江戸幕府が発行した最初の金貨。幕府はオランダ，中国と貿易を行い，日本からは銀や銅，海産物などが輸出された。	1871（明治4）年に明治政府が発行した金貨。円・銭・厘を単位とする㋕貨幣制度が定められ，殖産興業政策がすすめられた。

(1)　㋐和同開珎は，中国の王朝が発行した貨幣にならって，朝廷が発行した貨幣である。次のア～エのうち，わが国で和同開珎の発行が始まったころの中国の王朝名はどれか。一つ選び，記号を○で囲みなさい。(ア　イ　ウ　エ)

ア　唐　　イ　宋　　ウ　元　　エ　漢

(2)　㋑室町時代，農村では農民たちが自治的な組織をつくり，年貢をまとめて領主に納めたり，寄合を開いて村のきまりを定めたりした。農民たちがつくったこの自治的な組織は何と呼ばれているか。**漢字1字**で書きなさい。(　　　)

(3)　㋒定期市では，特産物や工芸品などのさまざまな商品が売買された。次の文は，室町時代の商業にかかわることがらについて述べたものである。あとのア～エのうち，文中の［X］，［Y］に当てはまる語の組み合わせとして最も適しているものはどれか。一つ選び，記号を○で囲みなさい。(ア　イ　ウ　エ)

室町時代には，金融業者の活動がさかんになり，［X］と呼ばれる質屋の他，酒屋がお金の貸し付けを行った。また，遠隔地との取り引きが活発になり，陸上では，［Y］と呼ばれる運送業者が年貢米などのさまざまな物資を運んだ。

ア　X　土倉　　Y　座　　イ　X　土倉　　Y　馬借　　ウ　X　問（問丸）　　Y　座

エ　X　問（問丸）　　Y　馬借

(4)　㋓慶長小判の発行を命じた人物で，江戸幕府を開いた初代将軍はだれか。人名を書きなさい。

(　　　)

(5)　㋔江戸幕府は，財政の悪化や社会の変動に対応するため，さまざまな改革を行った。

①　18世紀後半，財政再建を図る田沼意次は，商工業者が同業者どうしでつくる株仲間の結成を奨励した。次の文は，田沼意次が株仲間の結成を奨励した理由について述べたものである。文中の(　　)に入れるのに適している内容を，「独占」「税」の**2語**を用いて簡潔に書きなさい。

(　　　　　　　　　　　　　　　　　　　　)

株仲間に(　　　　　)ことによって，幕府の収入が増加すると考えたから。

②　19世紀中ごろ，アメリカ合衆国の総領事が下田に着任し，貿易の自由化を求めた。1858年に江戸幕府がアメリカ合衆国と結んだ条約で，函館・神奈川（横浜）・長崎・新潟・兵庫（神戸）の5港の開港や両国の自由な貿易などを認めた条約は何と呼ばれているか。**漢字8字**で書きな

さい。(　　　)

(6) ㋕貨幣制度の確立は，近代化をすすめる明治政府にとって重要な政策の一つであった。次の(ⅰ)～(ⅲ)は，明治時代にわが国で起こったできごとについて述べた文である。(ⅰ)～(ⅲ)をできごとが起こった順に並べかえると，どのような順序になるか。あとのア～カから正しいものを一つ選び，記号を○で囲みなさい。(ア　イ　ウ　エ　オ　カ)

(ⅰ) 内閣制度が創設され，伊藤博文(いとうひろぶみ)が初代の内閣総理大臣に就任した。

(ⅱ) 第1回衆議院議員総選挙が実施され，第1回帝国議会が開かれた。

(ⅲ) 藩を廃して新たに府や県を置く廃藩置県が行われた。

ア (ⅰ)→(ⅱ)→(ⅲ)　イ (ⅰ)→(ⅲ)→(ⅱ)　ウ (ⅱ)→(ⅰ)→(ⅲ)　エ (ⅱ)→(ⅲ)→(ⅰ)

オ (ⅲ)→(ⅰ)→(ⅱ)　カ (ⅲ)→(ⅱ)→(ⅰ)

3 次の問いに答えなさい。

(1) 日本国憲法には，基本的人権の規定とそれを保障する政治のしくみなどが記されている。

① 次のア～エのうち，日本国憲法で保障されている社会権について述べたものとして最も適しているものはどれか。一つ選び，記号を○で囲みなさい。(ア イ ウ エ)

ア 学問の自由は，これを保障する。

イ 信条や性別などによって差別されない。

ウ 能力に応じてひとしく教育を受ける権利を有する。

エ 集会，結社及び言論，出版その他一切の表現の自由は，これを保障する。

② 国会を構成する衆議院と参議院には，選挙制度や任期などにおいて違いが設けられている。次のア～エのうち，衆議院について述べた文はどれか。**二つ**選び，記号を○で囲みなさい。

(ア イ ウ エ)

ア 選挙は，小選挙区比例代表並立制で行われる。

イ 被選挙権は，30歳（満30歳）以上である。

ウ 任期は6年であり，3年ごとに議員定数（議員数）の半数が改選される。

エ 任期の途中で解散されることがある。

③ 次の文は，わが国の内閣について述べたものである。文中の［ A ］に当てはまる語を書きなさい。(　　　)

内閣は，内閣総理大臣及びその他の国務大臣によって組織され，行政の運営について政府の方針などを［ A ］と呼ばれる会議において全会一致で決定する。内閣法には，内閣がその職権を行うのは，［ A ］によるものとすると定められている。

④ 次の文は，司法権の独立にかかわることについて記されている日本国憲法の条文の一部である。文中の［　　］の箇所に用いられている語を書きなさい。(　　　)

「すべて裁判官は，その［　　］に従ひ独立してその職権を行ひ，この憲法及び法律にのみ拘束される。」

(2) 消費者の権利の尊重及びその自立の支援などのため，国は消費者政策を推進する役割を担（にな）っている。

① わが国では，消費者が訪問販売などで商品を購入した場合，原則として，一定の期間内であれば書面での通知によって無条件に契約を解除することができる制度がある。この制度は一般に何と呼ばれているか，書きなさい。(　　　)

② 次の(i)～(iii)は，20世紀後半から21世紀初めにかけての期間に起こったできごとについて述べた文である。(i)～(iii)をできごとが起こった順に並べかえると，どのような順序になるか。あとのア～カから正しいものを一つ選び，記号を○で囲みなさい。(ア イ ウ エ オ カ)

(i) 日本において，消費者保護基本法が消費者の自立を支援する消費者基本法に改正された。

(ii) アメリカ合衆国において，ケネディ大統領が「消費者の四つの権利」を連邦議会に提示した。

(iii) 日本において，製品の欠陥による損害賠償の責任について定めた製造物責任法が公布された。

ア (i)→(ii)→(iii)　イ (i)→(iii)→(ii)　ウ (ii)→(i)→(iii)　エ (ii)→(iii)→(i)

オ (iii)→(i)→(ii)　　カ (iii)→(ii)→(i)

4 Mさんのクラスは，班に分かれて環境問題への取り組みについて調べた。次の問いに答えなさい。

(1) Mさんの班は，高度経済成長期における日本の環境問題への取り組みについて調べた。次の文は，Mさんの班が調べた内容の一部である。

- ㋐高度経済成長期に多くの人々の収入が増え，くらしが便利になった一方で，大気汚染や㋑水質汚濁などによって，人々の健康や自然環境が著しく悪化したことが大きな社会問題となった。
- 環境問題に対する社会的関心が高まる中，1967（昭和42）年には国民の健康を保護するとともに，生活環境を保全することを目的とした□が制定された。また，1971（昭和46）年には環境の保全に関する行政を総合的に推進するための機関である環境庁が設置されるなど，環境問題への取り組みがすすめられた。
- 良好な環境の中で人々が生活できるよう，㋒新しい人権として環境権が提唱された。

① ㋐高度経済成長期は，1950年代中ごろから1970年代初めにかけて続いた。次のア～エのうち，高度経済成長期のわが国のようすについて述べた文として正しいものはどれか。一つ選び，記号を○で囲みなさい。(ア　イ　ウ　エ)

ア 初めてラジオ放送が行われた。　　イ 郵便制度や電信が始まった。

ウ 東海道新幹線が開通した。　　エ 消費税が導入された。

② ㋑水質汚濁による健康被害が社会問題となった。次のア～エのうち，鉱山の排水に含まれるカドミウムが原因でイタイイタイ病が発生した地域として最も適しているものはどれか。一つ選び，記号を○で囲みなさい。(ア　イ　ウ　エ)

ア 神通川(じんづう)流域　　イ 阿賀野(あがの)川流域　　ウ 水俣(みなまた)湾沿岸地域　　エ 四日市(よっかいち)市臨海地域

③ 文中の□に当てはまる法律の名称を**漢字7字**で書きなさい。(　　　)

④ ㋒新しい人権は，日本国憲法第13条に規定されている幸福追求権などにもとづいて主張される。次のア～エのうち，新しい人権に当たるものはどれか。一つ選び，記号を○で囲みなさい。(ア　イ　ウ　エ)

ア 財産権　　イ 参政権　　ウ 裁判を受ける権利　　エ プライバシーの権利

(2) Nさんの班は，21世紀における環境問題への国際的な取り組みについて調べた。

① 2015（平成27）年，国連気候変動枠組条約の第21回締約国会議がフランスのパリで開かれ，温室効果ガスの排出量削減等のための新たな国際的な枠組みとしてパリ協定が採択された。右の地図中のア～エのうち，パリに当たるものを一つ選び，記号を○で囲みなさい。

(ア　イ　ウ　エ)

(……は現在の国界を示す)

② 次の文は，環境保全にかかわることがらについて述べたものである。文中の A に当てはまる語を**漢字4字**で書きなさい。(　　　)

環境の保護と経済の発展を両立するなど，将来の世代の欲求を満たしつつ，現在の世代の欲求も満足させるような開発（発展）をめざす社会は，［ A ］な社会と呼ばれている。2015年には，国連サミットで「［ A ］な開発のための2030アジェンダ」が採択され，「誰一人取り残さない」を理念とするSDGsが掲げられた。

③ 図Ⅰは，2012年と2017年における，イギリスの総発電量に占めるエネルギー源別発電量の割合をそれぞれ示したものである。あとの文は，図ⅠからNさんの班が読み取った内容や調べた内容をまとめたものである。文中の下線部ア～エのうち，内容が**誤っているもの**はどれか。**二つ**選び，記号を○で囲みなさい。（ ア イ ウ エ ）

図Ⅰ イギリスの総発電量に占めるエネルギー源別発電量の割合（%）

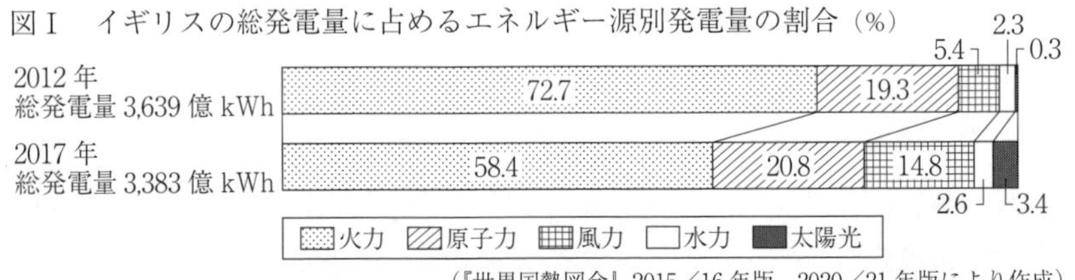

（『世界国勢図会』2015／16年版，2020／21年版により作成）

・ア総発電量は，2012年より2017年の方が少なく，その減少量は2012年の総発電量の5％以上である。また，イ2012年と2017年のそれぞれにおいて，エネルギー源を総発電量に占める発電量の割合が高い順に並べると，その順序は同じである。

・総発電量に占める風力発電量の割合は，2012年より2017年の方が高い。風力発電がさかんに行われている背景には，イギリスの自然環境がある。例えば，ウイギリスはほぼ一年中，西寄りの風が吹いているという自然環境である。

・イギリスは，2020年までに総発電量に占める再生可能エネルギーを使った発電量の割合の合計を30％以上にすることを目標としている。再生可能エネルギーを使った発電とは，燃料ではなく自然エネルギーを使った発電のことである。総発電量に占める再生可能エネルギーを使った発電量の割合の合計は，2012年より2017年の方が高く，エ2017年における，総発電量に占める再生可能エネルギーを使った発電量の割合の合計は，17.4%である。

理科

時間 40分 満点 45点

1 次の［Ⅰ］,［Ⅱ］に答えなさい。

［Ⅰ］ プレートの運動と地震について，次の問いに答えなさい。

(1) 図Ⅰは，日本列島付近のプレートを表した模式図である。日本列島付近には4枚のプレートがある。それらのプレートが互いに動くことで大きな力がはたらき，プレート内部の地下浅い場所やプレート境界付近で地震が多く発生している。

図Ⅰ

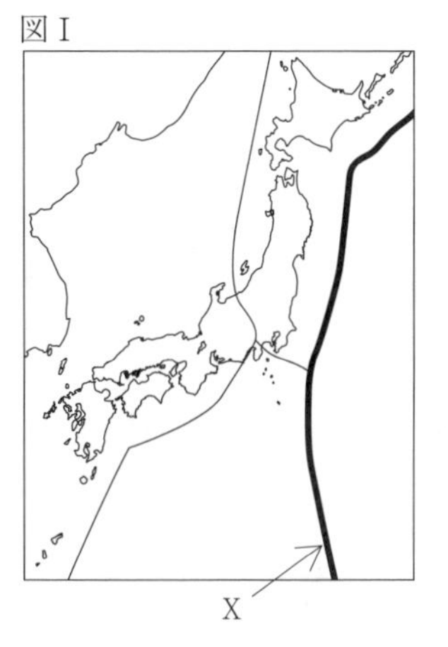

① 大阪は何と呼ばれるプレートの表面に存在しているか。次のア～エから一つ選び，記号を○で囲みなさい。

（ア イ ウ エ）

ア ユーラシアプレート
イ フィリピン海プレート
ウ 北アメリカプレート
エ 太平洋プレート

② 図ⅠのXで示したプレート境界は，一方のプレートが他方のプレートの下に沈み込むことで，海の深さがまわりの海底に比べて特に深くなっている。このような深い谷となった地形は何と呼ばれているか，書きなさい。（　　）

(2) 次のア～エのうち，その内容が**誤っているもの**を一つ選び，記号を○で囲みなさい。

（ア イ ウ エ）

ア 地震が起こると，震源では伝わる速さの異なるP波とS波が同時に発生する。
イ 海底での地震などにともない，海水が急激に大きく動くと津波が発生する。
ウ 震源から遠ざかるほど，マグニチュードは小さくなる。
エ 現在の日本の震度階級は0から7まであり，5と6はそれぞれ強と弱に分けられている。

(3) 図Ⅱは地表近くの浅い場所で発生した地震のゆれを，震源から離れた観測点（A地点とする）の地震計で記録したものである。なお，この地震は11時37分11秒に発生し，A地点がゆれ始めたのは11時37分21秒，A地点のゆれが大きくなったのは11時37分30秒であった。

図Ⅱ

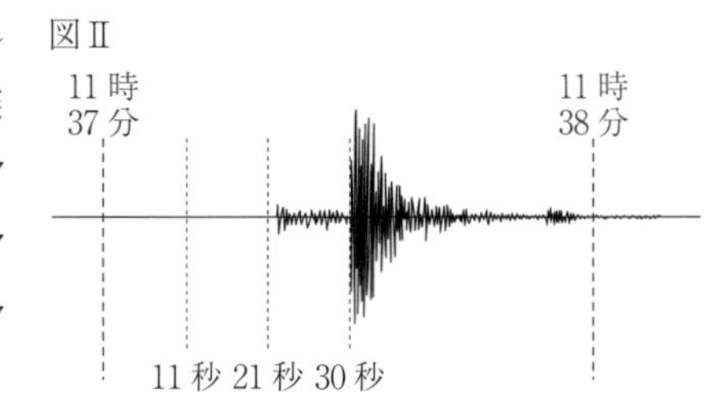

① この地震における，A地点での初期微動継続時間は何秒であったか，求めなさい。

（　　秒）

② この地震の震源から，A地点までの距離は68kmであった。P波の伝わる速さが一定であると考えたとき，P波の伝わる速さは何km/sになるか，求めなさい。答えは**小数第1位**まで書くこと。（　　km/s）

［Ⅱ］ 宇宙の広がりについて，次の問いに答えなさい。

(4) 次の文は，太陽系の天体や銀河系（天の川銀河）について述べたものである。文中の ① ，② に入れるのに適している天体の名称をそれぞれ書きなさい。また，③〔　〕，④〔　〕から適切なものをそれぞれ一つずつ選び，記号を○で囲みなさい。

①(　　　) ②(　　　) ③(ア　イ) ④(ウ　エ)

太陽系の天体のうち，地球に最も近い天体は地球の唯一の衛星である ① であり，地球に最も近い恒星は太陽である。また，太陽から最も遠く離れた惑星は ② であり，太陽からの距離は，地球と太陽との距離の約 30 倍である。

銀河系については，直径約 10 万光年の広がりの中に 1000 億個とも 2000 億個ともいわれている数多くの恒星が③〔ア　うずを巻いた　　イ　外縁部に密集した〕円盤状に分布をしており，太陽系は銀河系の④〔ウ　中心　　エ　中心から離れたところ〕に位置していることが分かっている。また，さらに広い宇宙空間には銀河系以外にも多くの銀河が存在していることも分かっている。

(5) さまざまな銀河までの距離が書かれている『理科年表』の最新版には，アンドロメダ銀河までの距離は 250 万光年と書かれている。250 万光年とはどのような距離か。「光」の語に続けて簡潔に書きなさい。

（光　　　　　　　　　　　　　　　　　　　　　　　　　　　　　）

2 次の［Ｉ］,［Ⅱ］に答えなさい。

［Ｉ］ 身近なプラスチック製品であるペットボトルは，容器にPET（ポリエチレンテレフタラート）が用いられ，ふたにPP（ポリプロピレン）やPE（ポリエチレン）が用いられている。次の問いに答えなさい。

(1) 次のア～ウのうち，プラスチックの主な原料として用いられているものはどれか。一つ選び，記号を○で囲みなさい。（ ア イ ウ ）

ア アルミニウム　　イ 石油　　ウ 鉄鉱石

(2) ペットボトルの容器とふたを，ハサミを用いて1 cm^2 ほどの大きさに切り，それぞれ燃やすと気体が発生した。これらの気体はいずれも石灰水を白く濁らせた。このことから，発生した気体は何であると考えられるか。次のア～エから一つ選び，記号を○で囲みなさい。

（ ア イ ウ エ ）

ア 窒素　　イ 酸素　　ウ 二酸化炭素　　エ 硫化水素

(3) ペットボトルが回収されると，図Ｉに示すような，容器とふたの一部はともに，機械で砕かれて小片になる。これらの小片は，密度の違いを利用し，物質ごとに分けられてリサイクルされる。表Ｉに示した各物質の密度から考えて，次の文中の①〔　　〕，②〔　　〕から適切なものをそれぞれ一つずつ選び，記号を○で囲みなさい。

図Ｉ

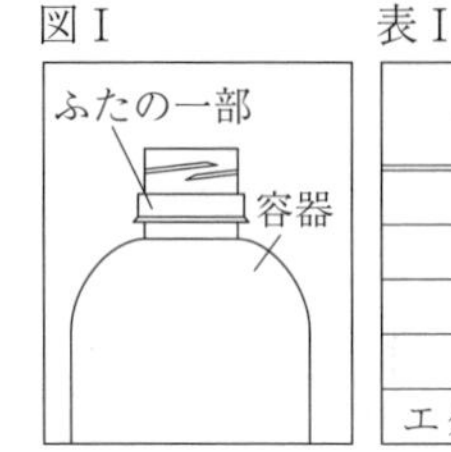

表Ｉ

物質	密度［g/cm³］
PET	1.3～1.4
PP	0.90～0.91
PE	0.92～0.97
水	1.0
エタノール	0.79

①（ ア イ ） ②（ ウ エ ）

PET，PP，PEそれぞれの小片を①〔ア 水　　イ エタノール〕に入れると，PETの小片のみが②〔ウ 液面に浮く　　エ 底に沈む〕と考えられる。

［Ⅱ］ ビーカーに60℃の水100gを入れたものを二つ用意し，一方にはミョウバンの結晶30g，もう一方には食塩の結晶30gを加えてそれぞれ完全にとかして水溶液をつくった。これらを実験室に置くと，いずれも数時間で20℃まで冷えた。図Ⅱは，ミョウバンと食塩の溶解度曲線である。次の問いに答えなさい。

図Ⅱ

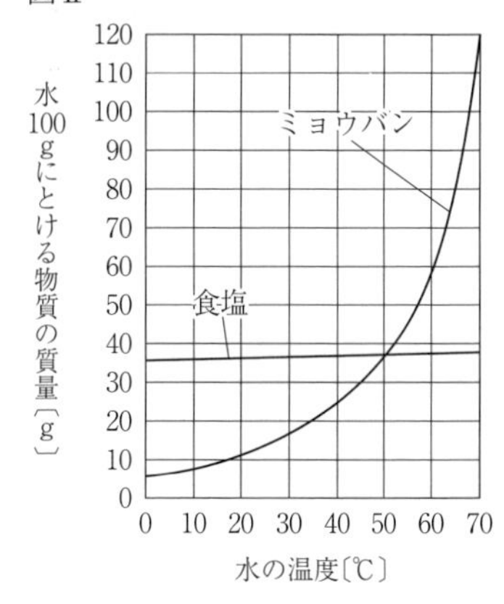

(4) 20℃に冷えたミョウバン水溶液が入ったビーカー内には，無色の結晶ができていた。

① 温度が下がっていき，飽和水溶液になったときのミョウバン水溶液の温度は何℃であったと考えられるか。次のア～エのうち，最も適しているものを一つ選び，記号を○で囲みなさい。（ ア イ ウ エ ）

ア 約50℃　　イ 約45℃　　ウ 約35℃　　エ 約20℃

② ミョウバン水溶液が20℃になったとき，ミョウバン水溶液が入ったビーカー内には，結晶が何gできていたと考えられるか，求めなさい。ただし，ミョウバン水溶液は飽和しており，20℃の水100gには最大11gのミョウバンがとけるものとする。（　　　g）

(5)　20℃に冷えた食塩水が入ったビーカー内には，結晶はできていなかった。この食塩水の入ったビーカーをはかりにのせ，温度を20℃に保った状態で24時間ごとに観察したところ，食塩水の液面は徐々に下がり，質量は減少していった。また，ビーカー内には，6日目の観察までは結晶はできていなかったが，7日目の観察では無色の結晶ができていた。

①　食塩水の液面が下がり，質量が減少していったのはなぜか。ビーカー内の物質の変化に着目して，簡潔に書きなさい。

(　　　　　　　　　　　　　　　　　　　　　　　　　　　　　　　　　　　　)

②　食塩水は，7日目の観察までに飽和水溶液になった。飽和水溶液になったときの食塩水の質量は，はじめに60℃でつくったときから何g減少していたと考えられるか，求めなさい。ただし，20℃の水100gには最大36gの食塩がとけるものとする。答えは小数第1位を四捨五入して**整数**で書くこと。(　　　g)

3 次の［Ⅰ］,［Ⅱ］に答えなさい。

［Ⅰ］ 顕微鏡を用いて，エンドウの葉や茎のつくりを調べた。はじめに，葉の断面を観察し，図Ⅰのようにスケッチした。次に，図Ⅱのように，赤インクで着色した水にエンドウをさし，数時間置いて茎や葉を赤く染めた後に，茎をうすく輪切りにした断面を観察し，図Ⅲのようにスケッチした。次の問いに答えなさい。

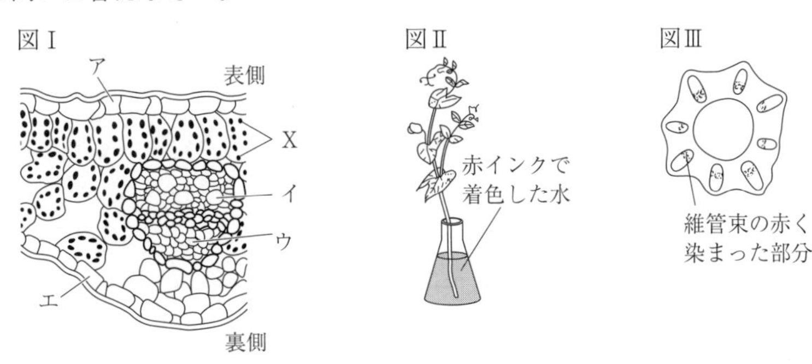

(1) 図Ⅰ中のXは緑色の粒であり，光合成が行われている。

① Xの名称を書きなさい。(　　　)

② 光合成において，デンプンなどの養分がつくられるとともに，発生する気体は何か。次のア～エから一つ選び，記号を○で囲みなさい。(ア　イ　ウ　エ)

ア 酸素　　イ 塩素　　ウ 水素　　エ 二酸化炭素

(2) 図Ⅲのように，茎の断面では維管束が輪のように並んでいた。また，これらの維管束は，それぞれ茎の中心側の部分が赤く染まっていた。次の文中の［①］に入れるのに適している語を書きなさい。また，［②］に入れるのに適しているものを図Ⅰ中のア～エから一つ選び，記号を○で囲みなさい。①(　　　) ②(ア　イ　ウ　エ)

茎の維管束の赤く染まった部分は，根から吸い上げられた水などの通り道であり，［①］と呼ばれている。また，茎の維管束の赤く染まった部分は，図Ⅰ中の［②］で示される部分につながっている。このため，赤インクで着色した水が葉にも行きわたり，葉は赤く染まった。

［Ⅱ］ 植物の根の成長に興味をもったUさんは，根の成長を調べるために，図Ⅳのように，タマネギの根の先端から3mmごとに黒丸(●)をかき，黒丸(●)によって区切られた部分を先端からA，B，Cとして水につけた。24時間後に観察すると，Aは長くなったが，BおよびCの長さは変わっていなかったため，図Ⅳ中のp～sの各部分の核や染色体を染色したプレパラートをつくり，顕微鏡で観察した。表Ⅰは，核や染色体のようすをまとめたものである。あとの問いに答えなさい。

図Ⅳ

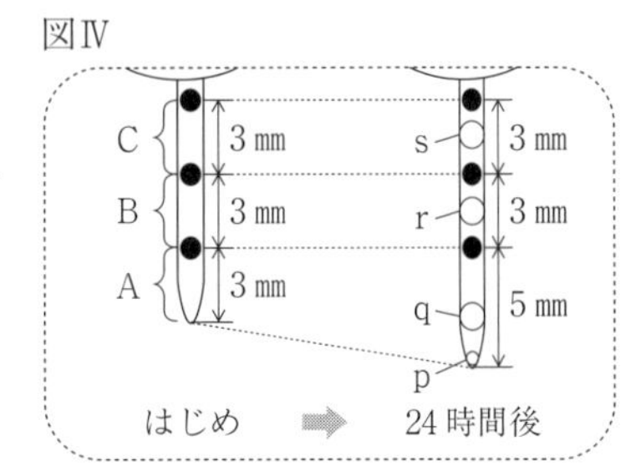

表Ⅰ

観察したプレパラート	pの部分	qの部分	rの部分	sの部分
核や染色体のようす	一部の細胞で，核の代わりに染色体が確認された	すべての細胞で核が確認された	すべての細胞で核が確認された	すべての細胞で核が確認された

(3)　次のア～エのうち，タマネギの根の細胞のプレパラートをつくるときに，一つ一つの細胞を離れやすくする目的で用いるものとして最も適しているものはどれか。一つ選び，記号を○で囲みなさい。(　ア　イ　ウ　エ　)

ア　エタノール　　イ　酢酸カーミン液　　ウ　BTB溶液　　エ　うすい塩酸

(4)　表Ⅱ中の(ⅰ)～(ⅳ)は，観察したプレパラートにみられた細胞のいくつかをスケッチしたものである。(ⅰ)をはじめにして(ⅱ)～(ⅳ)を体細胞分裂の過程の順に並べると，どのような順序になるか。次のア～エのうち，最も適しているものを一つ選び，記号を○で囲みなさい。

(　ア　イ　ウ　エ　)

表Ⅱ

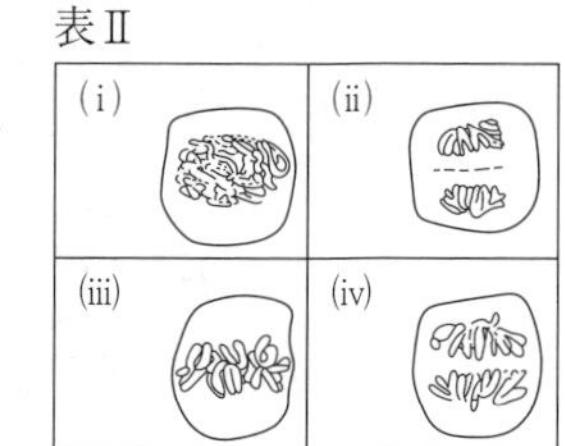

ア　(ⅰ)→(ⅱ)→(ⅲ)→(ⅳ)　　イ　(ⅰ)→(ⅲ)→(ⅱ)→(ⅳ)

ウ　(ⅰ)→(ⅲ)→(ⅳ)→(ⅱ)　　エ　(ⅰ)→(ⅳ)→(ⅲ)→(ⅱ)

(5)　q，r，sのプレパラートでみられる細胞の大きさの平均をそれぞれQ，R，Sとすると，QはRよりも小さく，SはRと同じくらいであった。次の文は，観察で分かったことをもとに，タマネギの根が伸びていくしくみについてUさんが調べたことをまとめたものの一部である。文中の①〔　　〕，②〔　　〕から適切なものをそれぞれ一つずつ選び，記号を○で囲みなさい。

①(　ア　イ　ウ　)　②(　エ　オ　)

タマネギの根が伸びていくとき，細胞の数は根の①〔ア　先端付近で　　イ　全体にわたって　　ウ　根もと付近で〕増え，増えた細胞はそれぞれ②〔エ　小さくなっていく　　オ　大きくなっていく〕。

4 次の［Ⅰ］，［Ⅱ］に答えなさい。

［Ⅰ］ 電源装置に，電気抵抗の大きな電熱線（抵抗P）と電気抵抗の小さな電熱線（抵抗Q）をつないで回路をつくり，電流と電圧，発生する熱量について調べた。電熱線以外の電気抵抗は考えないものとして，次の問いに答えなさい。

(1) 次のア～エのうち，電気抵抗の単位はどれか。一つ選び，記号を○で囲みなさい。

（ア イ ウ エ）

ア W　イ J　ウ A　エ Ω

(2) 電熱線を流れる電流は電熱線にかかる電圧に比例する。この関係は何と呼ばれる法則か，書きなさい。（　　　）

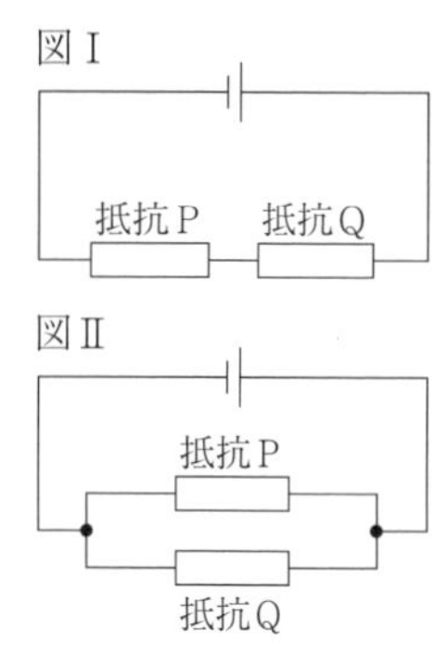

(3) 図Ⅰで表される回路をつくり，電源装置の電圧を7Vに設定して電流を流した。抵抗Pにかかる電圧が5Vであったとき，抵抗Qにかかる電圧は何Vであったと考えられるか，求めなさい。（　　　V）

(4) 図Ⅱで表される回路をつくり，電源装置の電圧を7Vに設定して電流を流した。次の文中の①〔　　〕，②〔　　〕から適切なものをそれぞれ一つずつ選び，記号を○で囲みなさい。

①（ア イ） ②（ウ エ）

二つの電熱線のうち，流れる電流がより大きいのは①〔ア 抵抗P　イ 抵抗Q〕の方である。また，二つの電熱線を，それぞれ同じ量で同じ温度の水に入れたときの水温の変化から，同じ時間に発生する熱量がより大きいのは②〔ウ 抵抗P　エ 抵抗Q〕の方であることが分かる。

［Ⅱ］ グラウンドで発した音が校舎の壁ではね返り戻ってくることに興味をもったSさんは，音が伝わる距離と時間から，空気中で音が伝わる速さを確かめようとした。音が伝わる速さは一定で，音は壁に達した瞬間にはね返るものとして，あとの問いに答えなさい。

【実験】 図Ⅲのように，Sさんは校舎の壁から85m離れた地点で音を発し，発すると同時に時間をストップウォッチで測りはじめ，発した音が校舎の壁ではね返り戻ってくるまでの時間を測定した。測定は10回行い，平均値を測定値とした。

図Ⅲ

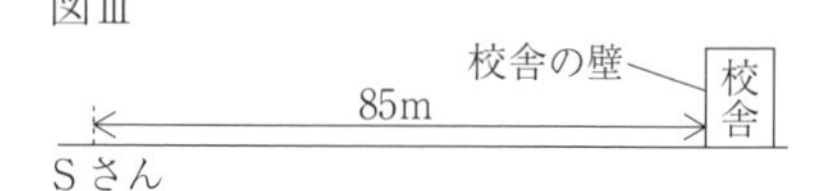

【Sさんが音について調べたこと】

・音源の振動数がⓐ〔ア 大きく（多く）　イ 小さく（少なく）〕なると高い音になり，振幅がⓑ〔ウ 大きく　エ 小さく〕なると大きな音となるが，音源の振動数や振幅が異なっていても音が伝わる速さには影響しない。

・空気中で音が伝わる速さは，約340m/sである。

【Sさんの実験のまとめと考察】

・音は85m離れた校舎の壁ではね返り戻ってくるまでに［ ⓒ ］m伝わったことになる。

・音が伝わる速さが，ちょうど340m/sであるならば，測定される時間は0.50秒になるはずだが，実際の測定値は0.56秒となった。この測定値から音が伝わる速さを求めると，音が伝わる速さは340m/sよりもⓓ〔オ　速かった　　カ　遅かった〕ことになる。

(5)　上の文中のⓐ〔　　〕，ⓑ〔　　〕から適切なものをそれぞれ一つずつ選び，記号を○で囲みなさい。ⓐ(ア　イ)　ⓑ(ウ　エ)

(6)　上の文中の［ⓒ］に入れるのに適している数を書きなさい。また，ⓓ〔　　〕から適切なものを一つ選び，記号を○で囲みなさい。ⓒ(　　　)　ⓓ(オ　カ)

(7)　Sさんは，「求めた測定値0.56秒のうち0.50秒が実際に音が伝わるのにかかった時間であり，0.06秒ははね返ってきた音を聞いてからストップウォッチを止めるまでの反応に要する時間である」と推測し，「実験を，距離を変えて行っても，測定値は実際に音が伝わるのにかかった時間に，反応に要する時間の0.06秒を加えた値になる」と考えた。この考えが正しければ，実験を校舎の壁からの距離が2倍の地点で行うと，測定値は何秒になると考えられるか，求めなさい。答えは**小数第2位**まで書くこと。(　　　　秒)

骨や歯ではなく、それ以外の化石から得られるデータを集めて、確からしさを高めている。

ウ　恐竜研究を進めていくと、説の確からしさが増したり、説が総崩れになってしまったりすることもあるが、いずれにしても真実に近づけているに違いない。

わかってきました。

I

　たとえば、ここに紅茶、麦茶、ウーロン茶があったとしましょう。僕たちが今、知っている飲み物はこれだけだとします。

　ある人が色に注目して「茶色という形質で『飲み物』を定義しましょう」と提唱します。矛盾はないように見えるので、みんな納得するかもしれません。そうしたら、新しくトマトジュースが見つかりました。茶色ではないけど、どうやら飲み物らしい。すると、飲み物の定義を変えなくてはいけません。「茶色または赤色をしている」と変えればいいのでしょうか。「もしかしたらほかの色もあるかもしれない。色とはちがうところ、たとえば味に注目して定義し直してみよう」という人も出てくるかもしれません。

　似ている特徴に注目するのは、恐竜の分類でも同じです。この例では色でしたが、恐竜の場合は、歯の生え方が爬虫類としてめずらしい形質をもち、それが共通しているという理由から最初に注目されました。しかし、いろいろな化石を見くらべていくことで、もっと気になる形質が見えてきた。そこで、「分類し直そう」ということになったのです。

　手がかりが骨や歯だけなのは、昔も今も基本的には変わりません。でも、データが蓄積されれば、その分、いろいろなことが見えてきます。そして、注目すべきところが変わっていく。それが、恐竜の分類、そして爬虫類の進化について考えていくということでもあります。

　ですから、これらの分類は、あくまでも仮説にすぎないともいえます。多くの研究者が今「正しいだろう」と信じている説も、いつか総崩れになってしまう可能性もゼロとはいえません。逆に、正しければ、新しい証拠が加わることで、より確からしさが増していくことになります。

　いずれにしても、化石、さらにそこから得られるデータは、増えれば増えるほど僕たちは真実に近づけているはずです。

（真鍋　真「恐竜博士のめまぐるしくも愉快な日常」より）

1　①歯は生き物の体のなかでもっとも硬い部分です。の一文を文節に区切ったとき、初めから数えて**五番目**になる**一文節**を抜き出しなさい。

（　　　　）

2　②次に注目されたのは、歯の生え方ですとあるが、本文中で筆者は、多くの爬虫類にくらべて、恐竜はどのような歯の生え方をしていると述べているか。その内容についてまとめた次の文の［a］、［b］に入る内容を、それぞれ本文中のことばを使って**十字以内**で書きなさい。

多くの爬虫類の歯は顎の［a］だけだが、恐竜の歯は顎の［b］。

a □□□□□□□□□□　b □□□□□□□□□□

3　本文中のIで示した箇所で述べられている具体例はどのようなことを表しているか。その内容についてまとめた次の文の［a］、［b］に入れるのに最も適しているひとつづきのことばを、それぞれ本文中から抜き出しなさい。ただし、［a］は**十一字**、［b］は**八字**で抜き出すこと。

まず、［a］ことで分類をしていき、新たな発見があれば、［b］を変えて分類し直していくということ。

a □□□□□□□□□□□　b □□□□□□□□

4　次のうち、本文中で述べられていることがらと内容の合うものはどれか。最も適しているものを一つ選び、記号を○で囲みなさい。

（ア　イ　ウ）

ア　恐竜研究においては、仮説にすぎないといわれている説であったとしても、正しいだろうと信じて研究を続けていれば、総崩れになってしまうことはない。

イ　恐竜研究における分類はあくまでも仮説にすぎないので、現在は

Bさん　雛が助かったことがわかる場面だから、特にこういった表現があるとイメージしやすくなるよね。

Aさん　ところで、雛が助かったあと、ながめていた人たちは、親鶴についてどのように考えたのかな。

Bさん　帰ってきた親鶴について、［③］と、ながめていた人たちは考えたようだね。

Aさん　だから、「鳥類心ありける」と言ったわけだね。

1　①養ひしを現代かなづかいになおして、**すべてひらがな**で書きなさい。（　　　）

2　次のうち、**【会話】**中の［②］に入れるのに最も適していることばはどれか。一つ選び、記号を○で囲みなさい。（ア　イ　ウ）

ア　鷲が蛇をくわえて飛んでいる

イ　蛇が地面をはって逃げている

ウ　親鶴がえさを巣へ運んでいる

3　次のうち、**【会話】**中の［③］に入れるのに最も適していることばはどれか。一つ選び、記号を○で囲みなさい。（ア　イ　ウ）

ア　雛が安心して暮らせるように、安全な場所を探しに行った

イ　自分の力ではどうにもできないと思って、鷲を連れてきた

ウ　心配そうにながめている人間に、自身の無事を知らせた

4　次の文章を読んで、あとの問いに答えなさい。

恐竜研究が始まった19世紀末、最初に注目されたのは歯でした。①歯は生き物の体のなかでもっとも硬い部分です。本数も多いし、爬虫(はちゅう)類やサメなどの歯は何度も生え替わるので、化石として残る可能性がもっとも高い。これまで見つかっている恐竜化石のなかでも、いちばん多い部位は歯だと思います。

人類が最初に発見した恐竜がイグアノドンの歯だったのは、そう考えると、自然な流れだったのでしょう。19世紀の研究者でも、その歯を見れば「大きな爬虫類だ！」とすぐにわかったからです。

②次に注目されたのは、歯の生え方です。人間は、歯の本数だけ、顎に穴があいています。だから顎の骨にあいた穴の数を数えれば、生えていた歯の数がわかります。

これに対して、爬虫類は一生、歯が生え替わる生き物です。多くの爬虫類の顎には穴はなく、顎の内側に歯がならんでいるだけ。今生きているトカゲやヘビの口を広げると、歯茎から1本ずつ生えているように見えるかもしれませんが、骨だけになると穴はありません。

しかし、爬虫類の仲間である恐竜の化石を見ると、じつは顎に穴があいているのです。また、現生でも一部の爬虫類でそのような特徴が見られます。それはワニです。

この、「顎の穴に歯が埋まっている」という特徴に注目して提唱された分類が「槽歯類」です。つまり、歯の生え方に注目した人が「爬虫類のなかに、高度な歯の生え方をしているグループがいる。そこにワニ、恐竜、翼竜が含まれる」と分類したのです。

ところがその後、さらにたくさんの化石をよくよく調べていくと、歯の生え方だけではなく、体の各部にいろいろな形質が潜んでいたことが

(iii)　点となり、その点と点がつながって

ア　(i)→(ii)→(iii)　イ　(i)→(iii)→(ii)　ウ　(ii)→(i)→(iii)
エ　(ii)→(iii)→(i)　オ　(iii)→(i)→(ii)　カ　(iii)→(ii)→(i)

4　③心の中のやかんの湯がふつふつと沸き上がったとあるが、本屋を探す旅のはじまりとそのときの筆者の様子について、本文中で述べられている内容を次のようにまとめた。［a］に入る内容を、本文中のことばを使って**十字以内**で書きなさい。また、［b］に入れるのに最も適していることばをあとから一つ選び、記号を○で囲みなさい。

アメリカ大使館の職員から［a］ときに、筆者は旅のはじまりを予感し、［b］。

a ［　　　　　　　　　　］　b(ア　イ　ウ)

ア　これからはじまる本屋への旅に気持ちがたかぶっている
イ　見知らぬ本屋への旅のはじまりに不安がこみあげている
ウ　満たされていく自分の気持ちに疑問をいだいている

5　次のうち、本文中で述べられていることがらと内容の合うものはどれか。最も適しているものを一つ選び、記号を○で囲みなさい。

(ア　イ　ウ)

ア　自分が得た情報は、時間がかかったとしてもまわりに伝えていかなければならない。
イ　知りたいことを知るまでに得た知識や学び、経験はとてつもなく大きなものである。
ウ　途中でやめることなく目標にたどり着くことこそが、旅において大切なことである。

---

［3］　次の【本文】と、その内容を鑑賞しているAさんとBさんとの【会話】を読んで、あとの問いに答えなさい。

【本文】までのあらすじ
　ある夏の日、木下(きのした)という人が家来とともに領地内の高い建物に登って辺りをながめていると、遠くに大きな松が見えた。その松の梢(こずえ)には鶴の巣があり、二羽の親鶴が雛(ひな)を養育していたのだが、その巣に向かって太く黒い蛇が登っていく。ながめていた人たちは「あの蛇を止めよ」と騒ぐがどうすることもできない。

【本文】
　二羽の鶴の内、一羽は蛇を見付けし体にてありしが、虚空(こくう)(大空)に飛び去りぬ。「哀れいかが、雛はとられん」と手に汗して望み詠(なが)めしに、最早(もはや)彼の蛇も梢(こずえ)近く至り、あわやと思ふ頃、一羽の鷲(わし)はるかに飛び来り、右の蛇(その)の首を喰(く)わへ、帯を下げし如(ごと)く空中を立ち帰りしに、親鶴程なく立ち帰りて雌雄巣へ戻り、雛を①養(やしな)ひしと也(なり)。鳥類ながら其(そ)の身の手に不及(およばざ)るをさとりて、同類の鷲を雇ひ来りし事、鳥類心ありける事と語りぬ。

【会話】
Aさん　雛が食べられなくて本当にほっとしたよ。
Bさん　そうだね。私も読んでいてはらはらしたよ。本文の「手に汗して」という表現が、より場面の緊張感を伝えているよね。ほかにも、本文では「帯を下げし如く」という比喩表現も使われているね。
Aさん　「如く」は「ように」という意味だったよね。この比喩表現が使われることで、［②］場面がイメージしやすくなったよ。

んなことは調べられないし、答えられないとかんたんに断られた。ではどうしたら調べられるかと訊くと、職員は呆れた顔を見せて、少し待っていろと言って席を離れた。三十分以上待って、やっと席に戻ってきたかと思うと、分厚い電話帳をテーブルの上にどすんと置いて、これは三年前の古いものだから君にあげる。ここにはあらゆる街の情報が載っている。これで調べてみたまえ、と職員は言った。黄色い表紙が千切れそうにぼろぼろになった、厚さが十センチもある電話帳は、僕にとってアメリカそのものだった。そのとき僕は旅のはじまりを予感し、ここから奇跡が起きるかも、と③心の中のやかんの湯がふつふつと沸き上がった。

電話帳には、そこの街で暮らすために知っておくべきあらゆる情報が満載だった。探している本屋の名前にたどり着く前に、読むことで、街の人々の暮らしや、そこにある景色が見てわかるようだった。

古書店というカテゴリーの中に探している店の名はあった。住所も載っている。店の名と住所と電話番号を紙に書き写し、僕は出発の支度をした。

今インターネットで、同じことを調べれば、おそらく一分もかからずに手がかり以上の情報を知ることができるだろう。地図まで手にし、店の外観までも知ることができるだろう。しかし、当時の僕がもし手がかり以上のことまで知ることができていたら、その本屋を目指して旅に出たのだろうかとふと思うのだ。

当時の僕に、今こんなことを訊いてみたい。

その本屋の前に立つまでの経緯を話してくれと。おそらく僕は一時間でも二時間でも、ささやかだけど宝物のような奇跡の物語を夢中になって話しつづけるだろう。たどり着くまでに知ったこと、学んだこと、経験したことは、実際のところ半端ではないからだ。

（松浦弥太郎「おいしいおにぎりが作れるならば。」より）

（注）アメリカ大使館＝ここでは、日本に派遣されたアメリカ大使が公務を行う役所。
カテゴリー＝同じ種類のものの所属する部類・部門。種類。

1　A流とあるが、次のア～ウの傍線を付けたカタカナを漢字になおしたとき、「流」と部首が同じになるものはどれか。一つ選び、記号を○で囲みなさい。（ア　イ　ウ）

ア　サッカーをするためにグラウンドをセイ備する。
イ　代々受け継がれてきた伝統的な技ホウを学ぶ。
ウ　実施したアンケートのケッ果を発表する。

2　①勇気を出して行動しなければ何も手にすることはできなかったとあるが、知りたいことを知るための当時の筆者の行動について、本文中で述べられている内容を次のようにまとめた。［　　］に入れるのに最も適しているひとつづきのことばを、本文中から**十字**で抜き出しなさい。

［　　　　　　　　　　］

知りたいことについて、まずはさまざまな施設で情報を収集するが、そこで得られる情報はどれも手がかりでしかないので、そこから［　　］を縮めていき、少しずつ知りたいことに近づいていく。

3　次の(i)～(iii)は、本文中の［②］に入る。［②］の前後の内容から判断して(i)～(iii)を並べかえると、どのような順序になるか。最も適しているものをあとから一つ選び、記号を○で囲みなさい。

（ア　イ　ウ　エ　オ　カ）

(i)　線になり、線と線がつながり
(ii)　面となり、面と面がつながって

国語A問題

時間　四〇分
満点　四五点

(注)　答えの字数が指定されている問題は、句読点や「　」などの符号も一字に数えなさい。

1

1　次の(1)〜(6)の文中の傍線を付けた漢字の読み方を書きなさい。また、(7)〜(10)の文中の傍線を付けたカタカナを漢字になおし、解答欄の枠内に書きなさい。ただし、漢字は楷書(かいしょ)で、大きくていねいに書くこと。

(1)　機械を操作する。(　　)
(2)　野菜を冷蔵する。(　　)
(3)　昨晩は早く就寝した。(　　)
(4)　強固な意志をもって取り組む。(　　)
(5)　和菓子の作り方を習う。(　　う)
(6)　計画を十分に練る。(　　る)
(7)　クモ一つない青空が広がる。□
(8)　二つの道がマジわる。□わる
(9)　小銭をチョキン箱に入れる。□
(10)　スイリク両用の車を設計する。□

2　次の文の□に入れるのに最も適していることばを、あとのア〜ウから一つ選び、記号を○で囲みなさい。(ア　イ　ウ)

私は将来、学校の先生になりたい。□、人に何かを教えることが好きだからだ。

ア　あるいは　　イ　すなわち　　ウ　なぜなら

2　次は、筆者が昔を振り返りながら書いた文章である。これを読んで、あとの問いに答えなさい。

当時は、今のようにインターネットなどなく、知りたいことがあったら、とにかくすぐにでも行動に移すことが、何かを知るための手がかりをつかむコツだった。①勇気を出して行動しなければ何も手にすることはできなかった。

たとえば、図書館に行って資料を探して学んだり、外国のことであれば、大使館や観光局に行って情報を収集する。しかし、ここで知れることはほんのわずかで、なにひとつ答えに近いものはなく、期待などしてはいけない。見つかるのは手がかりでしかない。あとはこの手がかりを持って、その対象に一歩一歩近づいていく。現地であれ、どこであれ、とにかく自分とその対象の距離を今日よりも明日というように縮めていく行動を起こす。

不思議なもので、実際に動きはじめると、自分を取り巻く風のA流れに変化があり、さまざまな出会いや出来事、それこそ奇跡のようなことが、化学反応のように起きはじめる。手のひらに収まってしまうくらいに小さな手がかりが、むくむくと成長していき、□②□かたちが見えてくる。

十八歳のとき、自分が読んでいた小説の中に、今すぐ行ってみたくなった、すばらしい一軒の本屋があった。その本屋についての情報は、実在することと、店名と、店がある街の名だけだった。どうしても僕は、その本屋へ行って、そこの主人と会って、話をしてみたかった。その本屋の持つ空気を一度で良いから吸ってみたかった。

ある日、アメリカ大使館へ行き、このような街にある本屋に行きたいのだけれど、住所がわからないので教えてほしい、と職員に訊(き)くと、そ

そうした「注意」、つまり意識を注ぐことの積み重ねが、デザイナーではない人との違いになってきます。（佐藤好彦「デザインの授業」より）

（注）グラフィックデザイン＝文字や画像などを使用し、情報やメッセージを伝達する手段として制作されたデザインのこと。

1　次のうち、本文中の［①］に入れるのに最も適していることばはどれか。一つ選び、記号を○で囲みなさい。（ア　イ　ウ　エ）

ア　価値の正確な判断　　イ　体験を必要とする分野

ウ　ある程度の量の体験　　エ　自分のなかにできた尺度

2　②多くの作品にふれられるということとあるが、作品にふれるということにおける、音楽や絵画の特徴とグラフィックデザインの特徴について、本文中で筆者が述べている内容を次のようにまとめた。［a］に入る内容を、本文中のことばを使って**十五字以上、二十五字以内**で書きなさい。また、［b］、［c］に入れるのに最も適しているひとつづきのことばを、それぞれ本文中から抜き出しなさい。ただし、［b］は**十一字**、［c］は**十字**で抜き出すこと。

音楽や絵画	グラフィックデザイン
○ 音楽は、［a］ために曲を全体として体験することや何度も繰り返し聴くことが必要だが、曲のもつ時間という制約があるので、体験すること自体に時間がかかってしまう。 ○ 絵画は、実物を見ないと［b］が得られず、世界の名作を実物で見るとなれば、世界中を移動することになってしまう。	○ グラフィックデザインは、見ること自体にそれほど時間はかからない。また、初めから［c］ため、書籍や街にあるポスターなどで見ることでもデザインのよさを感じ取ることができる。

a

b　　　　c

3　次のうち、何かの分野で専門家になるということについて、本文中で述べられていることがらと内容の合うものはどれか。最も適しているものを一つ選び、記号を○で囲みなさい。（ア　イ　ウ　エ）

ア　何かの分野で専門家になるということは、「テーマをもって生きる」ということであり、自分の分野に関することは、専門的な視点だけでなく、普通の人の視点で見ることが重要である。

イ　何かの分野で専門家になるということは、ものの見方を変えるということであり、どんな分野であっても、まずは専門家としての自分の視点の正しさについて考えてみることが大切である。

ウ　専門家と普通の人との違いは、街にあふれているさまざまな作品に出会う機会の多さであり、専門家になることで作品のよさや問題点を意識することなく見つけることができるようになる。

エ　専門家と普通の人との違いは、どれだけ専門とする分野に対して意識を注いでいるかということであり、専門的な視点で世の中を見ようとすることが専門家になるということの第一歩である。

日本語指導が必要な生徒選抜　作文（時間40分）

「わたしが高校で学んでみたいこと」という題で文章を書きなさい。（解答用紙省略）

４　次の文章を読んで、あとの問いに答えなさい。

グラフィックデザインというのは実は、比較的勉強しやすい分野であるといえます。どんな分野でも、よし悪し（あ）を判断できるようになるためには、ある程度の量を体験することが必要になります。それによって、自分のなかで作品のよし悪しや好み、あるいは表現の方向性の違いなどの尺度ができてきて、作品の価値を判断することができるようになっていきます。

ここで問題になるのは、「　①　」です。たとえば音楽を体験するためには、ＣＤなどで聴いたとしても、曲のもつ時間という制約があります。一つの曲を全体として体験しなければ、曲の構成を把握することができませんし、細部の表現を感じ取るためには、何度も繰り返し聴くことが必要になるでしょう。多くの曲を聴くためには、多くの時間が必要になります。もちろん、生演奏で聴いたほうがよりよいわけですが、そのためには、演奏を聴く機会に出会わなければなりませんし、入場料や移動など、さらに多くの時間やコストがかかります。映画や演劇といった時間的な表現は、どれも同じような制約があります。文学の場合も、長編の小説を読むためにはある程度の時間が必要になります。

絵画は時間的なものではないので、じっくりと見ても、短時間で見ても、それは見る人の自由です。印刷物やウェブであれば、手軽に見ることができます。しかし、質感や大きさの感覚などは、実物を見ないと得られません。世界の名作を実物で見るとなれば、世界中を移動することになってしまいます。

ところが、グラフィックデザインは比較的簡単に見ることができます。絵画と同様に、じっくり見ることも、短時間で見ることも自由にできます。見ること自体にそれほど時間はかかりません。また、もともと複製を前提にしているので、書籍などで見ることでもデザインのよさを感じ取ることができますし、日常の街のなかでも、すぐれたポスターなどを目にすることができます。意識して見るようにするなら、ほかの分野と比べれば短期間に、まとめて多くの作品を見ることが可能です。

②<u>多くの作品にふれられるということは</u>、とても幸せなことなのです。デザインにふれられることを幸せと感じ、そこからできるだけ多くのことを吸収しようと思って日々の生活を送ることが重要です。

何かの分野で専門家になるということは、「テーマをもって生きる」ということです。学校の授業には授業時間、会社の仕事には勤務時間という制限がありますが、何かの専門家になったら、あるいはなろうとしたときから、常にそのことが気になるようになります。服のデザインをしていれば、日常的に出会う人、見かける人の服が気になるでしょうし、美容師であれば、人に会ったときにまず髪形が気になるでしょう。勤務時間であるかどうかに関わらず、常に心のなかに自分のテーマとして存在することになるのです。

つまり、どんな分野でも、何かの専門家になるということの第一歩は、ものの見方を変えるということです。デザインであれば、デザインする人の視点で世の中を見るようになるということです。街はさまざまなデザインであふれていますが、意識しなければそれを感じ取ることはできません。普通の人は、何かの用事で外出しているときに、目にするもののデザインに対して、どこがよいのか、どこが悪いのかなどと考えることはあまりありません。しかし、デザインする人の視点で世の中を見るようになると、世界の見え方が変わってきます。今まであまり気にならなかった街の看板やポスター、新聞や雑誌の広告などを見ても、どこがよいのか、どの表現に問題があるのかを問いかけてみるようになります。

3　次の文章を読んで、あとの問いに答えなさい。

この場面までのあらすじ

> ある夏の日、木下（きのした）という人が家来とともに領地内の高い建物に登って辺りをながめていると、遠くに大きな松が見えた。その松の梢（こずえ）には鶴の巣があり、二羽の親鶴が雛（ひな）を養育していたのだが、その巣に向かって太く黒い蛇が登っていく。ながめていた人たちは「あの蛇を止めよ」と騒ぐがどうすることもできない。

二羽の鶴の内、一羽は蛇を見付けし体にてありしが、虚空（こくう）（大空）に飛び去りぬ。「哀れいかが、雛はとられん」と手に汗して望み詠め（なが）しに、最早（もはや）彼の蛇も梢（こずゑ）近く至り、①あわやと思ふ頃、一羽の鷲（わし）はるかに飛び来り、右（その）の蛇の首を喰（く）わへ、②帯を下げし如（ごと）く空中を立ち帰りしに、親鶴程なく立ち帰りて雌雄巣へ戻り、雛を③養ひしと也（なり）。鳥類ながら其（そ）の身の手に不及（およばざ）るをさとりて、同類の鷲を雇ひ来りし事、④鳥類心ありける事と語りぬ。

1　①あわやと思ふとあるが、ながめていた人たちはどのような様子に対して、「あわや」と思ったのか。次のうち、最も適しているものを一つ選び、記号を○で囲みなさい。（ア　イ　ウ　エ）

ア　蛇が鶴の巣に近づいた様子。
イ　鷲が遠くから飛んできた様子。
ウ　家来の一人が助けに行った様子。
エ　一羽の親鶴が蛇に見つかった様子。

2　②帯を下げし如くとあるが、本文中ではどのような様子を「帯を下げし如く」とたとえているか。本文中から読み取って、現代のことばで**十字以上、十五字以内**で書きなさい。

3　③養ひしを現代かなづかいになおして、**すべてひらがな**で書きなさい。（　　）

4　④鳥類心ありける事とあるが、このことばは木下という人が言ったことばである。次のうち、木下という人が「鳥類心ありける」と言った理由として最も適しているものはどれか。一つ選び、記号を○で囲みなさい。（ア　イ　ウ　エ）

ア　偶然通りかかった鷲が、危険な状況にある鶴の雛を救ったと考えたから。
イ　親鶴が自力でどうにもできないと思って、鷲を連れてきたと考えたから。
ウ　心配そうにながめる人間に、親鶴が自身の無事を知らせたと考えたから。
エ　雛が安心して暮らせるような場所を、親鶴が探しに行ったと考えたから。

ていたいと思う。

（永井　宏「夏の見える家」より）

（注）葉山＝神奈川県三浦半島の西岸にある町。
　　ギャラリー＝絵画などの美術品を陳列し、客に見せる所。

1　本文中のA～Dの――を付けたことばのうち、その動作を行っている人物の異なるものが一つだけある。その記号を○で囲みなさい。

（A　B　C　D）

2　①自分が葉山で運営していたギャラリーもそんな日常があったとあるが、次のうち、葉山で運営していたギャラリーでの筆者の様子として、本文中で述べられていることがらと内容の合うものはどれか。最も適しているものを一つ選び、記号を○で囲みなさい。

（ア　イ　ウ　エ）

ア　大きなガラス窓のドアの近くで店番をしながら、息抜きに文章を書いたり、作品を制作したりしていた。
イ　自分が何をしようとしているのかを店番をする女性に説明したり、やってきた客と絵を描いたりしていた。
ウ　いろいろなひとやものが大きなガラス窓のドアからやってくるのを、ゆっくりと待つように外を眺めていた。
エ　いい作品を制作するために、店番をする女性と机の前に座りながら、客とコミュニケーションをとっていた。

3　②左右されるとあるが、次のうち、このことばの本文中での意味として最も適しているものはどれか。一つ選び、記号を○で囲みなさい。

（ア　イ　ウ　エ）

ア　影響を受ける　　イ　勢いを増す
ウ　広く行き渡る　　エ　突然現れる

4　日々の生活について、本文中で述べられている筆者の考えを次のようにまとめた。［a］に入る内容を、本文中のことばを使って**二十字以上、三十字以内**で書きなさい。また、［b］に入れるのに最も適しているひとつづきのことばを、本文中から**十七字**で抜き出し、**初めの五字**を書きなさい。

a ［　　　　　　　　　　　　　　　］

b ［　　　　　］

いつもと同じように見える眺めであっても、そこから［a］ことが大切なことであり、そのような発見をいつもしていたいと、［b］で、毎日が楽しいと思えるかどうかが決まってくるのではないだろうか。

2 次の文章を読んで、あとの問いに答えなさい。

一〇年くらい前にパリに住む彫刻家のアトリエに遊びに行ったことがある。もう高齢で、毎日のんびりと家からアトリエに散歩をするように通い、そこで一日、本を読んだり、作品を制作したりして過ごしている。アトリエのすぐ近くに住む友人が、その老彫刻家と仲良しで、ちょっとした買い物にA出かけるときでも、路地を少し迂回（うかい）して、老彫刻家のアトリエの窓を覗（のぞ）いてB挨拶をしていく。

路地に面したところに大きな出窓があり、天気が好（よ）いとグリーンのペンキで塗られた格子（こうし）のガラス戸を大きく開き、外を眺めるかのように正面に向かって椅子に腰掛け新聞などを広げてC読んでいる。友人はいつも窓越しに声を掛けては、小さな庭の木戸を開け、窓にもたれるようにして外から中にD話し掛けている。窓からは彼の作った作品やデッサン、制作途中のものなど部屋の中にある様々なものを眺めることができる。彼との接触はみんな窓からで、郵便屋さんも窓越しに郵便物を手渡していた。

窓からは家の中に居てもいろいろなものが眺められる。老彫刻家も、窓辺にいることで、周辺の事情にも詳しくなり、挨拶もそこで済ます。以前、①自分が葉山（はやま）で運営していたギャラリーもそんな日常があった。暇なギャラリーだったから、店番しながら文章を書いたり作品を制作していたりしていた。絵は描いているところを見られるのが恥ずかしいので、あまり描かなかったが、そんなときに客がやってくると、ちょっとした息抜きにもなったし、自分がそこで何をしようとしているのかを説明することで、自分の頭の中も整理できた。ギャラリーを手伝ってくれていた女性も、自分の作品をこちょこちょと店番しながら作っていて、それがギャラリーにやってきたひとたちとのいいコミュニケーションにもなった。ふたりとも机の前に座っているだけで、大きなガラス窓のドアの向こうからいろいろなひとやものがやってきたし、それをゆっくりと待つように外の光を眺めてもいたのだ。

いま住んでいる家の窓から見えるもので、いちばん新鮮で驚きに満ちているのは、春になって山が日々その色合いを変えていくのを眺めることだ。少し前まで枯れ木だった山が少し緑色になり、やがて白からピンクに山全体が染まっていく。それは本当にあっという間で、そんな自然の動き出したときのスピードの速さには目をみはるものがある。

毎日、窓から見ている視線の先は狭い範囲だが、その狭い範囲でも眺められるものはたくさんあり、家を出たときに、自分の見つめる先の範囲の広さに新しい発見が待っている。そんな予感を感じながら、歩くときもバスや電車に乗っているときも移り変わる物事を見つめていると、世の中は結構愉快に見えたりもする。また、気持ちの新鮮さは見つめるものに対する興味によっても②左右される。いい空気だ、いい陽（ひ）の光だ、いい風だ、いい雲だ、いい雨だと、自然に対しての印象もそれによって変わってくる。毎日が楽しいと思えるのも、きっと小さな発見をいつも見つけていたいと、自分の中で常に心掛けているかどうかによって決まってくるような気がする。

窓は家の中に光を差し込ませるだけではなく、日々の眺めという、毎日、個人個人が朝起きたときに天候を無意識に確認しているようなことを同時に気持ちの中にもたらしてくれている。そこに見える木の葉一枚が風で揺れる様子とか、電線の向こうに見える雲の動き、太陽の光のあたっている場所、あたらない場所の陰影など、毎日なにも変わらないような風景であっても、日々なにもかもが動いているということをそんなところから確認していくことが、結構重要なことで、いつも一日にひとつくらいは、そんなことに気付いたり、見つめたりするような毎日を送っ

国語B問題

時間　四〇分
満点　四五点

（注）答えの字数が指定されている問題は、句読点や「　」などの符号も一字に数えなさい。

1

1　次の問いに答えなさい。

次の(1)～(4)の文中の傍線を付けた漢字の読み方を書きなさい。また、(5)～(8)の文中の傍線を付けたカタカナを漢字になおし、解答欄の枠内に書きなさい。ただし、漢字は楷書（かいしょ）で、大きくていねいに書くこと。

(1) 機械で布を織る。（　　る）
(2) ボールを自在に操る。（　　る）
(3) 試合に向けて鍛練を積む。（　　）
(4) 良い考えが脳裏に浮かぶ。（　　）
(5) 二つの道がマジわる。□わる
(6) 長年の望みをハたす。□たす
(7) 私たちはチクバの友だ。□
(8) 物事の是非をヒヒョウする。□

2　次のうち、返り点にしたがって読むと「柔能（よ）く剛に勝ち、弱能く強に勝つ。」の読み方になる漢文はどれか。一つ選び、記号を○で囲みなさい。（ア　イ　ウ　エ）

ア　柔能[レ]ク勝チ剛ニ、弱能[レ]ク勝ツ強ニ。
イ　柔能ク勝[レ]チ剛ニ、弱能ク勝[レ]ツ強ニ。
ウ　柔[二]能ク勝チ剛[一]ニ、弱[二]能ク勝ツ強[一]ニ。
エ　柔能[二]ク勝チ剛[一]ニ、弱能[二]ク勝ツ強[一]ニ。

3　次のア～エの文中の傍線を付けた語のうち、一つだけ他と品詞の異なるものがある。その記号を○で囲みなさい。（ア　イ　ウ　エ）

ア　忘れ物をしないように気を付ける。
イ　知らないうちに時間が経過していた。
ウ　言葉にできないほどの美しい景色が広がる。
エ　残り少ししかない学校生活を大切に過ごす。

2022年度／解答

数学A問題

1 【解き方】(1) 与式 $= 7 \times 3 = 21$

(2) 与式 $= \frac{8}{20} + \frac{5}{20} = \frac{13}{20}$

(3) 与式 $= -16 + 9 = -7$

(4) 与式 $= 8x - 1 - 4x - 8 = 8x - 4x - 1 - 8 = 4x - 9$

(5) 与式 $= 5 \times 6 \times x^2 \times x = 30x^3$

(6) 与式 $= (2 + 3) \times \sqrt{7} = 5\sqrt{7}$

【答】(1) 21 (2) $\frac{13}{20}$ (3) -7 (4) $4x - 9$ (5) $30x^3$ (6) $5\sqrt{7}$

2 【解き方】(1) 0.23の小数点を右に2けた移すと23になるから，100倍。

(2) $\frac{8}{3} = 2\frac{2}{3}$ だから，2と3の間になる。よって，ウ。

(3) アは，$a \times b = ab\,(\mathrm{cm}^2)$，イは，$a \div b = \frac{a}{b}\,(\mathrm{mL})$，ウは，$(a - b)$枚，エは，$(a + b)$ gとなる。よって，エ。

(4) 移項して，$7x - 5x = 4 - 8$より，$2x = -4$　よって，$x = -2$

(5) 与式 $= x^2 + (1 + 3)x + 1 \times 3 = x^2 + 4x + 3$

(6) 度数が最も多い階級だから，47回。

(7) カードの取り出し方は全部で5通り。4より小さいカードは1と3の2枚だから，確率は$\frac{2}{5}$。

(8) グラフは放物線で，比例定数が負だから，下に開いている。よって，エ。

(9) 底面が円で，側面の展開図がおうぎ形だから，立体Pは円錐。よって，イ。

【答】(1) 100（倍） (2) ウ (3) エ (4) $x = -2$ (5) $x^2 + 4x + 3$ (6) 47（回） (7) $\frac{2}{5}$ (8) エ (9) イ

3 【解き方】(1) ① xが1増えると，yは70増えるから，(ア) $= 130 + 70 = 200$　また，xが，$6 - 1 = 5$増えると，yは，$70 \times 5 = 350$増えるから，(イ) $= 60 + 350 = 410$　② yはxの一次関数で，xが1増えるとyは70増えるから，変化の割合は70。式を$y = 70x + b$として，$x = 1$，$y = 60$を代入すると，$60 = 70 \times 1 + b$より，$b = -10$　よって，$y = 70x - 10$

(2) $y = 70x - 10$に，$x = t$，$y = 1950$を代入して，$1950 = 70t - 10$より，$t = 28$

【答】(1) ① (ア) 200 (イ) 410 ② $y = 70x - 10$ (2) 28

4 【解き方】(1) 直角三角形ABCにおいて三平方の定理より，$\mathrm{AC} = \sqrt{\mathrm{AB}^2 + \mathrm{BC}^2} = \sqrt{5^2 + 3^2} = \sqrt{34}\,(\mathrm{cm})$

(3) $\triangle\mathrm{AED} \backsim \triangle\mathrm{FDC}$だから，$\mathrm{DE} : \mathrm{CD} = \mathrm{AD} : \mathrm{FC} = 3 : 8$　よって，$\mathrm{DE} = \frac{3}{8}\mathrm{CD} = \frac{3}{8} \times 5 = \frac{15}{8}\,(\mathrm{cm})$

したがって，$\mathrm{EC} = \mathrm{DC} - \mathrm{DE} = 5 - \frac{15}{8} = \frac{25}{8}\,(\mathrm{cm})$

【答】(1) $\sqrt{34}$ (cm) (2) ⓐ FCD ⓑ FDC ⓒ ウ (3) $\frac{25}{8}$ (cm)

数学B問題

1 【解き方】(1) 与式 $= 19 + (-16) = 19 - 16 = 3$

(2) 与式 $= 10 - 36 = -26$

(3) 与式 $= 14x + 7y - 2x - 8y = 12x - y$

(4) 与式 $= \dfrac{45a^2b}{3a} = 15ab$

(5) 与式 $= x^2 + 4x + 4 - x^2 + 9 = 4x + 13$

(6) 与式 $= 2\sqrt{5} + \dfrac{5 \times \sqrt{5}}{\sqrt{5} \times \sqrt{5}} = 2\sqrt{5} + \sqrt{5} = 3\sqrt{5}$

【答】(1) 3　(2) -26　(3) $12x - y$　(4) $15ab$　(5) $4x + 13$　(6) $3\sqrt{5}$

2 【解き方】(1) -2, -1, 0, 1の4個。

(2) ア．n が偶数のとき，$n + 1$ は奇数になる。イ．$2n$ は偶数だから，$2n + 1$ はつねに奇数になる。ウ．$2n + 2 = 2(n + 1)$ だから，つねに偶数になる。エ．n が奇数のとき，n^2 は奇数だから，$n^2 + 2$ は奇数になる。よって，つねに偶数になるものはウ。

(3) 与式を順に(i)，(ii)とする。(i)+(ii)× 2より，$17x = 34$　よって，$x = 2$　(ii)に代入して，$8 \times 2 - y = 9$ より，$-y = -7$　よって，$y = 7$

(4) 左辺を因数分解して，$(x + 9)(x - 6) = 0$　よって，$x = -9$, 6

(5) 5人の1回目の記録の合計は，$46 + 55 + 48 + 51 + 57 = 257$ (回)，2回目の記録の合計は，$49 + 56 + 52 + 47 + x = 204 + x$ (回)だから，$257 = 204 + x$ が成り立つ。これを解くと，$x = 53$

(6) 2枚のカードの取り出し方は，(2, 3)，(2, 4)，(2, 5)，(2, 6)，(2, 7)，(3, 4)，(3, 5)，(3, 6)，(3, 7)，(4, 5)，(4, 6)，(4, 7)，(5, 6)，(5, 7)，(6, 7)の15通り。このうち，取り出した2枚のカードに書いてある数の積が12の倍数である場合は，(2, 6)，(3, 4)，(4, 6)の3通り。よって，求める確率は，$\dfrac{3}{15} = \dfrac{1}{5}$

(7) 直角三角形AEBにおいて，三平方の定理より，$\mathrm{AB} = \sqrt{\mathrm{AE}^2 - \mathrm{EB}^2} = \sqrt{6^2 - 3^2} = 3\sqrt{3}$ (cm)　よって，立体A—BCDEの体積は，$\dfrac{1}{3} \times 3 \times 3 \times 3\sqrt{3} = 9\sqrt{3}$ (cm^3)

(8) Aは ℓ 上の点だから，y 座標は，$y = \dfrac{3}{4} \times 2 + 2 = \dfrac{7}{2}$　Bは m 上の点だから，y 座標は，$y = \dfrac{1}{4}t^2$　Bの y 座標はAの y 座標と等しいから，$\dfrac{1}{4}t^2 = \dfrac{7}{2}$　これを解くと，$t = \pm\sqrt{14}$　$t < 0$ だから，$t = -\sqrt{14}$

【答】(1) 4 (個)　(2) ウ　(3) $x = 2$, $y = 7$　(4) $x = -9$, 6　(5) 53　(6) $\dfrac{1}{5}$　(7) $9\sqrt{3}$ (cm^3)
(8) (t の値) $-\sqrt{14}$

3 【解き方】(1) ① x が1増えると，y は70増えるから，x が，$4 - 2 = 2$ 増えると，y は，$70 \times 2 = 140$ 増える。よって，(ア)$= 130 + 140 = 270$　また，x が，$7 - 2 = 5$ 増えると，y は，$70 \times 5 = 350$ 増えるから，(イ)$= 130 + 350 = 480$　② y は x の一次関数で，x が1増えると y は70増えるから，変化の割合は70。よって，$y = 70x + b$ として，$x = 1$, $y = 60$ を代入すると，$60 = 70 \times 1 + b$ より，$b = -10$　したがって，求める式は，$y = 70x - 10$　③ $y = 70x - 10$ に，$y = 1950$ を代入して，$1950 = 70x - 10$ より，$x = 28$

(2) OP間の自転車の台数が t のとき，線分OPの長さは $(70t - 10)$ cm　線分QRの長さは自転車の台数が1増えるごとに75cm長くなるから，QR間の自転車の台数が t のときの線分QRの長さは，$60 + 75(t - 1) = 75t - 15$ (cm)　したがって，$70t - 10 + 80 = 75t - 15$ が成り立つ。これを解くと，$t = 17$

【答】(1) ① (ア) 270　(イ) 480　② $y = 70x - 10$　③ 28　(2) 17

4 【解き方】(1) ① AB∥DE，AD∥BE より，四角形 ABED は平行四辺形で，底辺を AD とすると，高さは DC となる。よって，面積は，$a \times 9 = 9a$ (cm^2)

(2) ① 四角形 FGBA は正方形だから，GB = AB　四角形 ABED は平行四辺形だから，AB = DE　よって，GB = DE　ここで，BE = AD = 6 cm だから，EC = 9 − 6 = 3 (cm)　直角三角形 DEC において，三平方の定理より，DE = $\sqrt{DC^2 + EC^2} = \sqrt{9^2 + 3^2} = 3\sqrt{10}$ (cm)　よって，GB = $3\sqrt{10}$cm　② △GBH ∽△DCE より，GB : BH = DC : CE だから，$3\sqrt{10}$: BH = 9 : 3 より，BH = $\sqrt{10}$ (cm)　よって，AH = $3\sqrt{10} - \sqrt{10} = 2\sqrt{10}$ (cm)　また，GH : BH = DE : CE だから，GH : $\sqrt{10} = 3\sqrt{10}$: 3 より，GH = 10 (cm)　GH∥AD だから，AI : IH = AD : GH = 6 : 10 = 3 : 5　よって，IH : AH = 5 : (3 + 5) = 5 : 8 だから，IH = $\frac{5}{8}$AH = $\frac{5}{8} \times 2\sqrt{10} = \frac{5\sqrt{10}}{4}$ (cm)

【答】(1) ① $9a$ (cm^2)　② △GBH と△DCE において，四角形 FGBA は正方形だから，∠GBH = 90°……㋐ 仮定より，∠DCE = 90°……㋑　㋐，㋑より，∠GBH =∠DCE……㋒　GH∥BC であり，平行線の錯角は等しいから，∠GHB =∠ABC……㋓　AB∥DE であり，平行線の同位角は等しいから，∠DEC =∠ABC……㋔　㋓，㋔より，∠GHB =∠DEC……㋕　㋒，㋕より，2 組の角がそれぞれ等しいから，△GBH ∽△DCE

(2) ① $3\sqrt{10}$ (cm)　② $\frac{5\sqrt{10}}{4}$ (cm)

英語A問題

1 **【解き方】**(1)「歴史」= history。

(2)「競技場」= stadium。

(3)「～の下で」= under ～。

(4)「大好きな」= favorite。

(5)「～を着る」= wear ～。

(6)「彼の」= his。

(7) 一般動詞の過去形の疑問文。主語の前に did をつける。

(8) What 型の感嘆文。「なんと～な…でしょう！」=〈What ＋ a ＋形容詞＋名詞!〉。

(9) 否定の命令文。「～してはいけません」=〈Don't ＋動詞の原形〉。

(10)「～するべき」は形容詞的用法の不定詞〈to ＋動詞の原形〉を用いて表す。

(11)「～されていますか」は受動態の疑問文〈be 動詞＋主語＋過去分詞～?〉で表す。

(12)「一度も～したことがない」=〈have/has ＋ never ＋過去分詞〉。eat の過去分詞形は eaten。

【答】(1) ア　(2) ウ　(3) ウ　(4) ア　(5) ウ　(6) イ　(7) イ　(8) イ　(9) ア　(10) ウ　(11) ア　(12) ウ

2 **【解き方】**(1) 比較級の文。「～よりも古い」= older than ～。

(2)「A に～するように頼む」= ask A to ～。

(3) 接続詞の when を用いた文。「私が～を訪ねたとき」= when I visited ～。

(4) 目的格の関係代名詞が省略された文。「私が～に書いた手紙」= a letter I wrote to ～。

【答】(1) ア　(2) イ　(3) ア　(4) ア

3 **【解き方】**① ポスターを見る。絵画コンテストのテーマは「季節の花々」。「季節」= season。

② ポスターを見る。作品は 7 月 22 日までに美術館の「事務所」へ送らなければならない。「事務所」= office。

③ ポスターを見る。美術館は毎週「月曜日」が休館日となっている。「月曜日」= Monday。

【答】① ウ　② イ　③ イ

◀全訳▶

直子　：ティム，見てください。市立美術館が高校生のための絵画コンテストを開催する予定です。あなたはそれに興味がありますか？

ティム：はい，直子。私は絵を描くのが好きです。そのコンテストのために私は何を描くべきですか？

直子　：そうですね，あなたは季節の花々を描くべきです。

ティム：楽しそうですね。私はそれをやってみます。

直子　：それなら，あなたは 7 月 22 日までに美術館の事務所にあなたの絵を送らなければなりません。

ティム：わかりました。私はそれをすることができると思います。

直子　：よかった。すべての絵は 10 日間美術館で展示されます。美術館は毎週月曜日に休館であることを覚えておいてください。

ティム：ありがとう，直子！　私はわくわくしています！

4 **【解き方】**(1)「あなたのためにその本を運びましょうか？」―「いいえ，結構です。大丈夫です」。Shall I ～? =「～しましょうか？」。No, thank you. =「いいえ，結構です」。

(2) How long は期間をたずねる疑問詞。How long have you played it? =「あなたはどれくらい（の期間）それを演奏しているのですか？」。For 5 years. =「5 年間です」。

(3) A が B に誕生日プレゼントを渡している場面。「開けてもいいですか？」という B のせりふに対する A の返答。I hope you'll like it. =「私はあなたがそれを気に入ってくれると思います」。

(4)「家に赤ペンを置き忘れてきた」という A に対する B のせりふを選ぶ。You can use mine. =「あなたは私のを使っていいですよ」。

【答】 ⑴ ウ　⑵ イ　⑶ ウ　⑷ エ

5 **【解き方】**［Ⅰ］⑴「散歩して楽しんだ」。「～して楽しむ」= enjoy ～ing。

⑵ 祖父の「鳩はすごいということを知っていますか？」という質問に対する返答。直後の「あなたはどういうことを言っているのですか？」ということばから考える。「いいえ，知りません」= No, I don't.。

⑶「彼らは地図なしで『それ』を見つけることができる」。「それ」は直前の文中にある「彼らの巣」を指している。

⑷ 目的格の関係代名詞が省略された文。things のあとに which（または，that）が省略されていると考える。「私たちが知らないこと」= things we don't know。

［Ⅱ］①「私は～だと思います」= I think〔that〕～。「それらは興味深い」= they are interesting。

②「私に～を見せてください」= Please show me ～。

【答】［Ⅰ］⑴ イ　⑵ ア　⑶ their home　⑷ things we don't know

［Ⅱ］（例）① I think they are interesting.　② Please show me the book.

◀全訳▶ こんにちは，みなさん。ある日，私は祖父と一緒に公園を散歩して楽しみました。私たちはそこで数羽の鳩を見ました。そのとき，祖父が「鳩がすごいということを知っている？」と言いました。私は彼らの素晴らしい点を何も想像できませんでした。そこで，私は「いいえ，知らないよ。どういうことを意味しているの？」と言いました。祖父は「鳩はすごいことができるよ。鳩についての情報を探せば，そのことがわかるよ」と言いました。私は興味があったので，図書館に行って何冊かの本を読みました。

私は鳩に関する二つのすごい点を見つけました。まず，鳩は飛ぶためのたくさんのエネルギーを持っています。彼らは長い距離を飛ぶためにそれを使います。彼らは約100キロメートルを飛ぶことができます。次に，とても遠い場所から，鳩は巣まで帰ってくることができます。彼らは地図なしでそれを見つけることができます。鳩は自分の巣がどこにあるのか知っています。彼らは巣を見つけるための特殊な感覚を持っています。これらのことを知ったとき，私は，鳩はすごいと思いました。

その翌日，私は祖父にその二つのことを話しました。私は「鳩は地図を持っていないけれど，遠い場所から巣に帰ることができる。それは驚くべきことだね。おそらく鳩は他にもすごいことができるだろうね」と言いました。祖父はほほ笑んで「そう思うよ。私たちが知らないたくさんのことがあるよ」と言いました。お聞きいただいてありがとうございました。

英語B問題

1 【解き方】［Ⅰ］① 直前に名詞の my friend，直後に is があることから，主格の関係代名詞を用いる。「～出身の私の友だち」= my friend who is from ～。

② 「～の前で」= in front of ～。

③ 直前に感情を表す形容詞 surprised があることから，原因・理由を表す不定詞〈to ＋動詞の原形〉を用いる。「～して驚く」= be surprised to ～。

④ 「A に～してもらいたい」= want A to ～。

⑤ 「異なる」= different。

［Ⅱ］(1) ナタリーの「私もたいていすぐにプレゼントを開けます」ということばに対するせりふ。Oh, you, too? =「へえ，あなたも？」。

(2) 「私もそうしますが，カードだけを送るときもあります」という意味。智也の「プレゼントを送るとき，私は小さなカードに短いメッセージを書きます」ということばの直後に入る。

(3) 直後のせりふの中でナタリーが絵ハガキと今話題にしているカードの違いを説明していることから考える。You mean postcards, right? =「あなたは絵ハガキのことを言っているのですね？」。

(4) ア.「ナタリーのホストファミリーは包装紙を楽しむためにゆっくりとはがしたのだと智也は思っている」。智也の 2 番目のせりふを見る。正しい。イ. ナタリーの 7 番目のせりふを見る。ナタリーがよく使うカードは二つに折られると絵ハガキと同じ大きさになる。ウ. 河野先生の 3 番目のせりふを見る。封筒を開けるときの気持ちは，プレゼントを開けるときに感じる気持ちと同じだと河野先生は言っている。エ. ナタリーの 8 番目のせりふを見る。カードを受け取るのが特別であるのは，相手の人がそれを準備するのに時間を費やしたことがわかるからだろうとナタリーは思っている。

(5) ①「ナタリーと河野先生の両方が智也のスピーチを楽しみましたか？」。ナタリーの 1 番目，河野先生の 2 番目のせりふを見る。2 人とも智也のスピーチを楽しんだと言っている。②「丁寧に準備されていれば，プレゼントやカードはどのようなものになることができますか？」。河野先生の最後のせりふを見る。丁寧に準備されたのであれば，どんなプレゼントでもどんなカードでも『素晴らしい贈り物』になることができる。

【答】［Ⅰ］① イ　② イ　③ ウ　④ イ　⑤ ア

［Ⅱ］(1) エ　(2) ウ　(3) ウ　(4) ア　(5)(例) ① Yes, they did.　② It can be a wonderful gift.

◀全訳▶　［Ⅱ］

ナタリー：こんにちは，智也。私はあなたのスピーチを楽しみました。私はあなたの友だちの気持ちを理解することができます。私もたいていすぐにプレゼントを開けます。

智也　：へえ，あなたも？　それは興味深いです，ナタリー。

ナタリー：あの，一つ質問があります。私がホストファミリーにプレゼントをあげたとき，彼らは包装紙をゆっくりとはがしました。あなたはなぜ彼らがそうしたのかわかりますか？

智也　：そうですね，あなたのホストファミリーが包装紙もプレゼントの一部であると考えたのだろうと思います。もしかすると，あなたはその紙に彼らの大好きな色を選んだのかもしれません。プレゼントはとても気配りをして準備されているので，彼らはその紙も楽しむために気をつけたかったのだと私は思います。

ナタリー：それは素敵な考え方ですね。次回，私は彼らのようにプレゼントを開けようと思います。

河野先生：こんにちは，ナタリーと智也。あなたたちは何について話しているのですか？

ナタリー：こんにちは，河野先生。私たちはプレゼントを受け取るときに私たちが感じる気持ちについて話しています。

河野先生：ああ，私はあなたのスピーチを楽しみましたよ，智也。私は気持ちを表したり理解したりすることは大切だと思います。私はたいていメッセージをつけてプレゼントを送ります。

智也　：私もそうです。プレゼントを送るとき，私は小さなカードに短いメッセージを書きます。

ナタリー：まあ，本当ですか？　私もそうしますが，カードだけを送るときもあります。そのカードを受け取った人たちはそれをもらってうれしいと言います。

智也　：私はそんなカードを送ったことが一度もないと思います。私たちにもっと詳しく話してください。

ナタリー：わかりました。いくつかのイベント，例えば，誕生日や新年などを祝うとき，私たちは家族や友だちにカードを渡したり送ったりします。

智也　：なるほど。あなたは絵ハガキのことを言っているのですね？

ナタリー：いいえ，少し違います。絵ハガキのように，カードの中にはさまざまな写真のついているものがあります。でも，私がふだん使うカードは二つに折られたものです。それらは二つに折られると，絵ハガキと同じ大きさです。そして，そのカードはたいてい封筒に入れられています。

河野先生：ああ，私はそのようなカードを受け取りました。封筒を開けるとき，私はわくわくしました。その気持ちは，私がプレゼントを開けるときに感じたものと同じでした。

ナタリー：私は，私たちがメールを使って簡単にメッセージの交換ができることを知っていますが，カードを受け取るのは特別なことだと感じます。おそらく，その人がそれを準備するのに時間を費やしたことがわかるからこんな気持ちになるのでしょう。

智也　：それは素敵な考え方ですね。私はカードを送りたいです。

ナタリー：あなたは店でカードを買うことをできるし，自分でカードを作ることもできます。もしあなたがメッセージを書きたければ，ほんの少しことばでも大丈夫です。カードを受け取る人のことを考えることが最も重要なポイントです。

智也　：わかりました。カードを送ることにはたくさんの意味があるのですね。カードだけでもプレゼントになることができますね。それは興味深いことです。

河野先生：私もそう思います。丁寧に準備されたのであれば，どんなプレゼントでもどんなカードでも素晴らしい贈り物になることができます。

智也　：わかりました。私は贈り物を送ったり受け取ったりすることは，お互いにつながるためのよい方法だと感じます。

ナタリー：その通りです。さまざまな方法で，贈り物を渡すことを通して自分の気持ちが相手の人に届くことができれば私たちは幸せになるでしょう。それは素晴らしいことです。

2 **【解き方】**［Ⅰ］(1)「彼は私に１枚の古い紙を見せてくれました」という意味の文。「A に B を見せる」= show A B。

(2)「私は『それら』についてみなさんにお話しします」。「それら」は直前の文中にある「単位に関するいくつかの興味深いこと」を指している。

(3) 同じ段落の１文目の「昔，長さを表すための世界中で共有される共通の単位がありませんでした」という文から考える。共通の単位がなかったため，世界の各地域の人々は長さを表すために彼ら自身の単位を使っていたと考えられる。

(4) 目的格の関係代名詞を用いた文。that が units を後ろから修飾する。「彼らが理解することができなかった単位」= units that they couldn't understand。

(5) 直前の「彼らは世界の誰にとっても地球が共通のものであると思い，地球の大きさは決して変わらないだろうと信じていました」という内容を受け，「しかし当時，誰もその正確な大きさを知りませんでした（(ii)）」が最初にくる。そのあとは「そこで，彼らは地図と機械を利用することで地球の大きさを知ろうとしました（(iii)）」→「その作業を完了するのには数年かかり，彼らは地球の大きさを知ることができました（(i)）」と続く。

(6) 仮定法の文では if 節のあとの主節の動詞は〈助動詞の過去形＋動詞の原形〉になる。「もっと困難だ」= be

more difficult。

(7) ア．第1段落の最後から3文目を見る。咲子は昔の人が使っていた単位について知るために図書館へ行った。イ．「メートルは世界の誰にとっても共通であるものの大きさを用いて作られた」。第4段落を見る。メートルという単位は地球の大きさをもとにして作られた。正しい。ウ．第3段落の後半を見る。18世紀に国際貿易がより一般的になったため，世界中の人々に使われる共通の単位が必要となった。エ．第4段落の最後から3文目を見る。1885年は日本がメートルという単位を受け入れた年。「日本でメートルが作られた」わけではない。

［Ⅱ］①「私は～を知らなかった」= I didn't know ～。「～の中で紹介された二つの単位」= the two units introduced in ～。名詞修飾する過去分詞の後置修飾を使用する。

②「将来あなたは他の言語を勉強したいですか？」という質問に対する自分の考えを述べる。Yesの場合であれば，「他の言語を学ぶことを通して，多くのことを学ぶことができ，その言語を使う人々とコミュニケーションを取ることができる」などの理由が考えられる。

【答】［Ⅰ］(1) ウ　(2) some interesting thigs on units　(3) ア　(4) units that they couldn't　(5) エ
(6) would be more difficult　(7) イ

［Ⅱ］(例) ① I didn't know the two units introduced in the speech. (10語)

② Yes, I do.／Through studying other languages, I can learn many things. I want to communicate with people by using their local language. (20語)

◀全訳▶　［Ⅰ］こんにちは，みなさん。先月，私は祖父の家を訪れました。彼は私に1枚の古い紙を見せてくれました。その紙には，彼の母親の学校での成績や健康状態についての情報が書かれていました。それによると，彼女の身長は5尺でした。私は「尺」が何を意味するのか理解することができなかったので，祖父にそのことについてたずねました。彼は私に，尺というのは昔の人が使っていた単位の一つで，1尺は約30.3センチメートルの長さであると教えてくれました。私は昔の人が使っていた単位についてより知りたいと思ったので，図書館へ行きました。私は単位に関していくつかの興味深いことを学びました。私はそれらについてみなさんにお話しします。

昔，長さを表すための世界中で共有される共通の単位はありませんでした。さまざまな単位が世界で使われていました。異なる地域の人々が異なる単位を使っていました。例えば，日本では，人々は尺を使っていました。ヨーロッパのいくつかの地域では，人々は「キュービット」とよばれる単位を使っていました。これらの例から，昔，世界の各地域の人々は長さを表すために彼ら自身の単位を使っていたと言うことができます。もし私たちが1尺の長さと1キュービットの長さを比べれば，それらは同じ長さではありません。

15世紀，多くの人々が海外に行き始めました。他の地域の人々とコミュニケーションを取ったとき，彼らはとても困惑しました。彼らが理解できないたくさんの種類の単位があったのです。18世紀の間に，国際貿易がより一般的になり，人々は世界中で品物を交換しました。そこで，世界中の人々に使われることができる共通の単位が必要となりました。

何人かの科学者たちが新しい単位を作ろうとし始めました。それをするために，彼らは地球の大きさを利用することに決めました。彼らは世界の誰にとっても地球が共通のものであると思い，地球の大きさは決して変わらないだろうと信じていました。しかし，当時，誰もその正確な大きさを知りませんでした。そこで，彼らは地図と機械を利用することで地球の大きさを知ろうとしました。その作業を完了するのには数年かかり，彼らは地球の大きさを知ることができました。そして，それを利用することにより，「メートル」とよばれる新しい単位がついに作られました。その新しい単位は作られたのですが，多くの人々が自分たち自身の単位を使い続けました。しかし，1875年5月20日，フランスで開催された国際会議の場で，17の国々がその新しい単位を使うことに同意しました。日本は1885年にそれを受け入れました。数年後，日本の何人かの人々がメートルを使い始めました。多くの国の人々が生活の中でそれを使い，この新しい単位は人々の生活を便利なものにしました。

共通の単位を作ることは偉大な作業であったと私は思います。それは人々の生活をとても大きく変えました。もし私たちが共通の単位をもっていなければ，私たちの生活はもっと困難でしょうに。私はメートルが地球の大きさを利用することによって作られたことを全く知りませんでした。単位について学ぶことを通して，私は世界のあらゆるものに興味深い歴史があることを知りました。ありがとうございました。

英語リスニング

回【解き方】1. 由美の「どこで彼を見たの？」という質問に対する返答を選ぶ。At the station.＝「駅でだよ」。
2.「注文をお聞きしてもよろしいでしょうか？」,「紅茶と一緒にケーキをいただきます」というせりふから，注文を聞いている店員と客との会話であることがわかる。
3. 映画の開始時刻は3時50分。優子は「映画の20分前に会いましょう」と言っている。
4. (1) グリーン先生はアメリカで生まれた。(2) 先生が最後に「私の助言についていくつか質問をしますから，私の話を聞いているときにメモを取るべきです」と言っている。
5. (1) 雨になる予定だと聞いていたが,「午前中は晴れそうだとテレビニュースで言っている」とロブが真理子に言ったあとで二人は予定を変更した。(2) ロブは昼食を作って，それを公園に持っていくつもりである。
6. 拓也が謝ったのは，エミリーのかばんを踏んでしまったから。

【答】1. エ　2. ア　3. ウ　4. (1) ウ　(2) イ　5. (1) エ　(2) ア　6. イ

◀全訳▶　1.
ジョン：由美，僕は昨日有名な野球選手を見たよ。彼はとてもかっこよかった！
由美　：本当？　あなたは運がよかったわね，ジョン。あなたはどこで彼を見たの？
2.
店員：失礼します。ご注文をお聞きしてもよろしいでしょうか？
女性：ああ，待ってください，私は考えているところです…。今日のスペシャルメニューは何ですか？
店員：チョコレートケーキです。おいしいですよ。
女性：よさそうですね。では，私は紅茶と一緒にそのケーキをいただきます。
3.
優子：ジム，私たちは今日映画館で映画を観る予定ね。私はわくわくしているわ。
ジム：僕もだよ，優子。映画は何時に始まるの？
優子：3時50分に始まる予定よ。映画の20分前に会いましょう。
ジム：いいよ。僕は映画館で君を待っているよ。
優子：わかったわ。そこで会いましょう。
4. こんにちは，みなさん。みなさんとお会いできてうれしいです。私の名前はグリーンです。私のことをグリーン先生とよんでください。私は2年間日本で子どもたちに教えています。その前は，私は中国で働いていました。
　私はアメリカで生まれました。子どもの頃，私には3カ国語を話す友人がいました。そのため，オーストラリアで大学生だったとき，私は子どもたちがどのようにして言語を学ぶのかということを勉強しました。私はまた，外国語を学ぶのに何が大切なのかということも勉強しました。私は多くの研究を行い，いくつかの興味深い事実を発見しました。
　今から，私は英語を勉強するために役立つ助言をしましょう。そして，私の助言についてみなさんにいくつか質問をしますから，みなさんは私の話を聞いているときにメモを取るべきです。
質問(1)：グリーン先生はどこで生まれましたか？
質問(2)：グリーン先生の話を聞いているとき，生徒たちは何をするべきですか？
5.
ロブ　：真理子，君は次の日曜日の僕たちの予定を覚えている？
真理子：もちろんよ，ロブ。私が雨になりそうだと聞いたから，私たちは図書館に行って読書をするのよね？
　　　私は新しい傘を持っていくつもりよ。私たちはリラックスして読書を楽しめると思うわ。
ロブ　：あのね，今テレビニュースで，日曜日の朝は晴れるので，僕たちは傘を必要としないと言っているよ。

真理子：あら，本当？　じゃあ，外出するのにいいわね。あなたはどう思う，ロブ？

ロブ　：僕もそう思うよ。僕たちは図書館には次の機会に行くことができるよ。公園に行くのはどう？

真理子：それはいい考えね。あなたはそこで何をしたいの？

ロブ　：そうだね，僕はそこで昼食を食べたい。僕が昼食を作ってそれを持っていくよ。一緒にそれを食べようよ。

真理子：あなたは親切ね。ありがとう，ロブ。じゃあ，私はギターを公園へ持っていくわ。私はあなたのためにそれを演奏するわ。

ロブ　：本当？　それはすごいだろうね，真理子。

真理子：私は日曜日が待ちきれないわ。素晴らしい昼食と一緒に音楽を楽しみましょう。

質問(1)：真理子とロブはなぜ日曜日の予定を変更したのですか？

質問(2)：ロブは公園に何を持っていくつもりですか？

6.

エミリー：拓也，ここに来て私を手伝ってくれる？

拓也　　：いいよ，エミリー。君のために僕は何をすることができる？

エミリー：あのね，私はこれらの机といすを移動させたいの。ほら，演劇部で私たちはここでダンスの練習をする予定なの，だから私たちはそのための場所を作る必要があるの。

拓也　　：なるほど。では，僕は最初にこれらの机を移動させるよ。君は僕にそれらをどこに置いてもらいたいの？

エミリー：ありがとう，拓也。この部屋の隅にお願い。

拓也　　：わかった。…ああ，これらはとても重いね。

エミリー：気をつけてね…。ああ，その上を歩かないで！　それは私のかばんよ。

拓也　　：かばん？　ああ，僕の足でそれを踏んでいることに気づかなかった。ごめん，エミリー。僕はそれを見ることができなかったんだ。

エミリー：大丈夫よ，拓也。私のほうこそごめんなさい。それは私が机の上にかばんを置かなかったから起こったのよ。

拓也　　：そう言ってくれてありがとう。ええと，まだ多くの机といすがあるね。僕は，僕たちを手伝うことができる他のメンバーを探してくるよ。

社　会

1 【解き方】(1) ① 正距方位図法では中心からの距離と方位が正しく表される。③ 教育・科学・文化を通じて，国同士が協力して平和を守ることを目的としている。

(2) ① 赤道はギニア湾，シンガポールの南端付近，ブラジルの北部などを通る緯線。② 天然ゴムの生産は東南アジアの国々が世界の約7割を占めている。イはコートジボワールやガーナ，ウはインドや中国，エは中国やインド，ケニアでの生産がさかん。

(3) aは南アメリカ大陸。

(4) サンフランシスコはアメリカ合衆国の西海岸に位置する都市。

【答】(1) ① イ　② ウ　③ ユネスコ　(2) ① B　② ア　(3) ウ　(4) ⓐ ア　ⓑ ウ

2 【解き方】(1) 和同開珎の発行がはじまったのは飛鳥時代末期で，日本からは遣唐使が送られていた時期。

(2) 惣の共同体意識は強く，年貢の軽減や借金の取り消しを認めさせるために，しばしば一揆の中心となった。

(3)「問（問丸）」はおもに船を用いて，海路で物資を運んだ水上運送業者。また，港に倉庫を構えて物資の保管も行った。「座」は鎌倉時代や室町時代の同業者組合。

(5) ① 田沼意次は商業に重点を置く政策を展開した老中。② 外国に領事裁判権を認め，日本に関税自主権がない不平等な内容を含んでいた。

(6) (i)は1885年，(ii)は1890年，(iii)は1871年のできごと。

【答】(1) ア　(2) 惣　(3) イ　(4) 徳川家康

(5) ① 営業の独占を認めるかわりに，税を納めさせる（同意可）　② 日米修好通商条約　(6) オ

3 【解き方】(1) ① 社会権には，生存権や労働基本権なども含まれる。ア・エは自由権，イは平等権について述べた文。② イ・ウは参議院について述べた文。③ 閣議は非公開で行われ，内容は後に官房長官から発表される。

(2) ① 商品契約や購入について，よく考えなおす期間を消費者に与えている。② (i)は2004年，(ii)は1962年，(iii)は1994年のできごと。

【答】(1) ① ウ　② ア・エ　③ 閣議　④ 良心　(2) ① クーリング・オフ　② エ

4 【解き方】(1) ① アは大正時代，イは明治時代，エは平成時代のできごと。② イでは有機水銀を原因物質とした第二水俣病（新潟水俣病）が，ウでは有機水銀を原因物質とした水俣病が，エでは二酸化硫黄(いおう)などを原因物質とした四日市ぜんそくがそれぞれ発生した。③ 現在は環境基本法にその考え方が引き継がれている。

(2) ① パリはフランスの首都。アはドイツの首都ベルリン，ウはイタリアの首都ローマ，エはスペインの首都マドリード。② SDGsは産業・社会・環境などの面で2030年までに達成することを目指した17の目標のこと。③ イ．2012年は火力→原子力→風力→水力→太陽光だが，2017年は火力→原子力→風力→太陽光→水力となる。エ．図I中で再生可能エネルギーにあたるのは，風力と水力と太陽光なので合計は20.8％。

【答】(1) ① ウ　② ア　③ 公害対策基本法　④ エ　(2) ① イ　② 持続可能　③ イ・エ

理　科

1 【解き方】［Ⅰ］(1) ① 図Ⅰの左（西）側のプレートはユーラシアプレート，右（東）側のプレートは太平洋プレート，真ん中上のプレートは北アメリカプレート，真ん中下のプレートはフィリピン海プレート。

(2) マグニチュードは地震の規模を表したもので，震源からの距離によって変化しない。

(3) ① 初期微動が始まった時刻が11時37分21秒，主要動が始まった時刻が11時37分30秒なので，11時37分30秒－11時37分21秒＝9(秒)　② P波は初期微動を起こす波なので，68kmの距離を，11時37分21秒－11時37分11秒＝10(秒)で進んだことになる。よって，$\dfrac{68\,(\text{km})}{10\,(\text{秒})} = 6.8\,(\text{km/s})$

［Ⅱ］(4) ② 太陽に近い位置にある惑星から，水星，金星，地球，火星，木星，土星，天王星，海王星になる。

【答】(1) ① ア　② 海溝　(2) ウ　(3) ① 9(秒)　② 6.8(km/s)　(4) ① 月　② 海王星　③ ア　④ エ
(5) (光)が250万年間に進む距離。(同意可)

2 【解き方】［Ⅰ］(3) 表Ⅰより，PET・PP・PEの密度はエタノールの密度より大きいので，エタノールにPET・PP・PEを入れるとすべて底に沈む。PETの密度は水より大きく，PP・PEの密度は水より小さいので，水にPET・PP・PEを入れると，PETのみが底に沈む。

［Ⅱ］(4) ① 図Ⅱより，水100gに30gのミョウバンがとけるときの水の温度は約45℃。② とけているミョウバンの質量が30g，20℃の水100gにとけるミョウバンの最大量が11gなので，30(g)－11(g)＝19(g)

(5) ② 20℃の水100gに食塩は最大36gとけるので，30gの食塩をとかすことができる20℃の水の質量は，$100\,(\text{g}) \times \dfrac{30\,(\text{g})}{36\,(\text{g})} \fallingdotseq 83.3\,(\text{g})$　よって，減少した水の質量は，100(g)－83.3(g)≒17(g)

【答】(1) イ　(2) ウ　(3) ① ア　② エ　(4) ① イ　② 19(g)　(5) ① 水が蒸発したため。(同意可)　② 17(g)

3 【解き方】［Ⅰ］(2) ② 葉の表側（イ）に道管，葉の裏側（ウ）に師管がある。アとエは表皮細胞。

(4) 体細胞分裂の順は，核内に染色体が見えるようになる→染色体が中央に並ぶ→染色体が両端に移動する→しきりのようなものができる→2つの新しい細胞ができる。

(5) 細胞分裂をした直後の細胞1つの大きさは小さく，その1つ1つの細胞が大きくなることで根が伸びていく。qのプレパラートでみられる細胞の大きさがその他の細胞の大きさより小さいことから，根の先端付近で細胞分裂によって細胞が増えると分かる。

【答】(1) ① 葉緑体　② ア　(2) ① 道管(または，導管)　② イ　(3) エ　(4) ウ　(5) ① ア　② オ

4 【解き方】［Ⅰ］(1) W（ワット）は電力や仕事率，J（ジュール）は仕事や熱量，A（アンペア）は電流の単位。

(3) 図Ⅰの回路で，抵抗Pと抵抗Qは直列つなぎなので，抵抗Pと抵抗Qに加わる電圧の和が電源の電圧と等しくなる。よって，7(V)－5(V)＝2(V)

(4) ① 図Ⅱの回路で，抵抗Pと抵抗Qは並列つなぎなので，抵抗Pと抵抗Qには同じ大きさの電圧が加わる。抵抗Pと抵抗Qの電気抵抗は抵抗Qの方が小さいので，同じ大きさの電圧を加えると，抵抗の小さい抵抗Qの方が大きな電流が流れる。② ①より，抵抗Pと抵抗Qには同じ大きさの電圧が加わり，流れる電流の大きさは抵抗Qの方が大きいので，発生する熱量は抵抗Qの方が大きい。

［Ⅱ］(6) ⓒ 往復の距離なので，85(m)×2＝170(m)　ⓓ $\dfrac{170\,(\text{m})}{0.56\,(\text{秒})} \fallingdotseq 304\,(\text{m/s})$

(7) Sさんと校舎の壁との距離は，85(m)×2＝170(m)なので，音がはね返り戻ってくるまでの距離は，170(m)×2＝340(m)　音の速さが340m/sなので，音がはね返り戻ってくるまでの時間は，$\dfrac{340\,(\text{m})}{340\,(\text{m/s})} = 1$(秒)　よって，1(秒)＋0.06(秒)＝1.06(秒)

【答】(1) エ　(2) オームの法則　(3) 2(V)　(4) ① イ　② エ　(5) ⓐ ア　ⓑ ウ　(6) ⓒ 170　ⓓ カ　(7) 1.06(秒)

国語A問題

1 【解き方】2.「将来，学校の先生になりたい」は，「人に何かを教えることが好きだから」という気持ちが原因となって生まれた目標。

【答】1. ⑴ きかい　⑵ れいぞう　⑶ さくばん　⑷ きょうこ　⑸ なら(う)　⑹ ね(る)　⑺ 雲　⑻ 交(わる)　⑼ 貯金　⑽ 水陸　2. ウ

2 【解き方】1.「流」の部首は「氵（さんずい）」。アは「整」と書き，部首は「攵（ぼくづくり）」。イは「法」と書く。ウは「結」と書き，部首は「糸（いとへん）」。

2. インターネットのない当時は「とにかくすぐにでも行動に移すことが…コツだった」と述べた後で，この「行動」については，まずは身近な場所で「情報を収集する」ことであり，そこで得た情報を持って「自分とその対象の距離を今日よりも明日というように縮めていく」ことだと説明している。

3.「小さな手がかりが，むくむくと成長していき」に注目。「点」であった「手がかり」がつながって「線」となり，それらがつながることで「面」が出来上がって目標に近づくということ。

4. a.「そのとき僕は旅のはじまりを予感し」とある。「そのとき」は，大使館の職員から分厚い電話帳を渡されて「これで調べてみたまえ」と言われたときを指す。b.「奇跡が起きるかも」とあることから，「旅のはじまり」を感じ，わくわくしている。

5. ある「本屋」を訪ねるために自ら行動して情報を収集し，たどり着いたという経験をした筆者は，その本屋の前に立つまでの物語は「宝物のような」ものであり，「たどり着くまでに知ったこと，学んだこと，経験したことは，実際のところ半端ではない」と述べている。

【答】1. イ　2. 自分とその対象の距離　3. オ　4. a. 電話帳をもらった（同意可）　b. ア　5. イ

3 【解き方】1. 語頭以外の「は・ひ・ふ・へ・ほ」は「わ・い・う・え・お」にする。

2.「右の蛇の首を喰わへ…立ち帰りし」とあることから，「帯」は「蛇」をたとえた表現であることをおさえる。

3. 鷲がやってきた理由について，親鶴は「其の身の手に不及るをさとりて…鷲を雇ひ来りし」と推察している。

【答】1. やしないし　2. ア　3. イ

◀口語訳▶　二羽の鶴のうち，一羽は蛇を見つけた様子であったが，大空に飛び去ってしまった。「ああこれはどうしたことか，雛がとられてしまうではないか」と手に汗してながめやっていたところ，もうすでに例の蛇は梢近くにたどりついていて，いよいよと思ったとき，一羽の鷲が遠くから飛んできて，その蛇の首をくわえ，帯を下げたように空に飛び去った後，親鶴がすぐに帰ってきて雌雄ともに巣へ戻り，（再び）雛の世話を始めた。鳥類ではあっても自分では手に負えないことをさとって，同類の鷲に助けを求めて連れて来た事実は，鳥類にも心があるということを示していると語った。

4 【解き方】1.「歯は／生き物の／体の／なかでも／もっとも／硬い／部分です」と分けられる。

2. a. 爬虫類の歯について，「顎の内側に歯がならんでいるだけ」と説明している。b. 恐竜の歯について，「顎の穴に歯が埋まっている」と説明している。

3. a.「飲み物」を具体例として挙げた後で，「似ている特徴に注目するのは，恐竜の分類でも同じです」と述べている。b. 一度分類しても「もっと気になる形質が見えてきた」場合は「分類し直そう」ということになると述べた後で，このように「注目すべきところが変わっていく」ことが，「恐竜の分類，そして爬虫類の進化について考えていくということでもあります」と述べている。

4. 分類は「あくまでも仮説にすぎない」と指摘した後で，多くの研究者が今「正しいだろう」と信じている説も，「いつか総崩れになってしまう」かもしれないし，逆に「新しい証拠…で，より確からしさが増していく」かもしれないと述べている。そして，「いずれにしても…真実に近づけているはずです」と述べている。

【答】1. もっとも　2. a. 内側にならんでいる　b. 穴に埋まっている（それぞれ同意可）
3. a. 似ている特徴に注目する　b. 注目すべきところ　4. ウ

国語B問題

1 【解き方】2. 一字戻って読む場合には「レ点」を，二字以上戻って読む場合には「一・二点」を用いる。
3. 形容詞。他は，「ぬ」に置きかえらるので打消を表す助動詞。

【答】1. (1) お(る) (2) あやつ(る) (3) たんれん (4) のうり (5) 交(わる) (6) 果(たす) (7) 竹馬 (8) 批評
2. イ 3. エ

2 【解き方】1. 新聞などを広げて「読んでいる」人物は「老彫刻家」。他の主語は，「アトリエのすぐ近くに住む友人」。
2. ギャラリーでの日常を具体的に述べた後で，「大きなガラス窓のドアの向こうからいろいろなひとやものがやってきたし，それをゆっくりと待つように外の光を眺めてもいた」と述べている。
4.「いま住んでいる家の窓から見えるもの」で「新鮮で驚きに満ちている」ものを具体的に挙げた後で，「新しい発見」に出会えるかどうかや，日々新鮮な気持ちを持って「毎日が楽しいと思える」かどうかは，「小さな発見をいつも見つけていたいと…心掛けているかどうかによって決まってくる」のだろうと述べている。そして，そうした心掛けを持っていれば，「毎日なにも変わらないような風景であっても，日々なにもかもが動いている」ことに気づけるのであり，このことを「確認していくこと」が日々の暮らしでは「結構重要なこと」だと述べている。

【答】1. C 2. ウ 3. ア
4. a. 日々なにもかもが動いているということを確認していく（25字）（同意可） b. 自分の中で

3 【解き方】1.「雛はとられん」と人々が思っていることや，「最早彼の蛇も梢近く至り」とあることから考える。
2.「一羽の鷲はるかに飛び来り，右の蛇の首を喰わへ…空中を立ち帰りし」とあることから，「帯」にたとえられたものが「蛇」であることをおさえる。
3. 語頭以外の「は・ひ・ふ・へ・ほ」は「わ・い・う・え・お」にする。
4.「鳥類ながら其の身の手に不及るをさとりて，同類の鷲を雇ひ来りし事」を見て，鳥類にも心があるのだなと感心している。

【答】1. ア 2. 鷲が蛇の首をくわえている様子。（15字）（同意可） 3. やしないし 4. イ

◀口語訳▶ 二羽の鶴のうち，一羽は蛇を見つけた様子であったが，大空に飛び去ってしまった。「ああこれはどうしたことか，雛がとられてしまうではないか」と手に汗してながめやっていたところ，もうすでに例の蛇は梢近くにたどりついていて，いよいよと思ったとき，一羽の鷲が遠くから飛んできて，その蛇の首をくわえ，帯を下げたように空に飛び去った後，親鶴がすぐに帰ってきて雌雄ともに巣へ戻り，（再び）雛の世話を始めた。鳥類ではあっても自分では手に負えないことをさとって，同類の鷲に助けを求めて連れて来た事実は，鳥類にも心があるということを示していると語った。

4 【解き方】1.「どんな分野でも，よし悪しを判断できるようになるためには，ある程度の量を体験することが必要になります」ということをわかりやすくするために，具体例として「音楽」を挙げ，「一つの曲を全体として体験しなければ」「何度も繰り返し聴くことが必要になるでしょう」と述べている。
2. a.「音楽を体験する」上での問題について，「一つの曲を全体として体験しなければ，曲の構成を把握することができません」「細部の表現を感じ取るためには，何度も繰り返し聴くことが必要になるでしょう」と指摘している。b. 絵画は音楽と違って「時間的な」制約は受けないと述べた後で，「しかし，質感や大きさの感覚などは，実物を見ないと得られません」と，絵画ならではの問題点を指摘している。c. 音楽や絵画の体験とは違い「グラフィックデザインは比較的簡単に見ることができます」と述べた後で，「もともと複製を前提にしている」ので，見ようと思えば「短期間に，まとめて多くの作品を見ることが可能です」などと，他の分野よりも優位な点を挙げている。
3. グラフィックデザインは「意識して見るようにするなら」短期間に多くの作品を見ることができると述べた

後で,「何かの分野で専門家になるということは,『テーマをもって生きる』ということです」と,普段から「意識」することの大切さを説いている。そして,「どんな分野でも,何かの専門家になるということの第一歩は,ものの見方を変えるということです」と述べた後で,これを具体的に,「デザインであれば,デザインする人の視点で世の中を見るように」することだと説明し,そのことが「デザイナーではない人との違いになってきます」と述べている。

【答】1. ウ

2. a. 曲の構成を把握したり細部の表現を感じ取ったりする (24字)(同意可)　b. 質感や大きさの感覚など　c. 複製を前提にしている

3. エ

大阪府公立高等学校

（特別入学者選抜）
（能勢分校選抜）（帰国生選抜）
（日本語指導が必要な生徒選抜）

2021年度

入学試験問題

※能勢分校選抜の検査教科は，数学Ｂ問題・英語Ｂ問題・社会・理科・国語Ｂ問題および面接。帰国生選抜の検査教科は，数学Ｂ問題・英語Ｂ問題および面接。日本語指導が必要な生徒選抜の検査教科は，数学Ｂ問題・英語Ｂ問題および作文（国語Ｂ問題の末尾に掲載しています）。

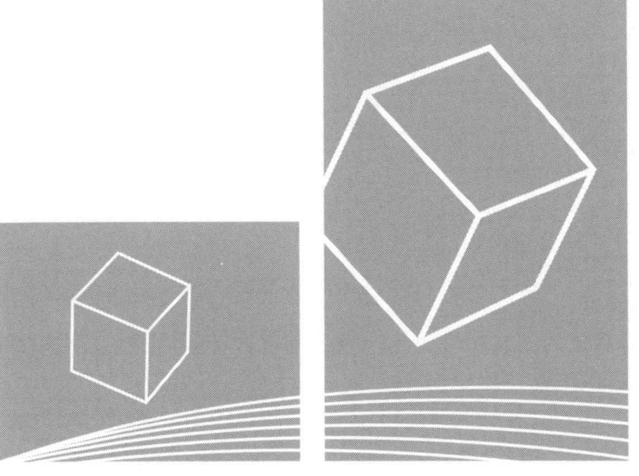
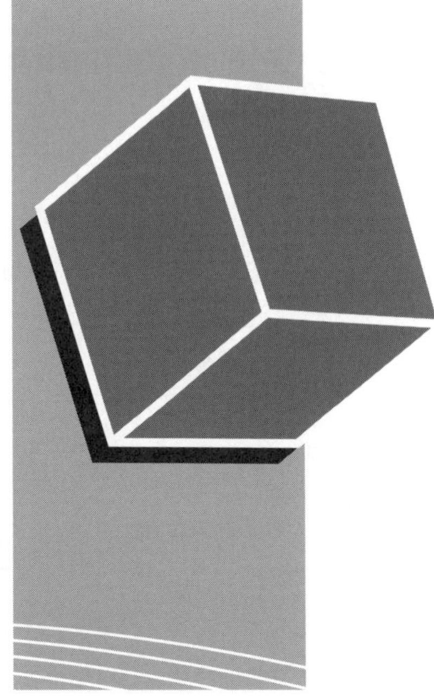

数学A問題

時間　40分　　　　満点　45点

1　次の計算をしなさい。

(1)　$11 - 6 \div 2$　(　　　)

(2)　$\dfrac{1}{3} + \dfrac{1}{7}$　(　　　)

(3)　$4^2 - 18$　(　　　)

(4)　$10x + 2y - 5(x - 2y)$　(　　　)

(5)　$24x^2 \div 8x$　(　　　)

(6)　$6\sqrt{5} - 4\sqrt{5}$　(　　　)

2　次の問いに答えなさい。

(1)　次のア～エの数のうち，十の位を四捨五入して得られる値が2600であるものはどれですか。一つ選び，記号を○で囲みなさい。(ア　イ　ウ　エ)

ア　2548　　イ　2635　　ウ　2680　　エ　2701

(2)　次のア～エの比のうち，4：9と等しいものはどれですか。一つ選び，記号を○で囲みなさい。

(ア　イ　ウ　エ)

ア　2：3　　イ　9：4　　ウ　12：27　　エ　14：19

(3)　「1本 a 円のボールペン3本と1冊 b 円のノート5冊を買ったときの代金の合計」を a，b を用いて表しなさい。ただし，消費税は考えないものとする。(　　　円)

(4)　Aさんは，ある中学校の卓球部に所属している。右図は，Aさんを含む卓球部員17人のハンドボール投げの記録をヒストグラムに表したものである。Aさんのハンドボール投げの記録は20.3mであった。Aさんの記録が含まれている階級の度数を求めなさい。(　　　人)

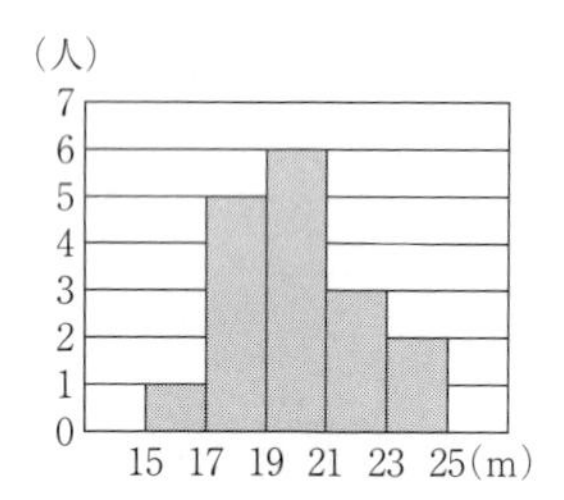

(5)　一次方程式 $3x - 10 = x + 8$ を解きなさい。(　　　)

(6)　次の［ ㋐ ］，［ ㋑ ］に入れるのに適している自然数をそれぞれ書きなさい。

㋐(　　　)　㋑(　　　)

$x^2 - 5x - 14 = (x +$ ［ ㋐ ］$)(x -$ ［ ㋑ ］$)$

(7)　赤玉1個と青玉3個と白玉4個とが入っている袋がある。この袋から1個の玉を取り出すとき，取り出した玉が青玉である確率はいくらですか。どの玉が取り出されることも同様に確からしいものとして答えなさい。(　　　)

(8) 右図において，m は関数 $y=\dfrac{1}{6}x^2$ のグラフを表す。A は m 上の点であり，その x 座標は－5である。A の y 座標を求めなさい。

( )

(9) 右図の立体は，正四角すいである。次のア～エのうち，右図の立体の投影図として最も適しているものはどれですか。一つ選び，記号を○で囲みなさい。

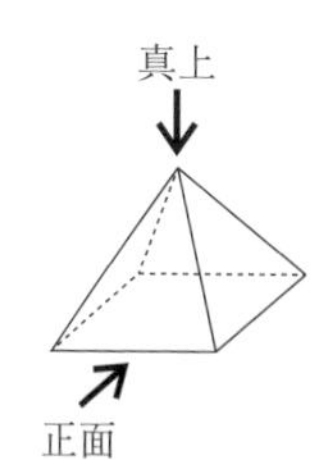

(ア イ ウ エ)

ア (立面図) (平面図)

イ
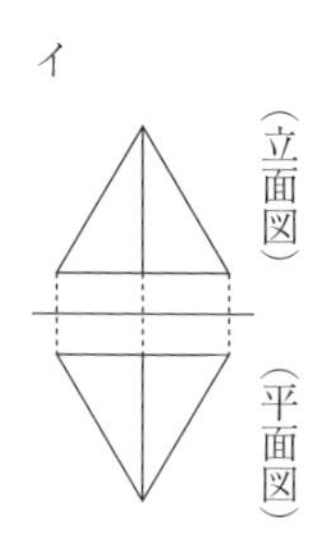

ウ
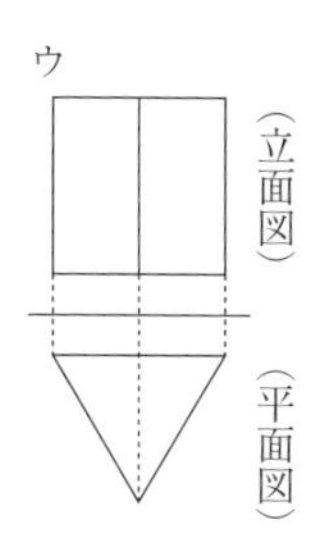

エ
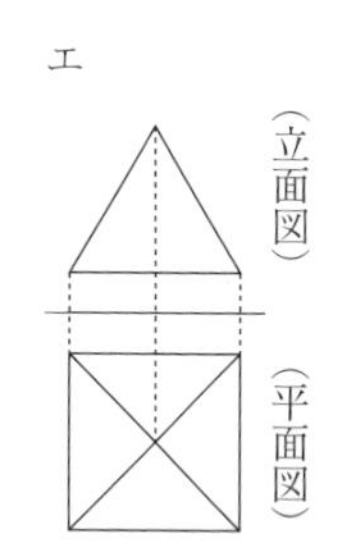

3 F さんは，床に敷いて使うジョイントマットを，右の写真のようにつなぎ合わせて並べることにした。

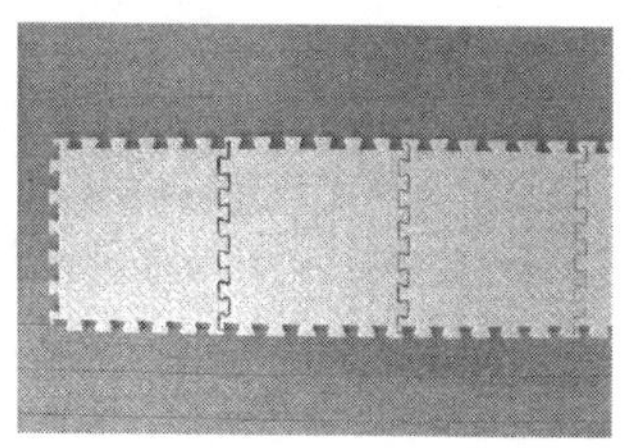

下図は，1枚の幅が 32cm のジョイントマットをつなぎ合わせて作ったジョイントマットの列の模式図である。「ジョイントマットの枚数」が x のときの「ジョイントマットの列の長さ」を y cm とする。x の値が1増えるごとに y の値は 30 ずつ増えるものとし，$x=1$ のとき $y=32$ であるとする。

次の問いに答えなさい。

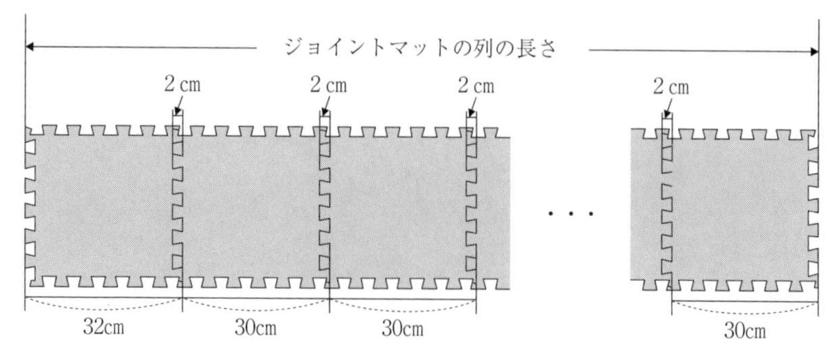

(1) 次の表は，x と y との関係を示した表の一部である。表中の(ア)，(イ)に当てはまる数をそれぞれ書きなさい。(ア)( ) (イ)( )

x	1	2	3	…	6	…
y	32	62	(ア)	…	(イ)	…

(2) x を自然数として，y を x の式で表しなさい。( )

(3) $y=452$ となるときの x の値を求めなさい。( )

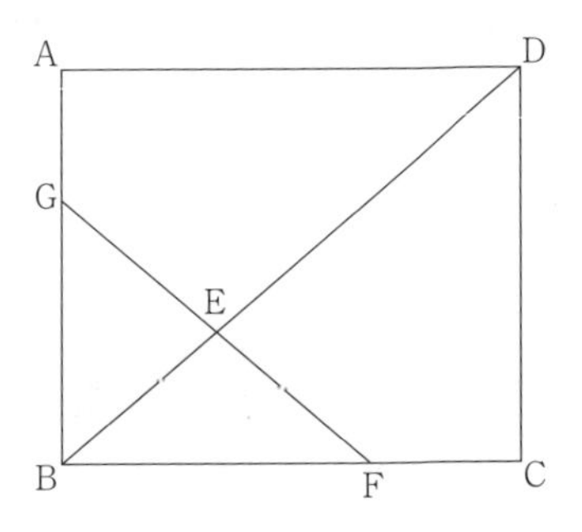

4　右図において，四角形ABCDは長方形であり，AB＝5 cm，AD＝6 cmである。BとDとを結ぶ。△EBFはEB＝EFの二等辺三角形であって，Eは線分BD上にあり，Fは辺BC上にあってB，Cと異なる。Gは，直線EFと辺ABとの交点である。

次の問いに答えなさい。

(1)　長方形ABCDは，点対称な図形である。次のア～エの点のうち，長方形ABCDにおける対称の中心として正しいものはどれですか。一つ選び，記号を○で囲みなさい。(ア　イ　ウ　エ)

ア　点A　　イ　辺ABの中点　　ウ　辺ADの中点　　エ　線分BDの中点

(2)　次は，△GBF∽△DCBであることの証明である。[ⓐ]，[ⓑ]に入れるのに適している「**角を表す文字**」をそれぞれ書きなさい。また，ⓒ〔　〕から適しているものを一つ選び，記号を○で囲みなさい。ⓐ(　　)　ⓑ(　　)　ⓒ(ア　イ　ウ)

(証明)

△GBFと△DCBにおいて

四角形ABCDは長方形だから

∠GBF＝∠[ⓐ]＝90°……㋐

△EBFはEB＝EFの二等辺三角形だから

∠GFB＝∠[ⓑ]……㋑

㋐，㋑より，

ⓒ〔ア　1組の辺とその両端の角　　イ　2組の辺の比とその間の角　　ウ　2組の角〕

がそれぞれ等しいから

△GBF∽△DCB

(3)　FC＝2 cmであるときの△GBFの面積を求めなさい。途中の式を含めた求め方も書くこと。

(求め方)(　　　　　)(　　　cm^2)

数学B 問題

時間 40分　　満点 45点

＊日本語指導が必要な生徒選抜の検査時間は50分

1 次の計算をしなさい。

(1) $5 \times 3 - (-16) \div 2$ (　　)

(2) $-13 + (-3)^2$ (　　)

(3) $3(4x - y) - 4(x - 2y)$ (　　)

(4) $63a^2b \div 9ab$ (　　)

(5) $(x + 4)(x + 1) + (x - 1)^2$ (　　)

(6) $\sqrt{2} + \sqrt{8} - \sqrt{32}$ (　　)

2 次の問いに答えなさい。

(1) $a = -6$, $b = 4$のとき，$4a - 3b$の値を求めなさい。(　　)

(2) a, bを整数とする。次のア～エの式のうち，その値が整数にならないことがあるものはどれですか。一つ選び，記号を○で囲みなさい。ただし，bは0でないとする。(ア　イ　ウ　エ)

ア $a + b$　　イ $a - b$　　ウ $a \times b$　　エ $a \div b$

(3) $2 < \sqrt{2n} < 3$を満たす自然数nの値をすべて求めなさい。(　　)

(4) 二次方程式$x^2 - 12x + 20 = 0$を解きなさい。(　　)

(5) 箱Aにはりんごが22個，箱Bにはりんごが16個入っており，箱Aに入っているりんごの重さの合計と箱Bに入っているりんごの重さの合計は同じである。箱Aに入っているりんごの重さの平均値をagとするとき，箱Bに入っているりんごの重さの平均値をaを用いて表しなさい。

(　　g)

(6) 二つのさいころを同時に投げるとき，出る目の数の和が6より小さい確率はいくらですか。1から6までのどの目が出ることも同様に確からしいものとして答えなさい。(　　)

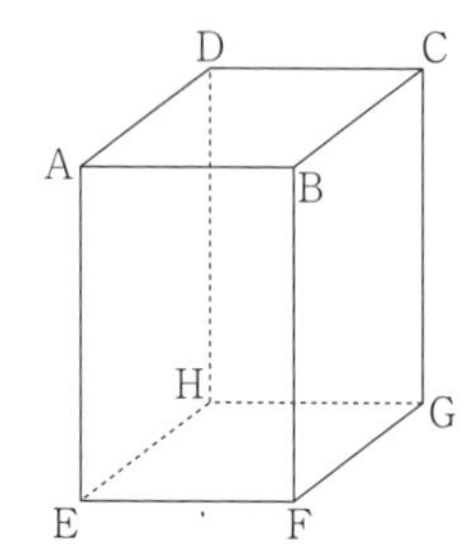

(7) 右図において，立体ABCD—EFGHは直方体であり，AB = 3cm，AD = 4cm，AE = $a$cmである。直方体ABCD—EFGHの表面積は87cm^{2}である。aの値を求めなさい。(　　)

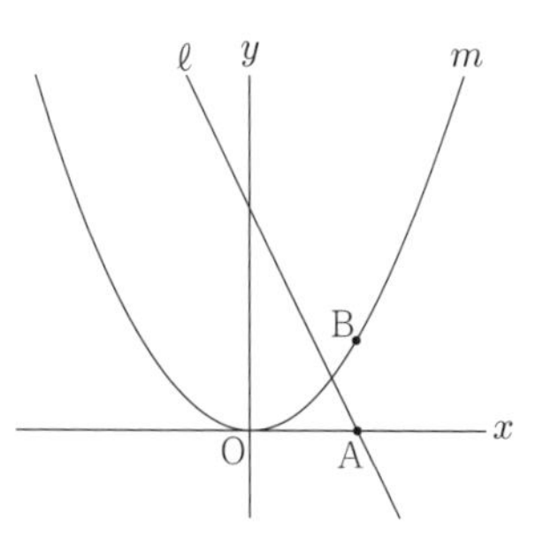

(8) 右図において，mは関数$y = ax^2$ (aは正の定数) のグラフを表し，ℓは関数$y = -2x + 5$のグラフを表す。Aは，ℓとx軸との交点である。Bはm上の点であり，Bのx座標はAのx座標と等しく，Bのy座標は2である。aの値を求めなさい。途中の式を含めた求め方も書くこと。

(求め方)(　　　　)

aの値(　　)

③　Fさんは，床に敷いて使うジョイントマットを，右の写真のようにつなぎ合わせて並べることにした。ジョイントマットは，大きさの異なる2種類のものがある。

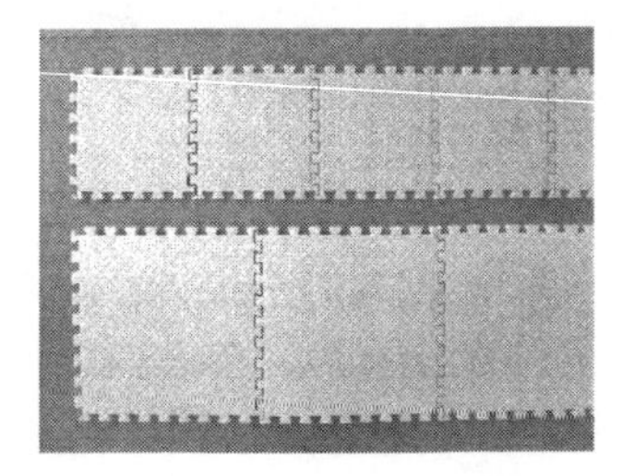

図Ⅰは，1枚の幅が32cmのジョイントマット（以下マットAという。）だけをつなぎ合わせて作ったマットAの列の模式図である。「マットAの枚数」が1増えるごとに「マットAの列の長さ」は30cmずつ長くなるものとし，「マットAの枚数」が1のとき「マットAの列の長さ」は32cmであるとする。

図Ⅱは，1枚の幅が47cmのジョイントマット（以下マットBという。）だけをつなぎ合わせて作ったマットBの列の模式図である。「マットBの枚数」が1増えるごとに「マットBの列の長さ」は45cmずつ長くなるものとし，「マットBの枚数」が1のとき「マットBの列の長さ」は47cmであるとする。

次の問いに答えなさい。

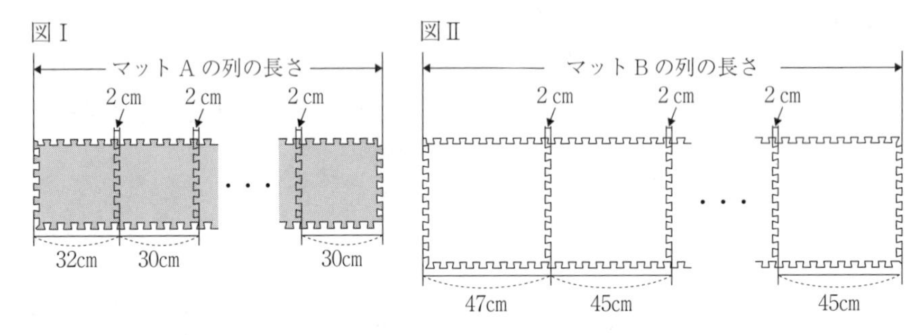

(1)　Fさんは，図Ⅰのようなマット A の列における，「マットAの枚数」と「マットAの列の長さ」との関係について考えた。「マットAの枚数」がxのときの「マットAの列の長さ」を$y$cmとする。

①　次の表は，xとyとの関係を示した表の一部である。表中の(ア)，(イ)に当てはまる数をそれぞれ書きなさい。(ア)(　　　)　(イ)(　　　)

x	1	2	…	4	…	9	…
y	32	62	…	(ア)	…	(イ)	…

②　xを自然数として，yをxの式で表しなさい。(　　　)

③　$y = 452$となるときのxの値を求めなさい。(　　　)

(2)　Fさんは，図Ⅰのようなマット A の列と図Ⅱのようなマット B の列を作り，それぞれの列の長さが同じになるようにした。

「マットAの枚数」をsとし，「マットBの枚数」をtとする。「マットAの列の長さ」と「マットBの列の長さ」は同じであり，sの値がtの値よりも7大きいとき，s，tの値をそれぞれ求めなさい。sの値(　　　)　tの値(　　　)

4 右図において，四角形ABCDは長方形であり，AB = 9 cm，AD = 6 cmである。DとBとを結ぶ。△EDFは∠EDF = 90°の直角三角形であり，Eは辺AB上にあってA，Bと異なり，Fは直線BC上にある。Gは辺EFと辺DCとの交点であり，Hは辺EFと線分DBとの交点である。

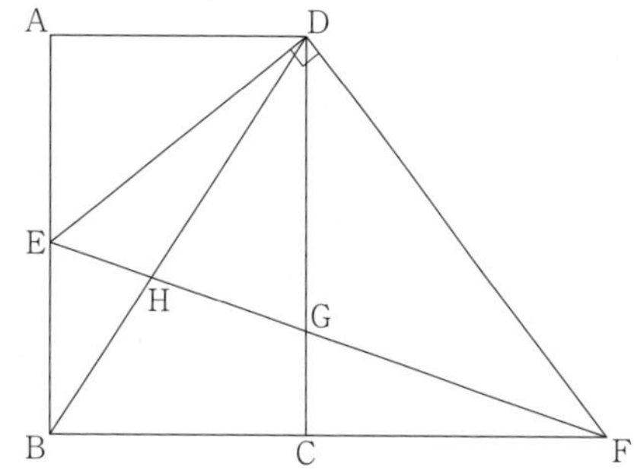

次の問いに答えなさい。

(1) 次のア～エのうち，△DBCを直線BCを軸として1回転させてできる立体の名称として正しいものはどれですか。一つ選び，記号を○で囲みなさい。

（ア　イ　ウ　エ）

ア 円柱　　イ 円すい　　ウ 三角柱　　エ 三角すい

(2) △AED ∽ △CFDであることを証明しなさい。

(3) CF = 7 cmであるとき，

① 線分AEの長さを求めなさい。（　　cm）

② △DHGの面積を求めなさい。（　　cm^2）

英語A問題

時間　40分　　満点　45点(リスニング共)

(編集部注)「英語リスニング」の問題は「英語B問題」のあとに掲載しています。

(注)　答えの語数が指定されている問題は，コンマやピリオドなどの符号は語数に含めないこと。

1　次の(1)～(12)の日本語の文の内容と合うように，英文中の(　　)内のア～ウからそれぞれ最も適しているものを一つずつ選び，記号を○で囲みなさい。

(1)　私は毎朝，新聞を読みます。(ア　イ　ウ)
I (ア　make　イ　read　ウ　show) the newspaper every morning.

(2)　私の祖父はこの古い時計が好きです。(ア　イ　ウ)
My grandfather likes this (ア　new　イ　old　ウ　small) clock.

(3)　私の夢は医者になることです。(ア　イ　ウ)
My dream is to be a (ア　doctor　イ　scientist　ウ　singer).

(4)　そのカップをテーブルの上に置いてください。(ア　イ　ウ)
Please put the cup (ア　by　イ　in　ウ　on) the table.

(5)　おいしいりんごを送ってくれてありがとうございます。(ア　イ　ウ)
Thank you for sending (ア　delicious　イ　expensive　ウ　heavy) apples.

(6)　これはあなたの辞書ですか。(ア　イ　ウ)
Is this (ア　you　イ　your　ウ　yours) dictionary?

(7)　私はロンドンの私の友達に手紙を書きました。(ア　イ　ウ)
I (ア　write　イ　wrote　ウ　written) a letter to my friend in London.

(8)　彼女の兄はギターを弾くことができます。(ア　イ　ウ)
Her brother can (ア　play　イ　plays　ウ　playing) the guitar.

(9)　あなたはいつここに着きましたか。(ア　イ　ウ)
(ア　How　イ　When　ウ　Which) did you arrive here?

(10)　私はひまな時間に絵を描くことを楽しみます。(ア　イ　ウ)
I enjoy (ア　draw　イ　drawing　ウ　to draw) pictures in my free time.

(11)　私のお気に入りのおもちゃがその犬に壊されました。(ア　イ　ウ)
My favorite toy was (ア　break　イ　broke　ウ　broken) by the dog.

(12)　私はもう宿題を終えました。(ア　イ　ウ)
I have already (ア　finish　イ　finishing　ウ　finished) my homework.

2 次の(1)～(4)の日本語の文の内容と合うものとして最も適しているものをそれぞれア～ウから一つずつ選び，記号を○で囲みなさい。

(1) 私は姉にその先生についてたずねました。(ア イ ウ)

ア I asked my sister about the teacher.

イ My sister asked me about the teacher.

ウ I asked the teacher about my sister.

(2) 花子は恵理より上手に踊ります。(ア イ ウ)

ア Eri dances better than Hanako.

イ Hanako dances better than Eri.

ウ Hanako dances as well as Eri.

(3) コーチと一緒にテニスをしている少年は太郎です。(ア イ ウ)

ア The coach is playing tennis with the boy and Taro.

イ The coach who is playing tennis with the boy is Taro.

ウ The boy who is playing tennis with the coach is Taro.

(4) 私の祖母は私におもしろい本を買ってくれました。(ア イ ウ)

ア My grandmother bought me an interesting book.

イ The book I bought for my grandmother was interesting.

ウ I bought an interesting book for my grandmother.

3 高校生の直美（Naomi）と留学生のテッド（Ted）が，すし屋のちらしを見ながら会話をしています。ちらしの内容と合うように，次の会話文中の〔　　〕内のア～ウからそれぞれ最も適しているものを一つずつ選び，記号を○で囲みなさい。

①(ア イ ウ) ②(ア イ ウ) ③(ア イ ウ)

Naomi : Ted, shall we eat *sushi* for lunch? We can eat *sushi* at home. Look, we can choose one from these two. This restaurant uses local fresh fish for *sushi*.

Ted : That's good, Naomi. I want to eat local fish.

Naomi : How about "ten kinds of *sushi* with local fish"? The price is ①〔ア six イ seven ウ eight〕 hundred yen.

Ted : OK. Will you try the same one?

Naomi : Yes, I will. Well, this restaurant takes orders ②〔ア by e-mail イ by phone ウ on the Internet〕.

Ted : I see.

Naomi : It brings the *sushi* to our home in ③〔ア ten イ twenty ウ thirty〕 minutes.

Ted : That's nice!

【すし屋のちらし】

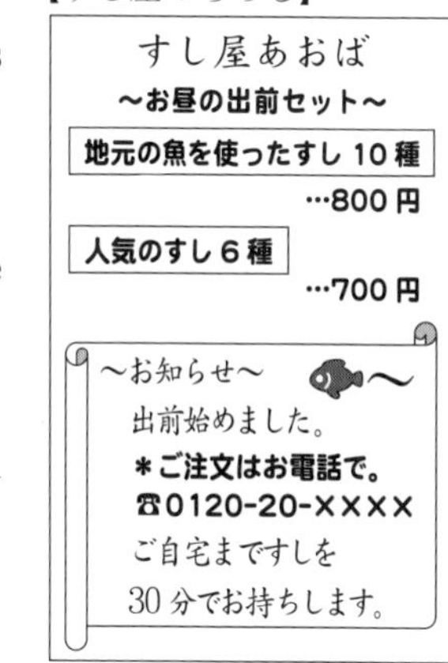

（注） *sushi* すし（複数形も *sushi*） yen 円（日本の貨幣単位）

4　次の(1)〜(4)の会話文の［　　　］に入れるのに最も適しているものをそれぞれア〜エから一つずつ選び，記号を○で囲みなさい。

(1)(ア　イ　ウ　エ)　(2)(ア　イ　ウ　エ)　(3)(ア　イ　ウ　エ)　(4)(ア　イ　ウ　エ)

(1)　A：　What did you have for breakfast today?

B：　［　　　］

ア　Yes, I did.　　イ　No, I didn't.　　ウ　I had it last night.　　エ　I had bread and milk.

(2)　A：　Can you help me?

B：　［　　　］

A：　Thank you. Will you carry this box?

ア　Yes, you will.　　イ　No, it isn't.　　ウ　It wasn't good.　　エ　Of course.

(3)　A：　Excuse me. Where is the station near here?

B：　I'm sorry. ［　　　］ I am a visitor here.

A：　That's OK, thank you. I will ask another person.

ア　Yes, please.　　イ　No, thank you.　　ウ　I don't know.　　エ　You're welcome.

(4)　A：　I'm sorry. I'm late. Did we miss the train?

B：　Yes, it's gone. Please don't be late again.

A：　OK. ［　　　］ I'll come earlier next time.

B：　I'm happy to hear that.

ア　I won't be late.　　イ　I wasn't late.　　ウ　I don't understand.

エ　I disagree with you.

5 ジム(Jim)はアメリカから日本に来た留学生です。次の[Ⅰ],[Ⅱ]に答えなさい。

[Ⅰ] 次は，ジムが英語の授業で行ったスピーチの原稿です。彼が書いたこの原稿を読んで，あとの問いに答えなさい。

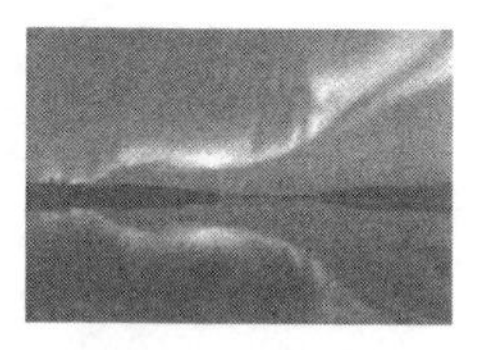

Hello, everyone. Two years ago during my summer vacation, I went to Canada to [①] my uncle. I stayed at my uncle's house for two weeks. He lives in a small town. The town is famous because people can watch an aurora there. I waited for the day to watch an aurora. One day, my uncle said, "The weather is good today. So, we can watch an aurora clearly tonight. The view will be beautiful." I was really excited to hear that.

At night, we went to a park near the lake. Ⓐ It was the best place in the town to watch an aurora. An hour later, we finally watched an aurora in the sky. At first, the aurora looked like green smoke. Then, the aurora started getting bigger. The sky with the aurora was getting bright. The aurora looked like a curtain. The aurora was so bright. The lake was like a big mirror. The lake was also very [②] because it reflected the sky with the aurora. I said to my uncle, "[③] I am very happy." Watching the aurora was one of the best experiences in my life. I will never forget it. Thank you.

(注) aurora オーロラ(北極や南極に近い地方の上空に現れる大気の発光現象) smoke けむり curtain カーテン mirror 鏡 reflect 映す

(1) 次のうち，本文中の[①]に入れるのに最も適しているものはどれですか。一つ選び，記号を○で囲みなさい。(ア イ ウ)

ア visit イ visiting ウ visited

(2) 本文中のⒶ Itの表している内容に当たるものとして最も適しているひとつづきの**英語5語**を，本文中から抜き出して書きなさい。(   )

(3) 本文の内容から考えて，次のうち，本文中の[②]に入れるのに最も適しているものはどれですか。一つ選び，記号を○で囲みなさい。(ア イ ウ)

ア bright イ cold ウ small

(4) 本文中の[③]が，「これは私がこれまでに見た中で最も美しい眺めです。」という内容になるように，次の〔 〕内の語を並べかえて解答欄の____に英語を書き入れ，英文を完成させなさい。

This is〔beautiful most view the〕I have ever seen.

This is ________________________________ I have ever seen.

[Ⅱ] スピーチの後に，ジムとあなた(You)が次のような会話をするとします。あなたならば，どのように答えますか。あとの条件1・2にしたがって，(①),(②)に入る内容を，それぞれ**5語程度**の英語で書きなさい。解答の際には記入例にならって書くこと。

Jim : In the future, I want to watch an aurora again in Canada. If you have a chance to travel, where do you want to go?

You : I (①)

Jim：　Why do you want to go there?

You：　Because (　　②　　)

〈条件１〉　①に，どこに行きたいかを書くこと。

〈条件２〉　②に，なぜ自分がそこに行きたいかを書くこと。

記入例

What　time　is　it ?

Well , it's　11　o'clock .

① I ______ ______ ______ ______ ______ ______ ______

② Because ______ ______ ______ ______ ______ ______ ______

英語B問題

時間　40分　　　満点　45点（リスニング共）

＊日本語指導が必要な生徒選抜の検査時間は 50 分

（編集部注）「英語リスニング」の問題はこの問題のあとに掲載しています。

（注）答えの語数が指定されている問題は，コンマやピリオドなどの符号は語数に含めないこと。

1 高校生の沙紀（Saki）は，モアイ像（Moai statue）という石像で有名なラパ・ヌイ（Rapa Nui）という島に興味をもつようになりました。次の［Ⅰ］，［Ⅱ］に答えなさい。

［Ⅰ］ 沙紀は，次の文章の内容をもとに英語の授業でスピーチをすることになりました。文章の内容と合うように，下の英文中の〔　　〕内のア～ウからそれぞれ最も適しているものを一つずつ選び，記号を○で囲みなさい。

①（ア　イ　ウ）②（ア　イ　ウ）③（ア　イ　ウ）④（ア　イ　ウ）

⑤（ア　イ　ウ）

こんにちは，みなさん。私はある島にとても興味をもっています。その島の名前はラパ・ヌイです。その島は英語でイースター島と呼ばれています。ラパ・ヌイは太平洋のポリネシアの地域にある島の一つで，どの大陸や他のどの島々からも遠く離れています。南アメリカ大陸からそこへ行くのに，飛行機でさえも約5時間半かかります。その島の人々はどこからやってきたのでしょうか。人々はどのようにしてその島にたどり着いたのでしょうか。その島のいたる所に約900体のモアイ像があります。それらはなぜ作られたのでしょうか。世界中の多くの人々がラパ・ヌイの謎を解くことに挑戦してきました。しかし，その島にはまだ解明されていないたくさんの謎があります。

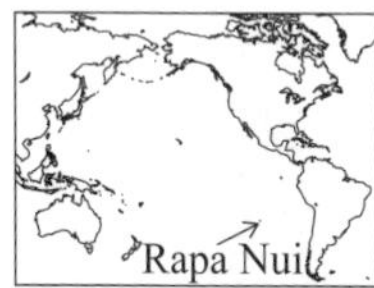

Moai statues

Hello, everyone. I am very interested ①〔ア in　イ on　ウ to〕 an island. The name of the island is Rapa Nui. The island is ②〔ア call　イ calling　ウ called〕 Easter Island in English. Rapa Nui is one of the islands in the Polynesian area of the Pacific and it is far away from any continents and any other islands. It ③〔ア counts　イ gets　ウ takes〕 about 5 and a half hours to go there from the continent of South America even by plane. Where did the people of the island come from? How did the people ④〔ア lead　イ reach　ウ ride〕 the island? All over the island, there are about 900 Moai statues. Why were they made? A lot of people around the world ⑤〔ア has　イ have　ウ having〕 tried to solve the mysteries of Rapa Nui. However, the island still has many unsolved mysteries.

（注）Easter Island　イースター島　Polynesian　ポリネシアの　the Pacific　太平洋
continent　大陸　South America　南アメリカ　mystery　謎
unsolved　解明されていない

［Ⅱ］ 次は，沙紀とノルウェー（Norway）からの留学生のヨハン（Johan）が，中井先生（Ms. Nakai）と交わした会話の一部です。会話文を読んで，あとの問いに答えなさい。

Johan : Hi, Saki. Your speech about Rapa Nui was very interesting. Actually, in Norway I learned about Rapa Nui.

Saki : Oh, really? [①] did you learn about it in Norway?

Johan : Because one of the pioneers of the research about Rapa Nui is from Norway. His name is Thor Heyerdahl. He tried a lot of things to solve mysteries.

Thor Heyerdahl
（トール・ヘイエルダール）

Saki : What did he do?

Johan : You know Moai statues are all over the island although they were all cut out of one mountain on Rapa Nui. And, Thor Heyerdahl had a question about the heavy Moai statues. He wanted to know [②] without any machines in ancient times. So, he asked the local people about it, and they said, "Moai statues walked from the mountain."

Saki : That's impossible. It's just a legend, right?

Johan : I guess so, but he thought if he pulled a standing Moai statue with ropes, the Moai statue could walk. So, he tried with many local people. And when the Moai statue was pulled, its movement looked like walking!

Saki : That's interesting.

Ms. Nakai : Hello, Johan and Saki. What are you talking about?

Johan : Hello, Ms. Nakai. We are talking about Moai statues and Thor Heyerdahl from Norway. Do you know about him?

Ms. Nakai : Yes, I do. When I was a university student, I read a book about his adventure. It was so interesting.

Saki : His "adventure"? What is it?

Ms. Nakai : Thor Heyerdahl thought that the ancient people of Polynesian islands came from South America although most scientists didn't believe his theory. To show his theory was right, he tried to go there from South America by raft.

Johan : He thought the ancient people traveled by raft, right?

Ms. Nakai : Yes. [ア] In South America, he cut trees and built a raft. He didn't use electricity for traveling.

Saki : Wow! Was it possible?

Ms. Nakai : Well, he had a lot of difficulties. For example, when the wind didn't blow, the raft didn't move. [イ] However, after 101 days on the Pacific, he arrived on a beach of a Polynesian island.

Saki : That's great! Then, everyone believed his theory, right?

Ms. Nakai : No, Saki. [ウ] He showed people could travel across the Pacific by raft, but his adventure did not prove his theory.

Saki　　　：Oh, I feel sorry for him. He did such a great thing, but it didn't mean anything.

Ms. Nakai：That's not true, Saki. [エ] A lot of people found that ancient mysteries were interesting from his adventure. I am one of them. He showed me the fun of studying ancient history.

Johan　　：Even after his adventure on the raft, he continued various challenges. I think his challenges showed the importance of trying.

Saki　　　：Thank you for the good information, Ms. Nakai and Johan.

（注）pioneer　先駆者　　cut out of ～　～から切り出す　　machine　機械　　ancient　古代の
legend　伝説　　pull　引っ張る　　rope　縄　　movement　動き　　theory　理論
raft　いかだ　　prove　証明する　　challenge　挑戦

(1) 本文の内容から考えて，次のうち，本文中の[①]に入れるのに最も適しているものはどれですか。一つ選び，記号を○で囲みなさい。（ ア　イ　ウ　エ ）

ア　Why　　イ　What　　ウ　When　　エ　Where

(2) 本文の内容から考えて，次のうち，本文中の[②]に入れるのに最も適しているものはどれですか。一つ選び，記号を○で囲みなさい。（ ア　イ　ウ　エ ）

ア　how they were solved by a scientist
イ　how they were found in the mountain
ウ　how they were moved from the mountain
エ　how they were expressed by the local people

(3) 本文中には次の英文が入ります。本文中の[ア]～[エ]から，入る場所として最も適しているものを一つ選び，ア～エの記号を○で囲みなさい。（ ア　イ　ウ　エ ）

And, sometimes the raft was hit by hard rain or a big fish in the ocean.

(4) 次のうち，本文で述べられている内容と合うものはどれですか。一つ選び，記号を○で囲みなさい。（ ア　イ　ウ　エ ）

ア　The local people of Rapa Nui said that they pulled standing Moai statues with ropes in the past when Thor Heyerdahl asked them.

イ　Saki believed the story of walking Moai statues was real before she heard the thing Thor Heyerdahl did with a Moai statue.

ウ　Most scientists agreed with Thor Heyerdahl's theory when he tried to go to a Polynesian island from South America by raft.

エ　Thor Heyerdahl used a raft because, according to his idea, it was the ancient people's way of traveling across the Pacific.

(5) 本文の内容と合うように，次の問いに対する答えをそれぞれ英語で書きなさい。ただし，①は**3**語，②は**6**語の英語で書くこと。

① Does Ms. Nakai think that Thor Heyerdahl's adventure means nothing?

（　　　　　　　　　　）

② According to Johan's idea, what did Thor Heyerdahl's challenges show?

(　　　　　　　　　　　　　　　　)

2 次は，高校生の健（Ken）が英語の授業で行ったスピーチの原稿です。彼が書いたこの原稿を読んで，あとの問いに答えなさい。

Hello, everyone. I want to ask you a question. Please imagine a very young child who is one or two years old. Do you think such a young child can help other people? My answer was "No." I thought such a young child couldn't understand how to help anyone. And, I thought it was difficult for most children about Ⓐ <u>that age</u> to do something for someone else. However, interesting research and an experience changed my answer to the question.

Last month, when I was reading a newspaper, I found this interesting research which was done in America. It was research about the actions of children who [①] 19 months old when they joined the research. "Can these young children take actions for helping someone else?" This was the question of the researchers. They did the research in two situations. At the beginning of each situation, an adult showed a piece of fruit to a child and then dropped it into a tray on the floor. Then, the adult showed a different action to the children in each situation. [②]

In the first situation, the adult didn't try to pick up the fruit. Then, 4 percent of the children picked up the fruit and gave it to the adult. In the second situation, the adult tried to pick up the fruit but couldn't get it. Please guess what percent of the children gave the fruit to the adult in this case. 10? 30? According to the research, it was 58 percent. From 4 percent to 58 percent! Such a big difference made me surprised. The researchers found [③].

An adult and a child in the research

Some months ago, I had a similar experience when I first met my friend's sister who was about one and a half years old. I was eating strawberries with my friend at his house and his sister came to us. I thought she wanted to eat the strawberries together. [④] Then, she gave it to me. Though I was surprised at her action, my heart got warm. I said, "Thank you," and smiled at her. I gave a different strawberry to her.

Now, I will ask you the question again. Can a very young child who is one or two years old be helpful? I will say, "Yes," because I have a different view of very young children now. I think very young children can help someone else. I also think such children can take actions especially for [⑤]. I felt their kind hearts through learning about their actions. Also, I have found there were many things I didn't know well about children, so I want to know more about them. Thank you for listening.

(注) imagine 想像する　take an action 行動をとる　researcher 研究者　beginning 最初

adult 大人　tray トレイ，お盆　strawberry いちご

(1) 本文中のⒶ that ageの表している内容に当たるものとして最も適しているひとつづきの**英語5語**を，本文中から抜き出して書きなさい。(　　　　　　　　)

(2) 次のうち，本文中の ① に入れるのに最も適しているものはどれですか。一つ選び，記号を○で囲みなさい。(ア　イ　ウ　エ)

ア is　イ was　ウ are　エ were

(3) 本文中の ② が，「その研究者たちは，その子どもたちがそれぞれの状況で何をしたかを見ました。」という内容になるように，次の〔　〕内の語を並べかえて解答欄の____に英語を書き入れ，英文を完成させなさい。

The researchers〔children　the　what　did　watched〕in each situation.

The researchers ________________________________ in each situation.

(4) 本文の内容から考えて，次のうち，本文中の ③ に入れるのに最も適しているものはどれですか。一つ選び，記号を○で囲みなさい。(ア　イ　ウ　エ)

ア the most important difference in the two situations was the age of the children

イ the adult's action of trying to pick up the fruit had some influence on children's actions

ウ about half of the children gave the fruit to the adult who didn't show an effort to get it

エ showing that the adult wanted the fruit reduced the percent of the children who gave it

(5) 本文中の ④ に，次の(i)～(iii)の英文を適切な順序に並べかえ，前後と意味がつながる内容となるようにして入れたい。あとのア～エのうち，英文の順序として最も適しているものはどれですか。一つ選び，記号を○で囲みなさい。(ア　イ　ウ　エ)

(i) When his sister saw that my hand couldn't reach the strawberry, she picked it up.

(ii) So, I tried to give one of the strawberries from the dish to her.

(iii) However, I dropped the strawberry on the table, and I tried to pick it up.

ア (i)→(iii)→(ii)　イ (ii)→(i)→(iii)　ウ (ii)→(iii)→(i)　エ (iii)→(ii)→(i)

(6) 本文中の 'I also think such children can take actions especially for ⑤ .' が，「私は，そのような子どもたちは特に助けを必要とする人々のために行動をとることができるとも思います。」という内容になるように，解答欄の____に**英語4語**を書き入れ，英文を完成させなさい。

I also think such children can take actions especially for ____________________.

(7) 次のうち，本文で述べられている内容と合うものはどれですか。一つ選び，記号を○で囲みなさい。(ア　イ　ウ　エ)

ア Ken asked the researchers to do research about very young children's actions.

イ Ken was surprised to notice that the children's actions and the adult's action were different.

ウ Ken's heart got warm when he knew his friend's sister did a good thing in the research.

エ Ken's view of very young children changed through the research he found and his experience.

3 図書委員の，あなた（You）とエマ（Emma）が，次のような会話をするとします。あとの条件1・2にしたがって，（ ① ），（ ② ）に入る内容をそれぞれ英語で書きなさい。解答の際には記入例にならって書くこと。

You ： Hi, Emma. Next week, we have our school festival and a lot of people will come to the library. （ ① ）

Emma： Sure, but before that, I want your opinion. Look, I made these two signs to show the way to the library. I want to choose one. Please tell me. Which sign is better, A or B? Why do you think so?

You ： （ ② ）

Emma： Thank you. I will use this one from these two.

【the two signs Emma made】

A

B

〈条件1〉 ①に，今日，自分は図書室を掃除する予定であるということと，手伝ってくれるかということを，**10語程度**の英語で書くこと。

〈条件2〉 ②に，前後のやりとりに合う内容を，**20語程度**の英語で書くこと。

記入例

When is your birthday ?

Well , it's April 11 .

①

②

英語リスニング

時間　15分

＊日本語指導が必要な生徒選抜の検査時間は 20 分

（編集部注）放送原稿は問題のあとに掲載しています。
音声の再生についてはもくじをご覧ください。

回　リスニングテスト

1　ボブと恵美との会話を聞いて，恵美のことばに続くと考えられるボブのことばとして，次のア～エのうち最も適しているものを一つ選び，解答欄の記号を○で囲みなさい。

（ア　イ　ウ　エ）

ア　Yes, let's go.　イ　No, it isn't.　ウ　At 2 p.m.　エ　It's Monday.

2　リサと裕太との会話を聞いて，リサが裕太に見せた写真として，次のア～エのうち最も適していると考えられるものを一つ選び，解答欄の記号を○で囲みなさい。（ア　イ　ウ　エ）

3　尚也とニーナとの会話を聞いて，尚也が描いた絵として，次のア～エのうち最も適していると考えられるものを一つ選び，解答欄の記号を○で囲みなさい。（ア　イ　ウ　エ）

4　駅のホームでアナウンスが流れてきました。そのアナウンスを聞いて，それに続く二つの質問に対する答えとして最も適しているものを，それぞれア～エから一つずつ選び，解答欄の記号を○で囲みなさい。(1)（ア　イ　ウ　エ）(2)（ア　イ　ウ　エ）

(1)　ア　They will go out from gate No.1.
　　イ　They will go out from gate No.2.
　　ウ　They will buy a train ticket for returning.
　　エ　They will leave the station and follow the signs to the stadium.

(2)　ア　About 5 minutes.　イ　About 10 minutes.　ウ　About 15 minutes.
　　エ　About 20 minutes.

5　店員と佐藤さんとの会話を聞いて，それに続く二つの質問に対する答えとして最も適しているものを，それぞれア～エから一つずつ選び，解答欄の記号を○で囲みなさい。

(1)（ア　イ　ウ　エ）(2)（ア　イ　ウ　エ）

(1) ア Black and green. イ Blue and brown. ウ Black and blue.
エ Green and brown.

(2) ア 5 dollars. イ 10 dollars. ウ 15 dollars. エ 20 dollars.

6 メアリーと健太が学校の図書室で会話をしています。二人の会話を聞いて，会話の中で述べられている内容と合うものを，次のア～エから一つ選び，解答欄の記号を○で囲みなさい。

(ア イ ウ エ)

ア Mary could not finish her special homework because it was very difficult.

イ Mary told Kenta to read the interesting book she borrowed for her homework.

ウ Mary chose a good English book for Kenta but he refused to read it.

エ Mary gave advice to Kenta about choosing books to make his English better.

〈放送原稿〉

2021 年度大阪府公立高等学校特別入学者選抜，能勢分校選抜，帰国生選抜，日本語指導が必要な生徒選抜英語リスニングテストを行います。

テスト問題は 1 から 6 までありります。英文はすべて 2 回ずつ繰り返して読みます。放送を聞きながらメモを取ってもかまいません。

それでは問題 1 です。ボブと恵美との会話を聞いて，恵美のことばに続くと考えられるボブのことばとして，次のア・イ・ウ・エのうち最も適しているものを一つ選び，解答欄の記号を○で囲みなさい。では始めます。

Bob： Hi, Emi. My sister and I will watch a football game this Saturday. Can you join us?

Emi： Yes, Bob. I love football. What time will the game start?

繰り返します。（繰り返す）

問題 2 です。リサと裕太との会話を聞いて，リサが裕太に見せた写真として，次のア・イ・ウ・エのうち最も適していると考えられるものを一つ選び，解答欄の記号を○で囲みなさい。では始めます。

Lisa ： Hi, Yuta. I took this photo in Australia. This building is popular in this town.

Yuta： I see. Oh, there are some people on the road. Are they visitors, Lisa?

Lisa ： Yes. They can enjoy sightseeing around this building.

繰り返します。（繰り返す）

問題 3 です。尚也とニーナとの会話を聞いて，尚也が描いた絵として，次のア・イ・ウ・エのうち最も適していると考えられるものを一つ選び，解答欄の記号を○で囲みなさい。では始めます。

Naoya： Look, Nina. I drew a picture of your favorite animal. You said you saw one on the farm last weekend, right?

Nina ： Wow, this is very cute, Naoya. I'm happy. You remember that. I like some parts of this picture.

Naoya： Really? Which parts do you like?

Nina ： Well, it has two colors, black and white, right? Look at the head. One of its ears is black. That's cute.

Naoya： I see, how about its body?

Nina ： Well, in your picture, two of its legs are white. I like them, too.

Naoya： I'm happy to hear that. Thank you, Nina.

繰り返します。（繰り返す）

問題 4 です。駅のホームでアナウンスが流れてきました。そのアナウンスを聞いて，それに続く二つの質問に対する答えとして最も適しているものを，それぞれア・イ・ウ・エから一つずつ選び，解答欄の記号を○で囲みなさい。では始めます。

Good afternoon. This is information for the people who are going to go to the concert at the stadium. If you wish to go to the stadium by bus, please go out of the station from gate No.2. The buses will leave the station every 10 minutes until 5 p.m. You can also walk and arrive at the stadium in about 20 minutes. If you wish to do so, please go out from gate No.1

and follow the signs to the stadium. This station will be very crowded when the concert is over, so it is better to buy a train ticket for returning before going to the concert. Have a nice day. Thank you.

Question (1): What will people do to take a bus?

Question (2): How long will it take to walk to the stadium from the station?

繰り返します。(アナウンスと質問を繰り返す)

問題5です。店員と佐藤さんとの会話を聞いて，それに続く二つの質問に対する答えとして最も適しているものを，それぞれア・イ・ウ・エから一つずつ選び，解答欄の記号を○で囲みなさい。では始めます。

Clerk : Hello, Mr. Sato. Thank you for coming again. How can I help you?

Mr. Sato : Well, I am looking for a T-shirt.

Clerk : Sure. How about this blue one? It is very popular.

Mr. Sato : It is very nice, but it looks a little large for me. Do you have a small one?

Clerk : Just a moment, please. ...Sorry, we don't have a blue one, but we have other colors.

Mr. Sato : OK. What colors do you have?

Clerk : We have black, brown and green T-shirts.

Mr. Sato : Can you show me a black T-shirt?

Clerk : Sure. Here you are.

Mr. Sato : Oh, I think this looks good. I will buy it. How much is it?

Clerk : It is 10 dollars. If you buy one more T-shirt, the second T-shirt will be 5 dollars.

Mr. Sato : That sounds great. Then, I will also buy the green one.

Clerk : OK. Thank you for shopping here.

Question (1): What colors of T-shirts will Mr. Sato buy?

Question (2): How much will Mr. Sato pay for the two T-shirts?

繰り返します。(会話と質問を繰り返す)

問題6です。メアリーと健太が学校の図書室で会話をしています。二人の会話を聞いて，会話の中で述べられている内容と合うものを，次のア・イ・ウ・エから一つ選び，解答欄の記号を○で囲みなさい。では始めます。

Mary : Hi, Kenta. What are you doing?

Kenta : Hi, Mary. I'm looking for an English book for my homework.

Mary : You have to read an English book and write a report about it, right?

Kenta : Yes. Oh, that may be quite easy for you.

Mary : Well, I've got special homework. My teacher told me to read a Japanese book and write a report about it. So, it was not easy.

Kenta : Have you done it?

Mary : Yes. The book I borrowed was quite difficult for me, but I enjoyed it. Especially, I loved the main character of the book. He was so cool.

Kenta： That's great. How did you choose the book?

Mary ： My teacher gave me advice. He said the story of this book was very interesting.

Kenta： I see. Well, do you have any ideas for an English book for me?

Mary ： I know a good one for you.

Kenta： Thank you, Mary, but I hope the book will not be so difficult.

Mary ： It may be a little difficult for you, but I think you'll be able to enjoy it. And I think you should try some difficult books if you want to improve your English.

Kenta： You are right. I will try it.

繰り返します。(繰り返す)

これで，英語リスニングテストを終わります。

社会

時間　40分　　　　満点　45点

1　日本や世界の諸地域にかかわる次の問いに答えなさい。

(1)　日本は，47の都道府県をもとに七つの地方に分けられる。

①　七つの地方のうち，東北地方は本州の北部に位置する。次のア～エのうち，東北地方にある都市はどれか。一つ選び，記号を○で囲みなさい。(ア　イ　ウ　エ)

ア　札幌(さっぽろ)市　　イ　仙台(せんだい)市　　ウ　広島市　　エ　福岡市

②　北海道と沖縄県を除く都府県は，他の都府県と隣接している。次のア～エのうち，群馬県，埼玉県，山梨県，静岡県，愛知県，岐阜県，富山県，新潟県の8県すべてと隣接している県はどれか。一つ選び，記号を○で囲みなさい。(ア　イ　ウ　エ)

ア　石川県　　イ　栃木県　　ウ　長野県　　エ　福島県

③　次の文は，日本の国土について述べたものである。文中のⓐ〔　　〕，ⓑ〔　　〕から適切なものをそれぞれ一つずつ選び，記号を○で囲みなさい。ⓐ(ア　イ)　ⓑ(ウ　エ)

日本の国土面積（領土面積）は，約ⓐ〔ア　27万　　イ　38万〕km^2であり，日本の国土の南端に当たる島は，ⓑ〔ウ　沖ノ鳥島(おきのとりしま)　　エ　与那国島(よなぐにじま)〕である。

(2)　世界は，アジア，ヨーロッパ，アフリカ，北アメリカ，南アメリカ，オセアニアの六つの州に分けられる。

①　図Ⅰは，六つの州を示した地図である。

図Ⅰ

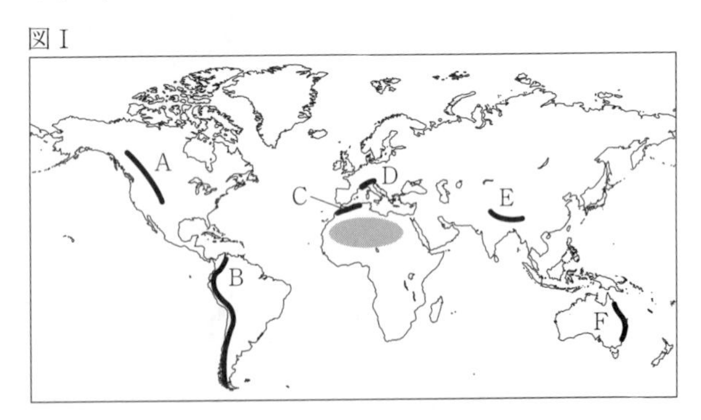

(a)　図Ⅰ中のA～Fはそれぞれ，六つの州にある山脈を示している。図Ⅰ中のA～Fのうち，ロッキー山脈に当たるものとして最も適しているものはどれか。一つ選び，記号を○で囲みなさい。(A　B　C　D　E　F)

(b)　次のア～エのうち，図Ⅰ中の[楕円]で示した地域でみられる自然環境について述べた文として最も適しているものはどれか。一つ選び，記号を○で囲みなさい。(ア　イ　ウ　エ)

ア　1年を通して降水量が多く，熱帯雨林が広がっている。

イ　夏と冬の気温差が大きく，タイガと呼ばれる針葉樹林が広がっている。

ウ　降水量がきわめて少ないため樹木はほとんど育たず，砂や岩の砂漠が広がっている。

エ　気温が低いため樹木はほとんど育たず，短い夏の期間だけ地表の氷がとけ，こけ類が生える。

② 図Ⅱは，1950（昭和25）年から2015（平成27）年までにおける，世界の総人口の推移を六つの州別に表したものであり，世界の総人口は1950年以降増加し続けている。

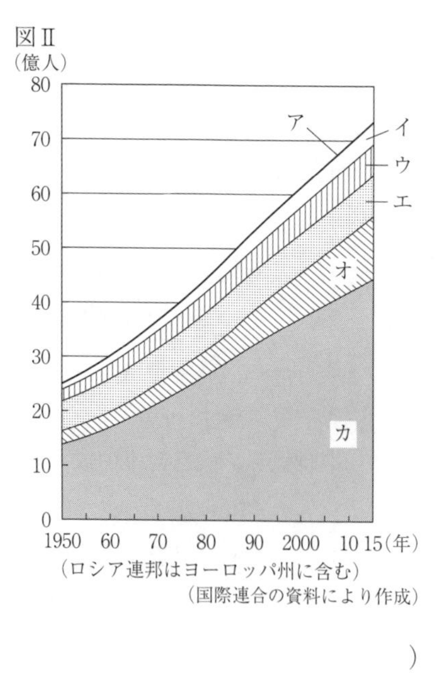

(a) 図Ⅱ中のア～カには，六つの州のいずれかが当てはまる。図Ⅱ中のア～カのうち，アジアに当たるものを一つ選び，記号を○で囲みなさい。

（ア　イ　ウ　エ　オ　カ）

(b) 急速な人口の増加は人口爆発と呼ばれている。次の文は，20世紀後半に人口爆発が起こったおもな理由について述べたものである。文中の（　　）に入れるのに適している内容を，「医療」「死亡率」の**2**語を用いて簡潔に書きなさい。

（　　　　　　　　　　　　　　　　　　　　　　　　　　）

多くの発展途上国において，出生率が高いままであった一方で，衛生に関する知識の普及や（　　　　　）から。

2　わが国の政治と文化にかかわる次の問いに答えなさい。

(1)　6世紀に中国から伝わった仏教は，皇族や貴族を中心に信仰され，政治や文化に影響を与えた。

①　8世紀に聖武(しょうむ)天皇が仏教を保護したため，寺院や仏像などすぐれた仏教美術がつくられた。聖武天皇のころに栄えた文化は何と呼ばれているか。次のア～エから一つ選び，記号を○で囲みなさい。(ア　イ　ウ　エ)

ア　天平(てんぴょう)文化　　イ　国風文化　　ウ　鎌倉文化　　エ　飛鳥(あすか)文化

②　平安時代中ごろ，阿弥陀(あみだ)仏を信仰し，極楽浄土へ生まれ変わることを願う浄土信仰（浄土の教え）が広まった。次のア～エのうち，現在の京都府にある，11世紀半ばに浄土信仰によって建てられた建築物はどれか。一つ選び，記号を○で囲みなさい。(ア　イ　ウ　エ)

ア　慈照寺銀閣　　イ　中尊寺金色堂　　ウ　東大寺南大門　　エ　平等院鳳凰(ほうおう)堂

(2)　中世以降，武家政権の成立や民衆の成長を背景として，新たな社会や文化が生まれた。

①　右の絵は，九州の北部に襲来した元(げん)軍と戦う御家人のようすを描いた絵巻物の一部である。次のア～エのうち，右の絵に描かれたできごとが起こったころのわが国の政治について述べた文として正しいものはどれか。一つ選び，記号を○で囲みなさい。

(ア　イ　ウ　エ)

ア　後醍醐(ごだいご)天皇が天皇中心の政治を行っていた。

イ　戦国大名が各地で領国の支配をすすめていた。

ウ　北条(ほうじょう)氏が執権として幕府の実権を握っていた。

エ　平清盛(たいらのきよもり)が太政(だいじょう)大臣として政治の実権を握っていた。

②　次の文は，室町時代の文化について述べたものである。文中の［A］に当てはまる語を**漢字1字**で書きなさい。(　　)

平安時代から民衆の間で行われていた田楽・猿楽などをもとに［A］が生まれた。［A］は足利義満(あしかがよしみつ)の保護を受けた観阿弥(かんあみ)と世阿弥(ぜあみ)によって大成され，人々に親しまれた。

(3)　近世には，産業や交通が発達し，都市の発展を背景とした多様な文化が形成された。次の(i)～(iii)は，近世の文化を三つの時期に分け，それぞれの時期の文化の特色について述べたものである。(i)～(iii)を年代の古いものから順に並べかえると，どのような順序になるか。あとのア～カから正しいものを一つ選び，記号を○で囲みなさい。(ア　イ　ウ　エ　オ　カ)

(i)　屏風(びょうぶ)やすずり箱に優雅な装飾がほどこされるなど，上方の町人を中心とする文化が栄えた。

(ii)　風景や歌舞伎(かぶき)役者を描いた浮世絵が流行するなど，江戸の人々を中心とする文化が栄えた。

(iii)　金銀を用いた豪華な襖(ふすま)絵や屏風絵が描かれるなど，大名や商人の富と権力を背景とする文化が栄えた。

ア　(i)→(ii)→(iii)　　イ　(i)→(iii)→(ii)　　ウ　(ii)→(i)→(iii)　　エ　(ii)→(iii)→(i)

オ　(iii)→(i)→(ii)　　カ　(iii)→(ii)→(i)

(4)　近代以降，欧米諸国から取り入れた制度や文化は，学校教育や出版物の普及によりしだいに人々に広まった。

① 次のア～エのうち，明治時代のわが国のようすについて述べた文として正しいものはどれか。一つ選び，記号を○で囲みなさい。(ア イ ウ エ)

ア 太陽暦が採用され，家庭や職場などの生活様式に変化をもたらした。

イ 文学全集（円本）や雑誌『キング』が創刊され，文化の大衆化がすすんだ。

ウ 生活必需品の供給が減り，全国で米や砂糖，衣料品などが配給制や切符制となった。

エ 労働運動の広がりの中で，小林多喜二(こばやしたきじ)が労働者の生活を描いた文学作品を発表した。

② 次の文は，政治学者である吉野作造(よしのさくぞう)の主張について述べたものである。文中の［ⓐ］，［ⓑ］に当てはまる語をそれぞれ**漢字2字**で書きなさい。ⓐ(　　　) ⓑ(　　　)

第一次世界大戦を契機に世界でデモクラシーの風潮が高まると，吉野作造はその訳語として，民主主義とは区別して［ⓐ］主義という語を使用した。［ⓐ］主義とは，大日本帝国憲法下においても民意にもとづいた政治を行うべきだとする考え方で，美濃部達吉(みのべたつきち)の学説とともに，［ⓑ］が内閣を組織する［ⓑ］政治の確立を支持する理論となった。

3　次の問いに答えなさい。

(1)　憲法は国の基本法であり，最高法規である。次の文は，憲法にもとづく政治について述べたものである。文中の［A］に当てはまる語を**漢字2字**で書きなさい。(　　　)

民主政治を実現するためには，政治権力の濫用を防ぎ，人権を守るしくみが必要である。憲法によって政治権力を制限し，憲法にのっとって国を運営していくことは［A］主義と呼ばれる。このような憲法にもとづく政治のあり方は［A］政治と呼ばれ，多くの国で採用されている。

(2)　次の文は，基本的人権にかかわることについて記されている日本国憲法の条文である。文中の［　　］の箇所に用いられている語を書きなさい。(　　　)

「この憲法が国民に保障する［　　］及び権利は，国民の不断の努力によつて，これを保持しなければならない。又，国民は，これを濫用してはならないのであつて，常に公共の福祉のためにこれを利用する責任を負ふ。」

(3)　地域における行政は，都道府県や市町村などの地方公共団体が担(にな)っている。

①　地方公共団体は，日本国憲法の定めにより法律の範囲内で，独自のきまりを制定することができる。地方議会の議決を経て制定され，その地方公共団体だけに適用されるこのきまりは何と呼ばれているか，書きなさい。(　　　)

②　次の文は，地方公共団体にかかわることについて述べたものである。文中の［B］に当てはまる語を**漢字4字**で書きなさい。(　　　)

住民に身近な行政はできる限り地方公共団体が担い，その自主性を発揮するために，国から地方に権限や税源を移す［B］がすすめられている。1999（平成11）年に成立し，2000（平成12）年に施行された［B］一括法により，地方公共団体が自主的にすすめられる事務が拡大した。

③　地方公共団体の収入の中には，国から配分される資金がある。次のア～エのうち，地方公共団体間にある財政の不均衡を是正するために，国から地方公共団体に配分される資金に当たるものはどれか。一つ選び，記号を○で囲みなさい。(ア　イ　ウ　エ)

ア　地方債　　イ　地方税　　ウ　政党交付金　　エ　地方交付税交付金（地方交付税）

④　地方公共団体では，住民の直接請求権が認められており，選挙権を有する者の一定数以上の署名をもって請求することにより住民の意思を直接政治に反映させることができる。住民が地方議会の解散を請求する場合，その請求先はどこか。次のア～エから一つ選び，記号を○で囲みなさい。(ア　イ　ウ　エ)

ア　首長　　イ　監査委員　　ウ　地方裁判所　　エ　選挙管理委員会

4　Mさんは，人々の衣食住を支えてきたいくつかの農作物について調べた。次の［A］～［E］のカードは，Mさんが調べた内容をまとめたものである。あとの問いに答えなさい。

［A］

桑…落葉広葉樹で，葉は蚕のえさになる。蚕のまゆからは㋐生糸ができる。

［B］

㋑綿花…世界各地で古くから重要な繊維作物として栽培されている。種からは油がとれる。

［C］
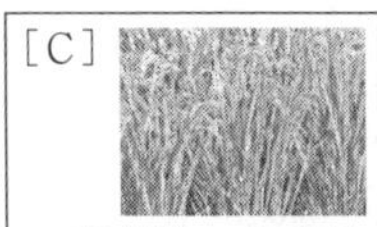
㋒稲（米）…生産性が高く，アジアを中心に主食となっている。稲作は大陸から日本に伝わった。

［D］

㋓茶…若葉を加熱して乾燥させ，飲料用品にする。製法の違いで緑茶や紅茶に加工される。

［E］

さとうきび…茎からとれる液体は，砂糖やアルコールの原料になる。㋔バイオエタノールにも加工される。

(1)　カード［A］中の㋐生糸について，16世紀後半以降，わが国はポルトガルやスペインと貿易を行い，中国産の生糸や絹織物を輸入した。ポルトガルやスペインの商人と貿易を行ったことから，この貿易は何と呼ばれているか。次のア～エから一つ選び，記号を○で囲みなさい。

（ア　イ　ウ　エ）

ア　勘合貿易　　イ　南蛮貿易　　ウ　日宋（にっそう）貿易　　エ　朱印船貿易

(2)　カード［B］中の㋑綿花について，図Ⅰは，2014年における，綿花の生産量の多い上位4か国を示したものである。次のア～エのうち，P，Qに当たる国名の組み合わせとして最も適しているものはどれか。一つ選び，記号を○で囲みなさい。（ア　イ　ウ　エ）

図Ⅰ
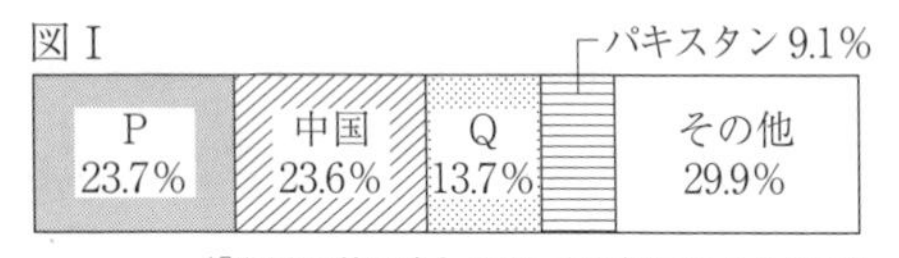

（『世界国勢図会』2019／20年版により作成）

ア　P　インド　　Q　ベトナム　　　　イ　P　フランス　　Q　ベトナム
ウ　P　インド　　Q　アメリカ合衆国　エ　P　フランス　　Q　アメリカ合衆国

(3)　カード［C］中の㋒稲（米）の栽培に必要な農具や，収穫物を保管する高床式倉庫などをもつ大規模な集落の遺構が，吉野ヶ里（よしのがり）遺跡で発見された。右の地図中のア～エのうち，吉野ヶ里遺跡の場所を一つ選び，記号を○で囲みなさい。（ア　イ　ウ　エ）

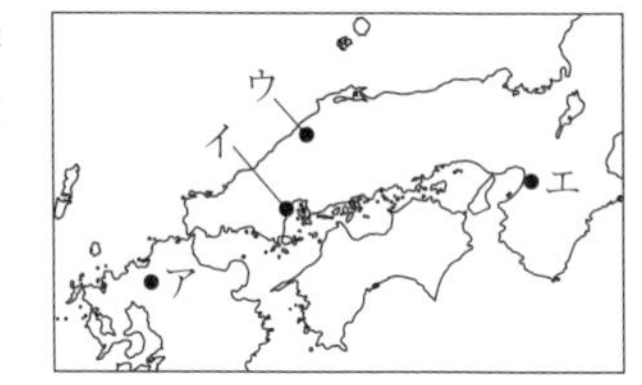

(4)　カード［D］中の㋓茶について，17世紀以降，世界で茶の貿易が始まった。図Ⅱは，19世紀前半の清（しん），イギリス，イギリスの植民地であったインドにおける，銀を対価として支払う三角貿易のようすを示した模式図である。図Ⅱ中のX～Zはそれぞれ，茶，アヘン，綿織物のいずれかに当たり，図Ⅱ中の ⟶ は2国間におけるX～Zの輸出入を表している。次のア～カのうち，図Ⅱ中のX～Zに当たる品目の組み合わせとして最も適しているものはどれか。一つ選び，記号を○で囲みなさい。（ア　イ　ウ　エ　オ　カ）

図Ⅱ
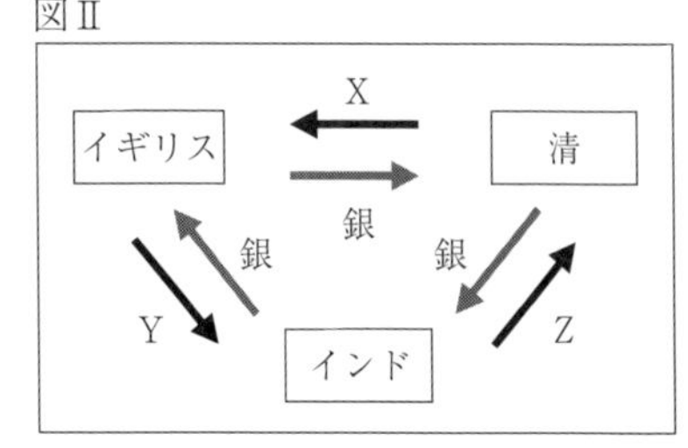

ア　X　茶　　　Y　アヘン　Z　綿織物　イ　X　茶　　　Y　綿織物　Z　アヘン
ウ　X　アヘン　Y　茶　　　Z　綿織物　エ　X　アヘン　Y　綿織物　Z　茶
オ　X　綿織物　Y　茶　　　Z　アヘン　カ　X　綿織物　Y　アヘン　Z　茶

(5)　カード［E］中の㋔バイオエタノールについて，表Ⅰは，2016年における，バイオエタノールなどを含む液体バイオ燃料の生産量の多い上位3か国について，液体バイオ燃料の生産量及び世界の液体バイオ燃料の総生産量に占める生産量の割合を示したものである。図Ⅲは，1970年度から2009年度における，ブラジルで生産されたさとうきびのうち，ブラジル国内で砂糖またはバイオエタノールに加工された量に占める，砂糖とバイオエタノールの割合（配分比率）の推移を表したものである。あとの文は，Mさんと N先生が表Ⅰと図Ⅲをもとに交わした会話の一部である。この会話文を読んで，あとの問いに答えなさい。

表Ⅰ　液体バイオ燃料の生産量とその割合

	生産量（万t）	割合（%）
アメリカ合衆国	5,106	46.5
ブラジル	2,460	22.4
ドイツ	407	3.7

（『世界国勢図会』2019／20年版により作成）

図Ⅲ　ブラジルにおける砂糖とバイオエタノールの配分比率の推移

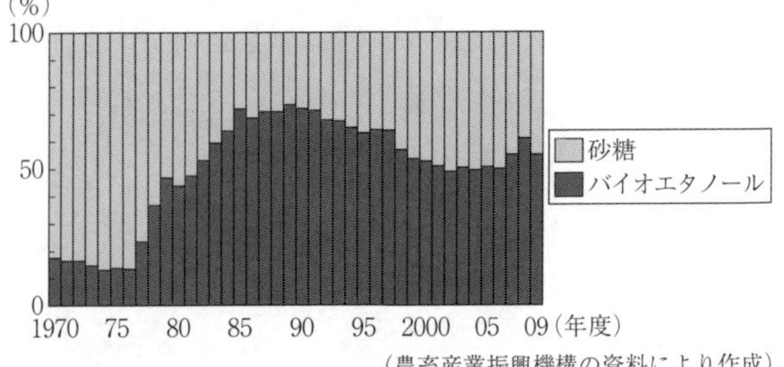

（農畜産業振興機構の資料により作成）

Mさん：調べてみると，2016年におけるさとうきびの生産量が世界第1位の国はブラジルであり，およそ50年前から現在までさとうきびの生産量が増加する傾向にありました。バイオエタノールの生産量も多いのでしょうか。

N先生：その通りです。表Ⅰから，世界で生産される液体バイオ燃料の約70％が，上位2か国で生産されていることがわかります。ブラジルではおもにさとうきびを原料としますが，アメリカ合衆国ではおもに［ⓐ］を原料として，バイオエタノールを生産しています。

Mさん：図Ⅲをみると，ブラジルでは1970年代後半からバイオエタノールに配分される割合が急に増加していますが，何かあったのでしょうか。

N先生：1975年にブラジル政府が国家アルコール計画を策定し，バイオエタノールの普及をめざしたからです。この政策の背景には，1970年代前半に（　ⓑ　）ため，エネルギー政策を転換して国産のバイオエタノールの増産を行う必要が生じたことがあります。

Mさん：配分比率が変化した背景には，世界の経済状況が影響しているのですね。

① 会話文中の［ⓐ］には，2016年にアメリカ合衆国が生産量世界第1位であった農作物が当てはまる。［ⓐ］に当てはまる農作物を，次のア～エから一つ選び，記号を○で囲みなさい。

（ア　イ　ウ　エ）

ア　小麦　　イ　オレンジ　　ウ　じゃがいも　　エ　とうもろこし

② 会話文中の（ⓑ）に入れるのに適している内容を，「価格」の語を用いて簡潔に書きなさい。

（　　　　　　　　　　　　　　　　）

理科

時間　40分　　　満点　45点

1　次の［Ⅰ］,［Ⅱ］に答えなさい。

［Ⅰ］ 磁気を帯びる（磁石の性質をもつ）ことは，電気とも深いかかわりがある。次の問いに答えなさい。

(1) 磁石の二つの極のうち，一つはN極である。もう一つは何極か。**アルファベット1字**で書きなさい。（　　極）

(2) 次のア～ウのうち，磁石を近づけたときに，磁力によって強く引きつけられ，磁石につくものはどれか。一つ選び，記号を○で囲みなさい。（ア　イ　ウ）

ア　銅　　イ　鉄　　ウ　アルミニウム

(3) 次の文中の［　　］に入れるのに適している内容を書きなさい。（　　　）

導線を巻いたコイルに電流を流すと，コイルの周りには磁界ができ，近くの物体に磁力がはたらく。一つの同じコイルで比べたとき，コイルに流す電流が［　　］ほど，周りにできる磁界は強い。

(4) 板に垂直に通した導線に下向きの電流を流したときの磁力線のようすを調べる。次のア～ウのうち，板上の磁力線のようすを表した模式図として最も適しているものを一つ選び，記号を○で囲みなさい。ただし，各図において，矢印のついた実線（→）は磁力線を表している。

（ア　イ　ウ）

ア

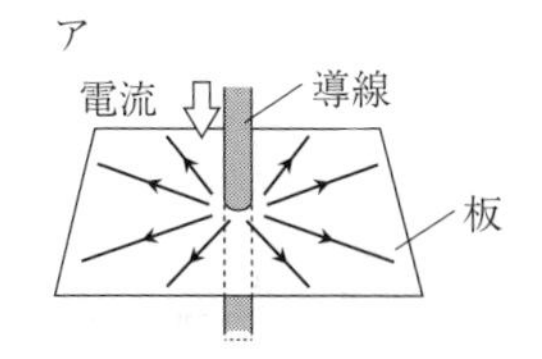

イ

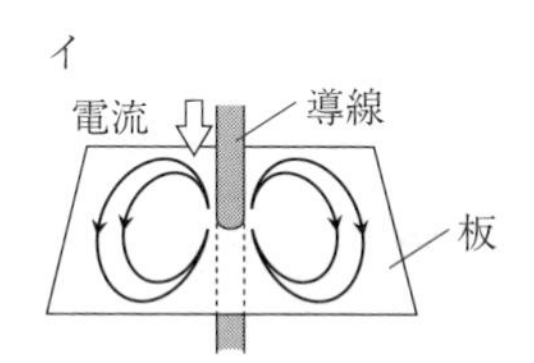

ウ

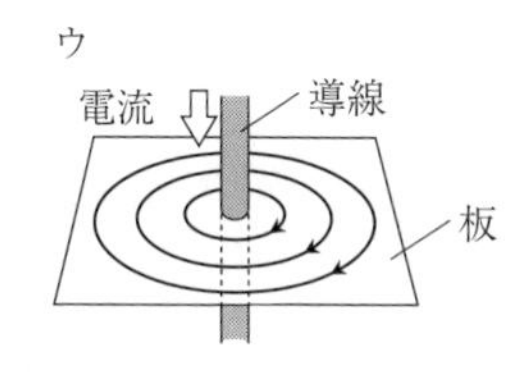

(5) 磁気または電気を帯びた二つの物体を近づけると，力がはたらかないことも，物体どうしが引きつけ合ったりしりぞけ合ったりすることもある。次のア～エのうち，磁石のN極どうしを近づけた場合のように，二つの物体がしりぞけ合うものはどれか。一つ選び，記号を○で囲みなさい。ただし，ティッシュペーパーやストローが磁気を帯びることや，磁石が電気を帯びることは考えないものとする。（ア　イ　ウ　エ）

ア　＋の電気を帯びたティッシュペーパーと，磁石のN極を近づけた場合

イ　－の電気を帯びたストローと，磁石のN極を近づけた場合

ウ　＋の電気を帯びたティッシュペーパーどうしを近づけた場合

エ　＋の電気を帯びたティッシュペーパーと，－の電気を帯びたストローを近づけた場合

［Ⅱ］ お好み焼きを食べるときには，図Ⅰのようなコテと呼ばれる道具を使うことがある。次の問いに答えなさい。

図Ⅰ

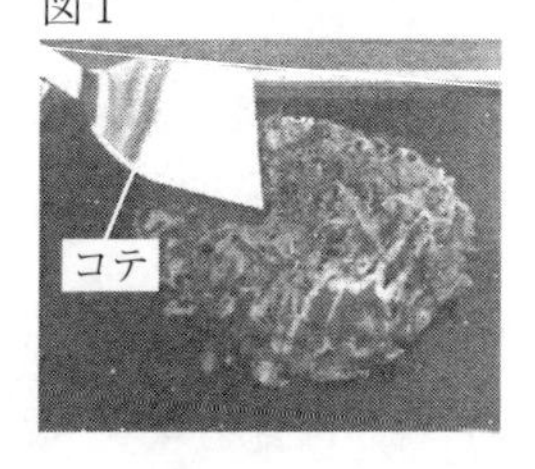

図Ⅱ

(6) 図Ⅱのようにコテの先端をお好み焼きに当てた瞬間において，お好み焼きがコテから受ける力の作用点はどこか。作用点を解答欄の図中にかき加えなさい。ただし，黒丸（●）で分かりやすくかくこと。

(7) 次の文は，コテの利点について述べたものである。あとのア～エのうち，文中の［　　］に入れるのに最も適しているものを，力と圧力の違いをふまえて一つ選び，記号を○で囲みなさい。

（ア　イ　ウ　エ）

ある決まった重さのお好み焼きを下からすくい上げるとき，コテを使うと，箸を使う場合より，お好み焼きとふれ合う面積が大きいためにお好み焼きが受ける［　　］，お好み焼きの形はくずれにくい。

ア　力が大きく　　イ　力が小さく　　ウ　圧力が大きく　　エ　圧力が小さく

(8) 重さが2Nのお好み焼きをコテで下からすくい上げ，静止させる。お好み焼きとコテのふれ合う面が水平でその面積が$0.01\mathrm{m}^2$のとき，コテがお好み焼きから受ける圧力は何Paか，求めなさい。(　　　Pa)

(9) 図Ⅲのように，お好み焼きに向かってコテを素早く動かすと，お好み焼きはそのままコテの上にのる。これは，お好み焼きが静止し続けようとする性質をもつからである。一般に，物体がいくつかの力を受けたまま静止しているとき，それらの力の間の関係としてどのような条件が成り立っているか，簡潔に書きなさい。

図Ⅲ

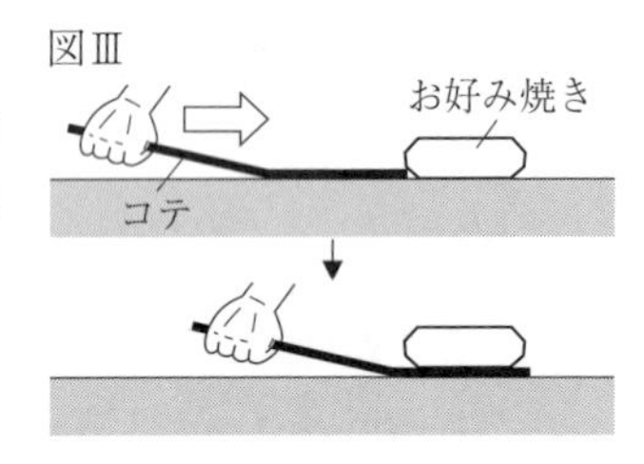

(　　　　　　　　　　　　　　　　　　　　　)

2　次の［Ⅰ］～［Ⅲ］に答えなさい。

［Ⅰ］　身近な化学物質に興味をもったMさんは，塩化ナトリウム（食塩），砂糖，炭酸水素ナトリウム（重(じゅう)そう）の性質を調べた。次の問いに答えなさい。

(1)　塩化ナトリウムと砂糖をそれぞれ加熱すると，塩化ナトリウムは変化が起こらないが，砂糖は黒くこげて炭素（炭）が生じる。次のア～エのうち，塩化ナトリウムと砂糖について述べた文として正しいものを一つ選び，記号を○で囲みなさい。（ ア　イ　ウ　エ ）

ア　塩化ナトリウムは有機物であり，砂糖は無機物である。
イ　塩化ナトリウムは無機物であり，砂糖は有機物である。
ウ　塩化ナトリウムと砂糖は，ともに有機物である。
エ　塩化ナトリウムと砂糖は，ともに無機物である。

(2)　次の文中の①〔　　〕，②〔　　〕から適切なものをそれぞれ一つずつ選び，記号を○で囲みなさい。①（ ア　イ ）　②（ ウ　エ ）

炭酸水素ナトリウムの水溶液は①〔ア　酸性　　イ　アルカリ性〕であり，この水溶液のpHの値は7より②〔ウ　小さい　　エ　大きい〕。

(3)　炭酸水素ナトリウムを加熱すると，炭酸ナトリウムと水と二酸化炭素が生じる。この化学変化を表した次の化学反応式中の［　　］に入れるのに適している数を書きなさい。（　　　）

$\square\ NaHCO_3 \rightarrow Na_2CO_3 + H_2O + CO_2$

［Ⅱ］　Dさんは，消しゴムの密度を調べる実験を行った。あとの問いに答えなさい。

【実験】　消しゴムの質量を電子天びんで測定すると9.6gであった。メスシリンダーの中の水$80.0cm^3$に消しゴムを完全に沈めると，水と消しゴムを合わせた体積は$88.0cm^3$になった。

(4)　図Ⅰは，水平な台に置いたメスシリンダーの液面付近を真横から見たようすを模式的に表したものである。メスシリンダーで液体の体積を測定するときには，図Ⅰ中のア～ウのうち，どの位置を見てめもりを読み取ればよいか。最も適しているものを一つ選び，記号を○で囲みなさい。（ ア　イ　ウ ）

図Ⅰ

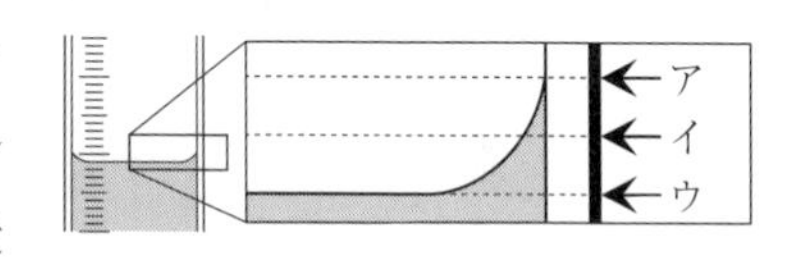

(5)　消しゴムの密度は何g/cm^3であると考えられるか，求めなさい。答えは**小数第1位**まで書きなさい。（　　　g/cm^3）

［Ⅲ］　かつおぶしを煮出した汁をふきんでこしてだしをとる操作は，物質を大きさによって分ける，ろ過の身近な例である。図Ⅱは，ろ紙とろうとの断面の模式図である。次の問いに答えなさい。

図Ⅱ

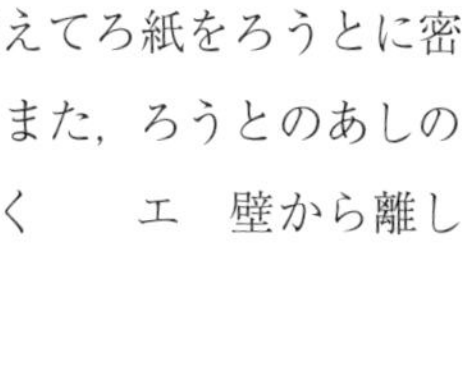

ろ紙
ろうと
ろ紙の穴
ろうとのあし

(6)　次の文中の①〔　　〕，②〔　　〕から適切なものをそれぞれ一つずつ選び，記号を○で囲みなさい。

①（ ア　イ ）　②（ ウ　エ ）

ろ過を行う際には，ろうとに折りたたんだろ紙を入れ，①〔ア　水を加えてろ紙をろうとに密着させる　　イ　息を吹きかけてろ紙とろうとの間にすきまをつくる〕。また，ろうとのあしの先端は，ろ過した液体を集めるビーカーの内側の②〔ウ　壁につけておく　　エ　壁から離しておく〕。

(7)　100cm^3 の水に赤インク 2 滴を加えた液（液 A）と，100cm^3 の水に活性炭の粉約 1 g を加えてかき混ぜた液（液 B）に，それぞれろ過の操作を行った。表 I は，液 A，B にろ過の操作を行う前と，ろ過の操作を行った後のようすをまとめたものである。次のア～エのうち，表 I から考えられる，赤インクの粒子，活性炭の粉，ろ紙の穴の大きさの関係を表したものとして最も適しているものはどれか。一つ選び，記号を○で囲みなさい。ただし，赤インクの粒子の大きさ，活性炭の粉の大きさ，ろ紙の穴の大きさは，それぞれ均一であるものとする。

（ア　イ　ウ　エ）

表 I

	液 A	液 B
含まれていたもの	赤インクの粒子	活性炭の粉
ろ過の操作を行う前	赤色透明	黒色に濁っていた
ろ過の操作を行った後	赤色透明	無色透明

ア　ろ紙の穴＜赤インクの粒子＜活性炭の粉　　イ　活性炭の粉＜ろ紙の穴＜赤インクの粒子

ウ　赤インクの粒子＜ろ紙の穴＜活性炭の粉　　エ　ろ紙の穴＜活性炭の粉＜赤インクの粒子

3 次の[Ⅰ]～[Ⅲ]に答えなさい。

[Ⅰ] 河川がつくる地形や地層について，次の問いに答えなさい。

(1) 次の文中の ⓐ に入れるのに適している語を書きなさい。(　　　)

地表の岩石が崩壊して土砂となる現象のうち，気温の変化や水のはたらきなどによって，長い年月のうちにもろくなってくずれていく現象は特に ⓐ と呼ばれている。ⓐ してできた土砂は，河川などの水の流れによって侵食され，下流へと運搬される。

(2) 次の文中の①〔　　〕，②〔　　〕から適切なものをそれぞれ一つずつ選び，記号を○で囲みなさい。①(ア イ) ②(ウ エ)

土砂は粒の大きさによって，泥，砂，れきに分けられ，この三つの中で最も粒が小さいのは①〔ア 泥　イ れき〕である。また，河川の流水によって運搬され河口に到達した土砂は，粒の②〔ウ 大きい　エ 小さい〕ものほど河口からさらに遠いところまで運ばれる。

(3) 河川の流水によって運搬された土砂などが水平に堆積してできた地層が，水平方向から押す力を受けると，大きく波打ったような地層の曲がりができることがある。このようにしてできた，図Ⅰのような地層の曲がりは何と呼ばれているか。名称を書きなさい。(　　　)

図Ⅰ

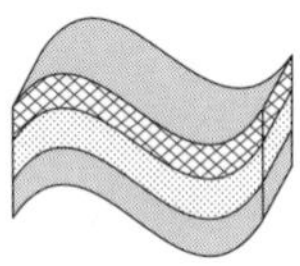

[Ⅱ] 地球の表面付近の水は，海と陸と大気の間をつねに循環している。図Ⅱは，地球の表面付近の水が海と陸と大気の間を移動するようすを表した模式図である。図Ⅱ中の矢印は，海，陸，大気の間を移動する水の移動の向きを表し，数値は1年間の全降水量を100としたときのそれぞれの水の移動量（蒸発量，降水量，河川の流水量）を表している。次の問いに答えなさい。ただし，水の移動は図Ⅱ中に示されたもの以外は考えないものとする。

図Ⅱ

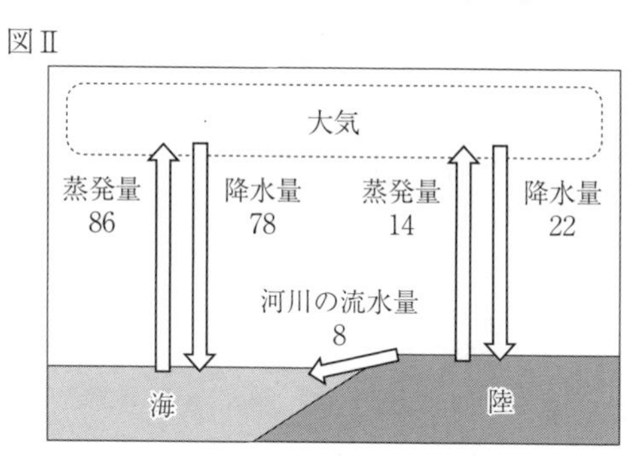

(4) 図Ⅱにおいて，1年間の全蒸発量はいくらか，求めなさい。(　　　)

(5) 次のア～ウのうち，図Ⅱから分かることとして最も適しているものを一つ選び，記号を○で囲みなさい。(ア イ ウ)

ア 海における降水量は，陸における降水量よりも少ない。

イ 陸から出ていく水の量と，陸に入ってくる水の量は等しい。

ウ 海と陸のいずれにおいても，蒸発量は降水量よりも多い。

［Ⅲ］　図Ⅲは，気温と飽和水蒸気量との関係を表したグラフである。次の問いに答えなさい。

図Ⅲ

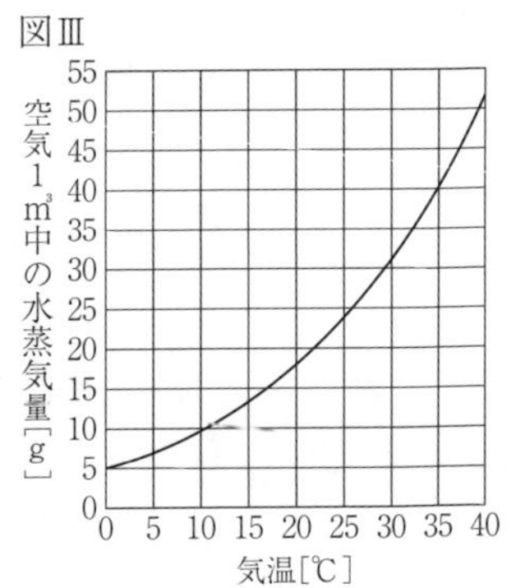

(6)　気温35℃で，1 m^3 中に含まれる水蒸気量が25gである空気がある。図Ⅲから，この空気の露点は何℃であると考えられるか。次のア～エのうち，最も適しているものを一つ選び，記号を○で囲みなさい。ただし，気温が変化しても，空気の体積は変化しないものとする。(　ア　イ　ウ　エ　)

ア　5℃　　イ　23℃　　ウ　27℃　　エ　40℃

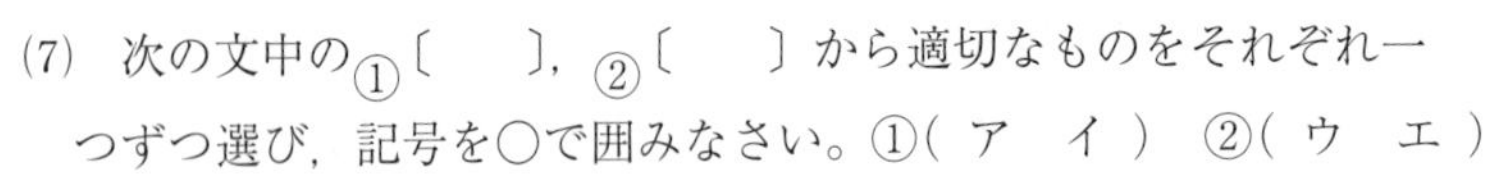

(7)　次の文中の①〔　　〕，②〔　　〕から適切なものをそれぞれ一つずつ選び，記号を○で囲みなさい。①(　ア　イ　)　②(　ウ　エ　)

ガラスコップに氷水を入れてしばらくすると，ガラスコップの表面に水滴がついた。この間，ガラスコップの表面に接している部分の空気においては，気温の低下にともなって飽和水蒸気量が①〔ア　小さく　　イ　大きく〕なっていき，湿度が②〔ウ　下がって　　エ　上がって〕いったものと考えられる。

4 次の［Ⅰ］，［Ⅱ］に答えなさい。

［Ⅰ］ 公園で松かさ（松ぼっくり）を見つけたCさんは，マツについて調べた。次の問いに答えなさい。

(1) 図Ⅰ中のXは，胚珠(はいしゅ)のついたりん片の集まりで，やがて松かさとなる部分である。Xの名称を次のア～エから一つ選び，記号を○で囲みなさい。

（ア イ ウ エ）

ア 雌花(め) イ 雄花(お) ウ めしべ エ おしべ

図Ⅰ

(2) 次の文中の ⓐ に入れるのに適している語を書きなさい。（ ）

松かさはマツの果実のように見えるが，裸子植物であるマツは，被子植物と違い，受粉後に果実になるつくりをもたない。被子植物において，受粉後に果実になるつくりは ⓐ であり，胚珠は ⓐ の中にある。

(3) 次の文中の①〔 〕，②〔 〕から適切なものをそれぞれ一つずつ選び，記号を○で囲みなさい。①（ ア イ ） ②（ ウ エ ）

図Ⅱのように，水にぬらすと松かさは閉じ，乾燥させると開いた。したがって，このマツでは，①〔ア よく晴れている イ 雨が降っている〕ときに松かさが開きやすく，松かさの中で成熟したマツの②〔ウ 種子 エ 胞子〕が風にのって飛んでいきやすいと考えられる。

図Ⅱ

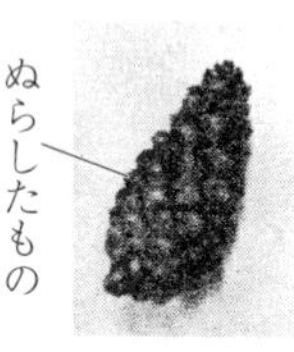

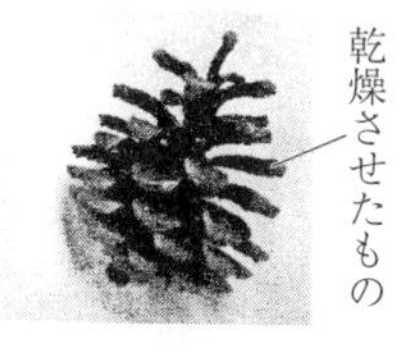

(4) 裸子植物の中でもマツは，生殖細胞からの受精卵のでき方が，ホウセンカなどの被子植物と同じである。次のア～エのうち，マツやホウセンカの受精卵のでき方について述べた文として最も適しているものを一つ選び，記号を○で囲みなさい。（ ア イ ウ エ ）

ア 卵細胞の核どうしが合体してできる。

イ 卵細胞の核と精細胞の核が合体してできる。

ウ 精細胞の核どうしが合体してできる。

エ 卵細胞の核が分裂してできる。

［Ⅱ］ Gさんは，近くの池から採集した微生物を顕微鏡で観察することにした。表Ⅰは，Gさんが図鑑で調べた微生物の特徴の一部をまとめたものである。次の問いに答えなさい。

表Ⅰ

微生物	平均的な大きさ	単細胞生物か多細胞生物かの区別	からだのしくみ	
			活発に動き回るためのつくりの有無	葉緑体の有無
ミジンコ	1.5mm	多細胞生物	あり	なし
ミドリムシ	0.10mm	単細胞生物	あり	あり
ゾウリムシ	0.15mm	単細胞生物	あり	なし
ミカヅキモ	0.31mm	単細胞生物	なし	あり

(5)　Gさんは，顕微鏡の接眼レンズを10倍，対物レンズを4倍にして観察を行った。これを「観察㋐」とする。図Ⅲは，観察㋐で顕微鏡の視野にいたミジンコの写真である。

図Ⅲ

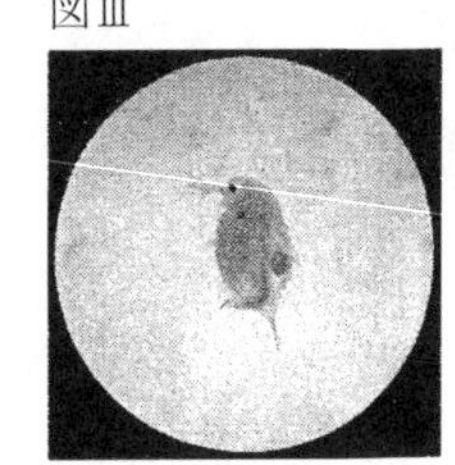

①　ミジンコは甲殻類に分類され，からだが殻で覆われている。甲殻類をはじめとした節足動物のからだを覆う，殻などのかたい構造は，セキツイ動物の骨などの構造に対して，一般に何と呼ばれているか。**漢字3字**で書きなさい。(　　　)

②　観察㋐における顕微鏡の倍率は何倍か，求めなさい。(　　　倍)

③　Gさんは次に，ミドリムシを観察するために，顕微鏡の倍率を上げることにした。表Ⅰから考えて，顕微鏡の視野内で，ミドリムシの見かけの大きさを，観察㋐におけるミジンコの見かけの大きさと同じにするためには，顕微鏡の倍率は，観察㋐における倍率のさらに何倍であればよいと考えられるか。次のア～エのうち，最も適しているものを一つ選び，記号を○で囲みなさい。(ア　イ　ウ　エ)

ア　1.5倍　　イ　2.5倍　　ウ　10倍　　エ　15倍

(6)　Gさんは，調べたことをもとに単細胞生物の特徴を比較し，ミドリムシがゾウリムシとミカヅキモのそれぞれと共通する特徴をもつことに気付いた。表Ⅰから分かるミドリムシの特徴のうち，特にミカヅキモとだけ共通するのはどのような特徴かを簡潔に書きなさい。ただし，表Ⅰに示されたからだのしくみと，そのしくみによるはたらきについて書くこと。

(　　　　　　　　　　　　　　　　　　　　　　　　　　　　　　)

て時々息が苦しくなるような、気が付かないうちに呼吸が浅くなっているようなことがある。そういう時は、身体が信号を出しているのかもしれない。［A］

こうしてこれを書いている間も波の音が止まない。［B］

そして波の音が部屋を満たし続けているのに、私の心はいまとても静かで穏やかだ。［C］気がつけば、胸の奥まで染み入るような深い呼吸をしている。少しばかり寝不足でも、身体が隅々まで元気になってゆくのがわかる。海や山や川――自然はとてもうつくしくて、力強い。

こんなにきれいな星に住んでいることに、あらためて感謝したくなった。

そろそろ何でもいいから自然の音が聴きたい、自然がある場所に行きたいよ、と。

（小澤征良「そら　いろいろ」より）

1　①夜中に一人で窓から海を見ていて思ったとあるが、本文中で筆者は、夜中に海を見ていてどのようなことを思ったと述べているか。その内容についてまとめた次の文の［a］に入る内容を、本文中のことばを使って**十字以上、十五字以内**で書きなさい。また、［b］に入れるのに最も適しているひとつづきのことばを、本文中から**四字**で抜き出しなさい。a［　　　　　　　　　　　］　b［　　　　］

結構うるさいほどの音量であっても、人間の身体があたりを満たし続ける波音に慣れて、それを［a］のは、波音が［b］であるからだろうということ。

2　次のうち、本文中の［②］に入れるのに最も適していることばはどれか。一つ選び、記号を○で囲みなさい。（ア　イ　ウ）

ア　たとえば　　イ　ところで　　ウ　しかし

3　本文中には次の一文が入る。入る場所として最も適しているものを本文中の［A］～［C］から一つ選び、記号を○で囲みなさい。（A　B　C）

4　地球が創り出す音や景色にふれることについて、本文中で筆者が述べている内容を次のようにまとめた。［　］に入れるのに最も適しているひとつづきのことばを、本文中から**九字**で抜き出しなさい。［　　　　　　　　　］

地球が創り出す音や景色にふれ、自分の中に［　］ことは、心が穏やかになり、身体が元気になってゆくなど、さまざまなポジティブなことをもたらしてくれるかもしれない。

Aさん　本文の「思ふようにならぬものかな」から、主人の残念そうな顔が想像できるね。
Bさん　そうだね。人が集まる会のために花を探していた主人が、最終的に「［③］、みんな欲しがりはしないだろうに」と思っているところが、この話のおもしろいところだね。

1　①いはくを現代かなづかいになおして、すべてひらがなで書きなさい。（　　）

2　次のうち、【会話】中の［②］に入れるのに最も適していることばはどれか。一つ選び、記号を○で囲みなさい。（ア　イ　ウ）
ア　鶯をつかまえようと、たくさんの子どもたちが続々と集まってきた
イ　たくさんの子どもたちが集まり、見事な梅が欲しいと口々に騒いだ
ウ　集まってきたたくさんの子どもたちが、見事な梅を折ってしまった

3　次のうち、【会話】中の［③］に入れるのに最も適していることばはどれか。一つ選び、記号を○で囲みなさい。（ア　イ　ウ）
ア　この梅に鶯がとまっていなければ
イ　この梅を切っていなければ
ウ　この梅に花がなければ

4　次の文章を読んで、あとの問いに答えなさい。

海のそばに居る。
町から少し離れているせいか、車の音もほとんどない。耳に届いてくるのは終わりのない波の音だけ。大きく砂浜に打ち寄せる波音や、しのび足のように小さな波音が、いろんな組み合わせとなってあたりを満たし続ける。波の音がずっとし続けているので、山奥で夜中に経験する真っ暗闇のような静けさになることはない。なのに、人間の身体は不思議なもので、すぐにその音が在ることに慣れてしまう。そして、その波音を心地よいものとして身体が受け入れる。冷静に考えれば、結構うるさいほどの音量なのに。きっとそれは波音が自然な音だからだろう、と①夜中に一人で窓から海を見ていて思った。同じぐらいの音量で、もしも車のエンジン音だったり、工事中の機械の出す音だったら、次第にそれはかなりのストレスとなるだろう。私は都会が嫌いなわけじゃないけれど、夜中に波の音を聴きながら「ああ、こういうことが人間にとっては必要な、大事なことなんだなぁ」とつくづく思った。
どんなに便利な社会や街に住んでいようと、人間はやっぱり動物で、地球という星の生物だ。だから自分たちがこの星の生物である限り、この星が創り出す音や景色にふれていることは、思いのほか大切なことなんだろう、と感じた。［②］、空いている時間を使って、近くの（少し遠くても）海や丘や山へ、足を伸ばすこと。夕方でも夜中でも明け方でもいい。何も目的がなかったとしても、その風景の中でぼーっとするだけでもいい。自然が創りだす音やにおいや風景の中に自分をほんの少し浸してあげることで、いろんなことがずいぶん変わるような気がする。そうやって自分の中に広さや豊かさを持つことが、さまざまなポジティブなことをもたらしてくれるかもしれない。そういえば、都会に住んでい

いて、本文中で筆者が述べている内容を次のようにまとめた。［a］に入れるのに最も適しているひとつづきのことばを、本文中から**七字**で抜き出しなさい。また、［b］に入る内容を、本文中のことばを使って**十字以内**で書きなさい。

カタツムリは［a］ので、特定の植物しか食べられなければ、それを探すためにかなりの［b］を費やすことになるが、さまざまな植物を食べることができれば、それらを節約することができる。

a □□□□□□□　b □□□□□□□□□□

3　②絶好のとあるが、次のうち、このことばの本文中での意味として最も適しているものはどれか。一つ選び、記号を○で囲みなさい。（ア　イ　ウ）

ア　とても親しみ深い　　イ　きわめて都合のよい
ウ　欠かすことのできない

4　③カタツムリはコンクリートを食べるのですとあるが、次のうち、カタツムリがコンクリートを食べることについて、本文中で述べられていることがらと内容の合うものはどれか。一つ選び、記号を○で囲みなさい。（ア　イ　ウ）

ア　カタツムリは、ほかの動物たちが食べているような石や砂のかわりにコンクリートを食べることで、食べ物の消化に役立てている。
イ　カタツムリは、歯舌で削り取ったかたいコンクリートを食べることで、鳥類などの動物に食べられないように自分の身を守っている。
ウ　カタツムリは、二酸化炭素を含んだ雨水によって溶けたコンクリートを食べることで、殻をつくるために必要なカルシウムを得ている。

3　次の【本文】と、その内容を鑑賞しているAさんとBさんとの【会話】を読んで、あとの問いに答えなさい。

【本文】までのあらすじ

（ある生け花好きの主人が、近いうちに人が集まる会があるということで、山に入り、いろいろな木を見てまわり、枝ぶりが見事な紅梅を見つけた。その技を人に切らせようとしたところ、その枝には鶯（うぐいす）がいかにも楽しそうな様子でとまっていた。）

【本文】

主人おもへらく、この梅に鶯（うぐひす）とまりながらを立てるは、ことに珍しからんと、人々に言ひ付け、やうやう鳥の飛ばぬやうに引き切り、そろそろ歩行（あゆ）み、麓の村へ下りければ、子供大勢集まり、「見事な梅、わしにおくれ」「おれもくれい」と、声々にわめきければ、この声におどろき、たちまち鶯飛びさりぬ。主人の①いはく、「思ふようにならぬものかな。この梅に花がなくば、くれいとは言ふまいに」。

【会話】

Aさん　主人は、枝ぶりが見事な梅に鶯がとまっているのはめったにないすばらしいことだと思っているね。
Bさん　そうだね。現代でも、梅と鶯は取り合わせのよいもののたとえとして使われているね。
Aさん　なるほど。主人がそのすばらしい状態を大事に保とうとしているのは、「なんとか飛ばないように枝を切って、ゆっくりと歩いて村に下りていった」という様子からよくわかるね。
Bさん　でも、そんなに大事に持って下りたのに、［②］ので、鶯が驚いて飛んでいってしまったのは残念だね。

2　次の文章を読んで、あとの問いに答えなさい。

カタツムリといえば、葉っぱの上にいるイメージがあります。そのイメージどおり、カタツムリは植物が好物で、カタツムリの多くは植物性のものを食べています。

昆虫などは食べる植物の種が決まっていることがありますが、①カタツムリは基本的に身近にあるさまざまな植物を食べています。生息環境によって多少の傾向はありますが、草の葉っぱはもちろん、木の芽や花びらだって食べますし、コケやキノコ、藻(そう)類も、よく食べます。生きている葉っぱも食べますし、微生物などによる分解途中の落ち葉を食べることもあります。

さまざまな食べ物を食べることは、移動能力が低いことと関係があると考えられています。もしも特定の植物の葉っぱしか食べられないと、その葉っぱを探すために周辺の環境をいつも探しまわらなければなりません。そうすると相当の時間がかかりますし、そのぶんエネルギーも消耗します。しかし、いろいろな種類の植物を食べられるなら、食べ物を探す時間もエネルギーも節約することができます。食べ物を［A］こと自体が大変なのに、いちいち好き嫌いを言っていられない、というわけです。ただし、さすがにかたい樹皮や枝などを食べることはできないようです。

野菜やキノコを栽培している農家にとっては、カタツムリは困った存在です。軟らかくて食べやすい葉物野菜やキノコは、ヒトにとっておいしいだけでなく、カタツムリにとっても②絶好の食べ物なのです。甘くておいしいイチゴの実だって食べてしまいます。

私が幼いころ、カタツムリをよく見つけた場所は、近所にあるコンクリートのブロック塀の側面でした。雨の日にそのブロック塀を見に行くと、いつもたくさんのカタツムリがブロックにくっついているので、すぐに私のお気に入りの場所になりました。当時はなぜそこにカタツムリが集まっているのかわかりませんでしたが、ブロック塀に［B］には理由があります。③カタツムリはコンクリートを食べるのです。

かたいコンクリートを食べるわけがない、と思うかもしれませんが、雨の日には二酸化炭素を含んだ雨水がコンクリートをわずかに溶かすので、それを狙って食べるというわけです。

カタツムリのほかにも、コンクリートのようにかたいものを食べる動物はいます。たとえば鳥類は石や砂を食べます。砂嚢(さのう)という消化器官（焼き鳥などで食べる「砂肝」）に砂や小石を詰めてかたい食べ物を砕き、消化に役立てるのです。では、カタツムリもコンクリートを消化に役立てるのでしょうか？　いや、そうではありません。ただでさえ軟らかい植物を歯舌(しぜつ)で削り取って食べているのに、そんな石は必要ないはずです。じつはカタツムリは、殻をつくるために必要なカルシウムを得るために、コンクリートを食べるのです。カタツムリの殻は炭酸カルシウムを主成分としています。殻といっしょに成長するカタツムリは、大きくなるためにコンクリートを食べているのです。

（野島智司「カタツムリの謎」より）

（注）歯舌＝軟体動物の多くが口の中にもつ硬いやすり状の器官。

1　次のうち、本文中の［A］、［B］に入れることばの組み合わせとして最も適しているものはどれか。一つ選び、記号を○で囲みなさい。（ア　イ　ウ　エ）

ア　A　見つける　B　集まる　　イ　A　見つかる　B　集まる

ウ　A　見つける　B　集める　　エ　A　見つかる　B　集める

2　①カタツムリは基本的に身近にあるさまざまな植物を食べていますとあるが、カタツムリが身近にあるさまざまな植物を食べることにつ

国語A問題

時間　四〇分
満点　四五点

（注）答えの字数が指定されている問題は、句読点や「　」などの符号も一字に数えなさい。

1　次の問いに答えなさい。

1　次の⑴～⑹の文中の傍線を付けた漢字の読み方を書きなさい。また、⑺～⑽の文中の傍線を付けたカタカナを漢字になおし、解答欄の枠内に書きなさい。ただし、漢字は楷書（かいしょ）で、大きくていねいに書くこと。

⑴　商品を車で配送する。（　　）
⑵　魚が水中を遊泳する。（　　）
⑶　数日は晴天が続く見込みだ。（　　）
⑷　小説家として頭角を現す。（　　）
⑸　針金を曲げて輪をつくる。（　　げて）
⑹　問題の解決に努める。（　　める）
⑺　野菜をコマかく刻む。□かく
⑻　夕食のザイリョウを買う。□
⑼　ジュンジョよく並ぶ。□
⑽　ヤジルシの示す方向に進む。□

2　次は、中学生のAさんと先生との会話です。□に入れる敬語表現として適切なものを、あとのア～ウから一つ選び、記号を○で囲みなさい。（ア　イ　ウ）

先　生　あなたが読みたいと言っていた本は図書室にありましたか。
Aさん　はい。先生の□とおり、図書室にありました。

ア　申し上げた　　イ　お話しした　　ウ　おっしゃった

3　次の文の□に入れるのに最も適していることばを、あとのア～ウから一つ選び、記号を○で囲みなさい。（ア　イ　ウ）

多くの世代から人気を集め、本の□部数が大幅に増加する。

ア　発光　　イ　発行　　ウ　発効

は十六字、［b］は十二字で抜き出し、それぞれ初めの五字を書きなさい。a［　　　　　］　b［　　　　　］

［a］という京の町家の構造は、「風づくり」をするうえで重要であり、京の人が打ち水の仕方を工夫し、風通しをよくしていることは、海陸風のような仕組みを狭い範囲で［b］といえるだろう。

4　③散水用の水は、井戸水であることがベターであるとあるが、水まきをするうえで、水道水よりも井戸水のほうがよい理由について、本文中で筆者が述べている内容を次のようにまとめた。［　］に入る内容を、本文中のことばを使って三十字以上、四十字以内で書きなさい。

［　　］

散水用の水を水道水ではなく井戸水にすると、［　　　　］ことができるから。

5　次のうち、本文の構成を説明したものとして最も適しているものはどれか。一つ選び、記号を○で囲みなさい。（ア　イ　ウ　エ）

ア　京都と東京のそれぞれの風土の特徴を比較したうえで、それらの風土に合わせた家づくりの方法について述べている。

イ　京都の打ち水と東京の打ち水との違いを示したうえで、それぞれがもたらす冷却効果と新たな課題について述べている。

ウ　節電のために行われてきた京都の打ち水を例として挙げたうえで、さまざまな智恵を試していくことの大切さについて述べている。

エ　夏の暑さを凌ぐためになされる京都の打ち水の方法を説明したうえで、それを利用した家づくりと心の持ち方について述べている。

日本語指導が必要な生徒選抜　作文（時間40分）

「わたしが高校（こうこう）でしたいと思（おも）うこと」という題（だい）で文章（ぶんしょう）を書（か）きなさい。

（解答用紙省略）

環、海陸風のシステムを、ごく小規模に人工的につくりだしているのだということができようか。

こういう打ち水の智恵（ちえ）は、私ども東京の人間には思いもつかなかったことで、東京では打ち水というのは、ただそこら中に大きな柄杓（ひしゃく）で水をぶちまけることでしかなかった。

いま、世はこぞって節電の時代となった。冷房をどのように節約するか、いろいろな智恵が試されているなかで、この②京都伝統の「風づくり」の方法は、ぜひ考慮されてよい。

だから、もしこれから「風通し」ということを真っ先に考慮して、家づくりをするのであれば、京の町家が持っていたような「風の道」というものを考えておく必要がある。

それには、家を挟んで、南北でも東西でもいいから、両側に、小規模でも庭を二つつくり設け、その庭に面したところに散水用の蛇口を設置しておくことが望ましい。これは風をつくるための装置だから、必ずしも草花などを植えるには及ばない。私の家の南庭のように、砂利と枕木で固めてしまっても、それはそれでよろしいのである。

なお望むべくんば、その③散水用の水は、井戸水であることがベターである。

私の家の隅には、この散水用の井戸を掘った。これは災害時などには非常用の水源としても用いるけれど、通常はもっぱら水まきに使っている。

こうすると、井戸水は夏には必ずや水道水よりも冷たいから、より風起こしの効果が強く現れるであろう。また日照りで渇水（かっすい）となり、給水制限などという事態に立ち至ったときも、心置きなく井戸水を汲（く）み上げての水まきが可能になるから、これは必須の設備だと私は思う。

ただ、打ち水による冷却効果は、冷房装置のような圧倒的な涼しさをもたらしはしない。

いってみれば、ちょっと涼しい気がする、という程度に過ぎないかもしれない。しかしながら、そういう「気がする」という、この心の持ち方が非常に大切なところである。

（林　望「思想する住宅」より）

（注）凪＝風がやんで波がおだやかになること。
望むべくんば＝望むことができるならば。

1　本文中のA～Dの――を付けた語のうち、一つだけ他と活用形の異なるものがある。その記号を○で囲みなさい。（A　B　C　D）

2　次の(i)～(iii)は、本文中の[①]に入る。[①]の前後の内容から判断して(i)～(iii)を並べかえると、どのような順序になるか。最も適しているものをあとから一つ選び、記号を○で囲みなさい。
（ア　イ　ウ　エ　オ　カ）

(i)　この温度差のために、高温の庭には上昇気流が生じて、そこに水を打った低温の庭から風が通っていく。

(ii)　しばらくして、打った水がすっかり乾いてしまうと、こんどは、さきほど水を打たなかったほうの庭にみっしりと水を打つ。

(iii)　そうすると、水を打ったほうは水で冷やされ、なおかつその水が蒸発するときの気化熱でさらに冷やされるので、水を打たないほうの庭と温度差が生じる。

ア　(i)→(ii)→(iii)　イ　(i)→(iii)→(ii)　ウ　(ii)→(i)→(iii)
エ　(ii)→(iii)→(i)　オ　(iii)→(i)→(ii)　カ　(iii)→(ii)→(i)

3　②京都伝統の「風づくり」の方法とあるが、京都で行われてきた「風づくり」の方法について、本文中で筆者が述べている内容を次のようにまとめた。[a]、[b]に入れるのに最も適しているひとつづきのことばを、それぞれ本文中から抜き出しなさい。ただし、[a]

3　次の問いに答えなさい。

1　次の(1)～(4)の文中の傍線を付けた漢字の読み方を書きなさい。また、(5)～(8)の文中の傍線を付けたカタカナを漢字になおし、解答欄の枠内に書きなさい。ただし、漢字は楷書(かいしょ)で、大きくていねいに書くこと。

(1)　先人の軌跡をたどる。(　　　　)

(2)　作文を添削する。(　　　　)

(3)　釣り糸を垂らす。(　　らす)

(4)　話し合いの司会を務める。(　　める)

(5)　アツみがある板を切る。□み

(6)　ボールを遠くにナげる。□げる

(7)　ヘイソの努力が実を結ぶ。□□

(8)　ケンコウ診断を受ける。□□

2　次の文中の傍線を付けたことばが「最後までやり通して立派な成果をあげる」という意味になるように、□にあてはまる漢字一字を、あとのア～エから一つ選び、記号を○で囲みなさい。

大会の決勝戦で勝利し、有□の美を飾る。

ア　収　　イ　秀　　ウ　修　　エ　終

(ア　イ　ウ　エ)

4　次の文章を読んで、あとの問いに答えなさい。

京都は夏暑く冬寒いという、実にA過ごしにくい盆地の気候だけれど、それだけに、たとえば、夏の暑さをどう凌(しの)ぐかということについて、ずいぶん工夫が蓄積されてきた土地柄であった。

東京はなにしろ、そもそもが海辺につくられた都市で、江戸城から東京湾まで、実はそれほどな距離はなかったのだ。それゆえ、常に海風と陸風の交代が起こって、朝夕の凪(なぎ)のとき以外は、風が通っていきやすい風土である。

ところが京都には海がない、琵琶(びわ)湖も山をB隔て向こうにあるから、直接海陸風のような現象が発生しにくい道理だ。そのため、京都の夏は、どんよりと高温多湿の空気が淀(よど)んで、油照りのなかソヨとも風のC吹かぬ日が多いのであった。こういう凌ぎ難(がた)い気候とつきあっていくなかで、たとえば京都人は、打ち水という技法を発明したと思(おぼ)しい。

すなわち、京の町家というものは、たいてい玄関から奥へ向かって土間が通り、細長い構造の途中に坪庭(つぼにわ)がDあり、ずっと奥まで進むと、奥にもまた庭があって、場合によって、その庭の奥に土蔵が接続する場合もある。

問題は、このように、随所に小規模な庭が設けられていることである。この庭に打ち水をするとき、京の人は、全部の庭にいちどきに水を打ったりはしないのだという。

二つの庭の、まず片方に水を打つ。　①　するとさっきと反対の方向に、やっぱり水で冷やされた風が通っていく、というふうにして、次第に部屋のなかが冷却される、というシステムになっているのだそうである。

すなわち、これは、東京湾と東京の町で起こっている巨大な空気の循

2 次の文章を読んで、あとの問いに答えなさい。

この場面までのあらすじ

ある生け花好きの主人が、近いうちに人が集まる会があるということで、山に入り、いろいろな木を見てまわり、枝ぶりが見事な紅梅を見つけた。その枝を人に切らせようとしたところ、その枝には鶯（うぐいす）がいかにも楽しそうな様子でとまっていた。

主人①おもへらく、この梅に鶯（うぐひす）とまりながらを立てるは、ことに珍しからんと、人々に言ひ付け、やうやう鳥の飛ばぬやうに引き切り、そろそろ歩行（あゆ）み、麓の村へ下りければ、子供大勢集まり、「見事な梅、わしにおくれ」「おれもくれい」と、声々にわめきければ、②この声におどろき、たちまち鶯飛びさりぬ。主人のいはく、「思ふようにならぬものかな。この梅に花がなくば、くれいとは言ふまいに」。

1 ①おもへらくを現代かなづかいになおして、**すべてひらがな**で書きなさい。（　　）

2 ②この声とあるが、これはどのような声か。最も適しているものを次から一つ選び、記号を○で囲みなさい。（ア　イ　ウ　エ）

ア 鶯の鳴き声を聞いた多くの子どもたちが、その鳴き声をまねた声。

イ 集まった多くの子どもたちが、見事な梅を欲しがって口々に騒いだ声。

ウ 梅を見るために集まった多くの子どもたちが、梅を見られず泣いた声。

エ ある子どもが鶯を捕まえようとして、多くの子どもたちを呼びよせた声。

3 次は、Tさんがこの文章を読んだ後に書いた【鑑賞文の一部】です。

【鑑賞文の一部】

この文章の「思ふようにならぬものかな」という部分には、③に対して、主人が残念に思っている様子がよく表れていると思います。また、人が集まる会のために花を探そうとしていた主人が、最終的に「④ならば、みんな欲しがりはしないだろうに」と思っているところがこの文章のおもしろさだと思います。

(1) 次のうち、【鑑賞文の一部】中の③に入れるのに最も適しているこtとばはどれか。一つ選び、記号を○で囲みなさい。（ア　イ　ウ　エ）

ア 梅にとまっていた鶯が、飛んでいってしまったこと

イ 鶯がとまっていて、梅を切ることができなかったこと

ウ 鶯のすばらしさを、人々に理解してもらえなかったこと

エ 手に入れた梅が、村に下りている間に折れてしまったこと

(2) 【鑑賞文の一部】中の④に入る内容を本文中から読み取って、現代のことばで**五字以上、十字以内**で書きなさい。

みて、本当にそう主張できるのか、ということを点検してみるといいのかもしれません。

（森山卓郎「日本語の〈書き〉方」より）

1　①奇をてらうとあるが、次のうち、このことばの本文中での意味として最も適しているものはどれか。一つ選び、記号を○で囲みなさい。

ア　できあがったものに、余計なものを付け加える
イ　すぐれたものにするために、長い時間をかける
ウ　人の気を引くために、わざと変わったことをする
エ　周囲の共感が得られるように、自分の意見を変える

（ア　イ　ウ　エ）

2　②「この薬はいい薬だ」という主張とあるが、次のうち、この主張の根拠となるものの具体例として本文中で述べられているものはどれか。最も適しているものを一つ選び、記号を○で囲みなさい。

ア　薬に含まれる成分は実際に有効なものであるということや、その成分には問題となる副作用がないということ。
イ　効果を認定する試験機関は信頼できる試験機関であり、その試験機関の評価は信頼できる評価であるということ。
ウ　薬に有効な成分が十分に入っているということや、しかるべき試験機関がその薬の効果を認定しているということ。
エ　「この薬は、非常にいい、本当にすばらしい薬である」などと、言葉を尽くして薬の良さを述べられるということ。

（ア　イ　ウ　エ）

3　次のうち、本文中の［③］、［④］に入れることばの組み合わせとして最も適しているものはどれか。一つ選び、記号を○で囲みなさい。

ア　③　さらに　④　また　　イ　③　すなわち　④　また
ウ　③　さらに　④　しかし　　エ　③　すなわち　④　しかし

4　論説文を書くうえで、書き手が気をつけなければならないことについて、本文中で筆者が述べている内容を次のようにまとめた。［a］に入れるのに最も適しているひとつづきのことばを、本文中から**七字**で抜き出しなさい。また、［b］に入る内容を、本文中のことばを使って**十字以上、十五字以内**で書きなさい。

a［　　　　　　　］　b［　　　　　　　　　　　　　　　］

書き手は、［a］のある文章を書くだけでなく、根拠と論拠とを述べることで、自分の［b］ようにし、読んだ人に納得してもらえるようにしなければならない。

国語B問題

時間　四〇分
満点　四五点

（注）答えの字数が指定されている問題は、句読点や「　」などの符号も一字に数えなさい。

1 次の文章を読んで、あとの問いに答えなさい。

論説文とは、書き手がどう思うのかということを述べる文章です。その意味で主観的な文章と言うことができます。意見ですから自分なりのオリジナリティ（独自性）が大切です。①奇をてらう必要はありませんが、みんなが言っているようなこと、いわば当たり前のことを同じように述べるだけでは論説文としてのおもしろさは十分とは言えません。理想を言えば、読んだ人が「今まで気がつかなかったが、なるほど、そう言われてみるとその通りだ」と思ってくれるようなものでしょう。

論説文にはオリジナリティが大切だということを述べましたが、逆に、オリジナルなだけでは論説文になりません。なぜそう言えるのかに説得力を持たせるようにしなければ独りよがりの意見になってしまうからです。読んだ人が「なるほど」と思ってくれるように少しでも努力をする必要があります。

論説文は話し手の考えを書く文章であるとともに説得力が必要だということを述べました。そのためには、なぜそう言えるのか、そう考えなければならない理由は何なのか、という根拠が重要です。ただし、厳密に言えば、「根拠」だけでは十分ではありません。それはなぜでしょうか。

根拠となるのは、一般的に、客観的な事実です。客観的事実とは、誰もが認定できる情報だと言い換えていいでしょう。その客観的事実を根拠とすれば、そこに立脚した議論をしていく限り、誰もが認定できる議論をしていけます。しかし、その客観的事実が、議論に本当につながっているのかどうかが問題になります。その事実が根拠としてその主張につながるということの保証を論拠と言います。

例えば、②「この薬はいい薬だ」という主張は、ただの意見です。「この薬は、非常にいい、本当にすばらしい薬である」などと、言葉を尽くして「いい」ということを述べても、意見である点に違いはなく、主張に説得力はありません。

いい薬だという主張をするための根拠となるのは、例えば、有効な成分が十分に入っている、とか、しかるべき試験機関がその効果を認定しているなどといったことでしょう。これは客観的な事実です。客観的事実であれば、その情報は基本的にみんなに受け入れられます。

しかし、それだけではなく、その成分があれば本当に効くのか、その量は十分なのか、その成分に問題となる副作用はないのか、その薬の良さを証明する試験機関は信頼できるのか、といったことも明らかにしておく必要があります。さらにその試験機関での認定がどういったもので、本当に信頼できる評価なのか、ということも議論としては問題になることがあるかもしれません。「この薬はいい薬だ」ということを示すには、根拠としての事実と、それが主張につながるという論拠とが必要です。

③、そもそも、「いい」ということをどう考えるのかということもあります。実はある体質の人には副作用がある、といった場合、その観点も含めて「いい」かどうかを考える必要があるでしょう。④、実際にはあまりにも高価でほとんど手に入れにくい、などという場合は、無条件に「いい薬」と言えないかもしれません。

あることを主張する場合、ちょっと自分に対して意地悪な見方をして

2021年度／解答

数学A問題

1 【解き方】(1) 与式＝ $11-3=8$

(2) 与式＝ $\frac{7}{21}+\frac{3}{21}=\frac{10}{21}$

(3) 与式＝ $16-18=-2$

(4) 与式＝ $10x+2y-5x+10y=5x+12y$

(5) 与式＝ $\frac{24x^2}{8x}=3x$

(6) 与式＝ $(6-4)\times\sqrt{5}=2\sqrt{5}$

【答】(1) 8　(2) $\frac{10}{21}$　(3) -2　(4) $5x+12y$　(5) $3x$　(6) $2\sqrt{5}$

2 【解き方】(1) それぞれ十の位を四捨五入すると，アは2500，イは2600，ウは2700，エは2700。よって，イ。

(2) 4：9 の両方に同じ数をかけたり同じ数でわったりしても比は変わらない。それぞれを 3 倍すると，12：27 になるから，等しい比はウ。

(3) ボールペンの代金は，$a\times3=3a$ (円)，ノートの代金は，$b\times5=5b$ (円)だから，合計は，$(3a+5b)$円。

(4) A さんの記録が含まれている階級は 19m 以上 21m 未満の階級だから，度数は 6 人。

(5) 移項して，$3x-x=8+10$ より，$2x=18$　よって，$x=9$

(6) 和が -5，積が -14 である 2 数は，2 と -7 だから，与式＝ $(x+2)(x-7)$

(7) 玉は全部で，$1+3+4=8$ (個)　このうち青玉は 3 個あるから，求める確率は $\frac{3}{8}$。

(8) $y=\frac{1}{6}x^2$ に，$x=-5$ を代入して，$y=\frac{1}{6}\times(-5)^2=\frac{25}{6}$

(9) 正面から見た図が立面図，真上から見た図が平面図である。正面から見ると二等辺三角形に見え，真上から見ると正方形に見えるから，投影図はエ。

【答】(1) イ　(2) ウ　(3) $3a+5b$ (円)　(4) 6 (人)　(5) $x=9$　(6) ㋐ 2　㋑ 7　(7) $\frac{3}{8}$　(8) $\frac{25}{6}$　(9) エ

3 【解き方】(1) x が 1 増えると，y は 30 増えるから，(ア)は，$62+30=92$　また，x が，$6-1=5$ 増えると，y は，$30\times5=150$ 増えるから，(イ)は，$32+150=182$

(2) 変化の割合は 30 だから，$y=30x+b$ とおいて，$x=1$，$y=32$ を代入すると，$32=30\times1+b$ より，$b=2$　よって，求める式は，$y=30x+2$

(3) $y=30x+2$ に，$y=452$ を代入して，$452=30x+2$ より，$x=15$

【答】(1)(ア) 92　(イ) 182　(2) $y=30x+2$　(3) 15

4 【解き方】(1) 長方形における対称の中心は対角線の交点。長方形の 2 本の対角線はそれぞれの中点で交わるから，正しいのはエ。

(3) $BF=BC-FC=6-2=4$ (cm)　△GBF ∽△DCB だから，GB：BF＝DC：CB＝5：6　よって，$GB=\frac{5}{6}BF=\frac{10}{3}$ (cm)　したがって，$\triangle GBF=\frac{1}{2}\times4\times\frac{10}{3}=\frac{20}{3}$ (cm^2)

【答】(1) エ　(2) ⓐ DCB　ⓑ DBC　ⓒ ウ　(3) $\frac{20}{3}$ (cm^2)

数学B問題

1 【解き方】(1) 与式$= 15 - (-8) = 15 + 8 = 23$

(2) 与式$= -13 + 9 = -4$

(3) 与式$= 12x - 3y - 4x + 8y = 8x + 5y$

(4) 与式$= \dfrac{63a^2b}{9ab} = 7a$

(5) 与式$= x^2 + 5x + 4 + x^2 - 2x + 1 = 2x^2 + 3x + 5$

(6) 与式$= \sqrt{2} + 2\sqrt{2} - 4\sqrt{2} = -\sqrt{2}$

【答】(1) 23 (2) -4 (3) $8x + 5y$ (4) $7a$ (5) $2x^2 + 3x + 5$ (6) $-\sqrt{2}$

2 【解き方】(1) $a = -6$, $b = 4$ を代入して，与式$= 4 \times (-6) - 3 \times 4 = -24 - 12 = -36$

(2) 例えば，$a = 2$, $b = 3$ のとき，エは，$2 \div 3 = \dfrac{2}{3}$ となる。よって，エ。

(3) $\sqrt{4} < \sqrt{2n} < \sqrt{9}$ だから，$4 < 2n < 9$ よって，条件を満たす n は3と4。

(4) 左辺を因数分解して，$(x - 2)(x - 10) = 0$ よって，$x = 2$, 10

(5) 箱Aに入っているりんごの重さの合計は，$a \times 22 = 22a$ (g)で，これが箱Bに入っているりんごの重さの合計と等しい。よって，箱Bに入っているりんごの重さの平均値は，$\dfrac{22a}{16} = \dfrac{11}{8}a$ (g)

(6) 二つのさいころの出た目を(a, b)で表すと，出る目の和が6より小さい場合は，$(a, b) = (1, 1)$，$(1, 2)$，$(1, 3)$，$(1, 4)$，$(2, 1)$，$(2, 2)$，$(2, 3)$，$(3, 1)$，$(3, 2)$，$(4, 1)$の10通り。目の出方は全部で，$6 \times 6 = 36$ (通り)だから，求める確率は，$\dfrac{10}{36} = \dfrac{5}{18}$

(7) 面ABCD，面EFGHを底面とすると，底面積は，$3 \times 4 = 12$ (cm^2)，側面積は，$a \times (3 \times 2 + 4 \times 2) = 14a$ (cm^2) よって，表面積について，$12 \times 2 + 14a = 87$ が成り立つ。これを解くと，$a = \dfrac{9}{2}$

(8) Aの x 座標は，$y = -2x + 5$ に $y = 0$ を代入して，$0 = -2x + 5$ より，$x = \dfrac{5}{2}$ Bの x 座標はAの x 座標と等しいから，$B\left(\dfrac{5}{2}, 2\right)$ $y = ax^2$ に，$x = \dfrac{5}{2}$，$y = 2$ を代入して，$2 = a \times \left(\dfrac{5}{2}\right)^2$ より，$a = \dfrac{8}{25}$

【答】(1) -36 (2) エ (3) 3, 4 (4) $x = 2$, 10 (5) $\dfrac{11}{8}a$ (g) (6) $\dfrac{5}{18}$ (7) $\dfrac{9}{2}$ (8) (a の値) $\dfrac{8}{25}$

3 【解き方】(1) ① x が1増えると，y は30増えるから，x が，$4 - 1 = 3$ 増えると，y は，$30 \times 3 = 90$ 増える。よって，(ア)は，$32 + 90 = 122$ また，x が，$9 - 1 = 8$ 増えると，y は，$30 \times 8 = 240$ 増えるから，(イ)は，$32 + 240 = 272$ ② 変化の割合は30だから，$y = 30x + b$ とおいて，$x = 1$，$y = 32$ を代入すると，$32 = 30 \times 1 + b$ より，$b = 2$ よって，求める式は，$y = 30x + 2$ ③ $y = 30x + 2$ に，$y = 452$ を代入して，$452 = 30x + 2$ より，$x = 15$

(2) マットAの枚数が s のとき，マットAの列の長さは，$(30s + 2)$ cm マットBの枚数が t 枚のとき，マットBの列の長さは，$47 + 45(t - 1) = 45t + 2$ (cm) マットAの列の長さとマットBの列の長さが等しいから，$30s + 2 = 45t + 2$……㋐が成り立つ。また，s の値が t の値より7大きいから，$s = t + 7$……㋑が成り立つ。㋐と㋑を連立方程式として解くと，$s = 21$，$t = 14$

【答】(1) ① (ア) 122 (イ) 272 ② $y = 30x + 2$ ③ 15 (2) (s の値) 21 (t の値) 14

4 **【解き方】** (1) ① できる立体は右図のような円すいになる。よって，イ。

(3) ① $\triangle AED \backsim \triangle CFD$ より，$AD : AE = CD : CF$　$CD = AB = 9\,cm$ だから，$6 : AE = 9 : 7$　これを解くと，$AE = \dfrac{14}{3}$ (cm)　② $EB = AB - AE = 9 - \dfrac{14}{3} = \dfrac{13}{3}$ (cm)　$GC /\!/ EB$ より，$GC : EB = FC : FB = 7 : (7 + 6) = 7 : 13$ だから，$GC = \dfrac{7}{13}EB = \dfrac{7}{3}$ (cm)　よって，$DG = DC - GC = 9 - \dfrac{7}{3} = \dfrac{20}{3}$ (cm) だから，$\triangle DEG = \dfrac{1}{2} \times \dfrac{20}{3} \times 6 = 20$ (cm^2)　$\triangle DEG$ と $\triangle DHG$ は，底辺をそれぞれ EG，HG としたときの高さが等しいから，$\triangle DEG$ と $\triangle DHG$ の面積比は，$EG : HG$ と等しくなる。$EB /\!/ DG$ より，$EH : HG = EB : DG = \dfrac{13}{3} : \dfrac{20}{3} = 13 : 20$ だから，$EG : HG = (13 + 20) : 20 = 33 : 20$　よって，$\triangle DHG = 20 \times \dfrac{20}{33} = \dfrac{400}{33}$ (cm^2)

【答】 (1) イ

(2) $\triangle AED$ と $\triangle CFD$ において，四角形 ABCD は長方形だから，$\angle DAE = \angle DCF = 90°$……㋐　$\angle ADE = \angle ADC - \angle EDC = 90° - \angle EDC$……㋑　$\angle CDF = \angle EDF - \angle EDC = 90° - \angle EDC$……㋒　㋑，㋒より，$\angle ADE = \angle CDF$……㋓　㋐，㋓より，2 組の角がそれぞれ等しいから，$\triangle AED \backsim \triangle CFD$

(3) ① $\dfrac{14}{3}$ (cm)　② $\dfrac{400}{33}$ (cm^2)

英語A問題

1 【解き方】(1)「～を読む」= read。
(2)「古い」= old。
(3)「医者」= doctor。
(4)「～の上に」= on ～。
(5)「おいしい」= delicious。
(6)「あなたの」= your。
(7) 過去形の文。write の過去形は wrote。
(8) 助動詞のあとの動詞は原形になる。
(9)「いつ」= when。
(10)「～することを楽しむ」= enjoy ～ing。
(11) 受動態〈be 動詞＋過去分詞〉の文。break の過去分詞は broken。
(12) 現在完了〈have/has ＋過去分詞〉の文。
【答】(1) イ　(2) イ　(3) ア　(4) ウ　(5) ア　(6) イ　(7) イ　(8) ア　(9) イ　(10) イ　(11) ウ　(12) ウ

2 【解き方】(1)「A（人）に～についてたずねる」= ask A about ～。
(2) 比較級の文。「～より上手に」= better than ～。
(3) 主格の関係代名詞を用いた文。「コーチと一緒にテニスをしている少年」= the boy who is playing tennis with the coach。who 以下が the boy を後ろから修飾している。
(4)「A（人）に B（もの）を買う」= buy A B。
【答】(1) ア　(2) イ　(3) ウ　(4) ア

3 【解き方】①「地元の魚を使ったすし 10 種」の値段は 800 円。「800」= eight hundred。
② ちらしの「お知らせ」を見る。このすし屋は「電話」で注文を受けている。「電話」= phone。
③ ちらしの一番下を見る。このすし屋は直美たちの自宅まで「30 分」ですしを届けてくれる。「30」= thirty。
【答】① ウ　② イ　③ ウ

◀全訳▶
直美　：テッド，昼食にすしを食べましょうか？　私たちは家ですしを食べることができます。見てください，私たちはこれらの二つから一つ選ぶことができます。このレストランは，すしに地元の新鮮な魚を使っています。
テッド：それはいいですね，直美。私は地元の魚が食べたいです。
直美　：「地元の魚を使ったすし 10 種」はどうですか？　値段は 800 円です。
テッド：いいですね。あなたも同じものを食べてみるつもりですか？
直美　：はい，そうします。ええと，このレストランは電話で注文を受けています。
テッド：わかりました。
直美　：そこは 30 分で私たちの家まですしを届けてくれます。
テッド：それはいいですね！

4 【解き方】(1)「今日，あなたは朝食に何を食べましたか？」という質問に対する返答。食事の内容を答えているものを選ぶ。
(2)「私を手伝ってくれませんか？」という依頼に対する返答を選ぶ。Of course. =「もちろんです」。
(3)「この近くの駅はどこですか？」という質問に対する返答。B の「すみません」，「私はここの観光客なのです」ということばから，B は駅の場所を知らないと考えられる。
(4)「二度と遅刻しないでください」ということばに対する返答。I won't be late. =「私は遅刻しないつもりです」。

【答】 (1) エ　(2) エ　(3) ウ　(4) ア

5 **【解き方】** [Ⅰ] (1) 私は「おじを『訪ねるために』カナダに行きました」。「～するために」は不定詞〈to ＋動詞の原形〉を用いて表す。

(2)「その町でオーロラを見るのに最高の場所」とはどこか→直前の文中にある「湖の近くの公園」を指している。

(3) 2 文前の「そのオーロラはとても明るかった」という文と，直前の「湖は大きな鏡のようだった」という文から考える。オーロラが輝く空を映していたので，その湖もとても「明るかった」。

(4) 最上級の文。「最も美しい～」= the most beautiful ～。

[Ⅱ] ①「私は～に行きたい」= I want to go to ～。

②「興味深い動物を見ることができるから」，「美しい景色を見ることができるから」など，具体的な理由を述べる。

【答】 [Ⅰ] (1) ア　(2) a park near the lake　(3) ア　(4) the most beautiful view

[Ⅱ] (例) ① want to go to Australia.　② I can see interesting animals.

◀全訳▶　こんにちは，みなさん。2 年前の夏休み中，私はおじを訪ねるためにカナダへ行きました。私はおじの家に 2 週間滞在しました。彼は小さな町に住んでいます。その町は，そこで人々がオーロラを見ることができるので有名です。私はオーロラを見る日を待ちました。ある日，おじが「今日は天気がいい。だから，私たちは今夜はっきりとオーロラを見ることができる。その眺めは美しいことだろう」と言いました。私はそれを聞いて本当にわくわくしました。

夜に，私たちは湖の近くにある公園に行きました。そこはその町でオーロラを見るのに最高の場所でした。1 時間後，私たちはとうとう空にオーロラを見ました。最初，オーロラは緑色のけむりのように見えました。やがて，オーロラは大きくなり始めました。オーロラのある空は明るくなっていきました。そのオーロラはカーテンのように見えました。オーロラはとても明るかったです。湖は大きな鏡のようでした。オーロラのある空を映していたので，その湖もとても明るかったです。私はおじに「これは私が今までに見た中で最も美しい眺めです。私はとてもうれしいです」と言いました。オーロラを見たことは，私の人生の中で最もすばらしい経験の一つでした。私はそれを決して忘れないでしょう。ありがとうございました。

英語B問題

1 【解き方】[Ⅰ] ①「～に興味をもっている」= be interested in ～。

②「イースター島と呼ばれている」。受動態〈be 動詞+過去分詞〉の文。

③「～するのに…(時間が)かかる」= It takes … to ～。

④「～にたどり着く」= reach。

⑤ 現在完了〈have/has +過去分詞〉の文。主語が複数なので have を選ぶ。

[Ⅱ] (1) 直後でヨハンが「ラパ・ヌイに関する研究の先駆者の一人がノルウェー出身だからです」と答えていることから，理由をたずねる疑問詞が入る。

(2) 一つの山から切り出された重いモアイ像が島中にあることに，トール・ヘイエルダールが疑問をもったことから考える。彼は「それらがどのようにしてその山から移動させられたのか」を知りたいと思った。

(3)「それに，大洋上でいかだが激しい雨に見舞われたり，大きな魚に衝突されたりすることもありました」という意味の文。トール・ヘイエルダールがいかだで太平洋を航海しているときに経験した困難について説明している部分（イ）に入る。

(4) ア．ヨハンの3番目のせりふを見る。トール・ヘイエルダールがラパ・ヌイの地元の人々にモアイ像についてたずねたとき，彼らは「モアイ像は山から歩いた」と言った。イ．沙紀の3番目のせりふを見る。ラパ・ヌイの人々が「モアイ像は山から歩いた」と言ったという話をヨハンから聞いて，沙紀は「それはありえない」と言っている。ウ．中井先生の3番目のせりふを見る。当時，トール・ヘイエルダールの理論はほとんどの科学者が信じておらず，彼は自分の理論が正しいことを示すためにいかだで南アメリカからポリネシア諸島に行こうとした。エ．「トール・ヘイエルダールの考えによれば，それが太平洋を渡って旅をする古代の人々のやり方だったので，彼はいかだを用いた」。中井先生の3番目のせりふを見る。正しい。

(5) ①「中井先生はトール・ヘイエルダールの冒険には何の意味もなかったと考えていますか？」。中井先生の最後のせりふを見る。中井先生は直前の沙紀の「彼（トール・ヘイエルダール）はそんなに偉大なことをしたのに，何の意味もなかったのですね」ということばを否定し，彼の冒険から，多くの人々が古代の謎は興味深いものであることを知ったと言っている。No で答える。②「ヨハンの考えによれば，トール・ヘイエルダールの挑戦は何を示しましたか？」。ヨハンの最後のせりふを見る。それらは「やってみることの大切さ」を示したのだとヨハンは考えている。

【答】[Ⅰ] ① ア ② ウ ③ ウ ④ イ ⑤ イ

[Ⅱ] (1) ア (2) ウ (3) イ (4) エ (5) (例) ① No, she doesn't. ② They showed the importance of trying.

◀全訳▶ [Ⅱ]

ヨハン：こんにちは，沙紀。ラパ・ヌイについてのあなたのスピーチはとても興味深かったです。実は，私はノルウェーでラパ・ヌイについて学びました。

沙紀：まあ，本当ですか？ なぜあなたはノルウェーでそれについて学んだのですか？

ヨハン：ラパ・ヌイに関する研究の先駆者の一人がノルウェー出身だからです。彼の名前はトール・ヘイエルダールです。彼は謎を解明するために多くのことを試みました。

沙紀：彼は何をしたのですか？

ヨハン：モアイ像はすべてラパ・ヌイの一つの山から切り出されたのに，それらが島中にあることをあなたは知っていますね。そして，トール・ヘイエルダールは，重いモアイ像についてある疑問をもちました。彼は，古代に何の機械も使わず，それらがどのようにしてその山から移動させられたのかを知りたいと思いました。そこで，彼が地元の人々にそのことをたずねると，彼らは「モアイ像はその山から歩いた」と言いました。

沙紀：それはありえません。それは単なる伝説ですよね？

ヨハン　：私はそうだと思いますが，彼はロープで立っているモアイ像を引っ張れば，モアイ像は歩くことができたと考えました。そこで，彼は多くの地元の人々と一緒にやってみました。そしてモアイ像が引っ張られたとき，その動きは歩いているように見えたのです！

沙紀　　：それはおもしろいですね。

中井先生：こんにちは，ヨハンと沙紀。何について話しているのですか？

ヨハン　：こんにちは，中井先生。私たちはモアイ像とノルウェーのトール・ヘイエルダールについて話しています。先生は彼のことを知っていますか？

中井先生：はい，知っています。私は大学生だったときに，彼の冒険についての本を読みました。それはとてもおもしろかったです。

沙紀　　：彼の「冒険」？　それは何ですか？

中井先生：ほとんどの科学者は彼の理論を信じていなかったのですが，トール・ヘイエルダールはポリネシア諸島の古代の人々が南アメリカからやってきたのだと考えていました。彼の理論が正しいことを示すため，彼は南アメリカからいかだでそこまで行こうとしました。

ヨハン　：彼は，古代の人々がいかだで旅をしたと考えたのですね？

中井先生：そうです。南アメリカで，彼は木を切っていかだを組み立てました。彼は旅をするのに電気を使いませんでした。

沙紀　　：わあ！　それは可能だったのですか？

中井先生：そうですね，彼はたくさんの困難を経験しました。例えば，風が吹かなかったときには，いかだは動きませんでした。それに，大洋上でいかだが激しい雨に見舞われたり，大きな魚に衝突されたりすることもありました。しかし，太平洋上での101日後に，彼はあるポリネシアの島の海岸に到着しました。

沙紀　　：それはすばらしい！　では，みんなが彼の理論を信じたのですね？

中井先生：いいえ，沙紀。彼は人々がいかだで太平洋を渡って旅をすることができることを示しましたが，彼の冒険は彼の理論を証明しませんでした。

沙紀　　：まあ，私は彼のことを気の毒に思います。彼はそんなに偉大なことをしたのに，それは何の意味もなかったのですね。

中井先生：そんなことはありませんよ，沙紀。彼の冒険から，多くの人々が古代の謎は興味深いものであることを知りました。私もその一人です。彼は私に，古代の歴史を勉強することの楽しさを教えてくれました。

ヨハン　：いかだでの冒険のあとも，彼はさまざまな挑戦を続けました。彼の挑戦はやってみることの大切さを示したのだと私は思います。

沙紀　　：いい情報をありがとうございます，中井先生とヨハン。

2 **【解き方】** (1)「その年齢」とは何歳のことか→同段落の3文目にある「1歳か2歳」を意味している。

(2) 直前にある関係代名詞 who の先行詞 children が複数形で，文中の他の動詞が過去形であることから，were が入る。

(3) 間接疑問文。watched のあとは〈疑問詞＋主語＋動詞〉の語順になる。

(4) 調査において落とした果物を拾って大人に渡した子どもは，大人がそれを拾い上げようとしなかったときは4パーセントだったのに，大人が拾い上げようとしたときには58パーセントになったということから考える。研究者たちは「果物を拾い上げようとする大人の行動が子どもたちの行動に何らかの影響を与えた」ことを発見した。

(5) 直前の「私は彼女が一緒にいちごを食べたがっているのだと思いました」という内容を受け，「そこで，私は皿からいちごの一つを彼女にあげようとしました」が最初にくる。そのあとは，「しかし，私はそのいちごをテーブルの上に落としてしまい，それを拾い上げようとしました」→「私の手がそのいちごに届かないのを見たとき，彼の妹はそれを拾い上げました」という流れ。

(6) 空所には「助けを必要とする人々」という意味の語句が入る。「～を必要とする人々」= people who need ～。who は主格の関係代名詞である。

(7) ア．健が研究者たちに調査をするよう依頼したという記述はない。イ．子どもと大人の行動の違いについて述べられている部分はない。ウ．健の心が友人の妹の行動によって温まったというのは，健が友人の家にいるときに経験したことであり，友人の妹が調査に参加したわけではない。エ.「とても幼い子どもたちに対する健の見方は，彼が見つけた調査や，彼の経験を通して変化した」。最終段落の 3 文目以降を見る。正しい。

【答】 (1) one or two years old　(2) エ　(3) watched what the children did　(4) イ　(5) ウ
(6) people who need help　(7) エ

◀全訳▶　こんにちは，みなさん。私はみなさんに質問したいと思います。1 歳か 2 歳の，とても幼い子どもを想像してください。みなさんはそのような幼い子どもが他の人々を助けることができると思いますか？　私の答えは「いいえ」でした。私は，そのような幼い子どもは誰の助け方も理解することができないと思っていました。そして，それくらいの年齢のほとんどの子どもたちにとって，他の誰かのために何かをすることは難しいと私は思っていました。しかし，興味深い調査とある経験が，その質問に対する私の答えを変えました。

先月，私は新聞を読んでいたとき，アメリカで行われたこの興味深い調査を見つけました。それは，その調査に参加したときに生後 19 か月であった子どもたちの行動に関する調査でした。「これらの幼い子どもたちは，他の誰かを助けるための行動をとることができるのでしょうか？」　これが研究者たちの疑問でした。彼らは二つの状況で調査を行いました。それぞれの状況の最初に，一人の大人が一切れの果物を子どもに見せ，次にそれを床の上にあるトレイに落としました。それから，その大人はそれぞれの状況で，子どもたちに異なる行動を示しました。その研究者たちは，その子どもたちがそれぞれの状況で何をしたかを見ました。

最初の状況では，大人はその果物を拾い上げようとしませんでした。すると，子どもたちの 4 パーセントがその果物を拾い上げ，それを大人に渡しました。二番目の状況では，大人は果物を拾い上げようとしましたが，それを取ることができませんでした。この状況で，子どもたちの何パーセントがその果物を大人に渡したか推測してみてください。10 パーセント？　30 パーセント？　その調査によれば，それは 58 パーセントでした。4 パーセントから 58 パーセントです！　そのような大きな違いは私を驚かせました。その研究者たちは，果物を拾い上げようとする大人の行動が，子どもたちの行動に何らかの影響を与えたことを発見しました。

数か月前，友人の 1 歳半くらいの妹に初めて会ったときに，私は似た経験をしました。私が彼の家で友人と一緒にいちごを食べていると，彼の妹が私たちのところにやってきました。私は，彼女が一緒にいちごを食べたがっているのだと思いました。そこで，私は皿からいちごの一つを彼女にあげようとしました。しかし，私はそのいちごをテーブルの上に落としてしまい，それを拾い上げようとしました。私の手がそのいちごに届かないのを見たとき，彼の妹はそれを拾い上げました。そして，彼女はそれを私に渡してくれました。私は彼女の行動に驚きましたが，私の心は温かくなりました。私は「ありがとう」と言って，彼女にほほ笑みました。私は別のいちごを彼女にあげました。

では，もう一度みなさんに質問します。1 歳か 2 歳の，とても幼い子どもは助けになりうるでしょうか？　今ではとても幼い子どもたちに対して別の見方をもっているので，私は「はい」と答えます。私はとても幼い子どもが他の誰かを助けることは可能であると思います。私は，そのような子どもたちは特に助けを必要とする人々のために行動をとることができるとも思います。私は彼らの行動を学ぶことを通して，彼らの優しい心を感じました。また，子どもたちに関して私のよく知らないことがたくさんあることにも気づいたので，私は彼らについてもっと多くのことを知りたいと思います。お聞きいただきありがとうございました。

3 **【解き方】** ①「～する予定だ」は will か be going to を用いて表す。「～してくれますか？」= Can（または，Will）you ～?。

② エマが作成した図書館を示す 2 種類の掲示について，どちらがよいと思うか，また，なぜそう思うのかを英語で述べる。I think ～ is better because …という文などを中心に組み立てるとよい。

【答】（例）① I will clean the library today. Can you help me?（10 語）

② I think A is better because there is a picture. If small children come, they can understand the meaning clearly.（20 語）

英語リスニング

回【解き方】1.「試合は何時に始まるの？」という質問に対する返答を選ぶ。

2.「この建物」,「道に人が何人かいる」ということばから，イの写真であることがわかる。

3.「耳の一つが黒色だ」,「脚のうち二本が白色だ」ということばから，イの絵であることがわかる。

4. (1)「バスでスタジアムに行きたい場合は，2番出口から駅を出てください」と言っている。(2)「徒歩で行っても約20分でスタジアムに到着することができます」と言っている。

5. (1) 青いTシャツは大きなサイズしかなかったため，佐藤さんは黒と緑のTシャツを買うことにした。(2) Tシャツの値段は1枚10ドルだが，2枚買えば2枚目が5ドルになるので，佐藤さんは合わせて15ドル支払う。

6. ア. 健太の「君はもうそれ（特別な宿題）をやってしまったの？」という質問に対して，メアリーは「ええ」と答えている。イ. メアリーが自分の宿題のために借りた本を健太に読むように言っている場面はない。ウ. メアリーが健太に勧めた本は彼には少し難しいかもしれないが，健太はそれに挑戦してみると言っている。エ.「メアリーは健太に，彼の英語をよりよくするための本を選ぶアドバイスをした」。正しい。

【答】1. ウ　2. イ　3. イ　4. (1) イ　(2) エ　5. (1) ア　(2) ウ　6. エ

◀全訳▶　1.

ボブ：こんにちは，恵美。妹と僕は，今週の土曜日にフットボールの試合を見る予定なんだ。僕たちと一緒に行かない？

恵美：いいわよ，ボブ。私はフットボールが大好きなの。試合は何時に始まるの？

2.

リサ：こんにちは，裕太。私はオーストラリアでこの写真を撮ったの。この建物はこの町で人気があるのよ。

裕太：なるほど。ああ，道に人が何人かいるね。彼らは観光客なの，リサ？

リサ：ええ。この建物の周囲では観光を楽しむことができるのよ。

3.

尚也　：見て，ニーナ。君の大好きな動物の絵を描いたよ。君は先週末に農場でそれを見たと言ったよね？

ニーナ：わあ，これはとてもかわいいわね，尚也。私はうれしいわ。あなたはそれを覚えていたのね。私はこの絵のいくつかの部分が気に入ったわ。

尚也　：本当？　どの部分が気に入ったの？

ニーナ：そうね，それには二つの色，黒と白があるでしょう？　頭を見て。耳の一つが黒色だわ。それがかわいいの。

尚也　：なるほど，身体の部分についてはどう？

ニーナ：そうね，あなたの絵の中では，脚のうち二本が白色ね。私はそれも気に入ったわ。

尚也　：それを聞いて僕はうれしいよ。ありがとう，ニーナ。

4. こんにちは。これは，スタジアムでのコンサートに向かう方々へのお知らせです。バスでスタジアムに行きたい場合は，2番出口から駅を出てください。バスは午後5時まで，10分おきに駅を出発します。徒歩で行っても約20分でスタジアムに到着することができます。そうしたい場合は，1番出口から出て，スタジアムまで表示にしたがって進んでください。コンサートが終わると駅がとても混雑しますので，コンサートに行く前に帰りの切符を買っておいた方がいいでしょう。よい一日を過ごしてください。ありがとうございました。

質問(1)：バスに乗るために人々は何をしますか？

質問(2)：駅からスタジアムまで歩いてどれくらい時間がかかりますか？

5.

店員　　：こんにちは，佐藤さん。またご来店いただきありがとうございます。お手伝いできることはございますか？

佐藤さん：ええ，私はTシャツを探しています。

店員　　：かしこまりました。この青いTシャツはいかがですか？　それはとても人気がありますよ。

佐藤さん：とても素敵ですが，私には少し大きいようです。小さいのはありますか？

店員　　：少々お待ちください。…申し訳ありません，青いのはございませんが，他の色ならございます。

佐藤さん：わかりました。何色がありますか？

店員　　：黒，茶，それに緑のTシャツがございます。

佐藤さん：黒のTシャツを見せてもらえますか？

店員　　：かしこまりました。こちらです。

佐藤さん：ああ，これはよさそうだと思います。これを買います。いくらですか？

店員　　：10ドルです。もしもう1枚Tシャツをお求めになりましたら，2枚目のTシャツは5ドルになります。

佐藤さん：それはいいですね。では，緑のTシャツも買うことにします。

店員　　：かしこまりました。当店でお買い物をしていただきありがとうございます。

質問(1)：佐藤さんは何色のTシャツを買うつもりですか？

質問(2)：佐藤さんは2枚のTシャツにいくら支払いますか？

6.

メアリー：こんにちは，健太。何をしているの？

健太　　：こんにちは，メアリー。僕は宿題のための英語の本を探しているんだ。

メアリー：あなたは英語の本を読み，それについてのレポートを書かなければならないのよね？

健太　　：うん。ああ，それは君にとってはとても簡単かもしれないね。

メアリー：実は，私には特別な宿題があるの。先生は私に，日本語の本を読み，それについてレポートを書くように言ったのよ。だから，それは簡単ではなかったわ。

健太　　：君はもうそれをやってしまったの？

メアリー：ええ。私が借りた本は私にとってかなり難しかったけれど，楽しかったわ。特に，私はその本の主人公がとても気に入ったの。彼はとてもかっこよかった。

健太　　：それはすばらしいね。君はどのようにしてその本を選んだの？

メアリー：先生が私にアドバイスをくれたの。先生はこの本のストーリーがとてもおもしろいと言ったのよ。

健太　　：なるほど。ところで，僕のための英語の本のアイデアはある？

メアリー：あなたにいい本を知っているわ。

健太　　：ありがとう，メアリー，でもその本があまり難しくないといいのだけれど。

メアリー：あなたには少し難しいかもしれないけれど，あなたはそれを楽しめると思う。それに，もしあなたが英語を上達させたいのなら，何冊か難しい本に挑戦するべきだと思うわ。

健太　　：その通りだね。やってみるよ。

社　会

1 **【解き方】** (1) ① アは北海道地方，ウは中国地方，エは九州地方の都市。③ ⓑ 日本の西端が与那国島。なお，北端は択捉島，東端は南鳥島になる。

(2) ① (a) ロッキー山脈は環太平洋造山帯に属している。B はアンデス山脈，C はアトラス山脈，D はアルプス山脈，E はヒマラヤ山脈，F はグレートディバイディング山脈。(b) サハラ砂漠が広がっているので，砂漠気候の説明を選ぶ。② (a) アジア州の人口が世界の総人口の約 6 割を占めている。(b) ほかに発展途上国は子どもを労働力としていることが多く，出生率が高いことも理由にあげられる。人口が増加すると，土地や食料，仕事が不足する可能性があることが課題となっている。

【答】 (1) ① イ　② ウ　③ ⓐ イ　ⓑ ウ

(2) ① (a) A　(b) ウ　② (a) カ　(b) 医療の発達により死亡率が低下した（同意可）

2 **【解き方】** (1) ① 仏教や唐の文化の影響を強く受け，シルクロードを通じてペルシアやインドの影響もみられる国際色豊かな文化。② イも浄土信仰によって建てられたが，平泉（岩手県）に位置する。アは室町文化，ウは鎌倉文化を代表する建築物。

(2) ① 元寇が起こったときの鎌倉幕府の執権は北条時宗であった。② 能と能の間には，こっけいな喜劇である狂言が演じられた。2008 年に能と狂言は世界無形文化遺産に登録された。

(3) (i)は江戸時代前期の元禄文化，(ii)は江戸時代後期の化政文化，(iii)は安土桃山時代の桃山文化の特色。

(4) ① イ・エは大正時代，ウは昭和時代の第二次世界大戦のころのようす。② ⓑ 1918 年の米騒動の後，立憲政友会の党首だった原敬が日本最初の本格的な政党内閣を組織した。

【答】 (1) ① ア　② エ　(2) ① ウ　② 能　(3) オ　(4) ① ア　② ⓐ 民本　ⓑ 政党

3 **【解き方】** (2) 身体の自由・精神の自由・経済活動の自由が認められている。

(3) ① 法律の範囲内で制定され，罰金などの罰則を設けることもできる。② 国から指示される仕事を減らし，地方自治に関することはできる限りその地方自治体が主体となって行うことが目指されている。③ 地方交付税交付金は，使い道に制限がないことが特徴。④ 条例の制定や改廃の請求先は首長，監査請求の請求先は監査委員となっている。

【答】 (1) 立憲　(2) 自由　(3) ① 条例　② 地方分権　③ エ　④ エ

4 **【解き方】** (1) 当時の日本の人々は，スペイン人やポルトガル人を「南蛮人」と呼んでいた。

(2) 綿花は生育期には高温多雨で，開花から収穫にかけては乾燥している地域が栽培に適している。インドではデカン高原，アメリカ合衆国では南部での生産がさかん。

(3) 吉野ヶ里遺跡は佐賀県で発見された。

(4) イギリスでは紅茶を飲む習慣がある。また，アヘンは中毒性が強く，清では中毒者が起こす社会問題も発生し，アヘン戦争が始まる要因となった。

(5) ① アメリカ合衆国中部には「コーンベルト」が広がっている。② 1973 年に第四次中東戦争が原因となった石油危機が起こり，石油の価格が大幅に値上がりし，経済的な混乱が世界中で起こった。

【答】 (1) イ　(2) ウ　(3) ア　(4) イ　(5) ① エ　② 原油の価格が上がった（同意可）

理　科

1 **【解き方】**［Ⅰ］(4) ねじの進む向きを電流の向きに合わせると，ねじを回す向きに磁界ができる。

(5) 同じ種類の電気を帯びたものどうしはしりぞけ合い，異なる種類の電気を帯びたものどうしは引きつけ合う。

［Ⅱ］(7) 力の大きさが一定のとき，圧力の大きさは，力がはたらく面積に反比例する。

(8) 2 N の力が 0.01m^2 にかかるときの圧力の大きさは，$\dfrac{2\ (\text{N})}{0.01\ (\text{m}^2)} = 200\ (\text{Pa})$

【答】 (1) S (極)　(2) イ　(3) 大きい　(4) ウ　(5) ウ　(6) (右図)　(7) エ　(8) 200 (Pa)

(9) 力がつりあっていること。(同意可)

2 **【解き方】**［Ⅰ］(3) 化学反応式の右辺の Na の数は 2 なので，左辺の Na の数も 2 になるようにする。

［Ⅱ］(4) メスシリンダーの目盛りを読むときには，液面の平らな部分を真横から見る。

(5) 消しゴムの体積は，$88.0\ (\text{cm}^3) - 80.0\ (\text{cm}^3) = 8.0\ (\text{cm}^3)$　よって，消しゴムの密度は，$\dfrac{9.6\ (\text{g})}{8.0\ (\text{cm}^3)} = 1.2$ (g/cm^3)

［Ⅲ］(6) ろ過した液体が飛び散らないようにするために，ろうとのあしの先端はビーカーの内側のかべにつけておく。

(7) ろ過の操作を行った後の液体には赤インクの粒子は含まれているが，活性炭の粉は含まれていないので，赤インクの粒子はろ紙の穴を通り抜けるが，活性炭の粉はろ紙の穴を通り抜けないことがわかる。

【答】 (1) イ　(2) ① イ　② エ　(3) 2　(4) ウ　(5) 1.2 (g/cm^3)　(6) ① ア　② ウ　(7) ウ

3 **【解き方】**［Ⅰ］(2) 粒の直径が 2 mm 以上のものがれき，0.06～2 mm のものが砂，0.06mm 以下のものが泥。

［Ⅱ］(4) 海からの蒸発量は 86，陸からの蒸発量は 14 なので，1 年間の全蒸発量は，86 ＋ 14 ＝ 100

(5) ア．海における降水量は，陸における降水量よりも多い。イ．陸から出ていく水の量は，蒸発量と河川の流水量の和なので，14 ＋ 8 ＝ 22　陸に入ってくる水の量は，降水量の 22。ウ．海では，蒸発量は降水量よりも多いが，陸では，蒸発量は降水量よりも少ない。

［Ⅲ］(6) 図Ⅲより，飽和水蒸気量が 25g になるのは，およそ 27 ℃のとき。

(7) 空気中に含まれる水蒸気量が同じとき，気温の低下にともなって飽和水蒸気量が小さくなると，湿度は上がっていく。

【答】 (1) 風化(または，風解)　(2) ① ア　② エ　(3) しゅう曲　(4) 100　(5) イ　(6) ウ　(7) ① ア　② エ

4 **【解き方】**［Ⅰ］(4) 被子植物では，花粉がめしべの柱頭につくと花粉管がのび，花粉管の中を精細胞が移動する。精細胞の核が胚珠にある卵細胞の核と合体して受精卵ができる。

［Ⅱ］(5) ② 顕微鏡の倍率は，接眼レンズの倍率×対物レンズの倍率で求められる。よって，10 × 4 ＝ 40 (倍)

③ ミジンコの平均的な大きさは，ミドリムシの平均的な大きさの，$\dfrac{1.5\ (\text{mm})}{0.10\ (\text{mm})} = 15$ (倍)　よって，顕微鏡の倍率を，観察㋐における倍率のさらに 15 倍にすればよい。

【答】 (1) ア　(2) 子房　(3) ① ア　② ウ　(4) イ　(5) ① 外骨格　② 40 (倍)　③ エ

(6) 葉緑体をもち，光合成を行う。(同意可)

国語A問題

1 【解き方】2. 動作の主体は「先生」なので，尊敬語を用いる。

【答】1. (1) はいそう (2) ゆうえい (3) せいてん (4) とうかく (5) ま(げて) (6) つと(める) (7) 細(かく) (8) 材料 (9) 順序 (10) 矢印

2. ウ 3. イ

2 【解き方】1. Aは，前に「食べ物を」とあることから考える。Bは，なぜそこに「カタツムリが集まっているのかわかりませんでしたが」に注目。

2. a. カタツムリが，さまざまな食べ物を食べることは「移動能力が低いことと関係がある」と考えられていることに着目する。b.「移動能力が低い」カタツムリにとって，いろいろな種類の植物を食べられることは「食べ物を探す時間もエネルギーも節約すること」につながるので好都合だと述べている。

4.「雨の日には二酸化炭素を含んだ雨水がコンクリートをわずかに溶かす」のでカタツムリはそれを食べており，「殻をつくるために必要なカルシウムを得るため」とその目的を説明している。

【答】1. ア 2. a. 移動能力が低い b. 時間とエネルギー（同意可） 3. イ 4. ウ

3 【解き方】1. 語頭以外の「は・ひ・ふ・へ・ほ」は「わ・い・う・え・お」にする。

2. 鶯が驚いて飛んでいった理由が入るので，「この声におどろき…鶯飛びさりぬ」の前に着目する。大勢集まってきた子供たちが「見事な梅」を見て，「わしにおくれ」「おれもくれい」とわめいたことをおさえる。

3.「最終的に」とあるので，「この梅に花がなくば，くれいとは言ふまいに」という最後の主人の言葉に着目する。梅の木に花が咲いていなければ子供たちも「わしにおくれ」「おれもくれい」とさわがなかっただろうと，主人は残念がっている。

【答】1. いわく 2. イ 3. ウ

◀口語訳▶ 主人は，この梅に鶯がとまっているのは，めったにないすばらしいことだと思い，人々に言い付けて，なんとか鳥が飛ばないように枝を切って，ゆっくりと歩いて，ふもとの村に下りていったところ，子供が大勢集まってきて，「見事な梅だね，私にちょうだい」「おれにもくれ」と，みなが声を出してわめいたので，この声におどろき，たちまち鶯は飛んでいってしまった。主人は，「思い通りにはならないものだなあ。この木の枝に梅の花が咲いていなければ，子供たちもくれとは言わなかっただろうに」と言った。

4 【解き方】1. 前で，「結構うるさいほどの音量」である波音に慣れて「その波音を心地よいものとして身体が受け入れる」のは，「波音が自然な音だからだろう」と述べている。

2.「この星が創り出す音や景色」の具体例として，「海や丘や山」を挙げている。

3. 一文に「そろそろ…行きたいよ」とあるので，「自然」にふれたいという欲求について述べているところに入る。

4. 地球が「創り出す音や景色」にふれることは大切であり，「そうやって自分の中に…さまざまなポジティブなことをもたらしてくれるかもしれない」と述べている。

【答】1. a. 心地よいものとして受け入れる（14字）（同意可） b. 自然な音 2. ア 3. A

4. 広さや豊かさを持つ

国語B問題

1 【解き方】2.「いい薬だという主張をするための根拠」の具体例として,「有効な成分が十分に入っている」「しかるべき試験機関がその効果を認定している」などを挙げている。

3. ③では,「この薬はいい薬だ」と示すためには,「根拠としての事実と,それが主張につながるという論拠」が必要になることに,「そもそも,『いい』ということをどう考えるのかということ」も必要条件になると付け加えている。④では,薬が「いい」かどうかを考える「観点」として,「副作用」の有無と,「高価」かどうかという二点を並べている。

4. a. 論説文は「書き手がどう思うのかということを述べる文章」だとして,論説文には「オリジナリティ(独自性)が大切」だと述べている。b. さらに「いい薬」の例をふまえて,「説得力を持たせる」ために「根拠としての事実と,それが主張につながるという論拠」が必要となると述べている。

【答】1. ウ　2. ウ　3. ア　4. a. オリジナリティ　b. 主張に説得力を持たせる(11字)(同意可)

2 【解き方】1. 語頭以外の「は・ひ・ふ・へ・ほ」は「わ・い・う・え・お」にする。

2. 大勢集まってきた子供たちが,「見事な梅,わしにおくれ」「おれもくれい」とわめいたことをおさえる。

3. (1)「この声におどろき,たちまち鶯飛びさりぬ」という出来事の後で,主人が「思ふようにならぬものかな」と言っていることから,鶯が飛んでいったことを主人が残念に思っていることをおさえる。(2)「この梅に花がなくば,くれいとは言ふまいに」という主人の言葉に着目し,梅の木に花が咲いていたことで子供たちが欲しがってさわぎ,そのせいで鶯が飛んでいったのだと主人が思っていることをおさえる。

【答】1. おもえらく　2. イ　3. (1) ア　(2) この梅に花がない(同意可)

◀口語訳▶　主人は,この梅に鶯がとまっているのは,めったにないすばらしいことだと思い,人々に言い付けて,なんとか鳥が飛ばないように枝を切って,ゆっくりと歩いて,ふもとの村に下りていったところ,子供が大勢集まってきて,「見事な梅だね,私にちょうだい」「おれにもくれ」と,みなが声を出してわめいたので,この声におどろき,たちまち鶯は飛んでいってしまった。主人は,「思い通りにはならないものだなあ。この木の枝に梅の花が咲いていなければ,子供たちもくれとは言わなかっただろうに」と言った。

3 【答】1. (1) きせき　(2) てんさく　(3) た(らす)　(4) つと(める)　(5) 厚(み)　(6) 投(げる)　(7) 平素　(8) 健康

2. エ

4 【解き方】1. 未然形。他は連用形。

2. 前に「二つの庭の,まず片方に水を打つ」とあるので,この結果として「温度差が生じる」という内容が続く。そして,「この温度差のため」に「水を打った低温の庭から風が通っていく」という現象が起こり,その後「しばらくして」という時間の経過が続く。

3. a.「京の町家というものは,たいてい…場合もある」と具体的に説明した後で,「このように,随所に小規模な庭が設けられている」とまとめている。b.「打ち水」の具体的な手順を説明した後で,「すなわち,これは…海陸風のシステムを,ごく小規模に人工的につくりだしているのだ」と述べている。

4. 筆者が自分の家の隅に「井戸を掘った」ことについて,水まきに井戸水を使うと「より風起こしの効果が強く現れる」と述べている。また,「日照りで渇水となり,給水制限などという事態に立ち至ったときも,心置きなく井戸水を汲み上げての水まきが可能になる」ので,井戸は「必須の設備だと私は思う」と述べている。

5. 本文前半では,「夏の暑さをどう凌ぐか」が問題になる京都では,その工夫の一つとして「打ち水」を挙げ,その「技法」の具体的な手順を説明している。本文後半では,京都人が発明した「打ち水の智恵」を「家づくり」に生かすことをすすめた上で,「ちょっと涼しい気がする」程度であっても「そういう『気がする』という,この心の持ち方が非常に大切なところである」と述べている。

【答】1. C　2. オ　3. a. 随所に小規　b. 人工的につ

4. より風起こしの効果が強く現れ,給水制限などの事態になっても心置きなく使う(36字)(同意可)　5. エ

大阪府公立高等学校
(特別入学者選抜)
(能勢分校選抜) (帰国生選抜)
(日本語指導が必要な生徒選抜)

2020年度
入学試験問題

※能勢分校選抜の検査教科は，数学Ｂ問題・英語Ｂ問題・社会・理科・国語Ｂ問題。帰国生選抜の検査教科は，数学Ｂ問題・英語Ｂ問題および面接。日本語指導が必要な生徒選抜の検査教科は，数学Ｂ問題・英語Ｂ問題および作文（国語Ｂ問題の末尾に掲載しています）。

数学A問題

時間　40分　　満点　45点

1　次の計算をしなさい。

(1)　$5 \times (1 + 3)$　(　　　)

(2)　$\frac{1}{4} + \frac{2}{3}$　(　　　)

(3)　$10 - 5^2$　(　　　)

(4)　$7x + 13 - 2(x + 3)$　(　　　)

(5)　$6x \times x^2$　(　　　)

(6)　$2\sqrt{3} + 7\sqrt{3}$　(　　　)

2　次の問いに答えなさい。

(1)　次のア～エの数のうち，30に最も近いものはどれですか。一つ選び，記号を○で囲みなさい。

(ア　イ　ウ　エ)

ア　29.5　　イ　30.5　　ウ　29.05　　エ　30.05

(2)　次のア～エのうち，abという式で表されるものはどれですか。一つ選び，記号を○で囲みなさい。(ア　イ　ウ　エ)

ア　重さがagの箱に重さがbgの皿を1枚入れたときの全体の重さ（g）

イ　長さが$a$cmのひもをb人で同じ長さに分けたときの一人当たりのひもの長さ（cm）

ウ　1袋につきa個のりんごが入った袋をb袋買ったときの買ったりんご全部の個数（個）

エ　amLのジュースのうちのbmLを飲んだときの残りのジュースの量（mL）

(3)　$a = -7$のとき，$2a + 8$の値を求めなさい。(　　　)

(4)　一次方程式$4x + 5 = x + 2$を解きなさい。$x =$ (　　　)

(5)　$(x + 2)(x + 6)$を展開しなさい。(　　　)

(6)　右図は，ある市の2月20日から2月24日までの5日間における，最高気温の変化と最低気温の変化を示したグラフである。次のア～エのうち，このグラフからわかることとして正しいものはどれですか。一つ選び，記号を○で囲みなさい。(ア　イ　ウ　エ)

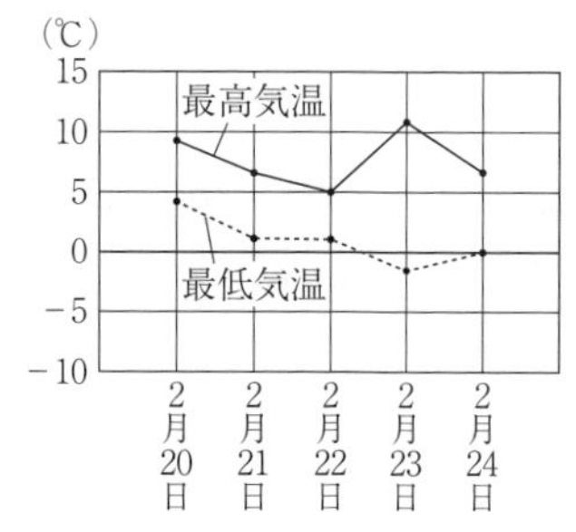

ア　最高気温が最も低かった日は，2月20日である。

イ　最高気温の変化が最も大きかったのは，2月22日と2月23日の間である。

ウ　最高気温と最低気温の差が最も大きかった日は，2月24日である。

エ　最低気温が0℃を下回った日はない。

(7)　1から7までの自然数が書いてある7枚のカード 1，2，3，4，5，6，7 が箱に入っている。この箱から1枚のカードを取り出すとき，取り出したカードに書いてある数が3の倍数である確率はいくらですか。どのカードが取り出されることも同様に確からしいものとして答えなさい。(　　　)

(8) 右図において，m は関数 $y = \frac{2}{5}x^2$ のグラフを表す。A は m 上の点であり，その x 座標は－3である。A の y 座標を求めなさい。

(　　　)

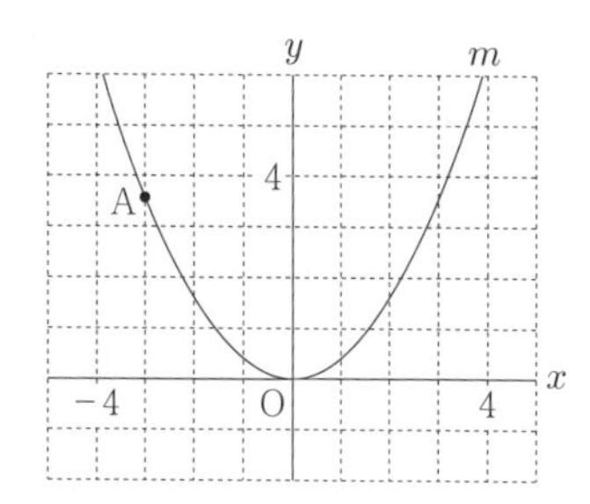

(9) 右図は，ある平面図形 P を直線 ℓ を軸として1回転させてできた回転体の見取図である。次のア～エのうち，平面図形 P と直線 ℓ を表している図として最も適しているものはどれですか。一つ選び，記号を○で囲みなさい。

（ア　イ　ウ　エ）

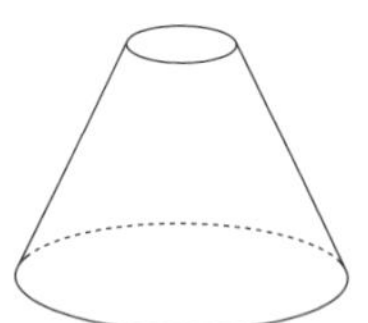

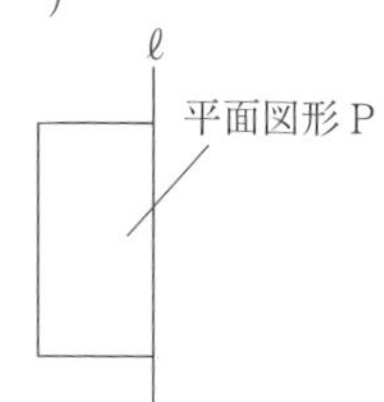

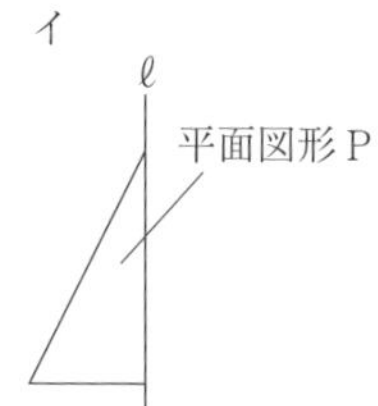

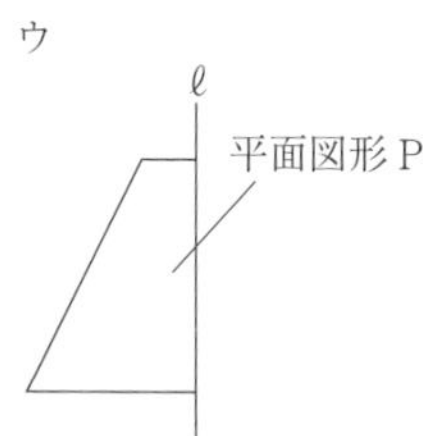

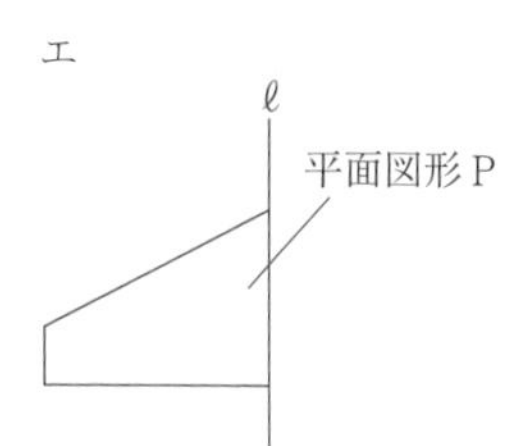

3 右の写真は，カセットコンロとその中にセットして使うガスボンベ（カセットボンベ）を示している。N さんは，カセットコンロを使って調理をすると，ガスが消費されてガスボンベの重さが軽くなることに興味をもち，「調理をした時間」と「ガスボンベの重さ」との関係について考えることにした。N さんは，カセットコンロやガスボンベに表示されていること等を表 I のようにまとめ，調理をすると毎分4g ずつガスボンベの重さが軽くなると考えた。

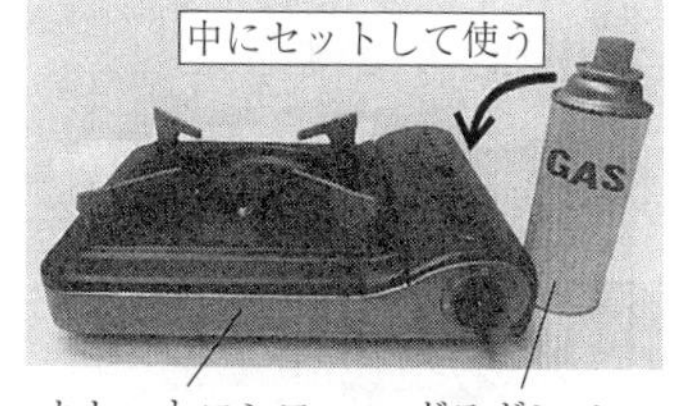

表 I

初めのガスボンベの重さ（容器の重さ 100g を含む）	340g
ガスボンベの内容量	240g
ガスを使い切るのにかかる時間	60分

初めの「ガスボンベの重さ」は 340g である。「調理をした時間」が x 分のときの「ガスボンベの重さ」を y g とする。x の値が増えるのにともなって y の値が減る割合は一定であり，x の値が1増えるごとに y の値は4ずつ減るものとする。また，$0 \leqq x \leqq 60$ とし，$x = 0$ のとき $y = 340$ であるとする。

次の問いに答えなさい。

(1) 次の表は，x と y との関係を示した表の一部である。表中の(ア)，(イ)に当てはまる数をそれぞれ書きなさい。(ア)(　　　)　(イ)(　　　)

x	0	…	1	…	2	…	5	…
y	340	…	336	…	(ア)	…	(イ)	…

(2) $0 \leqq x \leqq 60$ として，y を x の式で表しなさい。y =(　　　)

(3) $y = 200$ となるときの x の値を求めなさい。(　　　)

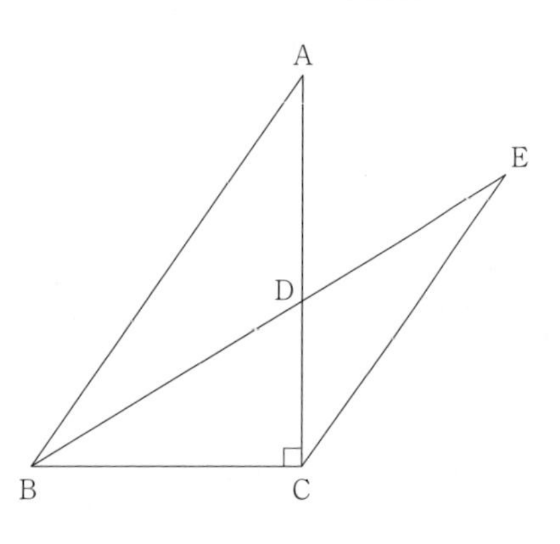

4　右図において，△ABCは∠ACB = 90°の直角三角形であり，AC = 7cm，BC = 5cmである。Dは，辺AC上にあってA，Cと異なる点である。Eは，Cを通り辺ABに平行な直線と直線BDとの交点である。DC = $x$cmとし，$0 < x < 7$とする。

次の問いに答えなさい。

(1)　△DBCの面積をxを用いて表しなさい。(　　　cm^2)

(2)　次は，△ABD ∽ △CEDであることの証明である。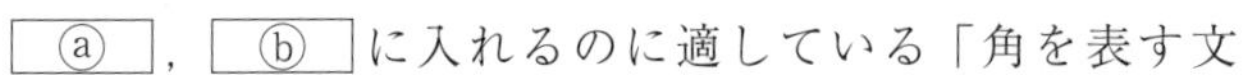ⓐ，ⓑに入れるのに適している「角を表す文字」をそれぞれ書きなさい。また，ⓒ〔　〕から適しているものを一つ選び，記号を○で囲みなさい。ⓐ(　　　)　ⓑ(　　　)　ⓒ(ア　イ　ウ)

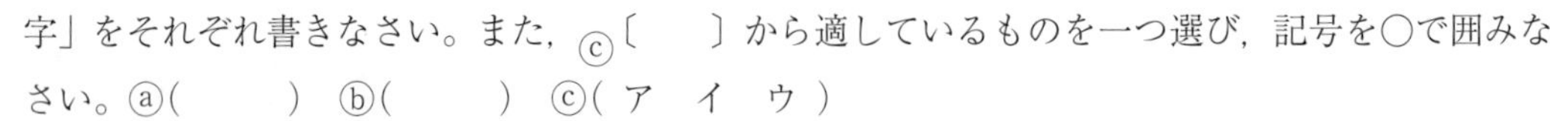

(証明)

△ABDと△CEDにおいて

対頂角は等しいから　∠ADB = ∠ ⓐ ……㋐

AB ∥ ECであり，平行線の錯角は等しいから

∠BAD = ∠ ⓑ ……㋑

㋐，㋑より，

ⓒ〔ア　1組の辺とその両端の角　　イ　2組の辺の比とその間の角　　ウ　2組の角〕がそれぞれ等しいから

△ABD ∽ △CED

(3)　$x = 3$であるときの線分DEの長さを求めなさい。途中の式を含めた求め方も書くこと。

(求め方)(　　　　　　　　　　　　　　　　　)(　　　cm)

数学B問題

時間　40分　　　満点　45点

＊日本語指導が必要な生徒選抜の検査時間は50分

1　次の計算をしなさい。

(1)　$8 + 2 \times (-9)$　(　　　)

(2)　$-12 \div (-2)^2$　(　　　)

(3)　$3(2x + y) - 6(x - 4y)$　(　　　)

(4)　$6a^2b \div \frac{3}{2}a$　(　　　)

(5)　$(3x + 1)(3x - 1)$　(　　　)

(6)　$\sqrt{20} + \sqrt{3} \times \sqrt{15}$　(　　　)

2　次の問いに答えなさい。

(1)　等式 $5a - b + 8 = 0$ を a について解きなさい。$a =$ (　　　)

(2)　$3 - \sqrt{11}$ は，次の数直線上のア～エで示されている範囲のうち，どの範囲に入っているか。一つ選び，記号を○で囲みなさい。(ア　イ　ウ　エ)

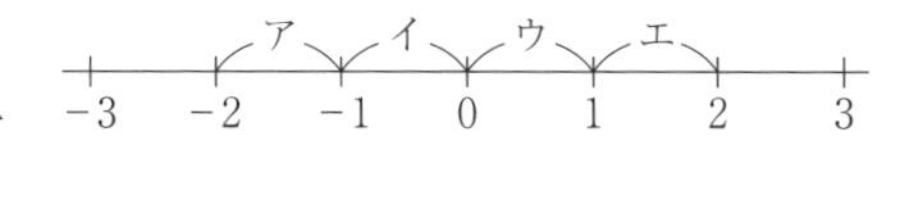

(3)　二次方程式 $2x^2 + 7x + 4 = 0$ を解きなさい。(　　　)

(4)　次の表は，ある期間に生徒8人が読んだ本の冊数を示したものである。この生徒8人が読んだ本の冊数の中央値が5冊であるとき，表中の x の値を求めなさい。ただし，x は自然数であるとする。(　　　)

	Aさん	Bさん	Cさん	Dさん	Eさん	Fさん	Gさん	Hさん
読んだ本の冊数	7冊	2冊	9冊	13冊	1冊	4冊	2冊	x 冊

(5)　二つの箱A，Bがある。箱Aには自然数の書いてある3枚のカード 2，3，4 が入っており，箱Bには偶数の書いてある4枚のカード 2，4，6，8 が入っている。A，Bそれぞれの箱から同時にカードを1枚ずつ取り出し，箱Aから取り出したカードに書いてある数を a，箱Bから取り出したカードに書いてある数を b とするとき，a が b の約数である確率はいくらですか。A，Bそれぞれの箱において，どのカードが取り出されることも同様に確からしいものとして答えなさい。(　　　)

(6)　右図において，四角形ABCDはAB∥DCの台形であり，∠ABC＝∠BCD＝90°，AB＝5cm，BC＝DC＝3cmである。四角形ABCDを直線DCを軸として1回転させてできる立体の体積は何cm^3ですか。円周率をπとして答えなさい。(　　　cm^3)

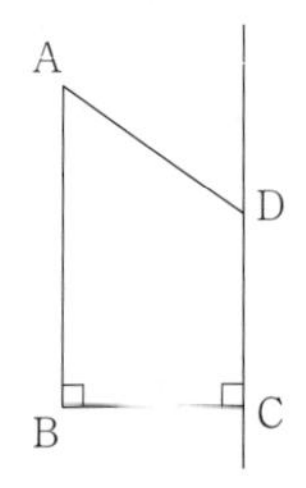

(7)　右図において，ℓは関数$y=\frac{1}{2}x$，mは関数$y=\frac{1}{2}x^2$，nは関数$y=-\frac{1}{5}x^2$のグラフをそれぞれ表す。Aはm上の点であり，そのx座標は1より大きい。Bはn上の点であり，Bのx座標はAのx座標と等しい。AとBとを結ぶ。Cは線分ABとℓとの交点であり，AC＝CBである。Aのx座標を求めなさい。(　　　)

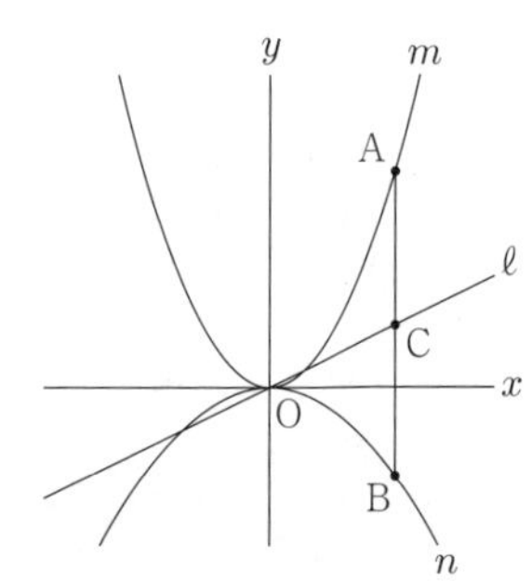

(8)　aを奇数とし，bを偶数とするとき，a^2+b^2-1の値がつねに4の倍数になることを証明しなさい。

(　　　　　　　　　　　　　　　　　　　　)

3 右の写真は，カセットコンロとその中にセットして使うガスボンベ（カセットボンベ）を示している。カセットコンロは火力を切りかえることができる。N さんは，カセットコンロを使って調理をすると，ガスが消費されてガスボンベの重さが軽くなることに興味をもち，「調理をした時間」と「ガスボンベの重さ」との関係について考えることにした。N さんは，カセットコンロやガスボンベに表示されていること等を表 I のようにまとめ，強火で調理をすると毎分 4 g ずつガスボンベの重さが軽くなると考えた。

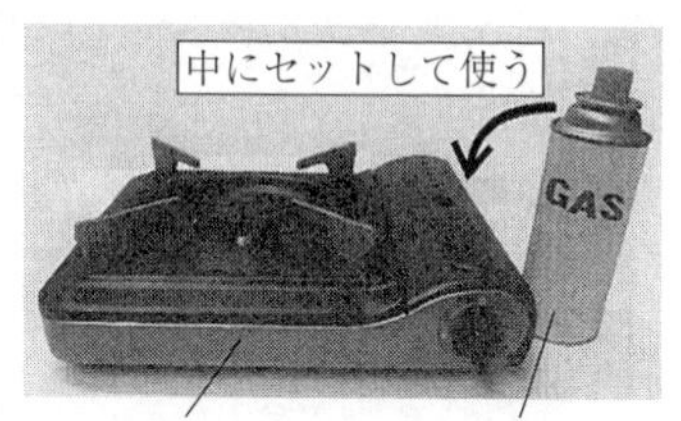

表 I

初めのガスボンベの重さ（容器の重さ 100g を含む）	340g
ガスボンベの内容量	240g
ガスを使い切るのにかかる時間（強火の場合）	60分

初めの「ガスボンベの重さ」は 340g である。「調理をした時間」が x 分のときの「ガスボンベの重さ」を y g とする。同じ火力で調理をする場合，x の値が増えるのにともなって y の値が減る割合は一定であるとする。強火で調理をする場合，x の値が 1 増えるごとに y の値は 4 ずつ減るものとし，$0 \leqq x \leqq 60$ であって，$x = 0$ のとき $y = 340$ であるとする。

次の問いに答えなさい。

(1) N さんは，強火で調理をする場合について考えた。

① 次の表は，x と y との関係を示した表の一部である。表中の(ア)，(イ)に当てはまる数をそれぞれ書きなさい。(ア)(　　　) (イ)(　　　)

x	0	…	1	…	4	…	8	…
y	340	…	336	…	(ア)	…	(イ)	…

② $0 \leqq x \leqq 60$ として，y を x の式で表しなさい。$y =$ (　　　)

③ $y = 200$ となるときの x の値を求めなさい。(　　　)

(2) N さんは，強火で調理を始め，途中で弱火に切りかえて調理を続けた。

初めの「ガスボンベの重さ」は 340g である。弱火で調理をする場合，「調理をした時間」が 1 分増えるごとに「ガスボンベの重さ」は a g ずつ減るものとする。N さんは，まず，強火で 40 分間調理をし，次に，弱火に切りかえて 25 分間調理をしたところ，「ガスボンベの重さ」が 140g になった。a の値を求めなさい。ただし，火力の切りかえにかかる時間はないものとする。

(　　　)

4　図Ⅰ，図Ⅱにおいて，△ABCは∠BAC ＝ 90°の直角三角形であり，AB ＝ 4cm，AC ＝ 8cmである。四角形ABDEは平行四辺形であり，Dは辺AC上にあってA，Cと異なる。EとB，EとCとをそれぞれ結ぶ。Fは，線分BEと辺ACとの交点である。このとき，BF ＝ FEであり，AF ＝ FDである。Gは，辺BCの中点である。FとGとを結ぶ。Hは，線分FGと辺BDとの交点である。

次の問いに答えなさい。

(1)　図Ⅰにおいて，

①　次の文中のⓐ〔　　〕，ⓑ〔　　〕から適しているものをそれぞれ一つずつ選び，記号を○で囲みなさい。

ⓐ(ア　イ　ウ)　ⓑ(エ　オ　カ)

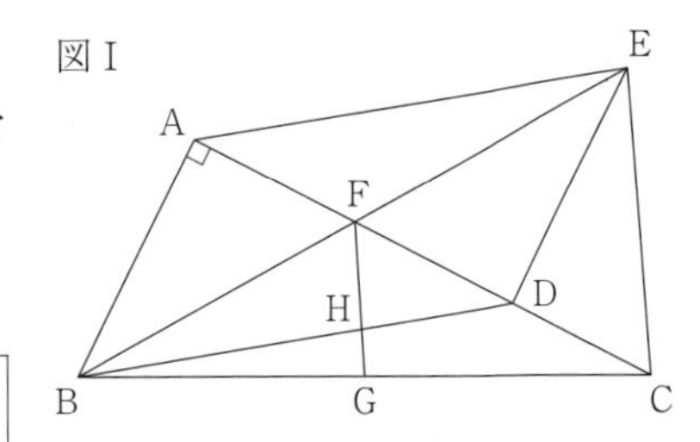

△ABFを△DEFにぴったり重ねるには，△ABFを，ⓐ〔ア　点A　　イ　点B　　ウ　点F〕を回転の中心として，時計の針の回転と同じ向きにⓑ〔エ　90°　オ　180°　　カ　270°〕回転移動させればよい。

②　△FHD ∽ △CEAであることを証明しなさい。

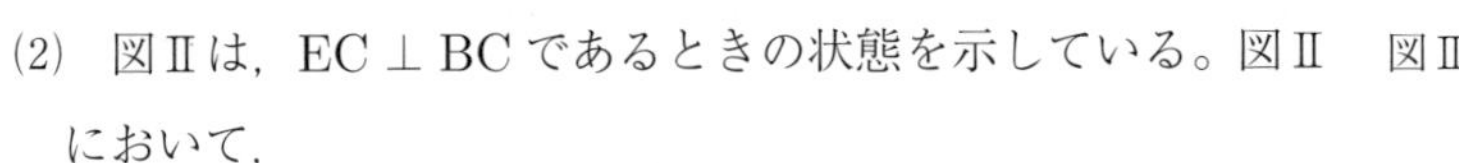

(2)　図Ⅱは，EC ⊥ BCであるときの状態を示している。図Ⅱにおいて，

①　線分FGの長さを求めなさい。(　　　cm)

②　四角形HGCDの面積を求めなさい。(　　　cm²)

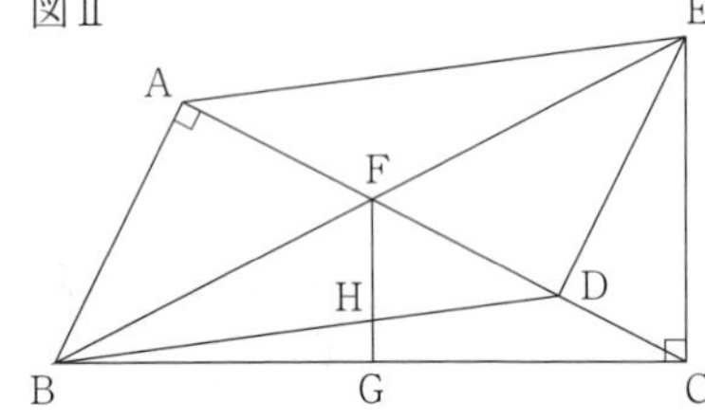

英語A問題

時間　40分　　満点　45点（リスニング共）

（編集部注）「英語リスニング」の問題は「英語B問題」のあとに掲載しています。

1　次の(1)～(12)の日本語の文の内容と合うように，英文中の（　　）内のア～ウからそれぞれ最も適しているものを一つずつ選び，記号を○で囲みなさい。

(1)　私は昨日，その博物館に行きました。（ ア　イ　ウ ）

I went to the（ア　gym　イ　hospital　ウ　museum）yesterday.

(2)　私の祖父はかわいい犬を飼っています。（ ア　イ　ウ ）

My grandfather has a（ア　cute　イ　heavy　ウ　young）dog.

(3)　これはとてもおもしろい本です。（ ア　イ　ウ ）

This is a very（ア　boring　イ　interesting　ウ　old）book.

(4)　私の兄は自転車で学校に行きます。（ ア　イ　ウ ）

My brother goes to school（ア　by　イ　in　ウ　of）bike.

(5)　その窓を閉めてください。（ ア　イ　ウ ）

Please（ア　change　イ　clean　ウ　close）the window.

(6)　彼女は私たちの英語の先生です。（ ア　イ　ウ ）

She is（ア　we　イ　our　ウ　us）English teacher.

(7)　私の姉は今朝，早く起きました。（ ア　イ　ウ ）

My sister（ア　get　イ　got　ウ　gotten）up early this morning.

(8)　ベンはドイツ語を話すことができます。（ ア　イ　ウ ）

Ben can（ア　speak　イ　speaks　ウ　speaking）German.

(9)　あなたはふだん，朝食に何を食べますか。（ ア　イ　ウ ）

（ア　What　イ　When　ウ　Where）do you usually eat for breakfast?

(10)　マイケルは学校でマイクと呼ばれています。（ ア　イ　ウ ）

Michael is（ア　call　イ　called　ウ　calling）Mike at school.

(11)　私に何か飲み物をくださいませんか。（ ア　イ　ウ ）

Can you give me something（ア　drink　イ　drinking　ウ　to drink）?

(12)　あなたは2030年の世界を想像したことがありますか。（ ア　イ　ウ ）

Have you（ア　imagine　イ　imagined　ウ　imagining）the world in 2030?

2　次の(1)～(4)の日本語の文の内容と合うものとして最も適しているものをそれぞれア～ウから一つずつ選び，記号を○で囲みなさい。

(1)　私は駅で健太の兄を見かけました。(　ア　イ　ウ　)

ア　Kenta's brother saw me at the station.　　イ　I saw Kenta's brother at the station.

ウ　My brother saw Kenta at the station.

(2)　このシャツはあのシャツよりも安いです。(　ア　イ　ウ　)

ア　This shirt is as cheap as that one.　　イ　This shirt is cheaper than that one.

ウ　This shirt and that one are very cheap.

(3)　私は彼女に，私の兄が撮った写真を見せるつもりです。(　ア　イ　ウ　)

ア　I will show her picture to my brother.

イ　I will take a picture of my brother for her.

ウ　I will show her the picture my brother took.

(4)　先生は私に，その紙に名前を書くように言いました。(　ア　イ　ウ　)

ア　The teacher told me to write my name on the paper.

イ　The teacher was told to write my name on the paper.

ウ　The teacher told me about my name written on the paper.

3　高校生の和夫（Kazuo）と留学生のボブ（Bob）が，市民まつりのちらしを見ながら会話をしています。ちらしの内容と合うように，次の会話文中の〔　　〕内のア～ウからそれぞれ最も適しているものを一つずつ選び，記号を○で囲みなさい。

①(　ア　イ　ウ　)　②(　ア　イ　ウ　)　③(　ア　イ　ウ　)

Kazuo：　Hello, Bob. Please look at this. Akebono City will have a ①〔ア　festival　イ　job　ウ　lesson〕at Midori Park on April 5.

Bob　：　Oh, really?

Kazuo：　Yes. People do a lot of things on the stage. For example, people sing or dance. Shall we join it and sing English songs?

Bob　：　That sounds good. What day of the week is it?

Kazuo：　It's ②〔ア　Friday　イ　Saturday　ウ　Sunday〕.

Bob　：　OK. How many songs can we sing?

Kazuo：　The time given to a group is ③〔ア　fifteen　イ　sixteen　ウ　twenty〕minutes, so we can sing three or four songs.

Bob　：　Good. Let's talk about the songs after school.

【市民まつりのちらし】

あけぼの
市民まつり

令和2年4月5日（日）
10：00 ～ 16：00
会場：みどり公園

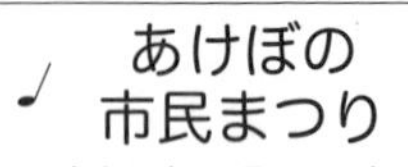

☆募集部門： 歌，ダンスなど

☆募集グループ数： 15グループ

※1グループの発表時間： 20分

詳しくは市のウェブサイトをご覧ください。

4 次の(1)～(4)の会話文の [ ] に入れるのに最も適しているものをそれぞれア～エから一つずつ選び，記号を○で囲みなさい。

(1)(ア イ ウ エ) (2)(ア イ ウ エ) (3)(ア イ ウ エ) (4)(ア イ ウ エ)

(1) A： What time did you go to bed last night?

B： [ ]

ア In my room. イ Three times. ウ That's right. エ At ten.

(2) A： Did you have a good time in the winter vacation?

B： [ ]

A： What was wrong?

ア Yes, I do. イ Yes, you did. ウ No, I didn't. エ No, you didn't.

(3) A： It will be sunny tomorrow. What will you do?

B： I will go to Kyoto. [ ]

A： I will play tennis with my sister.

ア What do you like? イ How about you? ウ When will you go there?

エ Where do you play tennis?

(4) A： I'm hungry. Let's have lunch.

B： OK. Where will we have lunch?

A： A new restaurant opened near the station. Shall we go there?

B： [ ] I heard it is a nice restaurant.

ア Yes, it is. イ I don't think so. ウ Nice to meet you. エ That's a good idea.

5　ケイト（Kate）はイギリスから日本に来た留学生です。次の［Ⅰ］，［Ⅱ］に答えなさい。

［Ⅰ］　次は，ケイトが英語の授業で行ったスピーチの原稿です。彼女が書いたこの原稿を読んで，あとの問いに答えなさい。

Hello, everyone. Today I will tell you about my favorite food in Japan. Can you guess what it is? It is *ramen*. About three months ago, my host family took me to a restaurant, and I ate *ramen* [①] the first time. The *ramen* was so delicious. I became a fan of *ramen*. After that, to eat more *ramen*, I went to three different restaurants. Each of Ⓐthem had *ramen* with its own flavor, and I liked all the *ramen* I ate.

ramen
（ラーメン）
（複数形も *ramen*）

From my host family, I heard that there are many local *ramen* all over Japan. For example, *tonkotsu ramen* in Hakata and *miso ramen* in Sapporo are very famous. [②]

Now, every year, a lot of foreign people visit Japan from many countries. One of their purposes is to eat Japanese foods. Some years ago, foreign visitors liked to eat traditional Japanese foods, for example, *sushi* and *tempura*. But now, many of them like to eat *ramen* and it is one of the most [③] foods in Japan among foreign people. I think that *ramen* has become one of the typical foods in Japan. Thank you.

sushi
（すし）
（複数形も *sushi*）

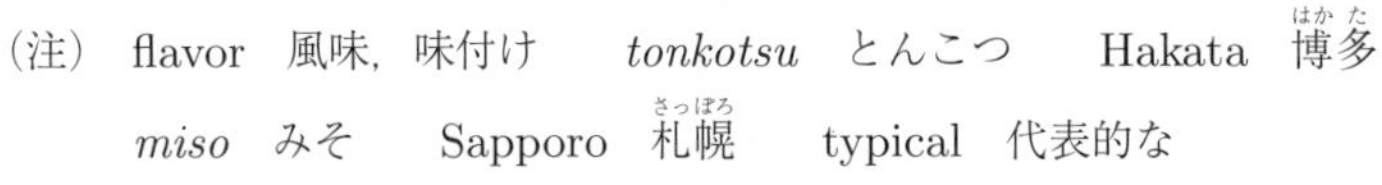

（注）　flavor　風味，味付け　　*tonkotsu*　とんこつ　　Hakata　博多（はかた）
miso　みそ　　Sapporo　札幌（さっぽろ）　　typical　代表的な

tempura
（天ぷら）
（複数形も *tempura*）

(1)　次のうち，本文中の [①] に入れるのに最も適しているものはどれですか。一つ選び，記号を○で囲みなさい。（ ア　イ　ウ ）

ア　for　　イ　off　　ウ　with

(2)　本文中のⒶthemの表している内容に当たるものとして最も適しているひとつづきの**英語3語**を，本文中から抜き出して書きなさい。（　　　　）

(3)　本文中の [②] が，「私は自分の国に帰る前に，さまざまなラーメンを食べたいと思います。」という内容になるように，次の〔　〕内の語を並べかえて解答欄の____に英語を書き入れ，英文を完成させなさい。

I want to eat various *ramen* 〔go　I　before　back〕 to my country.

I want to eat various *ramen* ______________________________ to my country.

(4)　本文の内容から考えて，次のうち，本文中の [③] に入れるのに最も適しているものはどれですか。一つ選び，記号を○で囲みなさい。（ ア　イ　ウ ）

ア　difficult　　イ　expensive　　ウ　popular

［Ⅱ］　ケイトのスピーチを聞いた高校生の隆雄（Takao）に，ブラウン先生（Mr. Brown）が次の質問をしました。

あなたが隆雄ならば，どのように答えますか。解答欄の［　　］内の，Yes または No のどちらかを○で囲み，そのあとに，それを選んだ理由を**10語程度**の英語で書きなさい。解答の際には記入例にならって書くこと。なお，ケイトが書いたスピーチの原稿中の表現を用いてもよい。

Mr. Brown : Do you recommend *ramen* to foreign people who visit Japan?

Takao : [Yes・No], because (　　)

（注） recommend （人に）すすめる

記入例

When　is　your　birthday ?

Well ,　it's　May　23 .

[Yes・No], because ------ ------ ------ ------ ------ ------ ------ ------ ------

------ ------ ------ ------ ------

英語B問題

時間　40分　　満点　45点(リスニング共)

＊日本語指導が必要な生徒選抜の検査時間は50分

（編集部注）「**英語リスニング**」の問題はこの問題のあとに掲載しています。

1　高校生の景子（Keiko）は，アフリカ南部にあるナマクワランド（Namaqualand）という地域にできる花畑に興味をもつようになりました。次の［Ⅰ］,［Ⅱ］に答えなさい。

［Ⅰ］　景子は，次の文章の内容をもとに英語の授業でスピーチをすることになりました。文章の内容と合うように，下の英文中の〔　　〕内のア～ウからそれぞれ最も適しているものを一つずつ選び，記号を○で囲みなさい。

①(ア　イ　ウ)　②(ア　イ　ウ)　③(ア　イ　ウ)　④(ア　イ　ウ)

⑤(ア　イ　ウ)

こんにちは，みなさん。アフリカの南部に，ナマクワランドと呼ばれる地域があります。みなさんにナマクワランドの写真を2枚お見せします。まず，写真1を見てください。ナマクワランドは，1年のほとんどは砂漠のようにとても乾燥した地域です。この写真では，花は咲いていません。次に，写真2を見てください。この写真は，春に撮られました。多くの花が咲いているのがわかります。毎年，数週間だけ，ナマクワランドの乾燥した地面の大部分がたくさんの野生の花でおおわれるのです。私は，この変化にとても驚きました。同時に，厳しい環境の中で生息する植物の強いエネルギーを感じました。

【Picture 1】
【Picture 2】

> Hello, everyone. There is an area called Namaqualand in the ①〔ア east　イ north　ウ south〕of Africa. I will show you two pictures of Namaqualand. First, please look at Picture 1. Namaqualand is a very dry area like a desert almost all year. In this picture, ②〔ア no　イ one　ウ the〕flower is blooming. Next, please look at Picture 2. This picture was ③〔ア lost　イ shown　ウ taken〕in spring. We see that many flowers are blooming. For only a ④〔ア few　イ half　ウ short〕weeks every year, a large part of the dry ground of Namaqualand is covered with many wild flowers. I was very surprised ⑤〔ア along　イ at　ウ of〕this change. At the same time, I felt the strong energy of the plants that live in harsh environments.

（注）desert　砂漠　　bloom　咲く　　harsh　厳しい

［Ⅱ］　次は，景子とアメリカからの男子留学生のベン（Ben）が，理科の加藤先生（Mr. Kato）と交わした会話の一部です。会話文を読んで，あとの問いに答えなさい。

Ben　　　：Hi, Keiko. Your speech was interesting.

Keiko　　：Oh, thank you, Ben.

Mr. Kato：Hello, Ben and Keiko. What are you talking about?

Ben : Good afternoon, Mr. Kato. We are talking about the speech Keiko made in our English class this morning. She talked about Namaqualand in Africa.

Mr. Kato : Keiko, perhaps you talked about wild flowers in Namaqualand, right?

Keiko : Yes, Mr. Kato. How do you know that? [①] you ever been to Namaqualand?

Mr. Kato : No, but it is famous for its fields of many wild flowers that bloom all at once every year. [②], Keiko?

Keiko : When I saw pictures of Namaqualand on the Internet, I was surprised to see the change from the dry ground to the field with a lot of wild flowers. I wanted my classmates to know about that change in Namaqualand.

Mr. Kato : I see. This kind of phenomenon is very interesting. For many wild flowers, it is not easy to bloom in desert areas or very dry areas, but in some of those areas in the world, sometimes many wild flowers bloom all at once.

Ben : When I listened to Keiko's speech, I remembered a similar phenomenon in California. [ア]

Mr. Kato : California is famous for this phenomenon.

Keiko : Oh, really? I didn't know that such a phenomenon happens also in California.

Ben : Many people call the phenomenon a "superbloom."

Keiko : A "superbloom"? That is an interesting word.

Mr. Kato : I think so, too.

Keiko : Ben, do superblooms happen every year in California?

Ben : No. [イ] They only happen once in several years. Last year, a superbloom happened in a desert area in California, and my grandfather took me to the area to see it. [ウ] It was amazing! The superbloom of last year could be seen even from space.

Keiko : Oh, that's great! Ben, why did so many wild flowers bloom there last year?

Ben : I don't know the exact reason. [エ] I think that was one of the conditions which caused the superbloom. Is this right, Mr. Kato?

Mr. Kato : Yes, that's right, Ben. Superblooms happen only when all the necessary conditions are fulfilled, for example, enough rain and enough warmth from the sun. In some desert areas in the world, various species of plants have a good chance to survive when their flowers bloom for a short time together with many other flowers.

Keiko : Well, Mr. Kato, I see that blooming with many other wild flowers is helpful for the plants in the desert areas because pollinators will come around them. However, I don't know why blooming for a short time is helpful for them. I want to know why.

Ben : I have the same question, Keiko. Mr. Kato, please tell us the reason.

Mr. Kato：　That's a good question, Keiko and Ben. When you have a question, it is the time to start learning. Ⓐ Now, you are ready to start.

（注）all at once　一斉に　　phenomenon　現象
California　カリフォルニア（アメリカ西部の州）
superbloom　スーパーブルーム（大量の花の一斉開花）　　fulfill　(条件などを)満たす
warmth　暖かさ　　species　(生物の)種（しゅ）（複数形も species）
pollinator　花粉媒介者（鳥，昆虫など）

(1)　次のうち，本文中の［　①　］に入れるのに最も適しているものはどれですか。一つ選び，記号を○で囲みなさい。（ア　イ　ウ　エ）

ア　Do　　イ　Did　　ウ　Have　　エ　Has

(2)　本文の内容から考えて，次のうち，本文中の［　②　］に入れるのに最も適しているものはどれですか。一つ選び，記号を○で囲みなさい。（ア　イ　ウ　エ）

ア　When did you tell Ben about the wild flowers in Namaqualand
イ　What did you learn when you made a speech about Namaqualand this morning
ウ　Where did your classmates go to learn about the wild flowers in Namaqualand
エ　Why did you choose the wild flowers in Namaqualand as the topic of your speech

(3)　本文中には次の英文が入ります。本文中の［　ア　］～［　エ　］から，入る場所として最も適しているものを一つ選び，ア～エの記号を○で囲みなさい。（ア　イ　ウ　エ）

But, in the winter before they bloomed, it rained a lot there.

(4)　本文中にⒶ Now, you are ready to start.とありますが，これは本文中では具体的にどのようなことを表していますか。次のうち，最も適しているものを一つ選び，記号を○で囲みなさい。（ア　イ　ウ　エ）

ア　Now, Keiko and Ben are ready to start telling how wild flowers in Namaqualand looked from space last year.
イ　Keiko and Ben are now ready to start learning why various species of plants in some desert areas in the world have a good chance to survive when their flowers bloom for a short time.
ウ　For Keiko and Ben, it is the time to start learning why wild flowers in Namaqualand bloom for a short time only once in several years.
エ　Keiko and Ben will start looking for some information to learn why superblooms happen several times every year in California.

(5)　本文の内容と合うように，次の問いに対する答えをそれぞれ英語で書きなさい。ただし，①②ともに**3**語の英語で書くこと。

①　Did Keiko know about superblooms in California when she made her speech about Namaqualand?（　　　　　　　　）

②　Who took Ben to a desert area in California to see the superbloom last year?
（　　　　　　　　）

[2] 次は，高校生の隆雄（Takao）が英語の授業で行ったスピーチの原稿です。彼が書いたこの原稿を読んで，あとの問いに答えなさい。

mackerel
（サバ）
（複数形も mackerel）

Hello, everyone. Do you know that mackerel is getting people's attention recently? I watched some TV programs about mackerel last year. In all of Ⓐ them, mackerel was introduced as a food that is good for our health. They also showed how to cook canned mackerel. Now, a lot of canned mackerel is sold in supermarkets.

Mackerel is one of the traditional local foods in Obama City in Fukui Prefecture. I have a grandmother who [①] in the city. I visit her every summer, and we sometimes cook mackerel together. When we were cooking mackerel at her house last summer, she told me about a great thing done by high school students with mackerel. Today, I will talk about the work they did with this local food.

About fifteen years ago, in a high school in Obama City, some students were learning the importance of hygiene maintenance for processing foods by making canned mackerel as a special activity at the school. One day in 2006, the students learned that space food is produced with very strict hygiene maintenance. Then, some of them thought that it was possible to produce space food by improving their canned mackerel. In the next year, the students started to try to make canned mackerel as a space food. Even after those students graduated from the school, younger students at the school continued the work. [②]

One of them was to make the taste of canned mackerel better for astronauts. When astronauts are in space, their sense of taste is reduced. So, the students tried to make the taste of canned mackerel stronger. First, they tried to do so by adding soy sauce. [③]

canned mackerel

It was also needed to fulfill strict conditions about space food because [④]. For example, soup in canned food should not come out suddenly when it is opened because it may break machines that are necessary to live in space. To make their canned mackerel safer, the students tried to thicken the soup by adding something. Can you [⑤] to the soup? They added *kudzu* starch because they knew that it is often used to thicken soup or drinks. They made their canned mackerel safer by using *kudzu* starch made in Fukui Prefecture.

Finally, in 2018, the canned mackerel produced by the high school students was chosen as a Japanese Space Food. The traditional local food from Obama City has become a space food. I was encouraged by the great work of the students. Thank you for listening.

（注） canned 缶詰の　hygiene maintenance 衛生管理　process 加工する
space food 宇宙食　strict 厳しい　reduce 弱める　strong （味が）濃い
soy sauce しょう油　fulfill （条件などを）満たす　soup 汁　thicken とろみをつける

kudzu starch　葛粉（くずこ）

Japanese Space Food　宇宙日本食（宇宙航空研究開発機構によって認証される宇宙食）

(1)　本文中のⒶ them の表している内容に当たるものとして最も適しているひとつづきの**英語5語**を，本文中から抜き出して書きなさい。(　　　　　　　　　　)

(2)　次のうち，本文中の ① に入れるのに最も適しているものはどれですか。一つ選び，記号を○で囲みなさい。(ア　イ　ウ　エ)

ア　live　　イ　lives　　ウ　living　　エ　to live

(3)　本文中の ② が，「私は，その高校の生徒たちが行った二つの興味深いことを説明しようと思います。」という内容になるように，次の〔　　〕内の語を並べかえて解答欄の＿＿に英語を書き入れ，英文を完成させなさい。

I will〔interesting　that　two　explain　things〕the students of the high school did.

I will ＿＿＿＿＿＿＿＿＿＿＿＿＿＿＿＿ the students of the high school did.

(4)　本文中の ③ に，次の(i)～(iii)の英文を適切な順序に並べかえ，前後と意味がつながる内容となるようにして入れたい。あとのア～エのうち，英文の順序として最も適しているものはどれですか。一つ選び，記号を○で囲みなさい。(ア　イ　ウ　エ)

(i)　So, they added sugar without adding more soy sauce.

(ii)　But, they found that adding too much soy sauce was not good.

(iii)　That way of changing the taste with sugar was good and the taste became stronger and delicious.

ア　(i)→(ii)→(iii)　　イ　(i)→(iii)→(ii)　　ウ　(ii)→(i)→(iii)　　エ　(ii)→(iii)→(i)

(5)　本文の内容から考えて，次のうち，本文中の ④ に入れるのに最も適しているものはどれですか。一つ選び，記号を○で囲みなさい。(ア　イ　ウ　エ)

ア　space food may cause a dangerous situation for astronauts in space

イ　space food is sometimes very dangerous on the earth

ウ　making safe space food is easy for astronauts

エ　it is not necessary to improve space food

(6)　本文中の ‘Can you ⑤ to the soup?’ が，「あなたは，彼らがその汁に何を加えたか推測できますか。」という内容になるように，解答欄の＿＿に**英語4語**を書き入れ，英文を完成させなさい。

Can you ＿＿＿＿＿＿＿＿＿＿＿＿＿＿＿＿＿＿＿＿ to the soup?

(7)　次のうち，本文で述べられている内容と合うものはどれですか。一つ選び，記号を○で囲みなさい。(ア　イ　ウ　エ)

ア　Takao cooked mackerel for his grandmother when she visited him last summer.

イ　Takao heard about the great work by high school students in Fukui Prefecture from the students.

ウ　When the students in Obama City started to try to make space food, Takao visited them.

エ　The great work done by the students of a high school in Obama City encouraged Takao.

3　高校生の美紀（Miki）は，同じクラスの留学生のトム（Tom）から，次のようなＥメールを受け取りました。

> Hello, Miki. You know that my host family has a little son, Kenji. Next Saturday, he will play the piano in a concert held in the city hall. My host family and I want to invite you to the concert. Can you come with us? Please give me a reply today.
> Tom

（注）reply　返信

しかし，美紀は行くことができないため，そのことをＥメールで知らせようと思います。

あなたが美紀ならば，どのようなＥメールを送りますか。次の条件1～3にしたがって，返信の内容を，メール本文の[　　]に入るように，**30語程度**の英語で書きなさい。解答の際には記入例にならって書くこと。

【メール本文】

> Hello, Tom.
>
> [　　　　　　　　　　]
>
> I hope Kenji will play the piano well. Please tell me about the concert next Monday.
> Miki

〈条件1〉 最初に，招待してくれたことへの感謝の気持ちを伝える文を書くこと。

〈条件2〉 次に，一緒にそのコンサートに行きたいが，行けなくて申し訳ないということを書くこと。

〈条件3〉 そのあとに，行けない理由を伝える文を考えて書くこと。

記入例

When	is	your	birthday ?
Well ,	it's	April	11 .

------ ------ ------ ------ ------ ------ ------ ------ ------ ------ ------ ------

------ ------ ------ ------ ------ ------ ------ ------ ------ ------ ------ ------

------ ------ ------ ------ ------ ------ ------ ------ ------ ------

英語リスニング

時間　15分

＊日本語指導が必要な生徒選抜の検査時間は 20 分

（編集部注）放送原稿は問題のあとに掲載しています。
音声の再生についてはもくじをご覧ください。

回　リスニングテスト

1　ロブと美保との会話を聞いて，美保のことばに続くと考えられるロブのことばとして，次のア～エのうち最も適しているものを一つ選び，解答欄の記号を○で囲みなさい。

（ア　イ　ウ　エ）

ア　Yes, you did.　　イ　No, it isn't.　　ウ　Thank you.　　エ　Sure.

2　マイクと京子との会話を聞いて，マイクが起床した時刻として，次のア～エのうち最も適していると考えられるものを一つ選び，解答欄の記号を○で囲みなさい。（ア　イ　ウ　エ）

3　下の図は，ジョージと直美が通う学校の周りのようすを示したものです。二人の会話を聞いて，ジョージの行き先として，図中のア～エのうち最も適していると考えられるものを一つ選び，解答欄の記号を○で囲みなさい。（ア　イ　ウ　エ）

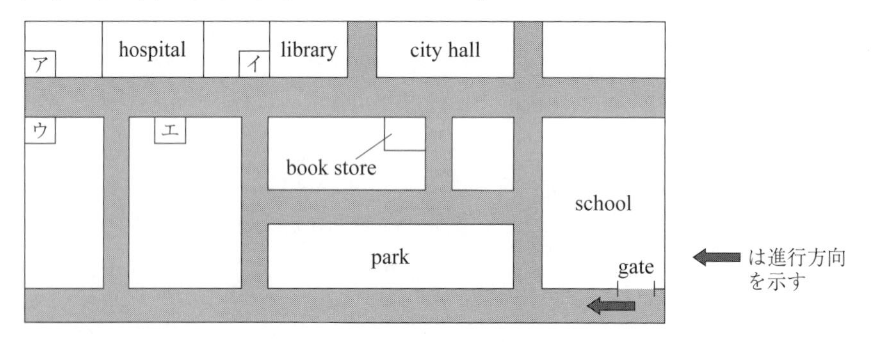

4　トムと陽子との会話を聞いて，それに続く二つの質問に対する答えとして最も適しているものを，それぞれア～エから一つずつ選び，解答欄の記号を○で囲みなさい。

(1)（ア　イ　ウ　エ）(2)（ア　イ　ウ　エ）

(1)　ア　Volleyball.　　イ　Baseball.　　ウ　Basketball.　　エ　Soccer.

(2)　ア　To accept a birthday present from her.

イ　To be a member of the volleyball club.

ウ　To go shopping with her.

エ　To play basketball with her brother.

5　ブラウン先生が，英語の授業で生徒に話をしています。その話を聞いて，それに続く二つの質問に対する答えとして最も適しているものを，それぞれア～エから一つずつ選び，解答欄の記号

を○で囲みなさい。(1)(ア イ ウ エ) (2)(ア イ ウ エ)

(1) ア The names of countries which are smaller than Japan.

イ The names of countries which are larger than Japan.

ウ The sizes of countries which are smaller than Japan.

エ The size of the country which is the largest in the world.

(2) ア Two countries. イ Four countries. ウ Six countries. エ Eight countries.

6 ホワイト先生と翔太との会話を聞いて，会話の中で述べられている内容と合うものを，次のア～エから一つ選び，解答欄の記号を○で囲みなさい。(ア イ ウ エ)

ア Ms. White thinks she will give homework about numbers to her students.

イ Ms. White thinks the English expressions about numbers are very difficult.

ウ Ms. White thinks Shota should study for the test she will give in the next lesson.

エ Ms. White thinks Shota should ask his classmates about the test she gave them yesterday.

〈放送原稿〉

2020年度大阪府公立高等学校特別入学者選抜，能勢分校選抜，帰国生選抜，日本語指導が必要な生徒選抜英語リスニングテストを行います。

テスト問題は1から6まであります。英文はすべて2回ずつ繰り返して読みます。放送を聞きながらメモを取ってもかまいません。

それでは問題1です。ロブと美保との会話を聞いて，美保のことばに続くと考えられるロブのことばとして，次のア・イ・ウ・エのうち最も適しているものを一つ選び，解答欄の記号を○で囲みなさい。では始めます。

Rob：　Hi, Miho. What are you doing?

Miho：　Hi, Rob. I am trying to open this bottle. It's so hard. Can you help me?

繰り返します。(繰り返す)

問題2です。マイクと京子との会話を聞いて，マイクが起床した時刻として，次のア・イ・ウ・エのうち最も適していると考えられるものを一つ選び，解答欄の記号を○で囲みなさい。では始めます。

Mike：　Good morning, Kyoko. I woke up late this morning. What time is it now? I left my watch at home.

Kyoko：　Oh, Mike. It's eight twenty-five now. What time did you wake up this morning?

Mike：　I woke up just one hour ago.

繰り返します。(繰り返す)

問題3です。次の図は，ジョージと直美が通う学校の周りのようすを示したものです。二人の会話を聞いて，ジョージの行き先として，図中のア・イ・ウ・エのうち最も適していると考えられるものを一つ選び，解答欄の記号を○で囲みなさい。では始めます。

George：　Hi, Naomi. Will you go back home now?

Naomi：　No. I am going to practice volleyball, George. Why?

George：　I want to send this card to my family in America. Is there a post office near this school?

Naomi：　Yes. I can tell you how to get there. Now we are at the gate of the school, right? So, go straight and turn right at the third corner.

George：　OK.

Naomi：　After that, go straight and you'll see a hospital in front of you. Then turn left and you'll find the post office on your right.

George：　Thank you, Naomi. I'll go there.

繰り返します。(繰り返す)

問題4です。トムと陽子との会話を聞いて，それに続く二つの質問に対する答えとして最も適しているものを，それぞれア・イ・ウ・エから一つずつ選び，解答欄の記号を○で囲みなさい。では始めます。

Tom：　Hi, Yoko. What will you do after school today?

Yoko：　Hi, Tom. I will go shopping.

Tom ： Do you have something to buy?

Yoko ： Yes, I want to buy a birthday present for my brother. I am thinking about something for playing sports.

Tom ： Oh, I see. I know you are a member of the volleyball club. Does your brother play volleyball, too?

Yoko ： No. He has played baseball and basketball for some years, and he wants to start playing soccer. Oh, you play soccer, right? Can you go shopping with me?

Tom ： OK. I will help you.

Yoko ： Thank you very much. Let's meet at the station at 3:30.

Question (1): What sport does Yoko's brother want to start playing?

Question (2): What did Yoko ask Tom to do?

繰り返します。(会話と質問を繰り返す)

問題5です。ブラウン先生が，英語の授業で生徒に話をしています。その話を聞いて，それに続く二つの質問に対する答えとして最も適しているものを，それぞれア・イ・ウ・エから一つずつ選び，解答欄の記号を○で囲みなさい。では始めます。

Good afternoon, everyone. Today we will play a game in English. First, let's make groups of 4 students. I'll give each group a piece of paper. On the paper, write names of countries in the world, but the size of the countries should be larger than the size of Japan. There are small countries and large countries in the world. How about China? Is it smaller or larger than Japan? You know it is larger than Japan, right? How about Australia? Yes, it's a huge country. Well, there are a lot of big countries in the world. So, you can write many countries, but you cannot write the countries I have told you. In a group, try to find other countries and make a list of those countries. The group which writes more countries than all the other groups will win. Do you have any questions? Now, I'll give you 8 minutes.

Question (1): What should the students write on the paper?

Question (2): How many countries did Mr. Brown use as the examples of the answers?

繰り返します。(話と質問を繰り返す)

問題6です。ホワイト先生と翔太との会話を聞いて，会話の中で述べられている内容と合うものを，次のア・イ・ウ・エから一つ選び，解答欄の記号を○で囲みなさい。では始めます。

Ms. White : Hi, Shota, you were not in my English class yesterday. What happened?

Shota : I'm sorry, Ms. White. I had a cold yesterday.

Ms. White : Oh, are you OK now?

Shota : Yes, I'm fine now, thank you. Ms. White, what did I miss? Do we have homework?

Ms. White : No. I didn't give any homework. But the students learned some important English expressions about numbers.

Shota : About numbers?

Ms. White : Yes. They learned how to express big numbers over one thousand. For example, we say... one thousand, ten thousand, one hundred thousand. But, we don't say one thousand thousand. We say one million.

Shota　　: Wow, that sounds difficult.

Ms. White : They are not difficult, but they are very important. So I will give students a test about them in the next lesson. You should ask your classmates and study for it.

Shota　　: OK, I will.

Ms. White : You can come to see me any time if you have any questions. You are always welcome.

Shota　　: Thank you, Ms. White.

繰り返します。(繰り返す)

これで，英語リスニングテストを終わります。

社会

時間 40分　　満点 45点

1 世界の諸地域は，アジア，ヨーロッパ，アフリカ，北アメリカ，南アメリカ，オセアニアの六つの州に分けることができる。世界の諸地域にかかわる次の問いに答えなさい。

(1) 経済成長や社会的・文化的発展の促進を目的とした地域共同体に東南アジア諸国連合がある。次のア～エのうち，東南アジア諸国連合を略称で表したものはどれか。一つ選び，記号を○で囲みなさい。(ア イ ウ エ)

ア EU　イ APEC　ウ ASEAN　エ NAFTA

(2) 次の文は，ヨーロッパの自然環境について述べたものである。文中のⓐ〔　〕，ⓑ〔　〕から適切なものをそれぞれ一つずつ選び，記号を○で囲みなさい。

ⓐ(ア イ ウ エ) ⓑ(オ カ キ ク)

・ヨーロッパの南部には，ⓐ〔ア アルプス　イ ヒマラヤ　ウ アパラチア　エ グレートディバイディング〕山脈が東西に連なっており，その山脈の北側には平原が広がっている。

・ヨーロッパの中央部には，ⓑ〔オ メコン　カ ライン　キ アマゾン　ク ユーフラテス〕川が北海に向かって流れている。

(3) アフリカのギニア湾沿岸では，熱帯の気候をいかしたカカオ豆の生産がさかんである。熱帯などでみられる，広大な農地で単一の作物を栽培する大規模な農園は何と呼ばれているか。次のア～エから一つ選び，記号を○で囲みなさい。(ア イ ウ エ)

ア パンパ　イ オアシス　ウ プレーリー　エ プランテーション

(4) 北アメリカと南アメリカでは，企業的な農業経営によって輸出用の農産物が栽培されている。図Ⅰは，2016（平成28）年における，ある農産物の生産量の多い上位3か国を示したものである。この農産物に当たるものを，次のア～エから一つ選び，記号を○で囲みなさい。(ア イ ウ エ)

ア 茶　イ 大豆　ウ 綿花　エ コーヒー豆

図Ⅰ

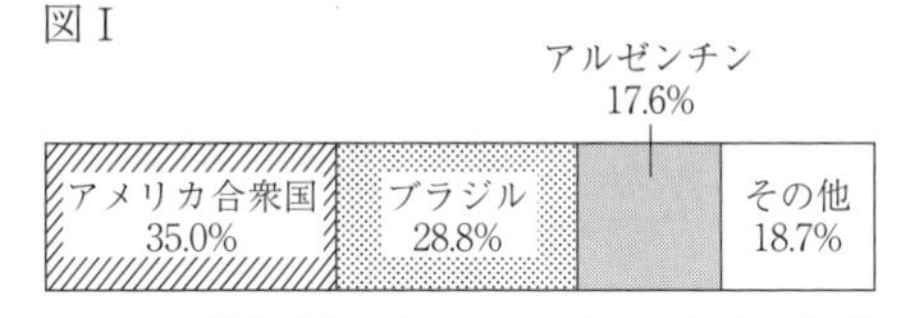

（『世界国勢図会』2018／19年版により作成）

(5) オセアニアは，オーストラリア大陸と太平洋の島々で構成されている。図Ⅱは，1948（昭和23）年から2018（平成30）年までにおける，オーストラリアの輸出総額に占める日本，国A，国Bの3か国それぞれへの輸出額の割合の推移を表したものである。日本，国A，国Bの3か国のみが，1948年から2018年までの間に，オーストラリアの輸出総額に占める国別輸出額の割合が最大である国になったことがある。図Ⅱ中のA，Bに当たる国名の組み合

図Ⅱ

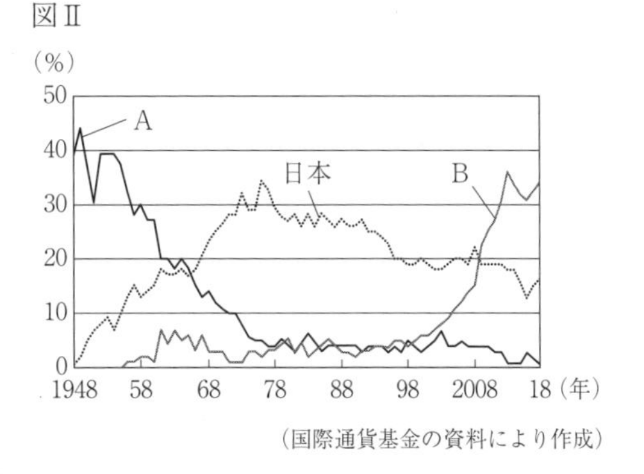

（国際通貨基金の資料により作成）

わせとして正しいものを，次のア～カから一つ選び，記号を○で囲みなさい。

（ア　イ　ウ　エ　オ　カ）

ア　A　イギリス　　B　中国　　　　　　イ　A　イギリス　　B　アメリカ合衆国

ウ　A　中国　　B　イギリス　　　　　　エ　A　中国　　B　アメリカ合衆国

オ　A　アメリカ合衆国　　B　イギリス　　カ　A　アメリカ合衆国　　B　中国

(6)　図Ⅲ中のP～Sはそれぞれ，異なる気候の特徴をもつ都市を示しており，あとのア～エのグラフはそれぞれ，熱帯雨林気候の特徴をもつ都市P，地中海性気候の特徴をもつ都市Q，冷帯（亜寒帯）気候の特徴をもつ都市R，砂漠気候の特徴をもつ都市Sのいずれかの気温と降水量を表したものである。地中海性気候の特徴をもつ都市Qの気温と降水量を表したグラフを，あとのア～エから一つ選び，記号を○で囲みなさい。（ア　イ　ウ　エ）

図Ⅲ

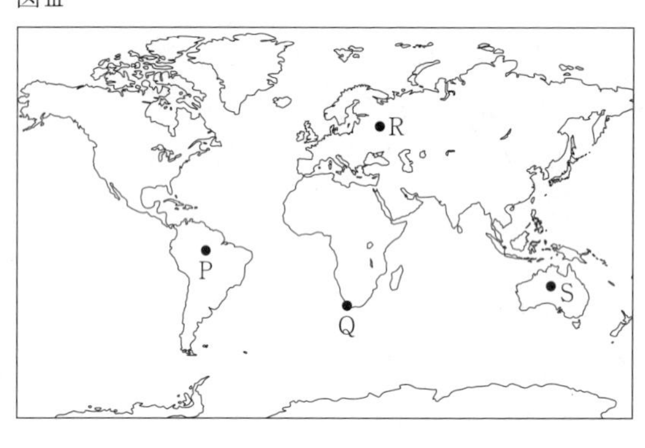

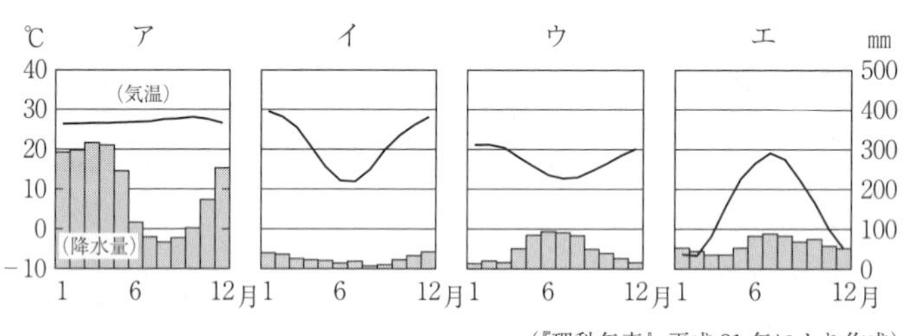

（『理科年表』平成31年により作成）

2 わが国の国家・社会及び文化の発展や人々の生活の向上に影響を与えた歴史上の人物にかかわることがらについて，次の問いに答えなさい。

(1) 古代までのわが国では，唐(とう)の影響を受けた国際色豊かな文化や，唐風の文化をもとに発展したわが国独自の文化の形成に寄与した人々が現れた。

① 8世紀中ごろ，聖武(しょうむ)天皇によって東大寺が建てられ大仏がつくられた。次のア～エのうち，8世紀中ごろに，唐から来日し，わが国に仏教のきまりを伝え，寺院や僧の制度を整えるなど，唐の仏教を伝えた人物はだれか。一つ選び，記号を○で囲みなさい。(ア イ ウ エ)

ア 鑑真(がんじん)　イ 行基(ぎょうき)　ウ 空海(くうかい)　エ 道元(どうげん)

② 平安時代，漢字をもとにしてかな文字がつくられ，物語や随筆などに用いられるようになった。次のア～エのうち，清少納言(せいしょうなごん)によってかな文字を用いて著された随筆はどれか。一つ選び，記号を○で囲みなさい。(ア イ ウ エ)

ア 風土記(ふどき)　イ 枕草子(まくらのそうし)　ウ 万葉集　エ 源氏物語

(2) 12世紀から16世紀にかけて，わが国では，武士が台頭して武家政権が成立し，その支配がしだいに全国に広まった。

① 12世紀後半に開かれた鎌倉幕府では，しだいに執権が実権を握るようになった。次のア～エのうち，13世紀に，武力を背景にわが国に国交をせまった元(げん)の要求をしりぞけた鎌倉幕府の執権はだれか。一つ選び，記号を○で囲みなさい。(ア イ ウ エ)

ア 織田信長(おだのぶなが)　イ 平清盛(たいらのきよもり)　ウ 北条時宗(ほうじょうときむね)　エ 源頼朝(みなもとのよりとも)

② 15世紀初め，足利義満(あしかがよしみつ)によってわが国と中国の明(みん)との貿易が開始された。次の文は，わが国と明との貿易について述べたものである。文中の［ A ］に当てはまる語を**漢字2字**で書きなさい。(　　　)

わが国と明との貿易は，貿易を行うための船が正式な貿易船であることを証明するために，［ A ］という合い札が用いられたことから，［ A ］貿易とも呼ばれている。

(3) 17世紀から19世紀にかけて，わが国では，江戸幕府によるさまざまな政策を通して生まれた安定した社会が続いた。

① 17世紀初めに開かれた江戸幕府は，17世紀中ごろにかけて政治体制を整えていった。17世紀中ごろ，日本人の海外渡航や帰国を禁止したり，参勤交代の制度を整えたりするなど政治体制を確立した江戸幕府の3代将軍はだれか。人名を書きなさい。(　　　)

② 江戸時代には，新しい学問が広まり，さまざまな人々が活躍した。次のア～エのうち，江戸時代のわが国のようすについて述べた文として**誤っているもの**はどれか。一つ選び，記号を○で囲みなさい。(ア イ ウ エ)

ア 杉田玄白(すぎたげんぱく)らが，オランダ語の人体解剖書を訳した『解体新書』を出版した。

イ 本居宣長(もとおりのりなが)が，『古事記伝』を著し国学を大成した。

ウ 伊能忠敬(いのうただたか)が，全国を測量し日本地図を作成した。

エ 野口英世(のぐちひでよ)が，黄熱病について研究した。

(4) 20世紀前半，わが国では，民主主義の風潮の高まりを背景に，政党政治が発達し，政党内閣を組織する人々が現れた。次の(i)～(iii)は，20世紀前半にわが国で起こったできごとについて述べた文である。(i)～(iii)をできごとが起こった順に並べかえると，どのような順序になるか。あとのア～カから正しいものを一つ選び，記号を○で囲みなさい。(　ア　イ　ウ　エ　オ　カ　)

(i)　加藤高明(かとうたかあき)内閣が，治安維持法を制定した。

(ii)　犬養毅(いぬかいつよし)内閣が，五・一五事件によって倒れた。

(iii)　原敬(はらたかし)が首相となり，本格的な政党内閣が成立した。

ア　(i)→(ii)→(iii)　　イ　(i)→(iii)→(ii)　　ウ　(ii)→(i)→(iii)　　エ　(ii)→(iii)→(i)

オ　(iii)→(i)→(ii)　　カ　(iii)→(ii)→(i)

3 次の問いに答えなさい。

(1) 日本国憲法は基本的人権の尊重を基本的原則としている。

① 次の文は，基本的人権にかかわることについて記されている日本国憲法の条文である。文中の［　　］の箇所に用いられている語を書きなさい。(　　　)

「国民は，すべての基本的人権の享有を妨げられない。この憲法が国民に保障する基本的人権は，侵すことのできない［　　］の権利として，現在及び将来の国民に与へられる。」

② 次のア～エのうち，日本国憲法において保障されている経済活動の自由の内容に関する記述として最も適しているものはどれか。一つ選び，記号を○で囲みなさい。(ア　イ　ウ　エ)

ア　何人(なんぴと)も，自己に不利益な供述を強要されない。

イ　信教の自由は，何人に対してもこれを保障する。

ウ　集会，結社及び言論，出版その他一切の表現の自由は，これを保障する。

エ　何人も，公共の福祉に反しない限り，居住，移転及び職業選択の自由を有する。

(2) 権力の分立は，国民の自由や権利を守るうえで大切なものである。

① 国民の権利を守り，社会の秩序を維持するために，法にもとづく公正な裁判の保障がある。次の文は，公正な裁判について述べたものである。文中の［　　］に当てはまる語を書きなさい。

(　　　)

公正な裁判を行うに当たって，裁判所は国会や内閣などの圧力や干渉を受けず，裁判官は自らの良心と憲法及び法律にのみ従う。このことは「［　　］権の独立」と呼ばれている。

② 国会は，衆議院及び参議院の両議院で構成されており，参議院においては，緊急集会が開かれる場合がある。次の文は，参議院の緊急集会について述べたものである。文中の(　　)に入れるのに適している内容を簡潔に書きなさい。(　　　　　　　　　　)

参議院の緊急集会は，(　　　)にともない参議院が閉会となっているときに緊急の必要がある場合，内閣の請求により集会される。

③ 内閣は，国会の信任にもとづいて成立し，行政権の行使について，国会に対して連帯して責任を負う。次のア～エのうち，内閣において行うことができるものはどれか。一つ選び，記号を○で囲みなさい。(ア　イ　ウ　エ)

ア　条約の承認　　イ　政令の制定　　ウ　予算の議決　　エ　弾劾裁判所の設置

(3) 次の文は，経済活動にかかわることがらについて述べたものである。

人々が求める財（モノ）やサービスを作り出す生産は，家計によって提供されるⓐ労働やその他の資源を投入してⓘ企業を中心に行われている。

① ⓐ労働は国民の権利であり，義務である。労働者の権利を守るため，労働時間を原則として1日について8時間以内とすることや毎週1回の休日を与えることなどの労働条件に関するきまりについて定めた法律は何と呼ばれているか。**漢字5字**で書きなさい。(　　　)

② ⓘ企業にはさまざまな種類があり，その一つが株式会社である。株式会社において，株式を購入した出資者によって構成され，役員や監査役の選任，事業の基本方針や配当の決定，決算の承認など，重要事項を決定する最高意思決定機関は何と呼ばれているか。**漢字4字**で書きなさい。(　　　)

4　わが国の人やものの移動にかかわる次の問いに答えなさい。

(1)　経済の発展や産業の発達のために，重要な施設と各地とを結ぶ交通網が整備されてきた。

①　江戸時代には，西廻(まわ)り航路など海上輸送路が整備され，東北地方や北陸地方の年貢(ねんぐ)米や特産物が大阪に運ばれた。大阪には，諸藩が年貢米や特産物を保管したり取り引きしたりするための施設が設けられた。この施設は何と呼ばれているか。**漢字3字**で書きなさい。(　　　)

②　明治時代には，富岡(とみおか)製糸場で生産された生糸は鉄道により横浜まで運ばれ，横浜港から海外に輸出された。右の地図中のア～エのうち，1872(明治5)年に操業を開始した富岡製糸場の場所を一つ選び，記号を○で囲みなさい。(　ア　イ　ウ　エ　)

(┈┈は現在の県界を示す)

(2)　生産者から消費者までのものの移動は，流通と呼ばれている。

①　流通システムは，市場経済が機能するうえで重要な役割をもっている。次の文は，市場における価格の変動について述べたものである。文中のⓐ〔　　〕，ⓑ〔　　〕から適切なものをそれぞれ一つずつ選び，記号を○で囲みなさい。ⓐ(　ア　イ　)　ⓑ(　ウ　エ　)

ある商品が，市場において，ある価格で取り引きされており，その価格で需要量と供給量が一致していた。この商品の価格が上がると，一般にこの商品の需要量はⓐ〔ア　増加　　イ　減少〕すると考えられ，このとき供給量に変化がなければ供給量が需要量を上回る。その結果，一般にこの商品の価格はⓑ〔ウ　上がる　　エ　下がる〕と考えられる。

②　現代の流通は，情報通信の技術に支えられている。次の文は，情報通信の技術を取り入れた流通システムについて述べたものである。文中の［　A　］に当てはまる語を**アルファベット3字**で書きなさい。(　　　)

スーパーマーケットやコンビニエンスストアでは，販売された商品にかかわるデータを集計する「［　A　］システム」のしくみを使い，効率的な店の運営を行っている。［　A　］は略称であり，販売時点情報管理のことである。

(3)　地方間や市町村間における人の移動にはかたよりがみられる。

①　表Ⅰは，2018(平成30)年における，大阪府の転入者数と転出者数を地方別に示したものであり，図Ⅰは，2018年における，大阪府の転入者数と転出者数を年齢区分別に示したものである。次の文は，表Ⅰ，図Ⅰから読み取れる内容についてまとめたものである。文中のⓐ〔　　〕，ⓑ〔　　〕から適切なものをそれぞれ一つずつ選び，記号を○で囲みなさい。

ⓐ(　ア　イ　ウ　エ　オ　カ　キ　)　ⓑ(　ク　ケ　コ　サ　シ　ス　セ　)

・大阪府への転入者数が大阪府からの転出者数を下回っている地方は，ⓐ〔ア　北海道地方　イ　東北地方　ウ　関東地方　エ　中部地方　オ　近畿地方　カ　中国・四国地方　キ　九州地方〕のみであることが，表Ⅰから読み取れる。

・大阪府への転入者数の合計が大阪府からの転出者数の合計を上回っているのは，主としてⓑ〔ク　14歳以下　ケ　15～24歳　コ　25～34歳　サ　35～44歳　シ　45～54歳　ス　55～64歳　セ　65歳以上〕の年齢区分において転入者数が転出者数を7,000人以上上回っているからであることが，図Ⅰから読み取れる。

表Ⅰ　地方別の大阪府への転入者数と大阪府からの転出者数（人）

	大阪府への転入者数	大阪府からの転出者数
北海道地方	2,443	2,254
東北地方	2,972	2,330
関東地方	37,732	49,765
中部地方	18,846	17,781
近畿地方	70,652	64,047
中国・四国地方	20,360	15,946
九州地方	15,546	14,040
合計	168,551	166,163

（近畿地方は，大阪府を除く三重県，滋賀県，京都府，兵庫県，奈良県，和歌山県）

図Ⅰ　年齢区分別の大阪府への転入者数と大阪府からの転出者数（人）

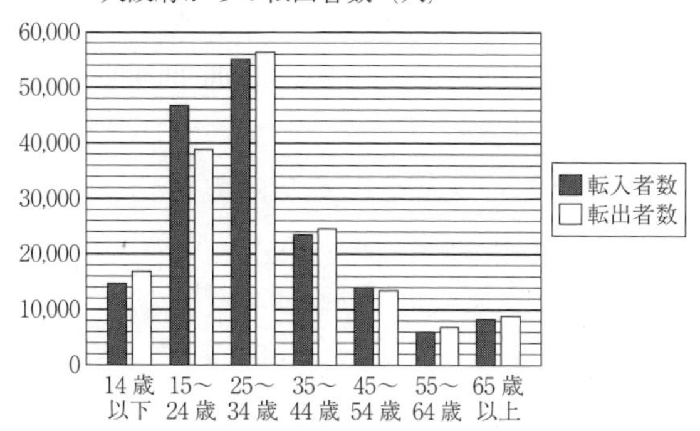

（表Ⅰ，図Ⅰともに総務省の資料により作成）

② 農村部から都市部への人口の流出は，過密化や過疎化の一因となる。Sさんは，過密地域と過疎地域で生じている課題のうち，鉄道やバスなどの公共交通機関において生じている課題とその課題を解決するための対策について調べた。表Ⅱは，Sさんが調べた内容をまとめたものの一部である。表Ⅱ中の（　　）に入れるのに適している内容を，「利用者数」「公共交通機関」の**2語**を用いて簡潔に書きなさい。

（　　　　　　　　　　　　　　　　　　　　　　　　　　　　　　）

表Ⅱ　公共交通機関において生じている課題とその課題を解決するための対策

	課題	課題を解決するための対策
過密地域	混雑による公共交通機関の乗降時間の超過が原因で，慢性的な遅延が発生すること	運行計画の見直しや線路の増設など
過疎地域	（　　　　）が原因で，移動手段の確保が困難になること	地方自治体が主体となって運行するバスの導入など

理科

時間　40分　　　満点　45点

1 次の［Ⅰ］,［Ⅱ］に答えなさい。

［Ⅰ］ Mさんは顕微鏡を用いて，タマネギの表皮の細胞と，ツユクサの葉の表皮にある細胞（孔辺細胞とその周囲の細胞）を酢酸カーミン液による染色を行う前と後とで観察し，スケッチを表Ⅰのようにまとめた。なお，表Ⅰ中のPは二つの孔辺細胞に囲まれたすきまを示している。次の問いに答えなさい。

表Ⅰ

	タマネギの表皮の細胞	ツユクサの葉の表皮にある細胞
染色前	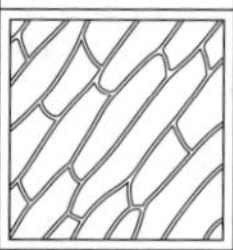	 P　孔辺細胞
染色後	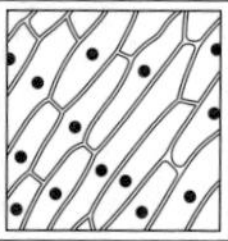	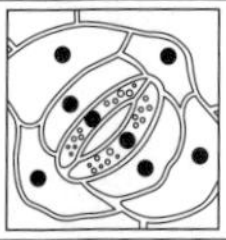

(1) 酢酸カーミン液による染色を行った後には，よく染まった丸いつくりが一つの細胞に一つずつみられた。このつくりは何と呼ばれているか。次のア～ウから一つ選び，記号を○で囲みなさい。（ ア　イ　ウ ）

ア 核　　イ 液胞　　ウ 葉緑体

(2) 観察したどの細胞にも細胞壁がみられた。次のア～ウのうち，細胞壁について述べたものとして正しいものを一つ選び，記号を○で囲みなさい。（ ア　イ　ウ ）

ア 動物の細胞にもみられる。　　イ 細胞膜の外側にある。　　ウ 光合成を行う。

(3) タマネギの表皮とは異なり，ツユクサの葉の表皮にはPで示したようなすきまが数多くみられた。

① Pは何と呼ばれているか，書きなさい。（　　　）

② Pを通して，蒸散が起こる。蒸散の量が多いときの根からの水の吸収量は，蒸散の量が少ないときに比べて，一般にどのようになるか。次のア～ウのうち，適しているものを一つ選び，記号を○で囲みなさい。（ ア　イ　ウ ）

ア 少なくなる。　　イ 変わらない。　　ウ 多くなる。

［Ⅱ］ Gさんは，だ液のはたらきに興味をもち，実験を行った。あとの問いに答えなさい。

【実験】 デンプン水溶液を2mLずつ入れた試験管を4本用意し，A，B，C，Dとした。A，Bにはうすめただ液を1mLずつ，C，Dには蒸留水を1mLずつ加えて，図Ⅰのように，40℃の温水に10分間つけた。デンプンに起こった変化を確認するために，4本の試験管を取り出し，A，Cにはともにヨウ素液を加えた。また，B，Dにはともにベネジクト溶液を加えてガスバーナーで加熱した。表Ⅱは，その結果をまとめたものである。

図Ⅰ

うすめただ液を加えたデンプン水溶液
蒸留水を加えたデンプン水溶液
40℃の温水

表Ⅱ

加えた薬品〈操作〉	試験管と変化の有無	
ヨウ素液	A：変化なし	C：変化あり
ベネジクト溶液〈加熱〉	B：変化あり	D：変化なし

(4) 次の文中の①〔　　〕，②〔　　〕から適切なものをそれぞれ一つずつ選び，記号を○で囲みなさい。①(ア　イ)　②(ウ　エ)

だ液のはたらきによってデンプンがなくなったことが確認できるのは，Aと①〔ア　B　イ　C〕との比較からであり，だ液のはたらきによってブドウ糖が2～10個程度つながった物質（麦芽糖など）が生じたことが確認できるのは，Dと②〔ウ　B　エ　C〕との比較からである。以上から，だ液のはたらきにより，デンプンが麦芽糖などの物質に分解されたことが確認できる。

(5) 次のア～エのうち，だ液に含まれ，デンプンを分解するはたらきをもつ消化酵素はどれか。一つ選び，記号を○で囲みなさい。(ア　イ　ウ　エ)

ア　アミラーゼ　　イ　ペプシン　　ウ　トリプシン　　エ　リパーゼ

(6) 次の文中の①〔　　〕，②〔　　〕から適切なものをそれぞれ一つずつ選び，記号を○で囲みなさい。①(ア　イ)　②(ウ　エ)

大きな分子であるデンプンは，消化酵素のはたらきにより分解されていき，小さな分子であるブドウ糖になり，①〔ア　大腸　　イ　小腸〕の柔毛で吸収される。吸収されたブドウ糖の一部は，②〔ウ　肝臓　　エ　腎臓〕でグリコーゲンに変えられ一時的に蓄えられる。

2 次の［Ⅰ］,［Ⅱ］に答えなさい。

［Ⅰ］ Rさんは，ロケットの打ち上げで激しく炎が吹き出ているのを見て，どのような化学反応が起こっているのかに興味をもち，調べた。あとの問いに答えなさい。

【Rさんがロケットの打ち上げに関わる化学反応について調べたこと】

・ロケットエンジンは，爆発的な燃焼から得られるばく大な熱エネルギーを利用してガスを噴射することにより，ロケットを飛ばす力を生み出している。

・㋐水素（H_2）と酸素（O_2）の反応を利用するロケットエンジンがある。

・水素と酸素が反応し，燃焼するときの化学反応式は，㋑$2H_2 + O_2 \rightarrow 2H_2O$ で表される。

(1) 下線部㋐について，次の文中の①〔　　〕から適切なものを一つ選び，記号を○で囲みなさい。また，［　②　］に入れるのに適している語を書きなさい。①(ア　イ　ウ)　②(　　　)

水素は，①〔ア 亜鉛　イ 石灰石　ウ 水酸化ナトリウム〕にうすい塩酸を加えると発生する気体であり，酸素が混ざったものは爆発的に燃える。水素の集め方は，集めるときに必ず空気が混ざる上方置換より，空気が混ざることを避けられる［　②　］置換で行う方がよい。

(2) 下線部㋑について，次の文中の［　①　］，［　②　］に入れるのに適している語をそれぞれ書きなさい。①(　　　)　②(　　　)

化学反応を利用する電池（化学電池）のうち，下線部㋑で表される反応から直接電気エネルギーを取り出す電池は［　①　］電池と呼ばれている。

少量の水酸化ナトリウムをとかした水に電圧をかけて電流を流し，下線部㋑で表される反応と逆の化学反応（$2H_2O \rightarrow 2H_2 + O_2$）を起こすと，水素と酸素が発生する。このように，電気エネルギーを用いて1種類の物質を2種類以上の物質に分けることは［　②　］と呼ばれている。

［Ⅱ］ Oさんは，U先生と一緒にマグネシウムの燃焼についての実験を行った。あとの問いに答えなさい。

【実験】 図Ⅰのように，長さ3cmのマグネシウムリボンの端をピンセットでつまみ，もう一方の端をガスバーナーで加熱すると，マグネシウムリボンは白い光を発して燃え始めた。一度燃え始めると，㋒マグネシウムリボンをガスバーナーから離しても火は燃え広がり，やがてマグネシウムリボンは完全に燃焼した。

図Ⅰ

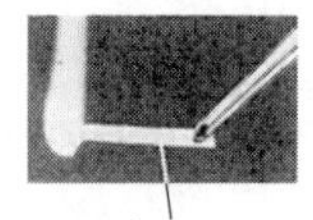

マグネシウムリボン

図Ⅱ

マグネシウムリボン

二酸化炭素で満たした集気びん

また，図Ⅱのように，㋓燃焼中のマグネシウムリボンを二酸化炭素で満たした集気びんの中に入れても火は消えずに燃え続けた。

(3) 下線部㋒について，次の文中の［　　］に入れるのに適している語を書きなさい。(　　　)

ガスバーナーでの加熱をやめても反応が継続するのは，マグネシウムが酸素と激しく反応し燃焼することで，反応が起こっている場所やその付近が十分に加熱されるためである。この化学反応は，反応にともなう熱の出入りに着目すると，［　　］反応と呼ばれる反応である。

(4) 次の化学反応式中の［ⓐ］，［ⓑ］に適切な数を入れ，マグネシウムと酸素が反応して酸化マグネシウムができる反応の化学反応式を完成させなさい。ⓐ(　　　)　ⓑ(　　　)

［ⓐ］Mg + O_2 → ［ⓑ］MgO

(5) マグネシウムの質量と，マグネシウムと完全に反応する酸素の質量との比は 3：2 である。0.3g のマグネシウムを空気中で完全に燃焼させると，何 g の酸化マグネシウムが得られると考えられるか，求めなさい。答えは**小数第 1 位**まで書きなさい。(　　　g)

(6) 下線部㋹で述べられている反応では，マグネシウムと二酸化炭素から酸化マグネシウムと炭素が生じる。この反応において還元される物質は何か。次のア～エから一つ選び，記号を○で囲みなさい。(ア　イ　ウ　エ)

ア　マグネシウム　　イ　二酸化炭素　　ウ　酸化マグネシウム　　エ　炭素

3　次の［Ⅰ］,［Ⅱ］に答えなさい。

［Ⅰ］　デジタルカメラで連続写真を撮ることができると知ったJさんは，球が斜面を転がり落ちる運動と水平な床ではねる運動を高速で連続撮影した。図Ⅰ，図Ⅱは，各運動における0.1秒ごとの球の位置が分かるように，撮影した写真を合成したものである。次の問いに答えなさい。

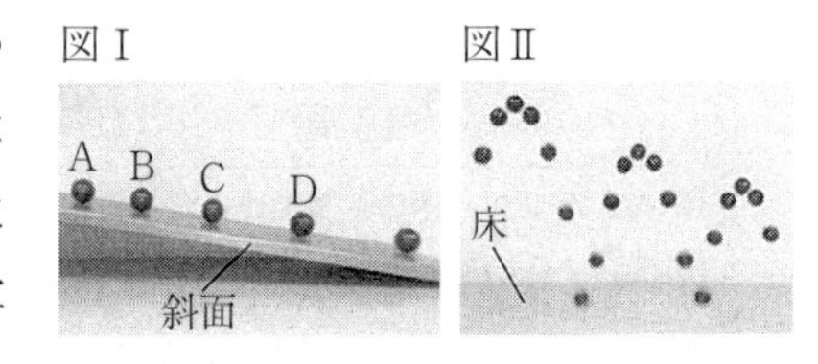

(1)　次の文中の①〔　〕から適切なものを一つ選び，記号を○で囲みなさい。また，［②］に入れるのに適している数を求めなさい。①(ア　イ　ウ)　②(　　　)

図Ⅰ中の球の位置を上から順にA，B，C，Dとすると，AB間とCD間とでは，0.1秒間に球が移動した距離は①〔ア　AB間の方が大きい　　イ　CD間の方が大きい　　ウ　等しい〕。また，AB間の距離が5cmであったとすると，AB間における球の平均の速さは［②］cm/秒である。

(2)　次の文中の［ⓐ］に入れるのに適している語を書きなさい。(　　　)

位置エネルギーと［ⓐ］の和は力学的エネルギーと呼ばれており，［ⓐ］の大きさは，物体の速さが速くなるほど大きくなる。

(3)　図Ⅱの運動では，斜め上に投げられた球は床で何度かはね，やがて床の上を転がっていった。次のア～エのうち，図Ⅱの運動で，球が投げられてから床の上を転がるようになるまでの，球がもつ力学的エネルギーの変化として最も適しているものはどれか。一つ選び，記号を○で囲みなさい。(ア　イ　ウ　エ)

ア　増加していく。　　イ　減少していく。　　ウ　変化しない。

エ　増加と減少をくり返す。

［Ⅱ］　Fさんは，物体にはたらく重力の大きさを意味する「重さ」と，「質量」との違いについて考えた。次の問いに答えなさい。

(4)　Fさんは，フックの法則を確認するために，ばねに加えた力の大きさとばねののびを測定した。図Ⅲは，その結果を示したグラフであり，グラフ中の点は測定値を表している。なお，力が加わっていないときのばねののびは0とした。

① Fさんは，測定値には誤差が含まれていることを考慮した1本の直線を図Ⅲのグラフに引くことで，「5.00Nの力を加えたときにはこのばねは30.0cmのびる」と推測した。推測の根拠となった，Fさんが引いた直線を，図Ⅲのグラフ中に実線でかき加えなさい。ただし，作図には直定規を用いること。

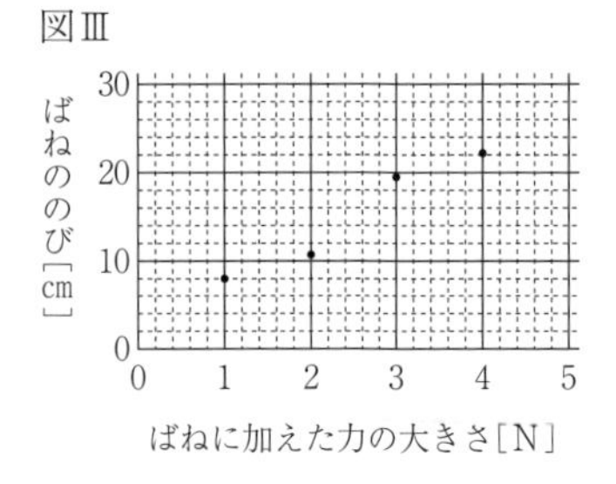

② フックの法則と呼ばれる関係は，ばねにおけるどのような関係か。「ばねののび」の語を用いて簡潔に書きなさい。

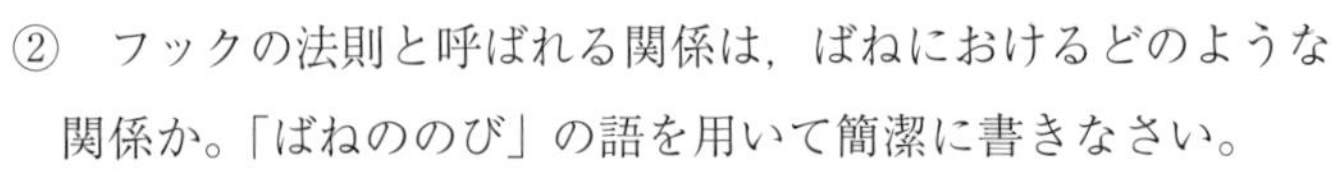
(　　　　　　　　　　　　　　　　)

(5) 図Ⅳは，地球で，鉄球Aをつり下げたばねが60cmのびた状態と，鉄球Aと質量600gの分銅とが天びんでつりあった状態を示した模式図である。月で，鉄球Aをばねにつり下げた状態と，鉄球Aと分銅とを天びんでつりあわせた状態を示した模式図はどのようになると考えられるか。次のア～エのうち，最も適しているものを一つ選び，記号を○で囲みなさい。ただし，ばねと天びんは図Ⅳ中のものと同じであり，また，月での物体の重さは地球での6分の1になるものとする。（ア　イ　ウ　エ）

図Ⅳ

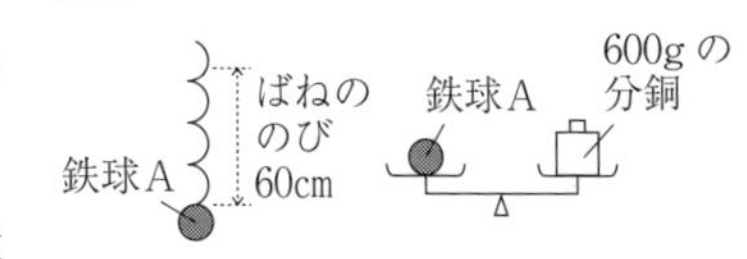

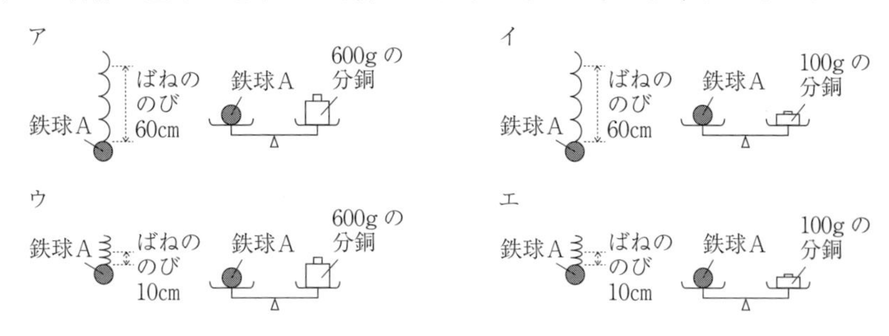

4　次の[Ⅰ]～[Ⅲ]に答えなさい。

[Ⅰ]　図Ⅰは，ある夏の日に大阪の沿岸部でとられた気象観測の記録のうち，1時間ごとの気温と，3時間ごとの天気，風力，風向を示したものである。次の問いに答えなさい。

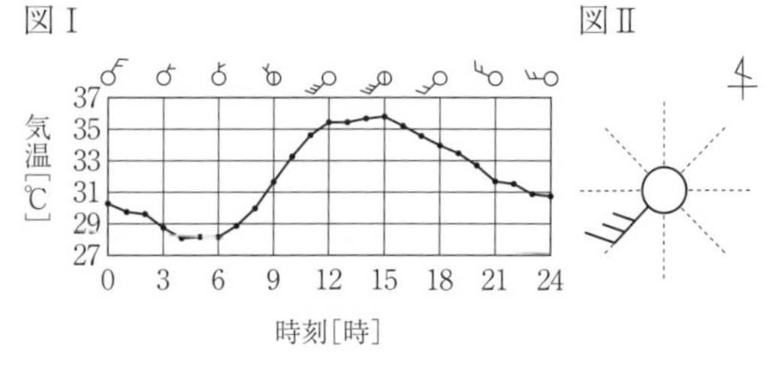

(1)　図Ⅱは，この日の12時の天気，風力，風向を示す記号を拡大したものである。図Ⅱが示す風力を**整数**で書きなさい。また，次のア～エのうち，図Ⅱが示す風向として正しいものを一つ選び，記号を○で囲みなさい。風力(　　　)　風向(ア　イ　ウ　エ)

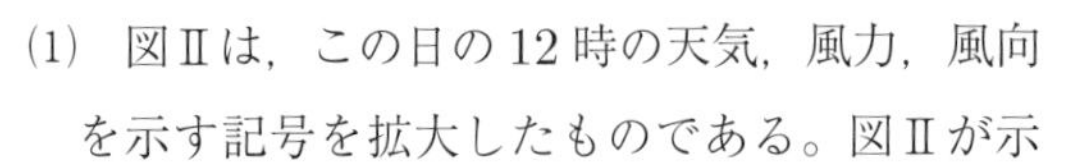

ア　北東　　イ　南東　　ウ　南西　　エ　北西

(2)　次の文中の①〔　　〕，②〔　　〕から適切なものをそれぞれ一つずつ選び，記号を○で囲みなさい。①(ア　イ)　②(ウ　エ)

雲がほとんどなかったこの日の気温のグラフが，12時から15時で山型ではなくほぼ平たんなのは，風力と風向が9時から12時の間に大きく変化したこともあわせると，より温度の①〔ア　高い　　イ　低い〕空気が海から観測点へ運ばれたためであると推測される。このように，晴れた日の昼頃，沿岸部で局地的に海から陸に向かって吹く風は②〔ウ　陸風　　エ　海風〕と呼ばれている。

[Ⅱ]　Wさんは，別々の火山から噴出した火山灰X，Yに含まれる鉱物を実体顕微鏡で観察し，マグマのねばりけについて考えた。また，マグマが冷えて固まった岩石についても調べた。次の問いに答えなさい。

(3)　次のア～ウのうち，火山灰に含まれる鉱物の説明として正しいものを一つ選び，記号を○で囲みなさい。(ア　イ　ウ)

ア　チョウ石は黒色の鉱物である。　　イ　磁鉄鉱は磁石に引きつけられる鉱物である。

ウ　セキエイは決まった方向に割れ，長い柱状や針状の規則的な形をした鉱物である。

(4)　Wさんは，火山灰X，Yに含まれる鉱物を色で分類し，その100個あたりの内訳を表Ⅰのようにまとめた。次の文中の①〔　　〕，②〔　　〕から適切なものをそれぞれ一つずつ選び，記号を○で囲みなさい。ただし，鉱物の大きさは均一であり，また，それぞれの火山についてマグマの成分と噴出した火山灰の成分は同じであるものとする。①(ア　イ)　②(ウ　エ)

表Ⅰ

	X	Y
有色鉱物 (有色の鉱物)	35個	58個
無色鉱物 (白色・無色の鉱物)	65個	42個

表Ⅰでは，それぞれの火山灰に含まれる鉱物100個に対する無色鉱物(白色・無色の鉱物)の割合が大きいのは①〔ア　火山灰X　　イ　火山灰Y〕の方であるため，この火山灰を噴出した火山では，もう一方の火山に比べてマグマのねばりけが②〔ウ　大きい　　エ　小さい〕と考えられる。

(5)　火成岩のうち，マグマが地下でゆっくり冷えて固まった岩石に対して，玄武岩など，マグマが地表付近で急に冷えて固まった岩石は何と呼ばれているか，書きなさい。(　　　)

［Ⅲ］ E さんは，透明な半球を天球の一部に見立て，半球上にペンで点をかくことで，太陽の動きの観測を行った。あとの問いに答えなさい。

【観測】 屋外の日当たりのよい場所で，図Ⅲのように，水平面上に置いた半球のふちに沿って円 C をかいたあと，(あ)半球上の点の位置が，天球上の太陽の位置を表すように，1 時間ごとに点をかいた。これらの点をなめらかな曲線で結んだところ，この半球上の曲線は円の一部となっており，となり合う 2 点を両端とする弧の長さはいずれも等しかった。

図Ⅲ

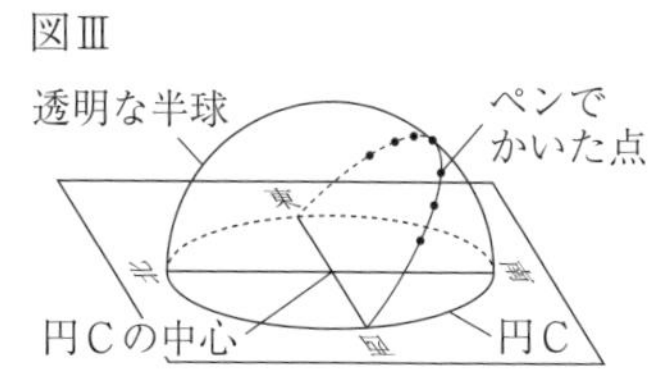

(6) 下線部(あ)について，次の文中の［　　］に入れるのに適している内容を簡潔に書きなさい。

（　　　　　　　　　　）

半球上の点の位置が，天球上の太陽の位置を表すようにするためには，半球上の点は，ペンの先端のかげが［　　］ようにしてかけばよい。

(7) E さんが観測を行ったのは，太陽が真東からのぼり真西に沈む春分の日であり，また，円 C の周の長さは 48cm であった。半球上のとなり合う 2 点を両端とする弧の長さは何 cm であったか，求めなさい。（　　　cm）

荷時期に応じて促進させているから。

イ　店先に輸入果物を大量にぶら下げておくと、果物に含まれているエチレンの作用で自然と熟成していくから。

ウ　東南アジアなどから輸入される果物は、輸送中や貯蔵庫内でエチレンを分泌し、自ら成長を促進させているから。

3　次のうち、本文中の ② に入れるのに最も適していることばはどれか。一つ選び、記号を○で囲みなさい。（ア　イ　ウ）

ア　すなわち　　イ　なぜなら　　ウ　また

4　③いろいろな知識があれば、日常生活の中でさまざまな工夫ができますねとあるが、日常生活の中でできる工夫について、本文中で筆者が述べている内容を次のようにまとめた。 a に入る内容を、本文中のことばを使って**十二字以上、十八字以内**で書きなさい。また、 b に入れるのに最も適しているひとつづきのことばを、本文中から**十二字**で抜き出しなさい。

a [　　　　　　　　　　　　　　　　　　]

b [　　　　　　　　　　　　]

エチレンを多く分泌する果物や野菜は、成長を促進させるというエチレンの作用により、場合によっては a ことがあるので、小分けして保存したり、備長炭などと一緒に袋に入れたりすることによって b ことができる。

4 次の文章を読んで、あとの問いに答えなさい。

石油からは、燃料のプロパンガスやブタンガス、プラスチックの原料となる物質が得られます。実は、このプラスチックの原料となる物質と、バナナやりんごなどの果物とが大変深い関係があるといえば、少し驚きですね。

果物店にA並ぶフィリピンバナナやカリフォルニアオレンジはいつも食べごろです。遠い国から輸入されているのに、①「いつも食べごろ」なのは不思議だと思いませんか？ 例外的なものを除いて、動物は自分の成長を止めたり早めたりはできません。でも、植物は結構簡単にできることがあるのです。そうさせる物質が存在するのです。そんな不思議な物質の一つが「エチレン」なのです。

エチレンは、プラスチックのバケツやビニール袋などをつくるポリエチレンの原材料で、石油から得られます。1個の分子は、2個の炭素原子と4個の水素原子からできています。そして、意外なことにこのエチレンは、果物を熟れさせるなど成長を操作する物質でもあるのです。このような物質を「植物ホルモン」といいます。

エチレンのこうした作用の発見については、いろいろな説があります。街灯がガス灯の時代、街灯近くの木の成長や落葉が他の場所のものに比べてB早いことから、ガス燃料に含まれていたエチレンが突き止められたと言われています。②、リンゴと切り花を同じ貨車で運んでいたところ、切り花の方が早く枯れたため、リンゴがエチレンを出していることとその作用がわかったとも言われています。

さて、バナナなどの輸入果物の「熟成」はどうしているのでしょうか？ これらの果物は青いまま収穫して日本に送られます。そして、輸送中や貯蔵庫内で出荷時期に応じてエチレンガスで処理をします。そうすると成長が促進され、店頭に並ぶころには「食べごろ」になるのです。

東南アジアなどバナナの産出国ではこのような処理は必要なく、店先にはバナナが大量にぶら下げられ、自然の熟成を待っている光景をよく目にします。しかしながら、果物がエチレンを吸い過ぎると、腐りやすくなります。バナナを買ってきてちょっと置いていただけなのに気付いたら、C黒くなってしまっていたという経験はありませんか。キズが付いたり熟してくると、エチレンを多く分泌する果物や野菜が結構あります。バナナ、メロン、ブロッコリー、トマト、リンゴ、桃、ミカンなどがそうです。これらは自分だけでなく、周囲の果物や野菜の成長も促進させ、場合によっては腐らせてしまうのです。

このようなことを知っていると、果物や野菜を長持ちさせるための工夫ができますね。小分けして保存したり、「備長炭（びんちょうたん）」や冷蔵庫の「脱臭用活性炭」と一緒に袋に入れてみましょう。小分けすることで、エチレンの発生量が抑えられます。備長炭などはエチレンを吸い込んでくれます。③いろいろな知識があれば、日常生活の中でさまざまな工夫ができますね。

（栗岡誠司「理科の散歩道～化学のみちしるべ～」より）

（注） 貨車＝貨物輸送用の鉄道車両。

1 本文中のA～Cの――を付けた語のうち、一つだけ他と品詞の異なるものがある。その記号を○で囲みなさい。（ A B C ）

2 ①「いつも食べごろ」なのは不思議だと思いませんかとあるが、次のうち、遠い国から輸入された果物が「いつも食べごろ」である理由として、本文中で述べられていることがらと内容の合うものはどれか。最も適しているものを一つ選び、記号を○で囲みなさい。（ ア イ ウ ）

ア エチレンの作用を使い、青いまま収穫された輸入果物の成長を、出

3　次の【本文】と、その内容について書かれた【解説文】を読んで、あとの問いに答えなさい。

【本文】

古語に、「旱(ひでり)に蓑笠(みのかさ)を備ふべし。」と①いへる如(ごと)く、ただいまやどりを出(い)でて、他所(よそ)に行くに、天はれ日和よくして、雨ふるまじき景色なりとも、遠き所にゆかば、天変はかりがたければ、蓑笠を持ちゆくべし。たとひ、天気よく雨ふらずとも、蓑笠もたるいたづがはしきのみにて、さほどの妨げにあらず。若(も)し思はざるに雨ふりなば、ぬれそぼちて、衣ぬらすのみかは、心をいたましめ、身をくるしましめ、折節人にも用あるべき蓑かさを乞ひかりて、又もたせかへすも、われ人のためいたづがはし。よろづのこと、かねて心を用ひ、おそれつつしみ、ふかく思ひ遠く慮(おもんぱか)りて事を行へば、あやまちすくなく悔いすくなし。

(注)　旱＝日照り。ここでは、空が晴れていること。
　蓑＝わらなどで編んで作った雨具。肩から羽織り、からだをおおう。
　笠＝雨や雪を防いだり、日光をさえぎったりするために、頭にかぶるもの。

【解説文】

この文章では、古語を引用して、あらゆることに対して、どのように行動すればよいかということについて述べられています。

この古語は、家を出て、遠いところに行くのならば、雨が降らないような空模様であっても、天気の変わり方が②推測しがたいので、蓑笠を持って行くのがよいということを表しています。たとえ、天気がよくて雨が降らなくても、蓑笠を持つのがわずらわしいだけで、それほどの妨げになりません。もし、蓑笠を持たずに出て雨が降るならば、衣服をぬらすだけでなく、心を痛め、身を苦しめ、場合によっては人に蓑笠を借りて、また持たせて返すのも、自分にとっても人にとってもわずらわしいことです。

だから、すべてのことに対して、［　③　］ことで、失敗や後悔は少なくなると、この文章では述べられています。

1　①いへるを現代かなづかいになおして、すべてひらがなで書きなさい。(　　　)

2　②推測しがたいのでという意味を表すことばとして最も適していることばを、【本文】中から八字で抜き出しなさい。［　　　　　　　　］

3　次のうち、【解説文】中の［③］に入れるのに最も適していることばはどれか。一つ選び、記号を○で囲みなさい。(ア　イ　ウ)

ア　自分のことを優先するのではなく、周囲の人の気持ちを考えて行動する

イ　経験から学んだことをいかし、状況が変わってもあせらずに行動する

ウ　前もって思案し、慎重に注意深く、先のことまでよく考えて行動する

筆者の親類は、ものが届いたかどうかを相手が［ a ］ので、時間のかかる手紙ではなく、すぐに話ができる電話を使えばよいと考えているが、筆者は、お礼をのべるのに、相手を［ b ］のは失礼なことだと考えている。

5 梅雨の候とあるが、Sさんは【授業で読んだ文章】をふまえて、この箇所を「実感をこめた時候の挨拶」に書き換えました。次のうち、Sさんが書き換えた後の時候の挨拶として、最も適しているものはどれか。一つ選び、記号を○で囲みなさい。（ア　イ　ウ）

ア 色鮮やかなあじさいに、心が和む季節となりましたが

イ 木々の葉が美しく紅葉し、心が弾む季節となりましたが

ウ 梅のつぼみがふくらみ、心が浮き立つ季節となりましたが

---

［2］ 次の問いに答えなさい。

1 次の(1)～(6)の文中の傍線を付けた漢字の読み方を書きなさい。また、(7)～(10)の文中の傍線を付けたカタカナを漢字になおし、解答欄の枠内に書きなさい。ただし、漢字は楷書(かいしょ)で、大きくていねいに書くこと。

(1) 静かな場所で休息をとる。（　）

(2) 機械の部品を改良する。（　）

(3) 情報を取捨選択する。（　）

(4) 技術が飛躍をとげる。（　）

(5) 旗を振って選手を応援する。（　）

(6) クラスの文集を刷る。（　る）

(7) ムギチャを水筒に入れる。［　］

(8) 球場全体がハクネツする。［　］

(9) 返答にコマる。［　］る

(10) 来場者数がバイゾウする。［　］

2 次のア～ウの傍線を付けたカタカナを漢字になおしたとき、「伝」と部首が同じになるものはどれか。一つ選び、記号を○で囲みなさい。（ア　イ　ウ）

ア 自然の法ソク　イ ケン全な食生活　ウ 公キョウの施設

失礼だと思うでしょう。相手はお客と話しているかもしれないし、トイレにいこうとしているかもしれない。そんなこと、おかまいなしに、こちらの勝手な時間に呼びたてるのだから、私はそういうことをしないだけなの」

ただし、生ものなどを送っていただいたときは、とりあえず届いたことだけを伝え、ひとことお礼をのべて、あらためてお礼状を書いたりする。私はそのスローなやり方を守りたいと思っている。

ところで、ある年の晩春から初夏、梅雨にかけて私がいただいたお便りの書き出しには、②申し合わせたように、「定まらない気候」という言葉が使われていた。「初夏の候」とか「梅雨の季節に」といった、お定まりの挨拶ではなく、実感をこめて「定まらない気候ですが」とか「お天気が定まらないと、からだがついていけなくて」などとあり、私は、手紙の書き出しが、その年の気候をあらためて知らせたり、思い出させたりすることもあるのだと思った。

その年は、しっかりとこの時期のお天気のことが頭に入ったが、これも手紙やはがきのおもしろさだ。

(吉沢久子「心ゆたかな四季ごよみ」より)

(注)　電話口＝電話機の送話・受話をするところ。

1　次のうち、【先生に宛てた手紙】中の［A］、［B］、［C］に入れる内容の組み合わせとして最も適しているものはどれか。一つ選び、記号を○で囲みなさい。(ア　イ　ウ)

ア　A　結語　B　宛名　C　署名
イ　A　署名　B　宛名　C　結語
ウ　A　結語　B　署名　C　宛名

2　①庭の草花や樹木のことにふれるとあるが、次のうち、手紙に庭の草花や樹木のようすを書くことについて、本文中で述べられていることがらと内容の合うものはどれか。一つ選び、記号を○で囲みなさい。(ア　イ　ウ)

ア　手紙や添え状などに、庭の草木のようすを書くとなると、どんなふうに書くかを考えることになるので、おのずと草木をよく見るようになる。
イ　手紙に庭の草木のようすを書くことで、自分の庭に群れ咲いている小さな花の凛とした姿や、その美しい形が相手に感動を与えることがある。
ウ　お礼状などは、いきなりいただいた品物のことを書き、お礼をのべるのではなく、先に庭の草木のようすを書いたりすると手紙が書きやすくなる。

3　②申し合わせたようにとあるが、次のうち、このことばの本文中での意味として最も適しているものはどれか。一つ選び、記号を○で囲みなさい。(ア　イ　ウ)

ア　前もって要望していたかのように
イ　前もって約束していたかのように
ウ　前もって予想していたかのように

4　ものをいただいたときのお礼に電話を使うことについて、筆者とその親類との考えの違いを次のようにまとめた。［a］に入れるのに最も適しているひとつづきのことばを、本文中から**十二字**で抜き出しなさい。また、［b］に入る内容を、本文中のことばを使って**十五字以上、二十字以内**で書きなさい。

a ［　　　　　　　　　　　　］

b ［　　　　　　　　　　　　　　　　　　　　］

国語A問題

時間　四〇分
満点　四五点

（注）答えの字数が指定されている問題は、句読点や「　」などの符号も一字に数えなさい。

1　高校生のSさんは、中学校のときの担任の先生に、自分の近況を伝える手紙を書いた後、授業で手紙について書かれた文章を読みました。次は、Sさんが書いた【先生に宛てた手紙】と、【授業で読んだ文章】です。これらを読んで、あとの問いに答えなさい。

【先生に宛てた手紙】

拝啓
　梅雨の候、いかがお過ごしでしょうか。
　さて、高校に入学し、三か月が過ぎようとしています。私は元気に充実した学校生活を送っています。
　高校の勉強は難しいこともありますが、毎日新しい発見がたくさんあります。また、部活動は吹奏楽部に入部しました。今は来月の演奏会に向けて、毎日仲間とともに練習に励んでいます。勉強と部活動を両立できるようにこれからもがんばっていきたいと思います。
　これからだんだんと暑くなっていきます。どうぞお体に気をつけてください。またお会いできるのを楽しみにしています。

A

令和元年六月二十五日

B

C

【授業で読んだ文章】

　私は手紙かはがきを、ほとんど毎日書いている。その書き出しに、①庭の草花や樹木のことにふれることが多い。そうすると書きやすくなる。
　もっとも、お礼状などは、いきなりいただいた品物のことを書き、ありがとうございました、とつづけるが、こちらから便りを出すときや、何かを送る添え状などだと、庭を眺めながら、手入れの行き届かないことか、はびこっている草のようすを書いたりする。書くとなるとよく見て、どんなふうに書くかを考えるから、自然に観察するような目で見る。すると、遠くから何げなく見ていた花の姿が、いかにも凛（りん）として見えたり、群れ咲いている小さな花をルーペで見ると、ひとつひとつがじつに美しい形をしているのに感動してしまったりする。そんな経験は、電話では味わうことがない。
　私は電話で長話をすることがない。用件だけ話すと「じゃあ、また」といって切ってしまう。親類のものから、「でも、はがき一枚書くにも、うちには買いおきなんてないから郵便局にいかなければいけないし、何かいただき物をしたときなんか、先方は着いたかしらと心配しているかもしれないじゃないの。直接声がきける電話という便利なものがあるのに、わざわざ手紙なんて」といわれたこともある。同感の人もいるかもしれない。ケイタイがなければ生きていけない、なんていう若い子もいる時代に、私などは化石扱いされるが、それはそれでいい。メールの時代だって、文字は必要なのだ。そんなもののない時代を長く生きてきた私には、自分らしい生活のしかた、心のあらわし方というものがあるのだと、がんこさを、わざと示したりする。そして私の持論をくり返す。
「ものをいただいたときのお礼に、電話口まで相手を呼び出すのは、まず

して最も適しているものはどれか。一つ選び、記号を○で囲みなさい。

（ア　イ　ウ　エ）

ア　③　明示　④　暗示　イ　③　楽観　④　悲観

ウ　③　流動　④　固定　エ　③　現実　④　理想

4　次のうち、小説の作者と登場人物の人物像との関係について、本文中で述べられていることがらと内容の合うものはどれか。一つ選び、記号を○で囲みなさい。（ア　イ　ウ　エ）

ア　作者は登場人物の性向や生活感情を摑むための事前調査を行い、そこで得た情報をもとに自宅から駅まで歩かせてみることで、創作した登場人物が何に関心の目を向けるかを知ることができる。

イ　はじめに設定した登場人物の人物像は変化していくので、作者は話を停滞させないために、登場人物が何をどのように考え感じているのかをそのたびごとに思い描きながら、会話を追っていく。

ウ　作者は創作したすべての登場人物の思考や感情とその人々の人物像との矛盾をなくすために、登場人物が何をどのように考え感じているのか判断に迷うときは、はじめに設定した人物像を変化させる。

エ　作者は、登場人物の暮らしの具体的な基本情報を思い描きながら会話を追っていくが、自分で創作した人間であるにもかかわらず、登場人物が発した一言の意味について、考えあぐねたりすることがある。

日本語指導が必要な生徒選抜　作文(時間40分)

「わたしが高校(こうこう)でしてみたいこと」という題(だい)で文章(ぶんしょう)を書(か)きなさい。(解答用紙省略)

るわけではない。むしろ直接的な言及をほとんどしないことが多い。とりわけ端役の人物など、わざわざ生活者としてのバックグラウンドを想定しておいても無駄に思えるかもしれない。それでもなお、たとえ短い台詞ひとつであっても、発話された言葉のリアリティが違ってくるのだ。

いったいどのような人間なのか、試しに創作した登場人物を自宅から駅まで歩かせてみるとよくわかる。道すがら何に関心の目を向けるかによって、人間性や生活感が浮き彫りになることさえあるのだ。駅までの家々の庭に咲く季節の花を楽しんでいくのか、顔見知りの人と次々と会い、笑顔で挨拶を繰り返しながらいくのか、駅前の喫茶店に入ってモーニングサービスのトーストとゆで卵を食べていく習慣があるのか、洋品店のショーウインドーに映る自分の姿を一瞥して、その日の服装をチェックしていくのか、コンビニにあわただしく寄ってスポーツ新聞を買っていくのか、それとも経済紙なのか英字紙なのか。こうした自宅から駅までのいわば動線を辿り、実際に描写するかどうかに関わりなく、登場人物の性向や生活感情を摑むための事前調査をしてみるのだ。

フィクションなのだから、前もって考えていた人物像は書きながら変化するし、また変化しなければ話は停滞する。それでも、登場する人々の暮らしの具体的な基本情報を思い描きながら、会話を追っていく。追っていくと述べたのには理由がある。いま言ったことと矛盾があるように聞こえるかもしれないが、作者がいくら人物の家族関係や仕事などの［③］的な情報を把握して書いているつもりにせよ、何をどのように考え、感じているか、思考や感情は［④］的にしか判らない。書き手はまるで現実の生身の人間と付き合うように、登場人物が何を考えどのような感情で生きているのか追うのだ。

おもしろいことに、自分が創作した人間たちのはずが、何をどのように考え感じているのか判断に迷い、ふと漏らした一言にも、その意味をめぐって考えあぐねたりするのだ。

（中村邦生「書き出しは誘惑する—小説の楽しみ」より）

（注）パーソナリティ＝個人の特性。
生きやか＝生気があり新鮮なさま。
端役＝主役やわき役ではない、ちょっとした役。
バックグラウンド＝背景。
一瞥＝ちらりと見ること。

1　①独自のパーソナリティとあるが、小説における登場人物の独自のパーソナリティについて、本文中で筆者が述べている内容を次のようにまとめた。［a］、［b］に入れるのに最も適しているひとつづきのことばを、それぞれ本文中から抜き出しなさい。ただし、［a］は**十四字**、［b］は**十九字**で抜き出し、それぞれ**初めの五字**を書きなさい。

a［　　　　　］　b［　　　　　］

小説のなかでは、登場人物のパーソナリティについて［a］ことが多いが、創作した登場人物が独自のパーソナリティを備えているかどうかで、［b］。

2　②会話は人物の生活感をダイレクトに描きだすとあるが、本文中で筆者は、これをどのような例を用いて説明しているか。その内容についてまとめた次の文の［　］に入る内容を、本文中のことばを使って**四十字以内**で書きなさい。

［　　　　　　　　　　　　　　　　　　　　］

同じ内容の文であっても、［　］という例を用いて説明している。

3　次のうち、本文中の［③］、［④］に入れることばの組み合わせと

ア　①　点画の省略　　②　点画の連続
イ　①　点画の連続　　②　点画の省略
ウ　①　点画の省略　　②　点画の省略
エ　①　点画の連続　　②　点画の連続

4　次の文章を読んで、あとの問いに答えなさい。

書き出しに迷ったら、会話からはじめてみると語った小説家がいる。とりあえず最初に台詞(せりふ)を記して、登場人物が動きだすきっかけを作るということだろう。創作の方法をめぐるインタビューでの発言だったように記憶しているが、誰であったか思い出せない。

風景描写と比べ、イメージを喚起させる表現の工夫をしなくてもよいことを考えれば、会話の書き出しは確かに楽なような気もする。ところが、簡単そうでありながら難しいのが会話だと私は思っている。たとえひとつの会話であろうと、何らかの言葉を発した以上、①独自のパーソナリティを備えた一人の人間として生きやかに存在しなければならない。いま話しているのは、はたして何者なのか？　問題はそこにある。

人物を登場させる以上、どういう人柄で、どこで何をし、どのような日々を送っている者なのか、人を人として生かしている具体性がなければならない。もちろん、これは書き出しに限ったことではなく、登場人物たちの行動の織りなす物語の展開そのものに及ぶ問題であるが。

②会話は人物の生活感をダイレクトに描きだす。ごく簡単な例で言えば、「わたし、きのう髪型を変えてみたの、わかるかしら?」、「あたし、きのう髪型を変えちゃったんだけど、わかるよね?」、「おれさ、きのう髪型を変えてみたんだぜ、わかるかい?」と一人称の表現を変え、それに応じた口調にするだけで、同じ情報を持った文でありながら、読み手に伝わる人物像は異なる。

中心的な役割をはたす登場人物はもちろんのこと、短い台詞が二つ、三つしかない端役(はやく)であろうと、家族関係や職業といった生活的背景、経歴、好み、習癖など、その人を造り上げている要素を設定しておくことは意外に大事なのだ。ただし、これらの背景のすべてが小説のなかで記述され

くのがよい。

2　②もたせかへすを現代かなづかいになおして、すべてひらがなで書きなさい。（　　）

3　③よろづのこととあるが、次のうち、このことばの本文中での意味として最も適しているものはどれか。一つ選び、記号を○で囲みなさい。（ア　イ　ウ　エ）

ア　簡単なこと　　イ　すべてのこと
ウ　特別なこと　　エ　初めてのこと

4　次のうち、本文中で述べられていることがらと内容の合うものはどれか。一つ選び、記号を○で囲みなさい。（ア　イ　ウ　エ）

ア　人から蓑笠を借りるときは、相手の予定を妨げないように配慮すると、相手の機嫌をそこねることが少なくなる。
イ　人に蓑笠を貸してしまうと、自分の衣服はぬれてしまうが、その思いやりが思わぬ利益となって戻ってくる。
ウ　少しの失敗や後悔をおそれ思い悩むのではなく、考えるよりも先に行動すると、成果を得ることができる。
エ　前もって思案し、慎重に注意深く、先のことまでよく考えて行動すると、失敗や後悔が少なくなる。

3　次の問いに答えなさい。

1　次の(1)～(4)の文中の傍線を付けた漢字の読み方を書きなさい。また、(5)～(8)の文中の傍線を付けたカタカナを漢字になおし、解答欄の枠内に書きなさい。ただし、漢字は楷書（かいしょ）で、大きくていねいに書くこと。

(1)　花の香りが漂う。（　　う）
(2)　夏の日差しが和らぐ。（　　らぐ）
(3)　チームが上位に躍進する。（　　）
(4)　心の琴線に触れる作品。（　　）
(5)　意味のニている言葉を探す。□て
(6)　返答にコマる。□る
(7)　施設の使用をキョカする。□□
(8)　荷物をユウビンで送る。□□

2　次の文中の傍線を付けたことばが「物事を始めるのによい時となる」という意味になるように、□にあてはまる漢字一字を、あとのア～エから一つ選び、記号を○で囲みなさい。（ア　イ　ウ　エ）

あせらずに、□が熟すのを待つという姿勢が大切だ。

ア　気　　イ　器　　ウ　機　　エ　紀

3　次は、「格」という漢字を行書（ぎょうしょ）で書いたものである。楷書と比較したとき、◌で囲まれた①と②の部分に表れている行書の特徴の組み合わせとして最も適しているものを、あとのア～エから一つ選び、記号を○で囲みなさい。（ア　イ　ウ　エ）

に入る内容を、本文中のことばを使って**三十字以上、四十字以内**で書きなさい。

買おうとした商品について、□とき。

2　②「思い出になる」とあるが、「思い出になるような自分でつくりあげたモノ」は、本文中では何と表現されているか。最も適しているひとつづきのことばを、本文中から**六字**で抜き出しなさい。

3　③ものさしとあるが、筆者がここでいう「ものさし」とは何をはかるものか。最も適しているものを次から一つ選び、記号を○で囲みなさい。（ア　イ　ウ　エ）

ア　自分でつくったモノの価値がどの程度かをはかるもの
イ　素材や技術やセンスへの対価が適当かをはかるもの
ウ　自分でモノをつくるときに必要な時間をはかるもの
エ　プロのクオリティに対する満足度をはかるもの

4　「つくる」ということについて、本文中で筆者が述べている内容を次のようにまとめた。[a]、[b]に入れるのに最も適しているひとつづきのことばを、それぞれ本文中から抜き出しなさい。ただし、[a]は**六字**、[b]は**十字**で抜き出すこと。

「つくる」ということには、買うだけでは得られない[a]があり、「つくる」技術が向上するほど[b]ものである。

a　□　b　□

2　次の文章を読んで、あとの問いに答えなさい。

古語に、「①旱(ひでり)に蓑笠(みのかさ)を備ふべし。」といへる如(ごと)く、ただいまやどりを出(い)でて、他所(よそ)に行くに、天はれ日和よくして、雨ふるまじき景色なりとも、遠き所にゆかば、天変はかりがたければ、蓑笠を持ちゆくべし。たとひ、天気よく雨ふらずとも、蓑笠もたるいたづがはしき(わずらわしい)のみにて、さほどの妨げにあらず。若(も)し思はざるに雨ふりなば、ぬれそぼちて(ずぶぬれになって)、衣ぬらすのみかは、心をいたましめ、身をくるしましめ、折節人にも用あるべき蓑かさを乞ひかりて、又②もたせかへすも、われ人のためいたづがはし。

③よろづのこと、かねて心を用ひ、おそれつつしみ、ふかく思ひ遠く慮(おもんぱか)りて事を行へば、あやまちすくなく悔いすくなし。

(注)　旱＝日照り。ここでは、空が晴れていること。
蓑＝わらなどで編んで作った雨具。肩から羽織り、からだをおおう。
笠＝雨や雪を防いだり、日光をさえぎったりするために、頭にかぶるもの。

1　①旱に蓑笠を備ふべしとあるが、この古語の内容について、本文中で筆者が述べている内容を次のようにまとめた。□に入る内容を本文中から読み取って、現代のことばで書きなさい。

（　　　　）

家を出て他の所に行くとき、雨が降らないような空模様であっても、□ならば、天気の変わり方が推測しにくいので、蓑笠を持って行

国語B 問題

時間　四〇分
満点　四五点

（注）　答えの字数が指定されている問題は、句読点や「　」などの符号も一字に数えなさい。

1　次の文章を読んで、あとの問いに答えなさい。

わたしにとって「つくる」は、「買う」と同列にある選択肢で、手づくりの味わいとプロの技術、いつも両方の良さに触れていたいと思っている。

そもそも、モノを選ぶときに「自分でつくる」という選択肢をもっていることと、そうでないことの違いは、案外大きいような気がするのだ。何を手づくりするにしても材料は必要だから、それを自分で買いそろえてみると、モノの原価がだいたいわかるようになる。そうすると、もし買いもので思いのほか高いと感じる商品に出会ったら、その値段の高さの理由はどこにあるのか、検証してみたくなる。

作り手の技術か、素材の良さか、あるいは輸送費や店の家賃や人件費なのか……理由に納得できる品なら、ためらわず買えばいい。でも、もうひとつ納得できない、あるいは、これぐらいなら自分でつくれるのかも、という思いが、ふと頭に浮かんだら、そのときが「つくりどき」だ。自分で選んだ材料で、買うよりもずっと安く、満足のいくものができたときの爽快な気分！これはもう、クセになる喜びである。

「手づくり」という響きには、どこか家庭的でのどかなイメージがあるけれど、実は消費者として現実的な目をもつ（結果として自分でつくる）人だって多いのではないだろうか。わたしはそんな後者のタイプで、自分の手を動かす作業じたいも楽しいけれど、①買うのか、つくるのか、そのつど自分でよく考えて、選んで、決めるということを、できるだけ意識的にやりたいと、つねづね考えている。

それで自分の手でつくってみれば、それはやはり愛（いと）しいのだ。たとえ、食べもののように口に入れれば消えてしまうものだとしても。こどものころ、母親がつくってくれたおやつのプリンや、縫ってくれたワンピースは、いまも記憶にはっきりと刻まれている。そうした実感があるから、いま自分が手づくりをする動機に、②「思い出になる」という理由は、くわえておきたい。

逆説的なようだけれど、手づくりに親しみ、腕が上がっていくほど、買う行為は楽しくなる。とうてい自分ではつくれないと感じる、料理でも、服でも、家具でも、店のサービスでも……プロのクオリティに対して、敬意を込めてお金を払うのは、とてもまっとうなことに思えてすがすがしい気分だし、そうした経験から刺激を受けることで、素材や技術やセンスに発生する料金への、自分なりの③ものさしも磨かれていくと思う。

「つくる」という選択は、よいものは高価で、少ししかお金をかけられないなら質が低くてもしかたがない、という既成概念を、気持ちよくこわしてくれる。まったくお金をかけずに生きることはできないけれど、少しでも自分でつくる工程を差し込んでみることで、お金を払うことへの意識と、何でもつくるしかなかった時代の知恵に学ぼうとする意識の両方を、愛しい完成品といっしょに手にすることができるのだ。そこには節約よりも、消費よりも、もっと創造的な喜びがある。

（小川奈緒「心地よさのありか」より）

1　①買うのか、つくるのか、そのつど自分でよく考えて、選んで、決めるとあるが、本文中で筆者は、自分でモノをつくるのは、どのようなときだと述べているか。その内容についてまとめた次の文の［　　］

2020年度／解答

数学A問題

1 【解き方】(1) 与式 $= 5 \times 4 = 20$

(2) 与式 $= \frac{3}{12} + \frac{8}{12} = \frac{11}{12}$

(3) 与式 $= 10 - 25 = -15$

(4) 与式 $= 7x + 13 - 2x - 6 = 5x + 7$

(5) 与式 $= 6 \times x \times x \times x = 6x^3$

(6) 与式 $= (2 + 7) \times \sqrt{3} = 9\sqrt{3}$

【答】(1) 20　(2) $\frac{11}{12}$　(3) -15　(4) $5x + 7$　(5) $6x^3$　(6) $9\sqrt{3}$

2 【解き方】(1) 30との差を求めると，アは，$30 - 29.5 = 0.5$，イは，$30.5 - 30 = 0.5$，ウは，$30 - 29.05 = 0.95$，エは，$30.05 - 30 = 0.05$　差が最も小さい数が30に最も近い数になるので，エ。

(2) ア．(全体の重さ)＝(箱の重さ)＋(皿の重さ)だから，$a + b$　イ．(一人当たりのひもの長さ)＝(ひも全体の長さ)÷(分ける人数)だから，$a \div b = \frac{a}{b}$　ウ．(りんご全部の個数)＝(1袋に入っている個数)×(袋の数)だから，$a \times b = ab$　エ．(残りのジュースの量)＝(はじめにあったジュースの量)－(飲んだジュースの量)だから，$a - b$　よって，abとなるのはウ。

(3) $2a + 8$に$a = -7$を代入して，$2 \times (-7) + 8 = -14 + 8 = -6$

(4) 移項して，$4x - x = 2 - 5$より，$3x = -3$　よって，$x = -1$

(5) 与式 $= x^2 + (2 + 6)x + 2 \times 6 = x^2 + 8x + 12$

(6) ア．最高気温が最も低かったのは2月22日なので，間違い。イ．傾きが最も急なのは2月22日と2月23日の間なので，正しい。ウ．最高気温と最低気温の差が最も大きいのは2月23日なので，間違い。エ．2月23日は最低気温が0℃を下回っているので，間違い。よって，イ。

(7) カードの取り出し方は7通り。このうち，3の倍数であるのは3と6の2通りだから，求める確率は$\frac{2}{7}$。

(8) $y = \frac{2}{5}x^2$に$x = -3$を代入して，$y = \frac{2}{5} \times (-3)^2 = \frac{18}{5}$

(9) 回転させる前の状態は右図のようになるから，ウ。

【答】(1) エ　(2) ウ　(3) -6　(4) $(x =) -1$　(5) $x^2 + 8x + 12$　(6) イ　(7) $\frac{2}{7}$　(8) $\frac{18}{5}$　(9) ウ

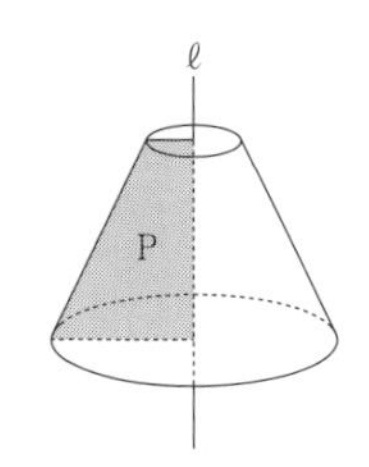

3 【解き方】(1) (ア)は，$340 - 4 \times 2 = 340 - 8 = 332$　また，(イ)は，$340 - 4 \times 5 = 340 - 20 = 320$

(2) xが1増えるとyは4減るから，変化の割合は-4で，$x = 0$のとき$y = 340$だから，切片は340。よって，求める式は，$y = -4x + 340$

(3) $y = -4x + 340$に，$y = 200$を代入して，$200 = -4x + 340$より，$4x = 140$　よって，$x = 35$

【答】(1) (ア) 332　(イ) 320　(2) $(y =) -4x + 340$　(3) 35

4 【解き方】(1) $\triangle DBC = \frac{1}{2} \times BC \times DC = \frac{1}{2} \times 5 \times x = \frac{5}{2}x \ (cm^2)$

(3) △DBC において三平方の定理より，DB = $\sqrt{3^2 + 5^2} = \sqrt{34}$ (cm)　△ABD ∽ △CED だから，DB：DE = AD：CD = (7 − 3)：3 = 4：3　よって，DE = $\frac{3}{4}$DB = $\frac{3\sqrt{34}}{4}$ (cm)

【答】 (1) $\frac{5}{2}x$ (cm^2)　(2) ⓐ CDE　ⓑ ECD　ⓒ ウ　(3) $\frac{3\sqrt{34}}{4}$ (cm)

数学B問題

1 【解き方】(1) 与式 $= 8 - 18 = -10$

(2) 与式 $= -12 \div 4 = -3$

(3) 与式 $= 6x + 3y - 6x + 24y = 27y$

(4) 与式 $= 6a^2b \times \dfrac{2}{3a} = 4ab$

(5) 与式 $= (3x)^2 - 1^2 = 9x^2 - 1$

(6) 与式 $= \sqrt{2^2 \times 5} + \sqrt{3^2 \times 5} = 2\sqrt{5} + 3\sqrt{5} = 5\sqrt{5}$

【答】(1) -10　(2) -3　(3) $27y$　(4) $4ab$　(5) $9x^2 - 1$　(6) $5\sqrt{5}$

2 【解き方】(1) 移項して，$5a = b - 8$　両辺を 5 で割って，$a = \dfrac{b-8}{5}$

(2) $\sqrt{9} < \sqrt{11} < \sqrt{16}$ より，$3 < \sqrt{11} < 4$ だから，$-1 < 3 - \sqrt{11} < 0$ となる。よって，イ。

(3) 解の公式より，$x = \dfrac{-7 \pm \sqrt{7^2 - 4 \times 2 \times 4}}{2 \times 2} = \dfrac{-7 \pm \sqrt{17}}{4}$

(4) 読んだ本の冊数が多い方から 4 番目と 5 番目の平均が 5 冊になるから，4 番目と 5 番目の合計は，$5 \times 2 = 10$ (冊)になる。H さんを除いた 7 人を多い順に並べると，D さん(13 冊)，C さん(9 冊)，A さん(7 冊)，F さん(4 冊)，B さん(2 冊)，G さん(2 冊)，E さん(1 冊)。A さんが 4 番目だとすると，H さんは 3 番目以内となり，5 番目が F さんとなるが，2 人の合計は，$7 + 4 = 11$ (冊)となり，条件に合わない。F さんが 4 番目だとすると，4 番目と 5 番目の合計は 10 冊未満になるので，条件に合わない。H さんが 4 番目だとすると，5 番目は F さんになるので，$x + 4 = 10$ より，$x = 6$ となり，条件に合う。よって，x の値は 6。

(5) カードの取り出し方は全部で，$3 \times 4 = 12$ (通り)　このうち，a が b の約数である場合は，$(a, b) = (2, 2)$，$(2, 4)$，$(2, 6)$，$(2, 8)$，$(3, 6)$，$(4, 4)$，$(4, 8)$ の 7 通りだから，求める確率は $\dfrac{7}{12}$。

(6) できる立体は右図のように，底面の半径が 3 cm，高さが 5 cm の円柱から，底面の半径が 3 cm，高さが，$5 - 3 = 2$ (cm)の円すいを取り除いたものになる。よって，求める体積は，$\pi \times 3^2 \times 5 - \dfrac{1}{3} \times \pi \times 3^2 \times 2 = 39\pi$ (cm^3)

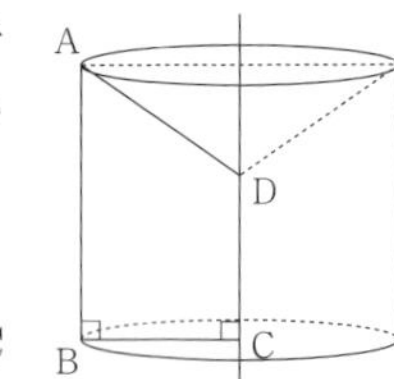

(7) A の x 座標を p とすると，A の y 座標は，$y = \dfrac{1}{2}p^2$，B の y 座標は，$y = -\dfrac{1}{5}p^2$，C の y 座標は，$y = \dfrac{1}{2}p$　AC = CB であることから，$\dfrac{1}{2}p^2 - \dfrac{1}{2}p = \dfrac{1}{2}p - \left(-\dfrac{1}{5}p^2\right)$ が成り立つ。整理すると，$3p^2 - 10p = 0$　左辺を因数分解すると，$p(3p - 10) = 0$　よって，$p = 0, \dfrac{10}{3}$　$p > 1$ より，$p = \dfrac{10}{3}$

【答】(1) $(a =)\ \dfrac{b-8}{5}$　(2) イ　(3) $x = \dfrac{-7 \pm \sqrt{17}}{4}$　(4) 6　(5) $\dfrac{7}{12}$　(6) 39π (cm^3)　(7) $\dfrac{10}{3}$

(8) m，n を整数とすると，$a = 2m + 1$，$b = 2n$ と表せるから，$a^2 + b^2 - 1 = (2m + 1)^2 + (2n)^2 - 1 = 4m^2 + 4m + 1 + 4n^2 - 1 = 4m^2 + 4m + 4n^2 = 4(m^2 + m + n^2)$　$m^2 + m + n^2$ は整数だから，$4(m^2 + m + n^2)$ は 4 の倍数である。したがって，a を奇数とし，b を偶数とするとき，$a^2 + b^2 - 1$ の値はつねに 4 の倍数になる。

3 【解き方】(1) ① (ア)は，$340 - 4 \times 4 = 340 - 16 = 324$　また，(イ)は，$340 - 4 \times 8 = 340 - 32 = 308$　② x が 1 増えると y は 4 減るから，変化の割合は -4　$x = 0$ のとき $y = 340$ だから，切片は 340。よって，求める式は，$y = -4x + 340$　③ $y = -4x + 340$ に，$y = 200$ を代入して，$200 = -4x + 340$ より，$4x = 140$　よって，$x = 35$

(2) 弱火で25分間調理すると，ガスボンベの重さは，$a \times 25 = 25a$ (g)減るから，ガスボンベの重さについて，$340 - (4 \times 40 + 25a) = 140$ が成り立つ。これを解くと，$a = \frac{8}{5}$

【答】 (1) ① (ア) 324　(イ) 308　② ($y =$) $-4x + 340$　③ 35　(2) $\frac{8}{5}$

4 **【解き方】** (1) ① 点Aに対応する点は点D，点Bに対応する点は点Eだから，回転の中心は点Fとわかる。また，∠AFD = 180°だから，回転角度は180°とわかる。

(2) ① △ABCにおいて三平方の定理より，$BC = \sqrt{4^2 + 8^2} = 4\sqrt{5}$ (cm) だから，$GC = \frac{1}{2}BC = 2\sqrt{5}$ (cm)　△GFCと△ABCは1つの角を共有する直角三角形だから，△GFC ∽ △ABC　したがって，FG：BA = GC：ACより，FG：4 = $2\sqrt{5}$：8となるから，$FG = \sqrt{5}$ (cm)　② △BCEにおいて中点連結定理より，$EC = 2FG = 2\sqrt{5}$ (cm)　また，△GFCにおいて，$FC = \sqrt{(\sqrt{5})^2 + (2\sqrt{5})^2} = 5$ (cm)だから，$FD = FA = 8 - 5 = 3$ (cm)より，FC：DC = 5：(5 − 3) = 5：2　ここで，△FHD ∽ △CEAより，FH：FD = CE：CAだから，FH：3 = $2\sqrt{5}$：8より，$FH = \frac{3\sqrt{5}}{4}$ (cm)となり，$HG = \sqrt{5} - \frac{3\sqrt{5}}{4} = \frac{\sqrt{5}}{4}$ (cm)　よって，四角形HGCD = △BCD − △BGH = $\frac{2}{5}$△FBC − △BGH = $\frac{2}{5} \times \left(\frac{1}{2} \times FC \times AB\right) - \frac{1}{2} \times BG \times HG = \frac{2}{5} \times \left(\frac{1}{2} \times 5 \times 4\right) - \frac{1}{2} \times 2\sqrt{5} \times \frac{\sqrt{5}}{4} = \frac{11}{4}$ (cm^2)

【答】 (1) ① ⓐ ウ　ⓑ オ　② △FHDと△CEAにおいて，AE∥BDであり，平行線の錯角は等しいから，∠HDF = ∠EAC……㋐　△BCEにおいて，F，Gはそれぞれ辺BE，BCの中点だから，FG∥EC　平行線の錯角は等しいから，∠HFD = ∠ECA……㋑　㋐，㋑より，2組の角がそれぞれ等しいから，△FHD ∽ △CEA

(2) ① $\sqrt{5}$ (cm)　② $\frac{11}{4}$ (cm^2)

英語A問題

1 【解き方】(1)「博物館」= museum。

(2)「かわいい」= cute。

(3)「おもしろい」= interesting。

(4)「～(交通手段)で」= by ～。

(5)「～を閉める」= close ～。

(6)「私たちの」= our。

(7) 過去形の文。get の過去形は got。

(8) 助動詞のあとの動詞は原形になる。

(9)「何を」= what。

(10) 受動態〈be 動詞＋過去分詞〉の文。「～と呼ばれている」= be called ～。

(11)「何か飲む物」= something to drink。

(12) 現在完了〈have/has ＋過去分詞〉の疑問文。

【答】(1) ウ　(2) ア　(3) イ　(4) ア　(5) ウ　(6) イ　(7) イ　(8) ア　(9) ア　(10) イ　(11) ウ　(12) イ

2 【解き方】(1)「私は～を見かけた」= I saw ～。

(2) 比較級の文。「～よりも安い」= cheaper than ～。

(3)「A（人）に B（もの）を見せる」= show A B。「A が撮った写真」= a picture A took。

(4)「A に～するように言う」= tell A to ～。

【答】(1) イ　(2) イ　(3) ウ　(4) ア

3 【解き方】① 4 月 5 日にみどり公園であけぼの市民まつりが行われる。「まつり」= festival。

② 市民まつりの実施日は 4 月 5 日の日曜日。「日曜日」= Sunday。

③ 1 グループの発表時間は 20 分。「20」= twenty。

【答】① ア　② ウ　③ ウ

◀全訳▶

和夫：こんにちは，ボブ。これを見てください。あけぼの市が 4 月 5 日にみどり公園でまつりを行いますよ。

ボブ：へえ，本当ですか？

和夫：はい。ステージでいろいろなことをするのです。例えば，人々は歌ったりダンスをしたりします。それに参加して英語の歌を歌いましょうか？

ボブ：楽しそうですね。それは何曜日なのですか？

和夫：日曜日です。

ボブ：わかりました。何曲歌うことができるでしょうか？

和夫：1 グループに与えられる時間は 20 分なので，私たちは 3 曲か 4 曲歌うことができます。

ボブ：いいですね。放課後，曲について話し合いましょう。

4 【解き方】(1)「昨夜は何時に寝たのですか？」―「10 時です」。A は昨夜の就寝時刻を尋ねている。

(2)「冬休みは楽しかったですか？」―「いいえ，楽しくありませんでした」―「どうしたのですか？」。Did you ～?と尋ねられているので，Yes, I did.か No, I didn't.と答える。

(3)「明日は晴れそうです。あなたは何をする予定ですか？」―「京都に行く予定です。あなたは？」―「妹と一緒にテニスをする予定です」。「～はどうですか？」= How about ～?。

(4)「新しいレストランが駅の近くにオープンしました。そこへ行きましょうか？」ということばに対する返答。That's a good idea. =「それはいい考えですね」。

【答】(1) エ　(2) ウ　(3) イ　(4) エ

5 【解き方】［Ⅰ］(1)「初めて」= for the first time。

(2) 直前の文中にある「3軒の異なるレストラン」を指している。

(3)「私が～する前に」= before I ～。「～に帰る」= go back to ～。

(4) 同じ文の前半にある「彼らの多くがラーメンを食べることを好んでいる」という表現から考える。ラーメンは日本で最も「人気のある」食べ物の一つとなっている。

［Ⅱ］「あなたは日本を訪れる外国人にラーメンをすすめますか？」という問いに対する返答を考える。Yesの場合なら，「ラーメンはとてもおいしくて，私もそれが大好きだから」，Noの場合なら，「ラーメンよりもおいしい食べ物がたくさんあるから」などの理由を英語で述べる。

【答】［Ⅰ］(1) ア　(2) three different restaurants　(3) before I go back　(4) ウ

［Ⅱ］(例) Yes ／ *ramen* is very delicious and I like it very much（10語）

◀全訳▶　こんにちは，みなさん。今日は私の大好きな日本の食べ物についてお話しします。それは何だと思いますか？　それはラーメンです。約3か月前，私のホストファミリーが私をレストランに連れていってくれて，私は初めてラーメンを食べました。そのラーメンがとてもおいしかったのです。私はラーメンのファンになりました。そのあと，もっとラーメンを食べるため，私は3軒の異なるレストランに行きました。それぞれのレストランにはそれぞれの味付けがあり，私は食べたラーメンがすべて気に入りました。

ホストファミリーから，私は日本中にご当地ラーメンがたくさんあるということを聞きました。例えば，博多のとんこつラーメンや，札幌のみそラーメンはとても有名です。私は自分の国に帰る前に，さまざまなラーメンを食べたいと思います。

今では毎年，多くの国々からたくさんの外国人が日本を訪れています。彼らの目的の一つは日本食を食べることです。数年前，外国人旅行者は伝統的な日本食，例えば，すしや天ぷらを食べることを好んでいました。しかし今では，彼らの多くがラーメンを食べることを好んでいて，それは外国人の間で日本で最も人気のある食べ物の一つとなっています。私はラーメンが日本の代表的な食べ物の一つとなっているのだと思います。ありがとうございました。

英語B問題

1 **【解き方】**［Ⅰ］①「～の南部に」= in the south of ～。

②「花は咲いていません」= no flower is blooming。

③ 受動態〈be 動詞＋過去分詞〉の文。「(写真が)撮られる」= be taken。

④「数週間」= for a few weeks。

⑤「～に驚く」= be surprised at ～。

［Ⅱ］(1)「あなたは今までにナマクワランドに行ったことがあるのですか？」。現在完了〈have＋過去分詞〉の疑問文。

(2)「インターネットでナマクワランドの写真を見たときに驚いたため，クラスメートにナマクワランドのことを知ってほしかった」という景子の返答から考える。加藤先生はなぜ景子がスピーチの主題としてナマクワランドの野生の花を選んだのか聞いた。

(3)「でも，それらが咲く前の冬は，そこにたくさんの雨が降りました」という文。景子の「昨年はなぜそんなに多くの野生の花がそこで咲いたのですか？」という質問にベンが答えている部分（エ）に入る。

(4) 景子の「短期間咲くことが彼らにとってなぜ有益なのかがわかりません。その理由が知りたいです」ということばや，ベンの「僕も同じ疑問を持っています」ということばに対する加藤先生の返答。イは「景子とベンは，さまざまな種の植物が世界のいくつかの砂漠地域で短期間だけ咲くとなぜ生き残るための良いチャンスを持つことになるのかを学び始める準備ができている」という意味。

(5) ①「ナマクワランドについてスピーチをしたとき，景子はカリフォルニアのスーパーブルームのことを知っていましたか？」。景子の4番目のせりふを見る。スピーチ後にベンや加藤先生と話すまで，景子はその現象を知らなかった。②「昨年のスーパーブルームを見るためにベンをカリフォルニアの砂漠地域に連れていったのは誰でしたか？」。ベンの5番目のせりふを見る。ベンをそこに連れていったのは彼の祖父。

【答】［Ⅰ］① ウ　② ア　③ ウ　④ ア　⑤ イ

［Ⅱ］(1) ウ　(2) エ　(3) エ　(4) イ　(5)（例）① No, she didn't.　② His grandfather did.

◀全訳▶　［Ⅱ］

ベン　　：こんにちは，景子。あなたのスピーチは興味深かったですよ。

景子　　：まあ，ありがとう，ベン。

加藤先生：こんにちは，ベンと景子。何について話しているのですか？

ベン　　：こんにちは，加藤先生。今朝の英語の授業で景子が行ったスピーチについて話しているのです。彼女はアフリカのナマクワランドについて話しました。

加藤先生：景子，おそらくあなたはナマクワランドの野生の花について話したのですね？

景子　　：そうです，加藤先生。どうしてわかるのですか？　先生は今までにナマクワランドに行ったことがあるのですか？

加藤先生：いいえ，でもそこは，毎年一斉に咲く多くの野生の花がある花畑で有名です。なぜあなたはスピーチの主題としてナマクワランドの野生の花を選んだのですか？

景子　　：インターネットでナマクワランドの写真を見たとき，乾燥した地面からたくさんの野生の花が咲く花畑になる変化を見て私は驚きました。私はクラスメートにナマクワランドのその変化について知ってほしかったのです。

加藤先生：なるほど。このような現象はとても興味深いです。たくさんの野生の花にとって，砂漠地域やとても乾燥した地域で花を咲かせるのは簡単ではありませんが，世界のそのような地域のいくつかでは，たくさんの野生の花が一斉に咲くことがあるのです。

ベン　　：景子のスピーチを聞いたとき，僕はカリフォルニアの似たような現象を思い出しました。

加藤先生：カリフォルニアはこの現象で有名ですね。
景子　：へえ，本当ですか？　カリフォルニアでもそのような現象が起こるとは知りませんでした。
ベン　：多くの人はその現象を「スーパーブルーム」と呼んでいます。
景子　：「スーパーブルーム」？　それは興味深いことばです。
加藤先生：私もそう思います。
景子　：ベン，カリフォルニアではスーパーブルームが毎年起こるのですか？
ベン　：いいえ。数年に一度しか起こりません。昨年，カリフォルニアの砂漠地域でスーパーブルームが起こり，それを見るために祖父が僕をその地域に連れていってくれました。すばらしかったですよ！　昨年のスーパーブルームは宇宙からでも見られました。
景子　：まあ，それはすごい！　ベン，昨年はなぜそんなに多くの野生の花がそこで咲いたのですか？
ベン　：僕には正確な理由はわかりません。でも，それらが咲く前の冬は，そこにたくさんの雨が降りました。それがスーパーブルームを起こした条件の一つだったと思います。これは正しいですか，加藤先生？
加藤先生：はい，その通りです，ベン。スーパーブルームは，例えば十分な雨量と太陽からの十分な暖かさといった，すべての必要な条件が満たされたときにしか起こりません。世界のいくつかの砂漠地域では，さまざまな種の植物が他の多くの花と一緒に短期間咲くとき，生き残るための良いチャンスを持つのです。
景子　：あのう，加藤先生，花粉媒介者が周囲にやってくるため，他の多くの野生の花と一緒に咲くことが砂漠地域の植物にとって有益であることはわかります。でも，短期間咲くことがそれらにとってなぜ有益なのかがわかりません。その理由を知りたいです。
ベン　：僕も同じ疑問を持っていますよ，景子。加藤先生，その理由を教えてください。
加藤先生：それは良い質問ですね，景子とベン。疑問を持ったときが，学習を始めるときです。もう，あなたたちは学習を始める準備ができていますよ。

2 **【解き方】** (1) 直前の文中にある「サバについてのいくつかのテレビ番組」を指している。

(2)「その市に住んでいる祖母」= a grandmother who lives in the city。主格の関係代名詞のあとには動詞が来る。主語が a grandmother なので，3 単現の s が必要。

(3)「二つの興味深いこと（two interesting things)」を目的格の関係代名詞で修飾するため，things のあとに that を置く。

(4) 直前の「最初に，彼らはしょう油を加えることでそうしようとしました」という文の内容から考える。「しかし，彼らはしょう油を加えすぎるのは良くないことに気づいた」→「そこで，彼らはより多くのしょう油を加えることはせずに，砂糖を加えた」→「砂糖を用いて味を変えるその方法はうまくいき，味はより濃く，よりおいしくなった」の順。

(5) 宇宙食についての厳しい条件を満たす必要があった理由として適切なものを選ぶ。続く文の「宇宙で生活するのに必要な機械を壊してしまうおそれがある」という例から，「宇宙食が宇宙で宇宙飛行士にとって危険な状況を引き起こすおそれがある」が入る。

(6) 間接疑問文。疑問詞（what）のあとは〈主語＋動詞〉の語順になる。「推測する」= guess。「彼らが何を加えたか」= what they added。

(7) ア．第 2 段落の 3・4 文目を見る。隆雄が料理をしたのは彼が祖母の家を訪れたとき。「祖母が彼のところを訪れた」わけではない。イ．第 2 段落の 4 文目を見る。隆雄は高校生によるすばらしい研究の話を祖母から聞いた。ウ．隆雄が小浜市の高校生のところを訪れたという記述はない。エ．「小浜市の高校生によってなされたすばらしい研究が隆雄を勇気づけた」。最終段落の最後から 2 文目を見る。正しい。

【答】 (1) some TV programs about mackerel　(2) イ　(3) explain two interesting things that　(4) ウ
(5) ア　(6) (例) guess what they added　(7) エ

◀全訳▶ こんにちは，みなさん。最近，サバが人々の注目を集めていることを知っていますか？ 昨年，私はサバについてのテレビ番組をいくつか見ました。それらすべての中で，サバは私たちの健康に良い食べ物として紹介されていました。それらはまた，サバの缶詰の料理のし方も紹介していました。今，スーパーマーケットではたくさんのサバの缶詰が売られています。

サバは福井県小浜市の伝統的な郷土食の一つです。私にはその市に住んでいる祖母がいます。私は毎年夏に祖母を訪れ，時々一緒にサバを料理します。昨年の夏，私たちが祖母の家でサバを料理していたとき，サバを用いて高校生によって行われたあるすばらしいことについて，祖母が教えてくれました。今日は，彼らがこの郷土食で行った研究についてお話しします。

約15年前，小浜市の高校で，何人かの生徒が学校の特別活動として，サバの缶詰を作ることで食べ物を加工するための衛生管理の重要性を学んでいました。2006年のある日，その生徒たちは宇宙食がとても厳しい衛生管理のもとで作られていることを学びました。そのとき，彼らの何人かが，自分たちのサバの缶詰を改良することによって宇宙食を作ることが可能であると考えました。その翌年，生徒たちは宇宙食としてサバの缶詰を作ろうとし始めました。それらの生徒が学校を卒業したあとも，その学校の下級生たちがその研究を続けました。私は，その高校の生徒たちが行った二つの興味深いことを説明しようと思います。

そのうちの一つは，宇宙飛行士のためにサバの缶詰の味をよりおいしくすることでした。宇宙飛行士が宇宙にいるとき，彼らの味覚は弱まります。そこで，生徒たちはサバの缶詰の味をより濃くしようとしました。最初に，彼らはしょう油を加えることでそうしようとしました。しかし，彼らはしょう油を加えすぎるのは良くないことに気づきました。そこで，彼らはより多くのしょう油を加えることはせず，砂糖を加えました。砂糖を用いて味を変えるその方法はうまくいき，味はより濃く，よりおいしくなりました。

宇宙食が宇宙で宇宙飛行士にとって危険な状況を引き起こすおそれがあるため，宇宙食についての厳しい条件を満たす必要もありました。例えば，宇宙で生活するのに必要な機械を壊してしまうおそれがあるため，開けたときに缶詰食品の汁が急に飛び出すようなことがあってはなりません。自分たちのサバの缶詰をより安全なものにするため，生徒たちはあるものを加えることで汁にとろみをつけようとしました。あなたは，彼らがその汁に何を加えたか推測できますか？ 汁や飲み物にとろみをつけるためにしばしば用いられることを知っていたので，彼らは葛粉を加えたのです。彼らは福井県で作られている葛粉を使うことによって，彼らのサバの缶詰をより安全なものにしました。

ついに，2018年，その高校生たちによって作られたサバの缶詰が，宇宙日本食として選ばれました。小浜市の伝統的な郷土食が宇宙食になったのです。私はその生徒たちのすばらしい研究に勇気づけられました。お聞きいただいてありがとうございました。

③【解き方】「〜してくれてありがとう」= Thank you for 〜ing.。「〜したい」= want to 〜。「〜できなくて申し訳ない」= I'm sorry I can't 〜.。

【答】(例) Thank you for inviting me. I want to go to the concert with you, but I'm sorry I can't. I already have a plan to visit my aunt next weekend. (30語)

英語リスニング

回【解き方】1. 美保の「手伝ってくれる？」という質問に対する返答を選ぶ。Sure.＝「いいよ」。

2. 今の時刻は8時25分。マイクは「ちょうど1時間前に起きた」と言っている。

3. go straight ＝「まっすぐ行く」。turn right at ～＝「～で右に曲がる」。you'll find ～ on your right ＝「右側に～が見える」。直美は郵便局までの道順を「まっすぐ進んで，三つ目の角で右に曲がる」，「そのあと，まっすぐ行くと目の前に病院が見える。そこを左に曲がると右側に郵便局がある」と説明している。

4. (1) 陽子は弟が「サッカー」をやり始めたいと思っているのだと話している。(2) 陽子はトムに「私と買い物に行ってくれる？」と言っている。

5. (1) ブラウン先生は「その紙に，世界の国の名前を書いてください，ただし，その国の面積は日本の面積よりも大きくなければなりません」と指示している。(2) ブラウン先生が例として挙げたのは，中国とオーストラリアの2か国。

6. ア．ホワイト先生は次の授業で数字に関する英語表現のテストをする予定。イ．ホワイト先生は数字に関する英語の表現を「難しくはありませんが，とても重要です」と言っている。ウ．「ホワイト先生は，次の授業で行うテストのために翔太が勉強するべきだと思っている」。ホワイト先生は「クラスメートに聞いて勉強しておくべきです」と翔太に言った。正しい。エ．ホワイト先生は昨日の授業でテストを実施していない。

【答】1. エ　2. ア　3. ア　4. (1) エ　(2) ウ　5. (1) イ　(2) ア　6. ウ

◀全訳▶　1.

ロブ：こんにちは，美保。何をしているの？

美保：こんにちは，ロブ。このビンを開けようとしているの。とてもかたいのよ。手伝ってくれる？

2.

マイク：おはよう，京子。今朝は起きるのが遅くなってしまった。今何時？　家に時計を置いてきてしまったよ。

京子　：あら，マイク。今，8時25分よ。今朝は何時に起きたの？

マイク：ちょうど1時間前に起きたんだ。

3.

ジョージ：やあ，直美。今から家に帰るの？

直美　　：いいえ。バレーボールの練習に行くところよ，ジョージ。どうして？

ジョージ：このカードをアメリカの家族に送りたいんだ。この学校の近くに郵便局はある？

直美　　：あるわよ。そこまでの行き方を教えてあげましょう。今私たちは校門のところにいるわよね？　それで，まっすぐ進んで，三つ目の角で右に曲がるの。

ジョージ：わかった。

直美　　：そのあと，まっすぐ行くと目の前に病院が見えるわ。そこを左に曲がると右側に郵便局があるわよ。

ジョージ：ありがとう，直美。行ってくるよ。

4.

トム：やあ，陽子。今日の放課後は何をする予定？

陽子：こんにちは，トム。買い物に行く予定よ。

トム：何か買うものがあるの？

陽子：ええ，弟のための誕生日プレゼントが買いたいの。スポーツをするための何かを考えているわ。

トム：ああ，なるほど。君はバレーボール部のメンバーだよね。弟もバレーボールをしているの？

陽子：いいえ。弟は数年間野球とバスケットボールをしているのだけれど，サッカーをやり始めたいと思っているの。ああ，あなたはサッカーをするのよね？　私と買い物に行ってくれる？

トム：いいよ。手助けしてあげるよ。

陽子：どうもありがとう。3時30分に駅で会いましょう。

質問(1)：陽子の弟は何のスポーツを始めたいと思っているのですか？

質問(2)：陽子はトムに何をするように頼みましたか？

5. こんにちは，みなさん。今日は英語でゲームをします。まず，4人のグループを作りましょう。各グループに1枚の紙を渡します。その紙に，世界の国の名前を書いてください，ただし，その国の面積は日本の面積よりも大きくなければなりません。世界には小さな国と大きな国があります。中国はどうですか？　中国は日本よりも小さいですか，それとも大きいですか？　みなさんは中国が日本よりも大きいことを知っていますね？オーストラリアはどうですか？　はい，それは大きな国です。そう，世界には大きな国がたくさんあります。ですから，みなさんはたくさんの国を書くことができますが，すでに私が言った国を書くことはできません。グループで，他の国を見つけ，それらの国のリストを作ってください。他のすべてのグループよりも多くの国を書いたグループが優勝です。何か質問はありますか？　では，8分あげましょう。

質問(1)：生徒たちは紙に何を書かなければならないのですか？

質問(2)：答えの例としてブラウン先生が用いたのは何か国でしたか？

6.

ホワイト先生：こんにちは，翔太，昨日は英語の授業にいませんでしたね。どうしたのですか？

翔太　　　　：すみません，ホワイト先生。昨日は風邪をひいていたのです。

ホワイト先生：あら，もう大丈夫なのですか？

翔太　　　　：はい，もう大丈夫です，ありがとうございます。ホワイト先生，僕が聞き逃したのはどんなことですか？　宿題はありますか？

ホワイト先生：いいえ。宿題は出しませんでした。でも生徒たちは，数字に関する重要な英語表現をいくつか学びました。

翔太　　　　：数字に関して？

ホワイト先生：そうです。彼らは1,000以上の大きな数の表し方を学びました。例えば，私たちは…one thousand（1,000），ten thousand（10,000），one hundred thousand（100,000）と言います。でも，one thousand thousandとは言いません。one million（1,000,000）と言うのです。

翔太　　　　：うわあ，それは難しそうです。

ホワイト先生：難しくはありませんが，とても重要です。ですから次の授業でそれらに関するテストをする予定です。クラスメートに聞いて，そのために勉強しておくべきですね。

翔太　　　　：わかりました，そうします。

ホワイト先生：もし何か質問があれば，いつでも私のところに来ていいですよ。いつでも歓迎します。

翔太　　　　：ありがとうございます，ホワイト先生。

社　会

1 **【解き方】**(1) アはヨーロッパ連合，イはアジア太平洋経済協力〔会議〕，エは北米自由貿易協定の略称。

(2) ⓐ イはアジア，ウは北アメリカ，エはオーストラリアに位置する山脈。ⓑ 国際河川で，河口のロッテルダムにはヨーロッパ最大の貿易港であるユーロポートがある。

(3) アフリカやアジア諸国が，欧米諸国に植民地化された時代に形成された農園。独立後も，単一の作物の輸出に頼る経済構造の国が多い。アはアルゼンチンの温帯草原。イは砂漠の中で人が生活したり，植物が育つだけの水が得られる場所。ウはアメリカ合衆国に広がる肥沃(ひよく)な草原。

(4) 茶であれば中国・ケニア，綿花であればインド・中国，コーヒー豆であればブラジル・ベトナムなどが上位に入る。

(5) イギリス連邦の一員であるオーストラリアのおもな貿易相手国は，かつてはイギリス中心であったが，近年は近隣のアジア諸国（特に日本や中国）などへと変わってきている。

(6) 地中海性気候は，夏は高温となり乾燥し，冬は温暖でまとまった降水がある。ウは南半球の都市の雨温図なので，7月は冬，1月は夏であることに注意。アは高温多雨の熱帯雨林気候。イは降水量の少ない砂漠気候。エは冬の寒さが厳しい冷帯（亜寒帯）気候のグラフ。

【答】(1) ウ　(2) ⓐ ア　ⓑ カ　(3) エ　(4) イ　(5) ア　(6) ウ

2 **【解き方】**(1) ① 鑑真は奈良に唐招提寺を創建した僧。イは大仏づくりに協力した奈良時代の僧。ウは真言宗を開いた平安時代の僧。エは曹洞宗を開いた鎌倉時代の僧。② アは奈良時代に編さんされた地理誌。ウは奈良時代に編さんされた日本最古の和歌集。エは平安時代に紫式部によってかな文字を用いて著された長編小説。

(2) ① 執権は，代々北条氏が就任した役職。② 倭寇と区別するために用いられた。

(3) ② エは大正時代のようす。

(4) (i)は1925年，(ii)は1932年，(iii)は1918年のできごと。

【答】(1) ① ア　② イ　(2) ① ウ　② 勘合　(3) ① 徳川家光　② エ　(4) オ

3 **【解き方】**(1) ② アは身体の自由，イ・ウは精神の自由の内容。

(2) ① 立法権，行政権と並ぶ，国の権力の一つ。② 参議院の緊急集会で議決された案件は，次の国会開会後の10日以内に衆議院の同意を得る必要がある。③ ア・ウ・エは国会において行うこと。

(3) ① 労働組合を組織する団結権などを保障した労働組合法，労働争議を予防または解決するための手続きを定めた労働関係調整法と合わせて労働三法と呼ばれる。② 株主は資金を出して経営を依頼し，経営者は株主の依頼を受けて経営を行うことを「資本と経営の分離」という。

【答】(1) ① 永久　② エ　(2) ① 司法　② 衆議院の解散　③ イ　(3) ① 労働基準法　② 株主総会

4 **【解き方】**(1) ② 富岡製糸場は現在の群馬県富岡市に建設された。

(2) ① 需要は買い手，供給は売り手のこと。価格が上がると需要量は減少し，供給量が変わらなければ，商品は売れ残る。売れ残った商品を売りさばくためには価格を下げることになる。② 売れた商品の商品名や価格，売れた時間などの情報を収集して管理し，在庫量や売れ筋のきめ細かい分析が可能となる。

(3) ① ⓐ 関東地方のみ，大阪府への転入者数が12000人ほど大阪府からの転出者数を下回っている。② 過疎地域は自動車の運転に不安のある高齢者も多く，バスなどの公共交通機関による輸送の役割が大きい。しかし，都市部に比べて利用者数が少ないため，赤字経営となっていることも多く，問題は山積している。

【答】(1) ① 蔵屋敷　② ウ　(2) ① ⓐ イ　ⓑ エ　② POS

(3) ① ⓐ ウ　ⓑ ケ　② 利用者数の減少による公共交通機関の減便や廃止（同意可）

理　科

1 **【解き方】**［Ⅰ］(2) 光合成を行うのは葉緑体。

［Ⅱ］(4) ① だ液を加えたAでは，デンプンがなくなったのでヨウ素液を加えても変化しないが，水を加えたCでは，デンプンが残っているので，ヨウ素液を加えると青紫色に変化する。② だ液を加えたBでは，デンプンがだ液のはたらきによって麦芽糖などに変化したので，ベネジクト溶液による変化があるが，水を加えたDでは，デンプンが残っているので，ベネジクト溶液による変化がない。

【答】(1) ア　(2) イ　(3) ① 気孔　② ウ　(4) ① イ　② ウ　(5) ア　(6) ① イ　② ウ

2 **【解き方】**［Ⅰ］(1) ① 石灰石にうすい塩酸を加えると二酸化炭素が発生する。また，水酸化ナトリウム水溶液にうすい塩酸を加えると，中和して塩化ナトリウムと水ができる。② 水素は水にとけにくいので，水上置換で集める。

［Ⅱ］(5) 0.3gのマグネシウムと反応する酸素の質量は，$0.3\,(\text{g}) \times \dfrac{2}{3} = 0.2\,(\text{g})$なので，酸化マグネシウムの質量は，$0.3\,(\text{g}) + 0.2\,(\text{g}) = 0.5\,(\text{g})$

(6) 二酸化炭素がマグネシウムに還元されて炭素になり，マグネシウムが酸化して酸化マグネシウムになる。

【答】(1) ① ア　② 水上　(2) ① 燃料　② 電気分解(または，電解)　(3) 発熱　(4) ⓐ 2　ⓑ 2　(5) 0.5 (g)　(6) イ

3 **【解き方】**［Ⅰ］(1) ② 0.1秒間で5cm進んでいるので，平均の速さは，$\dfrac{5\,(\text{cm})}{0.1\,(\text{秒})} = 50\,(\text{cm/秒})$

(3) 運動している球は，空気抵抗や床との摩擦によってエネルギーが減少していく。

［Ⅱ］(4) ① 原点を通り，上下に測定点が同じくらい散らばるように直線を引く。

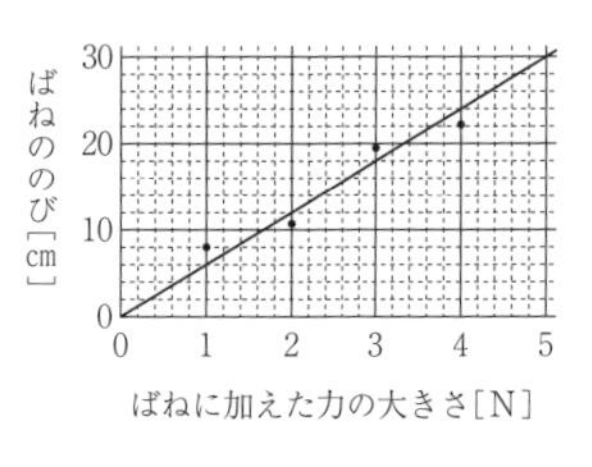

(5) 月では鉄球Aがばねを引く力が6分の1になるので，月でのばねののびは，$60\,(\text{cm}) \times \dfrac{1}{6} = 10\,(\text{cm})$　また，月では鉄球Aの重さが6分の1になり，質量600gの分銅の重さも6分の1になるので，天びんにのせた鉄球Aと質量600gの分銅は月でもつりあう。

【答】(1) ① イ　② 50　(2) 運動エネルギー　(3) イ

(4) ① (前図)　② ばねののびがばねに加えた力の大きさに比例する関係。(同意可)　(5) ウ

4 **【解き方】**［Ⅰ］(2) ① ふつう，晴れている日の気温は14時ごろに最高になるが，12時から15時でほぼ平たんになっているので，より温度の低い空気が海から観測点へ運ばれたと考えられる。

［Ⅱ］(3) チョウ石は白色の鉱物。セキエイは不規則に割れる。

(4) ① 表Ⅰより，火山灰Xに含まれる無色鉱物の割合は，$\dfrac{65\,(\text{個})}{100\,(\text{個})} = 65\,(\%)$　火山灰Yに含まれる無色鉱物の割合は，$\dfrac{42\,(\text{個})}{100\,(\text{個})} = 42\,(\%)$

［Ⅲ］(7) 円Cの周の長さが48cmなので，図Ⅲの半球上の曲線の長さは，$48\,(\text{cm}) \times \dfrac{1}{2} = 24\,(\text{cm})$　春分の日の昼の時間（地上に太陽が出ている時間）は約12時間なので，太陽が1時間に半球上を移動する長さは，$\dfrac{24\,(\text{cm})}{12\,(\text{時間})} = 2\,(\text{cm})$

【答】(1) (風力) 3　(風向) ウ　(2) ① イ　② エ　(3) イ　(4) ① ア　② ウ　(5) 火山岩(または，噴出岩)

(6) 円Cの中心と重なる（同意可）　(7) 2 (cm)

国語A問題

1 【解き方】1. 手紙の本文の後には，別れの挨拶にあたる「結語」を書く。ここでは「頭語」の「拝啓」に合わせ，「敬具」「敬白」などを書く。また，「署名」は行末に書き，「宛名」を行頭に書くのが手紙のマナー。
2. 筆者は，便りや添え状には「草のようす」を書くことがあり，「書くとなるとよく見て，どんなふうに書くかを考えるから，自然に観察するような目で見る」と述べている。
3.「申し合わせたように」は，大勢の人が同じことを言っているさま。
4. a. お礼状を書く筆者に対して「親類のもの」は，「何かいただき物をしたときなんか，先方は着いたかしらと心配しているかもしれない」のだから，「直接声がきける電話という便利なもの」を使った方がいいと言っている。b. 筆者は，「ものをいただいたときのお礼に…失礼だ」という持論がある。
5. 高校に入学して「三か月」が過ぎようとしている頃の季節を考える。「あじさい」は梅雨の時期に見ごろとなる花。イは，「紅葉し」とあるので秋の挨拶。ウは，「梅のつぼみがふくらみ」とあるので冬がおわる頃の挨拶。

【答】1. ウ　2. ア　3. イ
4. a. 心配しているかもしれない　b. 電話口までこちらの勝手な時間に呼びたてる（20字）（同意可）
5. ア

2 【解き方】2.「伝」の部首は「亻」。アは「則」と書き，部首は「刂」。イは「健」と書き，部首は「亻」。ウは「共」と書き，部首は「八」。

【答】1. ⑴ きゅうそく　⑵ かいりょう　⑶ しゅしゃ　⑷ ひやく　⑸ はた　⑹ す(る)　⑺ 麦茶　⑻ 白熱　⑼ 困(る)　⑽ 倍増　2. イ

3 【解き方】1. 語頭以外の「は・ひ・ふ・へ・ほ」は「わ・い・う・え・お」にする。
2.「遠き所」の「天変」はわかりにくいので，「蓑笠を持ちゆくべし」と述べているところに着目する。
3.「よろづのこと，かねて心を用ひ…あやまちすくなく悔いすくなし」に注目。家を出るときに「雨ふるまじき景色」であったとしても，「遠き所」の「天変」は推測しがたいのだから，雨に備えて「蓑笠を持ちゆくべし」と述べていることから考える。

【答】1. いえる　2. はかりがたければ　3. ウ

◀口語訳▶　古語で，「空が晴れているときに蓑笠を準備すべし。」と言うように，いまから家を出て，他の所へ行くときに，空が晴れて天気もよく，雨が降らないような空模様であっても，遠いところに行くのならば，天気の変わり方が推測しがたいので，蓑笠を持って行くのがよい。たとえ，天気がよくて雨が降らなくても，蓑笠を持つのがわずらわしいだけで，それほどの妨げにならない。もし予想外に雨が降るならば，ぬれてしまって，衣服をぬらすだけでなく，心を痛め，身を苦しめ，場合によっては相手にとっても必要であるかもしれない蓑笠を借りて，また持たせて返すのも，自分にとっても相手にとってもわずらわしいことだ。すべてのことに対して，前もって思案し，慎重に注意深く，先のことまでよく考えて行動することで，失敗は減り後悔は少なくなる。

4 【解き方】1. 活用のある自立語で，言い切りの形が「ウ段」の音で終わる動詞。他は，活用のある自立語で，言い切りの形が「～い」となる形容詞。
2.「果物を熟れさせるなど成長を操作する物質」である「エチレン」を紹介し，バナナなどは，「青いまま収穫」したものを「輸送中や貯蔵庫内で…エチレンガスで処理」をしてから店頭に並べると述べている。
3. エチレンの作用の発見についての「いろいろな説」について，前後で並べている。
4. a.「エチレンを多く分泌する果物や野菜」について，「これらは自分だけでなく…場合によっては腐らせてしまうのです」と述べている。b. エチレンを多く分泌する果物や野菜の保存について述べているので，「小分けして保存したり，『備長炭』…と一緒に袋に入れ」たりするという「工夫」の目的をおさえる。

【答】1. A　2. ア　3. ウ
4. a. 周囲の果物や野菜を腐らせてしまう（16字）（同意可）　b. 果物や野菜を長持ちさせる

国語B問題

1 **【解き方】** 1.「そのときが『つくりどき』だ」とあるので,「もうひとつ納得できない…という思いが, ふと頭に浮かんだ」ときをおさえる。

2. 最後の段落で,「自分でつくる工程を差し込んでみる」と, 新たな「意識」とともに「愛しい完成品」も手にすることができると述べている。

3. 直前の「素材や技術やセンスに発生する料金への」に注目。

4. a.「つくる」という選択には,「お金を払うことへの意識と…学ぼうとする意識」「愛しい完成品」「節約よりも, 消費よりも, もっと創造的な喜び」があると述べている。b.「つくる」技術が向上するほどとあるので,「手づくりに親しみ, 腕が上がっていくほど…楽しくなる」に着目する。

【答】 1. 値段の高さの理由に納得できない, あるいは, 自分でつくれるのかも, と思った (36字) (同意可)

2. 愛しい完成品　3. イ　4. a. 創造的な喜び　b. 買う行為は楽しくなる

2 **【解き方】** 1.「他所に行く」に際し,「雨ふるまじき景色」であったとしても「遠き所にゆかば, 天変はかりがたければ」と述べていることから考える。

2. 語頭以外の「は・ひ・ふ・へ・ほ」は「わ・い・う・え・お」にする。

3.「よろづ」は「万」と書き, 万事という意味。

4.「旱に蓑笠を備ふべし」という古語を引用し,「よろづのこと, かねて心を用ひ…ふかく思ひ遠く慮りて事を行へば, あやまちすくなく悔いすくなし」と述べている。

【答】 1. 遠い所に行く (同意可)　2. もたせかえす　3. イ　4. エ

◀口語訳▶ 古語で,「空が晴れているとき蓑笠を準備すべし。」と言うように, いまから家を出て, 他の所へ行くときに, 空が晴れて天気もよく, 雨が降らないような空模様であっても, 遠いところに行くのならば, 天気の変わり方が推測しがたいので, 蓑笠を持って行くのがよい。たとえ, 天気がよくて雨が降らなくても, 蓑笠を持つのがわずらわしいだけで, それほどの妨げにならない。もし予想外に雨が降るならば, ずぶぬれになって, 衣服をぬらすだけでなく, 心を痛め, 身を苦しめ, 場合によっては相手にとっても必要であるかもしれない蓑笠を借りて, また持たせて返すのも, 自分にとっても相手にとってもわずらわしいことだ。すべてのことに対して, 前もって思案し, 慎重に注意深く, 先のことまでよく考えて行動することで, 失敗は減り後悔は少なくなる。

3 **【解き方】** 3. ①では,「木」の四画目が省略されている。②では,「口」の二画目と三画目が連続している。

【答】 1. (1) ただよ(う)　(2) やわ(らぐ)　(3) やくしん　(4) きんせん　(5) 似(て)　(6) 困(る)　(7) 許可　(8) 郵便

2. ウ　3. ア

4 **【解き方】** 1. a. 登場人物について「その人を造り上げている要素を設定しておくことは意外に大事なのだ」と考えているが, 小説のなかで「直接的な言及をほとんどしないことが多い」ことをおさえる。b. それでも, バックグラウンドを想定したかどうかによって「リアリティが違ってくる」ことをおさえる。

2.「ごく簡単な例」を挙げ,「一人称の表現を変え, それに応じた口調にするだけで…読み手に伝わる人物像は異なる」と説明している。

3. ③は,「人物の家族関係や仕事」などの表面的な「情報」, ④は,「何をどのように考え, 感じているか」といった内面の「思考や感情」とあることから考える。

4. 作者は「登場する人々の暮らしの具体的な基本情報を思い描きながら, 会話を追っていく」が,「自分が創作した人間たちのはずが…ふと漏らした一言にも, その意味をめぐって考えあぐねたりするのだ」と述べている。

【答】 1. a. 直接的な言　b. 発話された

2. 一人称の表現を変え, それに応じた口調にするだけで, 読み手に伝わる人物像は異なる (39字) (同意可)

3. ア　4. エ

2025年度 受験用

公立高校入試対策シリーズ(赤本) ラインナップ

入試データ	前年度の各高校の募集定員,倍率,志願者数等の入試データを詳しく掲載しています。
募集要項	公立高校の受験に役立つ募集要項のポイントを掲載してあります。ただし,2023年度受験生対象のものを参考として掲載している場合がありますので,2024年度募集要項は必ず確認してください。
傾向と対策	過去の出題内容を各教科ごとに分析して,来年度の受験について,その出題予想と受験対策を掲載してあります。予想を出題範囲として限定するのではなく,あくまで受験勉強に対する一つの指針として,そこから学習の範囲を広げて幅広い学力を身につけるように努力してください。
くわしい解き方	模範解答を載せるだけでなく,詳細な解き方・考え方を小問ごとに付けてあります。解き方・考え方をじっくり研究することで応用力が身に付くはずです。また,英語長文には全訳,古文には口語訳を付けてあります。
解答用紙と配点	解答用紙は巻末に別冊として付けてあります。 解答用紙の中に問題ごとの配点を掲載しています(配点非公表の場合を除く)。合格ラインの判断の資料にしてください。

府県一覧表

3021 岐阜県公立高
3022 静岡県公立高
3023 愛知県公立高
3024 三重県公立高【後期選抜】
3025 滋賀県公立高
3026-1 京都府公立高【中期選抜】
3026-2 京都府公立高【前期選抜 共通学力検査】
3027-1 大阪府公立高【一般選抜】
3027-2 大阪府公立高【特別選抜】
3028 兵庫県公立高
3029-1 奈良県公立高【一般選抜】
3029-2 奈良県公立高【特色選抜】
3030 和歌山県公立高
3033-1 岡山県公立高【一般選抜】
3033-2 岡山県公立高【特別選抜】
3034 広島県公立高
3035 山口県公立高
3036 徳島県公立高
3037 香川県公立高
3038 愛媛県公立高
3040 福岡県公立高
3042 長崎県公立高
3043 熊本県公立高
3044 大分県公立高
3046 鹿児島県公立高

滋賀県特色選抜・学校独自問題

2001 滋賀県立石山高
2002 滋賀県立八日市高
2003 滋賀県立草津東高
2004 滋賀県立膳所高
2005 滋賀県立東大津高
2006 滋賀県立彦根東高
2007 滋賀県立守山高
2008 滋賀県立虎姫高
2020 滋賀県立大津高

京都府前期選抜・学校独自問題

2009 京都市立堀川高・探究学科群
2010 京都市立西京高・エンタープライジング科
2011 京都府立嵯峨野高・京都こすもす科
2012 京都府立桃山高・自然科学科

2025 年度
受験用

公立高校入試対策シリーズ 3027-2

大阪府公立高等学校
(特別入学者選抜)

別冊

解答用紙

●この冊子は本体から取りはずして
ご使用いただけます。

●解答用紙（本書掲載分）を
ダウンロードする場合はこちら↓
https://book.eisyun.jp/

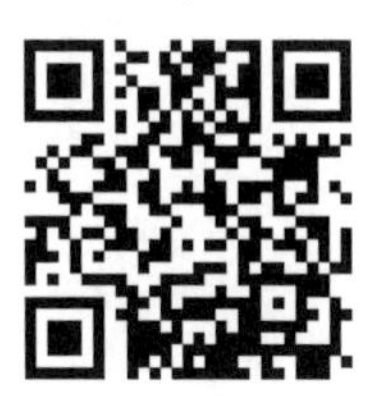

※なお，予告なくダウンロードを
終了することがあります。

英俊社

●解答用紙の四隅にあるガイドに合わせて指定の倍率で拡大すると，実物とほぼ同じ大きさで
ご使用いただけます(一部例外がございます)。

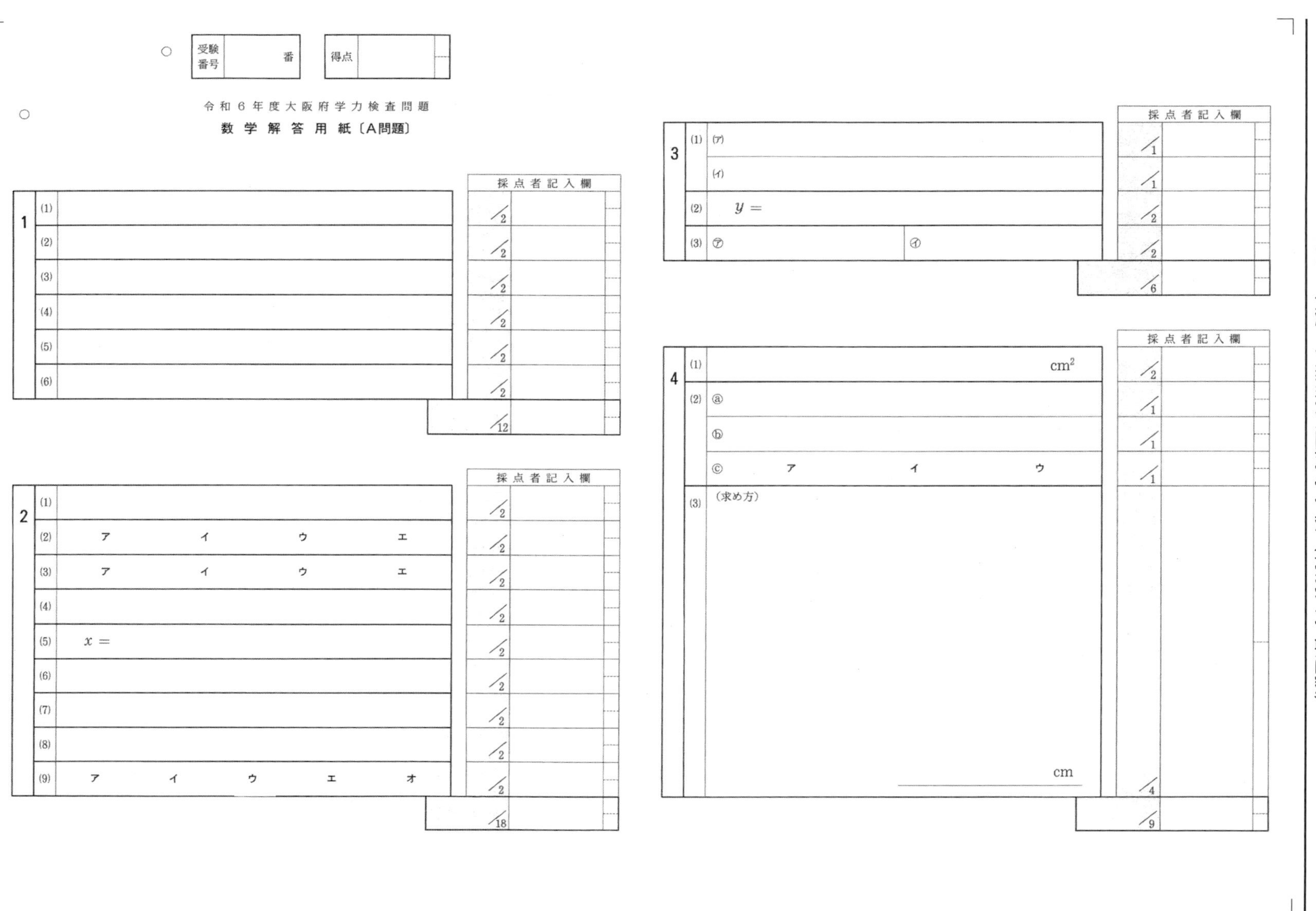

受験番号　番

得点

令和６年度大阪府学力検査問題
数学解答用紙〔A問題〕

1

		採点者記入欄
(1)		/2
(2)		/2
(3)		/2
(4)		/2
(5)		/2
(6)		/2
		/12

2

		採点者記入欄
(1)		/2
(2)	ア　イ　ウ　エ	/2
(3)	ア　イ　ウ　エ	/2
(4)		/2
(5)	$x=$	/2
(6)		/2
(7)		/2
(8)		/2
(9)	ア　イ　ウ　エ　オ	/2
		/18

3

		採点者記入欄
(1)	(ア)	/1
	(イ)	/1
(2)	$y=$	/2
(3)	㋐　㋑	/2
		/6

4

		採点者記入欄
(1)	cm^2	/2
(2)	ⓐ	/1
	ⓑ	/1
	ⓒ　ア　イ　ウ	/1
(3)	（求め方）　cm	/4
		/9

※実物の大きさ：195% 拡大（A3 用紙）

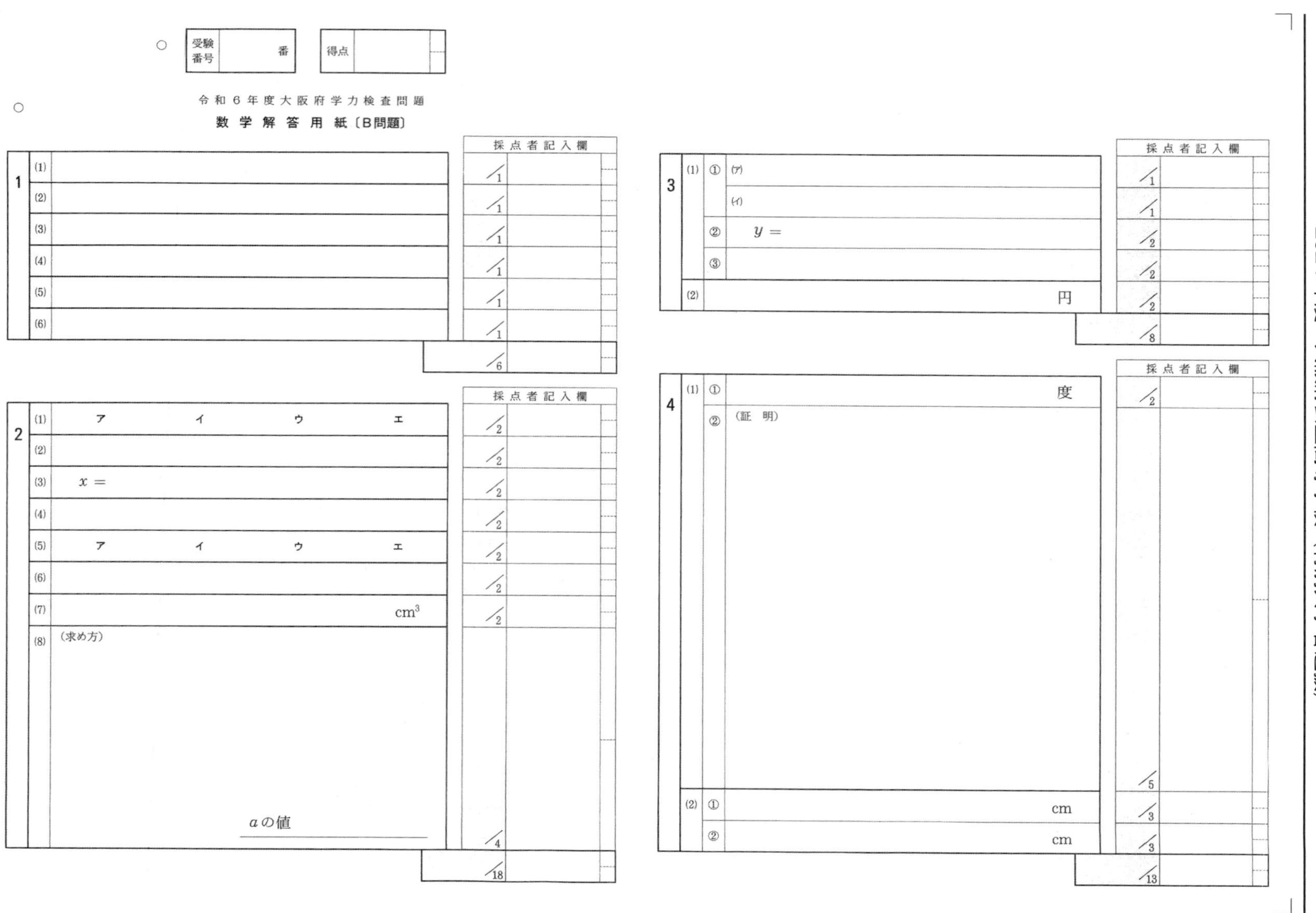
受験番号　番
得点

令和6年度大阪府学力検査問題
数学解答用紙〔B問題〕

1
(1)
(2)
(3)
(4)
(5)
(6)
採点者記入欄　/1　/1　/1　/1　/1　/1　/6

2
(1) ア　イ　ウ　エ
(2)
(3) $x =$
(4)
(5) ア　イ　ウ　エ
(6)
(7) cm^3
(8) （求め方）
aの値
採点者記入欄　/2　/2　/2　/2　/2　/2　/2　/4　/18

3
(1) ① (ア)
(イ)
② $y =$
③
(2) 円
採点者記入欄　/1　/1　/2　/2　/2　/8

4
(1) ① 度
② （証明）
(2) ① cm
② cm
採点者記入欄　/2　/5　/3　/3　/13

※実物の大きさ：195% 拡大（A3 用紙）

受験番号	番

得点	

〈リスニングを除く〉

令和６年度大阪府学力検査問題

英語解答用紙〔A問題〕

1					採点者記入欄
	(1)	ア	イ	ウ	／1
	(2)	ア	イ	ウ	／1
	(3)	ア	イ	ウ	／1
	(4)	ア	イ	ウ	／1
	(5)	ア	イ	ウ	／1
	(6)	ア	イ	ウ	／1
	(7)	ア	イ	ウ	／1
	(8)	ア	イ	ウ	／1
	(9)	ア	イ	ウ	／1
	(10)	ア	イ	ウ	／1
	(11)	ア	イ	ウ	／1
	(12)	ア	イ	ウ	／1
					／12

2					採点者記入欄
	(1)	ア	イ	ウ	／1
	(2)	ア	イ	ウ	／1
	(3)	ア	イ	ウ	／1
	(4)	ア	イ	ウ	／1
					／4

3					採点者記入欄
	①	ア	イ	ウ	／1
	②	ア	イ	ウ	／1
	③	ア	イ	ウ	／1
					／3

4						採点者記入欄
	(1)	ア	イ	ウ	エ	／1
	(2)	ア	イ	ウ	エ	／1
	(3)	ア	イ	ウ	エ	／1
	(4)	ア	イ	ウ	エ	／1
						／4

5［Ⅰ］					採点者記入欄
	(1)	ア	イ	ウ	／1
	(2)				／2
	(3)	ア	イ	ウ	／2
	(4)	When I find new information, I will ＿＿＿＿＿＿＿＿ .			／2
					／7

5［Ⅱ］		採点者記入欄
	① ＿＿＿＿ ＿＿＿＿ ＿＿＿＿ ＿＿＿＿ / ＿＿＿＿ 5 ＿＿＿＿ ＿＿＿＿ ＿＿＿＿	／2
	② ＿＿＿＿ ＿＿＿＿ ＿＿＿＿ ＿＿＿＿ / ＿＿＿＿ 5 ＿＿＿＿ ＿＿＿＿ ＿＿＿＿	／2
		／4

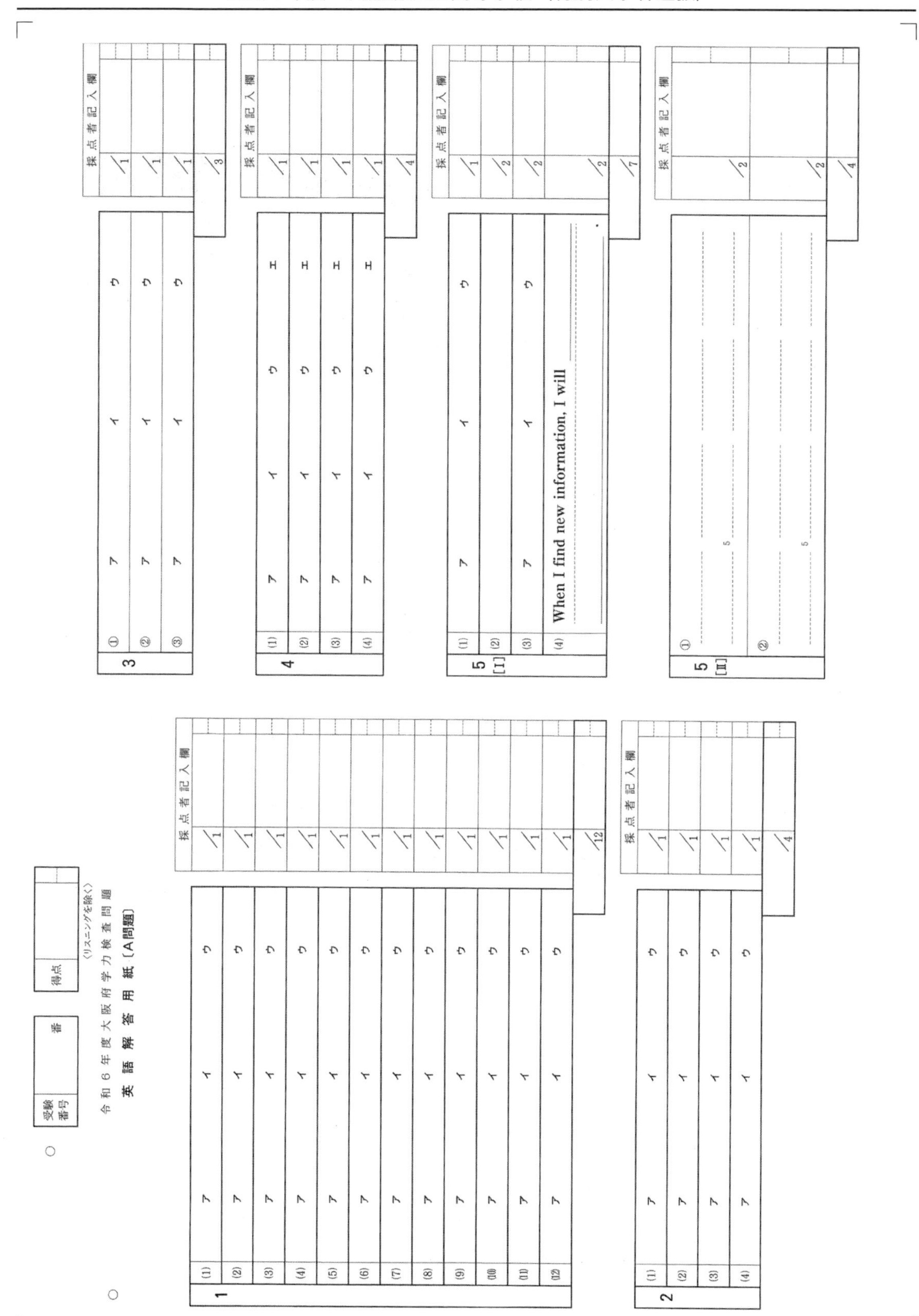

※実物の大きさ：195% 拡大（A3 用紙）

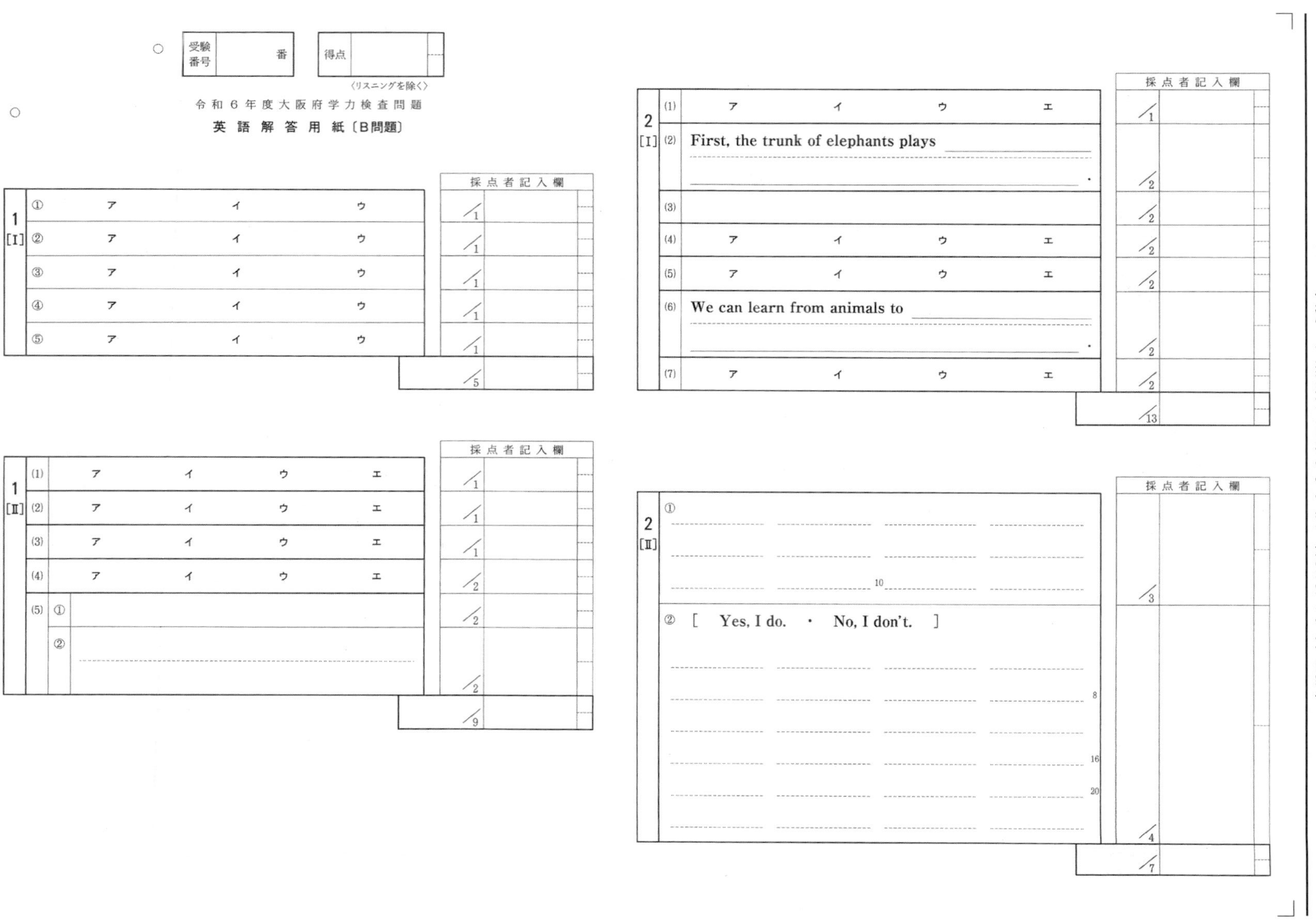

※実物の大きさ：195% 拡大（A3 用紙）

受験番号　　番　　得点

令和６年度大阪府学力検査問題

英語リスニング解答用紙

1　由香とトムとの会話を聞いて、トムのことばに続くと考えられる由香のことばとして、次の**ア～エ**のうち最も適しているものを一つ選び、**解答欄の記号**を○で囲みなさい。

ア　At 11:00.　　**イ**　4 times.　　**ウ**　Yes, I did.　　**エ**　I watched TV.

解答欄	ア	イ	ウ	エ

採点者記入欄　/1

2　マイクと鈴木先生との会話を聞いて、教室内でマイクが鍵を見つけた場所を表したものとして、次の**ア～エ**のうち最も適していると考えられるものを一つ選び、**解答欄の記号**を○で囲みなさい。

★はマイクが鍵を見つけた場所を示す

ア　イ　ウ　エ

解答欄	ア	イ	ウ	エ

採点者記入欄　/1

3　二人の会話を聞いて、二人が会話をしている場面として、次の**ア～エ**のうち最も適していると考えられるものを一つ選び、**解答欄の記号**を○で囲みなさい。

解答欄	ア	イ	ウ	エ

採点者記入欄　/1

4　グリーン先生が、英語の授業で生徒に話をしています。その話を聞いて、それに続く二つの質問に対する答えとして最も適しているものをそれぞれ**ア～エ**から一つずつ選び、**解答欄の記号**を○で囲みなさい。

(1)　**ア**　In 1831.　　**イ**　In 1872.　　**ウ**　In 1878.　　**エ**　In 1880.

解答欄	ア	イ	ウ	エ

採点者記入欄　/1

(2)
ア　His students will know which book is good to learn about the English woman.
イ　His students will read a story about the English woman's experience in Japan.
ウ　His students will be surprised when they learn how the English woman came to Japan.
エ　His students will learn about the world from an English book written by a Japanese traveler.

解答欄	ア	イ	ウ	エ

採点者記入欄　/1

5　ルーシーと光太との会話を聞いて、それに続く二つの質問に対する答えとして最も適しているものをそれぞれ**ア～エ**から一つずつ選び、**解答欄の記号**を○で囲みなさい。

(1)
ア　He learned what nurses did.
イ　He had an interview for getting a job.
ウ　He got some medical advice from a doctor.
エ　He explained how important a nurse's job was.

解答欄	ア	イ	ウ	エ

採点者記入欄　/2

(2)　**ア**　A photo.　　**イ**　A pilot.　　**ウ**　A scientist.　　**エ**　A travel experience.

解答欄	ア	イ	ウ	エ

採点者記入欄　/2

6　アビーと佐藤先生が学校の図書室で会話をしています。その会話を聞いて、会話の中で述べられている内容と合うものを、次の**ア～エ**から一つ選び、**解答欄の記号**を○で囲みなさい。

ア　Abby borrowed some books about the World Heritage Sites to do research on all of them.
イ　Abby borrowed a book which would help her choose one site from the World Heritage Sites.
ウ　Abby didn't borrow any books about the World Heritage Sites because she will visit one of them.
エ　Abby will learn details about the histories of the World Heritage Sites from the book she borrowed.

解答欄	ア	イ	ウ	エ

採点者記入欄　/2

※実物の大きさ：195％拡大（A3用紙）

受験番号	番

得点	

令和６年度大阪府学力検査問題

社会解答用紙

1				採点者記入欄
(1)	①		ア　イ　ウ　エ	/1
	②	(a)	ア　イ　ウ　エ	/1
		(b)		/2
(2)	①			/2
	②		ア　イ　ウ　エ	/2
(3)	①		ア　イ　ウ　エ	/2
	②			/2
				/12

2			採点者記入欄
(1)	①	ア　イ　ウ　エ	/1
	②	ア　イ　ウ　エ	/1
(2)	①	ア　イ　ウ　エ　オ　カ	/2
	②	ア　イ　ウ　エ	/2
	③	ア　イ　ウ　エ	/2
(3)	ⓐ	ア　イ　ウ　ⓑ　エ　オ　カ	/2
	ⓒ		/2
			/12

3			採点者記入欄
(1)			/1
(2)			/2
(3)	①	ア　イ　ウ　エ	/2
	②		/2
	③		/2
(4)	ⓐ	ア　イ　ⓑ　ウ　エ	/2
			/11

4				採点者記入欄
(1)	①		ア　イ　ウ　エ	/1
	②	ⓐ	ア　イ　ⓑ　ウ　エ	/1
(2)	①			/2
	②	(a)	県	/2
		(b)	ア　イ　ウ　エ	/2
(3)			ア　イ　ウ　エ	/2
				/10

※実物の大きさ：195% 拡大（A3 用紙）

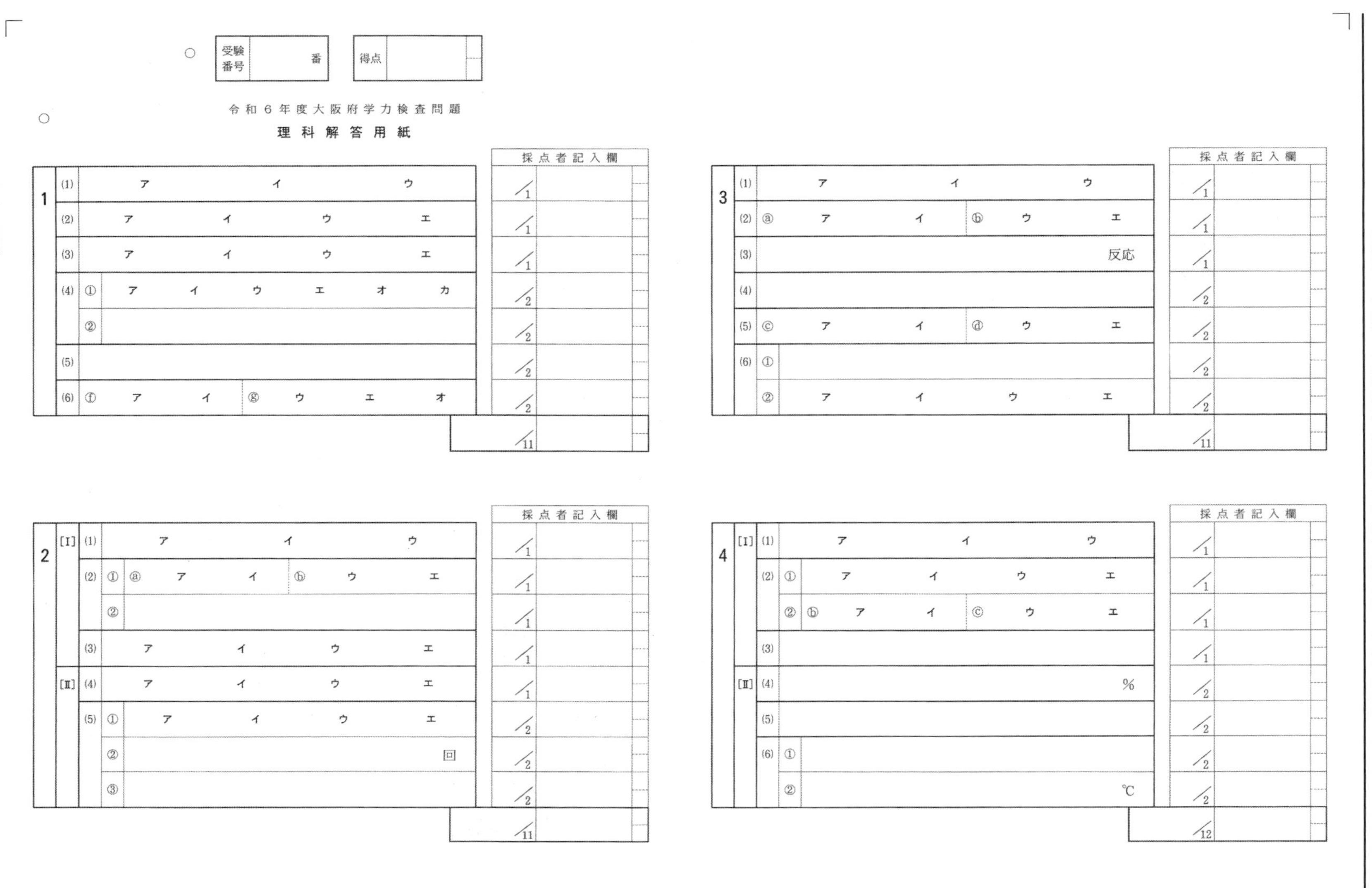

受験番号　　番　　得点

令和6年度大阪府学力検査問題
理科解答用紙

1			採点者記入欄
(1)		ア　イ　ウ	／1
(2)		ア　イ　ウ　エ	／1
(3)		ア　イ　ウ　エ	／1
(4)	①	ア　イ　ウ　エ　オ　カ	／2
	②		／2
(5)			／2
(6)	ⓕ	ア　イ　ⓖ　ウ　エ　オ	／2
			／11

3			採点者記入欄
(1)		ア　イ　ウ	／1
(2)	ⓐ	ア　イ　ⓑ　ウ　エ	／1
(3)		反応	／1
(4)			／2
(5)	ⓒ	ア　イ　ⓓ　ウ　エ	／2
(6)	①		／2
	②	ア　イ　ウ　エ	／2
			／11

2				採点者記入欄
[Ⅰ]	(1)		ア　イ　ウ	／1
	(2)	①	ⓐ　ア　イ　ⓑ　ウ　エ	／1
		②		／1
	(3)		ア　イ　ウ　エ	／1
[Ⅱ]	(4)		ア　イ　ウ　エ	／1
	(5)	①	ア　イ　ウ　エ	／2
		②	回	／2
		③		／2
				／11

4				採点者記入欄
[Ⅰ]	(1)		ア　イ　ウ	／1
	(2)	①	ア　イ　ウ　エ	／1
		②	ⓑ　ア　イ　ⓒ　ウ　エ	／1
	(3)			／1
[Ⅱ]	(4)		%	／2
	(5)			／2
	(6)	①		／2
		②	℃	／2
				／12

※実物の大きさ：195% 拡大（A3 用紙）

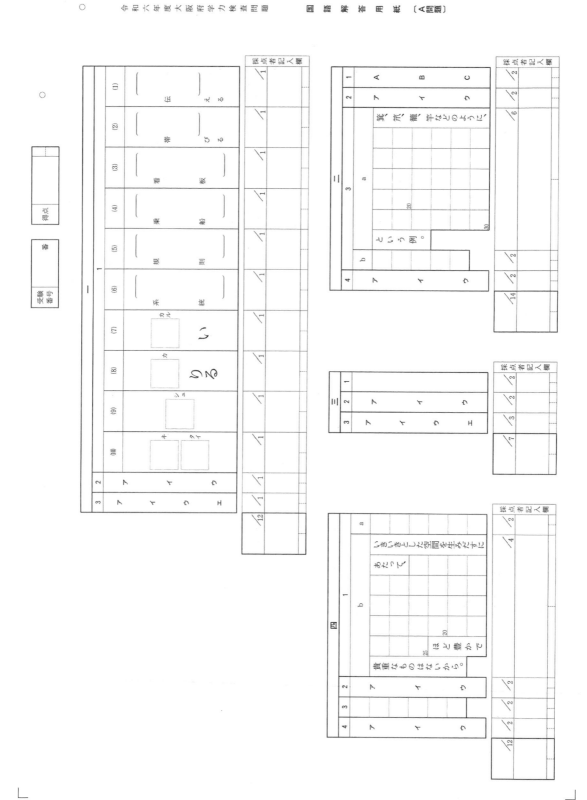

令和六年度大阪府学力検査問題

国語解答用紙〔A問題〕

受験番号　　番　　得点

一

1
(1) 伝　える
(2) 帯　びる
(3) 看板
(4) 乗船
(5) 規則
(6) 系統
(7) ［　］《カル》い
(8) ［　］《カ》りる
(9) ［　］《シュ》
(10) ［　］《キ》［　］《タイ》

2　ア　イ　ウ

3　ア　イ　ウ　エ

採点者記入欄　／1　／1　／1　／1　／1　／1　／1　／1　／1　／1　／1　／1　／12

二

1　A　B　C

2　ア　イ　ウ

3
a　箕、笊、籠、竿などのように、（20）（30）という例。
b

4　ア　イ　ウ

採点者記入欄　／2　／2　／6　／2　／2　／14

三

1

2　ア　イ　ウ

3　ア　イ　ウ　エ

採点者記入欄　／2　／2　／3　／7

四

1
a
b　いきいきとした空間を生みだすにあたって、（20）ほど豊かで（25）貴重なものはないから。

2　ア　イ　ウ

3

4　ア　イ　ウ

採点者記入欄　／2　／4　／2　／2　／2　／12

※実物の大きさ：195% 拡大（A3 用紙）

令和六年度大阪府学力検査問題

国語解答用紙〔B問題〕

受験番号　　番

得点

一

1 ア イ ウ エ
2 ア イ ウ エ
3 ア イ ウ エ
4 技術としての痕跡は（30）（40）ものであるから。

採点者記入欄 /2 /2 /3 /4 /11

二

1 ア イ ウ エ
2
3 a（10）（20）様子を見て
b ア イ ウ エ

採点者記入欄 /2 /1 /4 /2 /9

三

1
(1) 計〔　〕らい
(2) 〔　〕い
(3) 稚〔　〕魚
(4) 陶〔　〕酔
(5) フタタ　び
(6) ヨ　せる
(7) ケイ　トウ
(8) キョウ　じる
2 ア イ ウ エ

採点者記入欄 /1 /1 /1 /1 /1 /1 /1 /1 /2 /10

四

1 ⓐ ⓑ
2 a b
3 数学記号は、普通の言葉のように（55）（65）
4 ア イ ウ エ

採点者記入欄 /2 /2 /2 /6 /3 /15

※実物の大きさ：195% 拡大（A3 用紙）

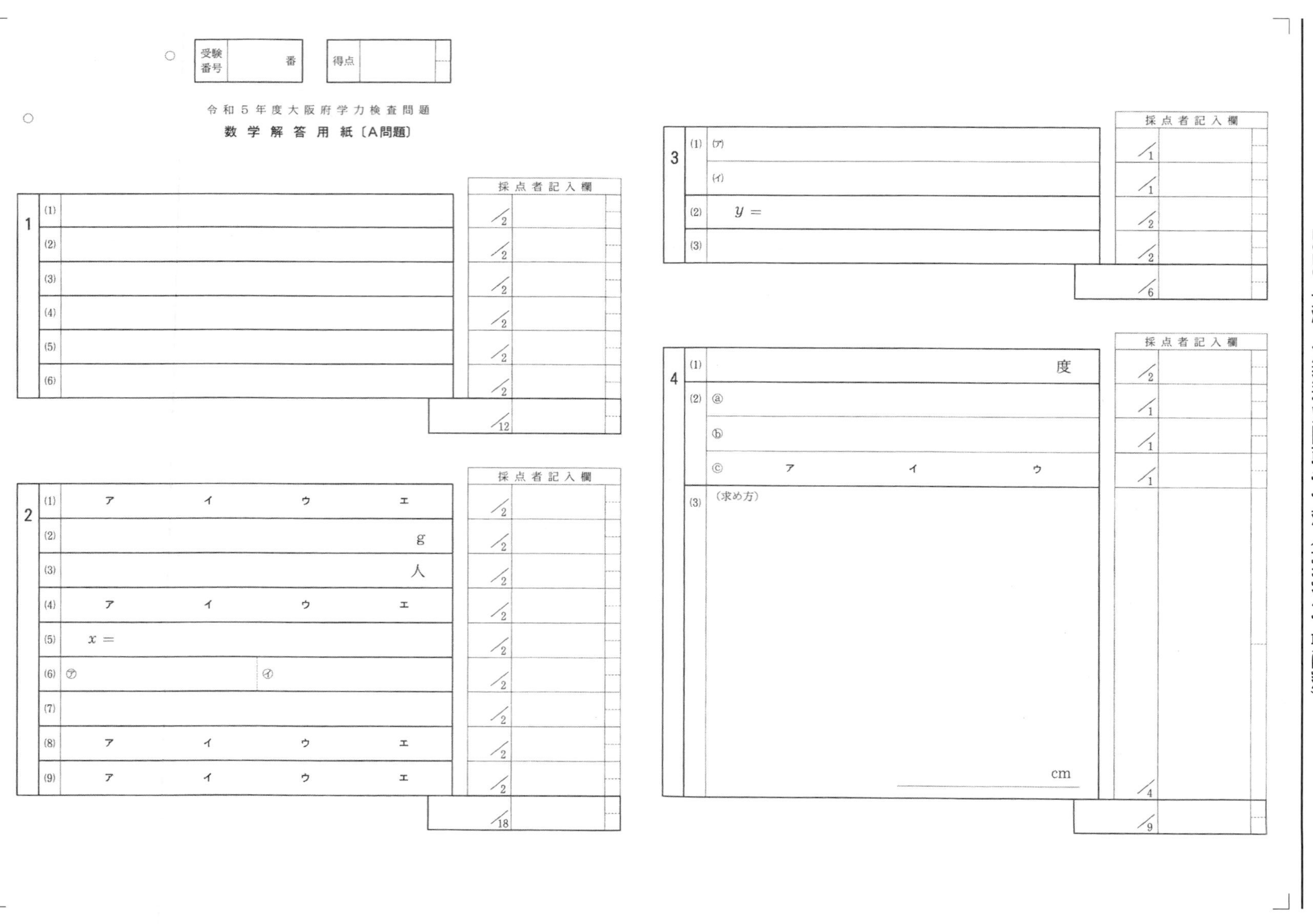
受験番号　　番　　得点

令和５年度大阪府学力検査問題
数学解答用紙〔A問題〕

1		採点者記入欄
(1)		/2
(2)		/2
(3)		/2
(4)		/2
(5)		/2
(6)		/2
		/12

2		採点者記入欄
(1)	ア　イ　ウ　エ	/2
(2)	g	/2
(3)	人	/2
(4)	ア　イ　ウ　エ	/2
(5)	$x=$	/2
(6)	㋐　㋑	/2
(7)		/2
(8)	ア　イ　ウ　エ	/2
(9)	ア　イ　ウ　エ	/2
		/18

3		採点者記入欄
(1)	(ア)	/1
	(イ)	/1
(2)	$y=$	/2
(3)		/2
		/6

4		採点者記入欄
(1)	度	/2
(2)	ⓐ	/1
	ⓑ	/1
	ⓒ　ア　イ　ウ	/1
(3)	（求め方）　cm	/4
		/9

※実物の大きさ：195％拡大（A3 用紙）

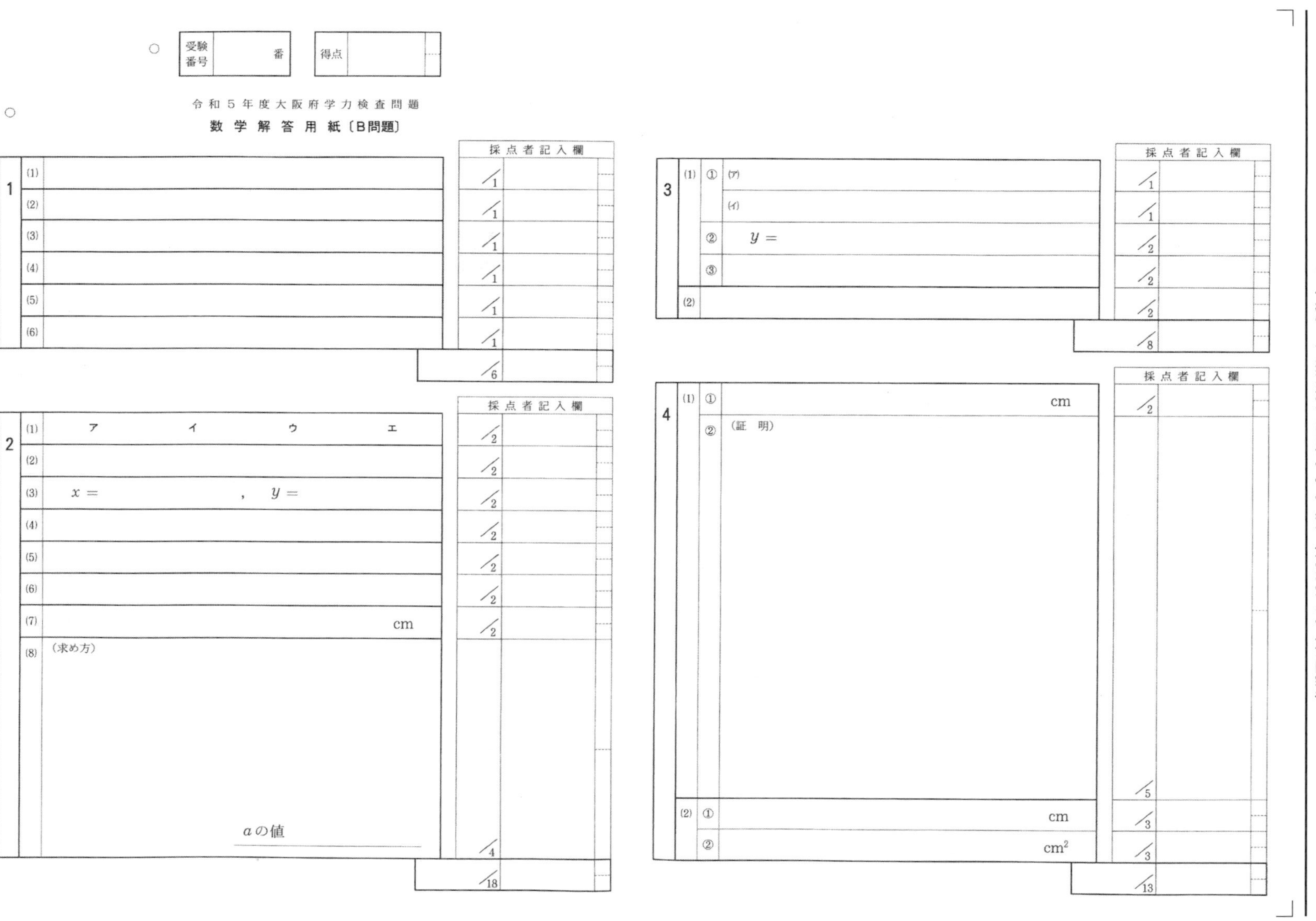
受験番号　　番　　得点

令和５年度大阪府学力検査問題
数学解答用紙〔B問題〕

1

		採点者記入欄
(1)		/1
(2)		/1
(3)		/1
(4)		/1
(5)		/1
(6)		/1
		/6

2

		採点者記入欄
(1)	ア　イ　ウ　エ	/2
(2)		/2
(3)	$x =$　　，$y =$	/2
(4)		/2
(5)		/2
(6)		/2
(7)	cm	/2
(8)	（求め方）　a の値	/4
		/18

3

			採点者記入欄
(1)	①	(ア)	/1
		(イ)	/1
	②	$y =$	/2
	③		/2
(2)			/2
			/8

4

			採点者記入欄
(1)	①	cm	/2
	②	（証明）	/5
(2)	①	cm	/3
	②	cm^2	/3
			/13

※実物の大きさ：195% 拡大（A3 用紙）

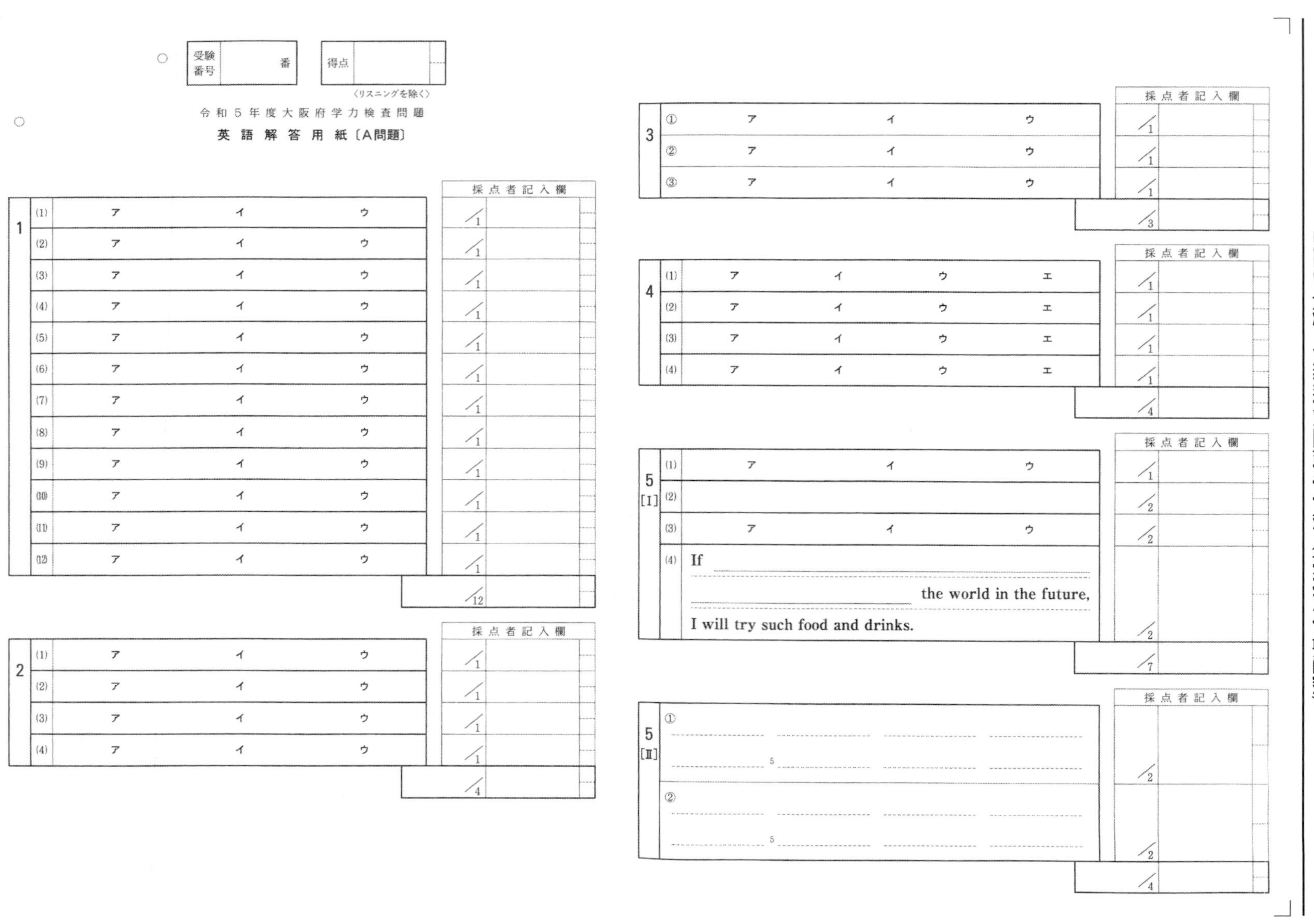

受験番号　　　番

得点

〈リスニングを除く〉

令和５年度大阪府学力検査問題

英語解答用紙〔A問題〕

1				採点者記入欄
(1)	ア	イ	ウ	/1
(2)	ア	イ	ウ	/1
(3)	ア	イ	ウ	/1
(4)	ア	イ	ウ	/1
(5)	ア	イ	ウ	/1
(6)	ア	イ	ウ	/1
(7)	ア	イ	ウ	/1
(8)	ア	イ	ウ	/1
(9)	ア	イ	ウ	/1
(10)	ア	イ	ウ	/1
(11)	ア	イ	ウ	/1
(12)	ア	イ	ウ	/1
				/12

2				採点者記入欄
(1)	ア	イ	ウ	/1
(2)	ア	イ	ウ	/1
(3)	ア	イ	ウ	/1
(4)	ア	イ	ウ	/1
				/4

3				採点者記入欄
①	ア	イ	ウ	/1
②	ア	イ	ウ	/1
③	ア	イ	ウ	/1
				/3

4					採点者記入欄
(1)	ア	イ	ウ	エ	/1
(2)	ア	イ	ウ	エ	/1
(3)	ア	イ	ウ	エ	/1
(4)	ア	イ	ウ	エ	/1
					/4

5 [Ⅰ]				採点者記入欄
(1)	ア	イ	ウ	/1
(2)				/2
(3)	ア	イ	ウ	/2
(4)	If ＿＿＿＿ ＿＿＿＿ the world in the future, I will try such food and drinks.			/2
				/7

5 [Ⅱ]		採点者記入欄
①	＿＿＿＿＿ 5 ＿＿＿＿＿	/2
②	＿＿＿＿＿ 5 ＿＿＿＿＿	/2
		/4

※実物の大きさ：195% 拡大（A3 用紙）

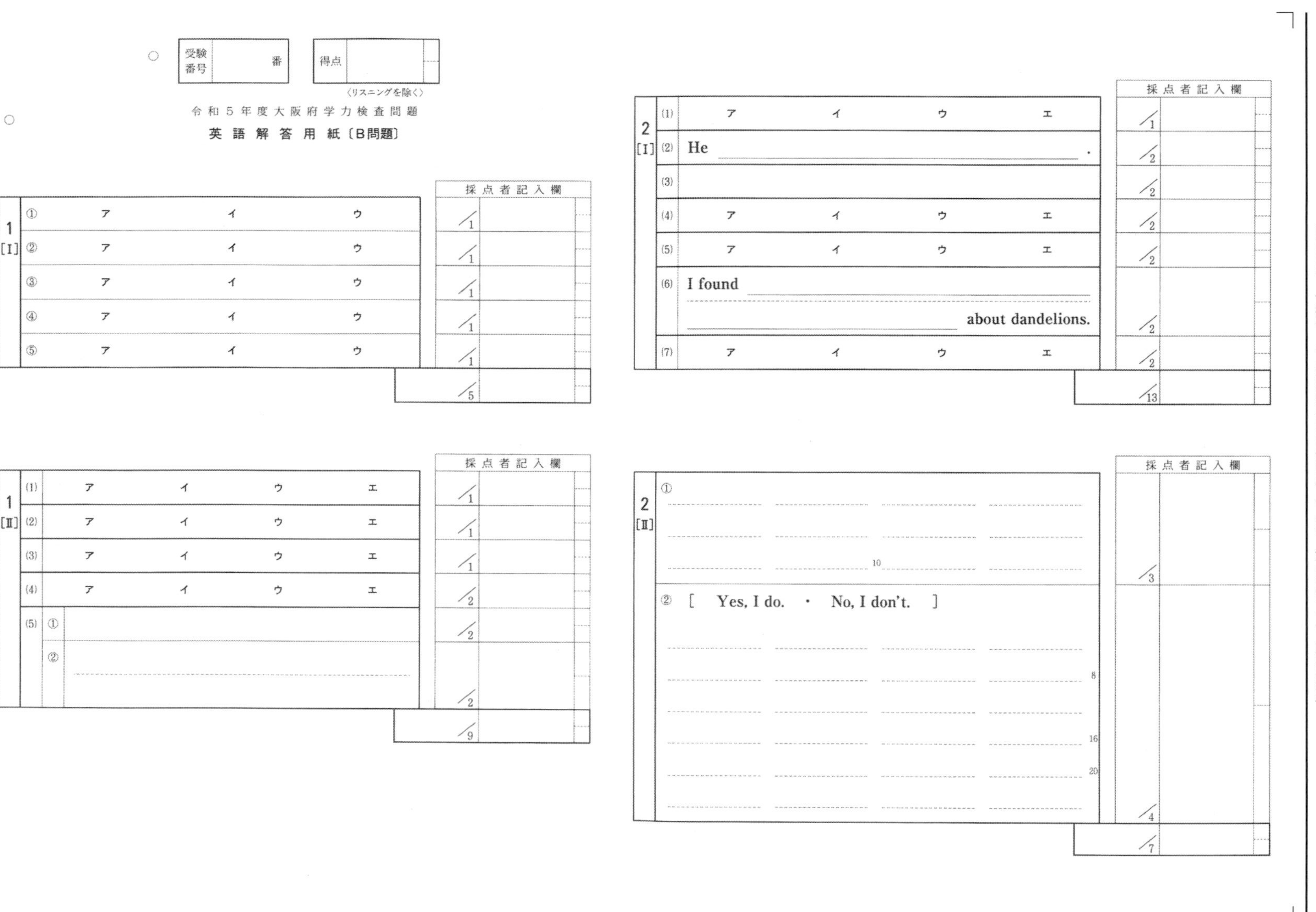

受験番号　　番
得点
〈リスニングを除く〉

令和５年度大阪府学力検査問題
英語解答用紙〔B問題〕

1 [I]

				採点者記入欄
①	ア	イ	ウ	/1
②	ア	イ	ウ	/1
③	ア	イ	ウ	/1
④	ア	イ	ウ	/1
⑤	ア	イ	ウ	/1
				/5

1 [II]

					採点者記入欄
(1)	ア	イ	ウ	エ	/1
(2)	ア	イ	ウ	エ	/1
(3)	ア	イ	ウ	エ	/1
(4)	ア	イ	ウ	エ	/2
(5) ①					/2
(5) ②					/2
					/9

2 [I]

		採点者記入欄
(1)	ア　イ　ウ　エ	/1
(2)	He ______ .	/2
(3)		/2
(4)	ア　イ　ウ　エ	/2
(5)	ア　イ　ウ　エ	/2
(6)	I found ______ about dandelions.	/2
(7)	ア　イ　ウ　エ	/2
		/13

2 [II]

		採点者記入欄
①		/3
②	[Yes, I do. ・ No, I don't.]	/4
		/7

※実物の大きさ：195% 拡大（A3 用紙）

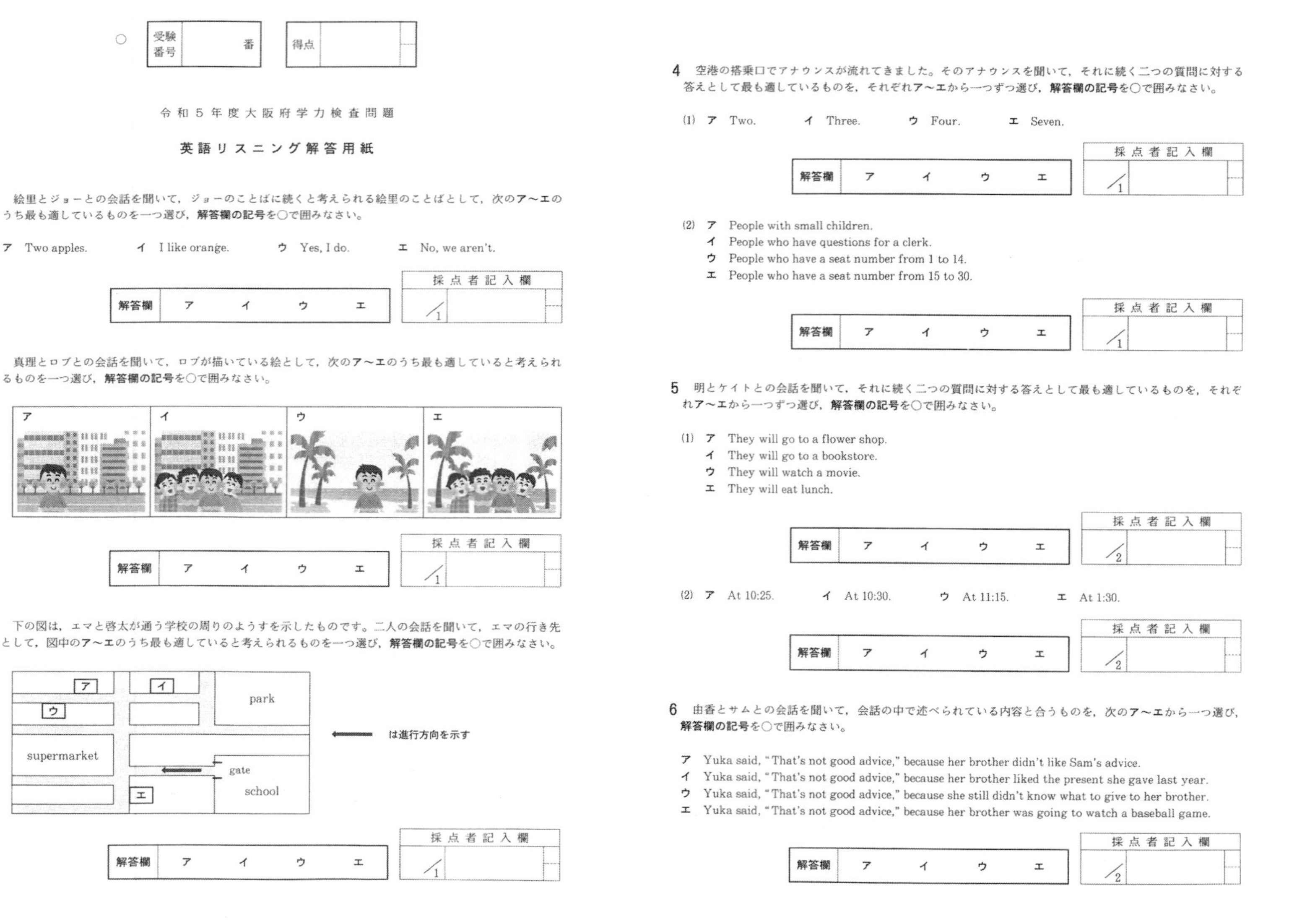

受験番号	番

得点	

令和５年度大阪府学力検査問題

英語リスニング解答用紙

1 絵里とジョーとの会話を聞いて，ジョーのことばに続くと考えられる絵里のことばとして，次の**ア～エ**のうち最も適しているものを一つ選び，**解答欄の記号**を○で囲みなさい。

ア Two apples.　**イ** I like orange.　**ウ** Yes, I do.　**エ** No, we aren't.

解答欄	ア	イ	ウ	エ

採点者記入欄　/1

2 真理とロブとの会話を聞いて，ロブが描いている絵として，次の**ア～エ**のうち最も適していると考えられるものを一つ選び，**解答欄の記号**を○で囲みなさい。

ア　イ　ウ　エ

解答欄	ア	イ	ウ	エ

採点者記入欄　/1

3 下の図は，エマと啓太が通う学校の周りのようすを示したものです。二人の会話を聞いて，エマの行き先として，図中の**ア～エ**のうち最も適していると考えられるものを一つ選び，**解答欄の記号**を○で囲みなさい。

解答欄	ア	イ	ウ	エ

採点者記入欄　/1

4 空港の搭乗口でアナウンスが流れてきました。そのアナウンスを聞いて，それに続く二つの質問に対する答えとして最も適しているものを，それぞれ**ア～エ**から一つずつ選び，**解答欄の記号**を○で囲みなさい。

(1) **ア** Two.　**イ** Three.　**ウ** Four.　**エ** Seven.

解答欄	ア	イ	ウ	エ

採点者記入欄　/1

(2) **ア** People with small children.
イ People who have questions for a clerk.
ウ People who have a seat number from 1 to 14.
エ People who have a seat number from 15 to 30.

解答欄	ア	イ	ウ	エ

採点者記入欄　/1

5 明とケイトとの会話を聞いて，それに続く二つの質問に対する答えとして最も適しているものを，それぞれ**ア～エ**から一つずつ選び，**解答欄の記号**を○で囲みなさい。

(1) **ア** They will go to a flower shop.
イ They will go to a bookstore.
ウ They will watch a movie.
エ They will eat lunch.

解答欄	ア	イ	ウ	エ

採点者記入欄　/2

(2) **ア** At 10:25.　**イ** At 10:30.　**ウ** At 11:15.　**エ** At 1:30.

解答欄	ア	イ	ウ	エ

採点者記入欄　/2

6 由香とサムとの会話を聞いて，会話の中で述べられている内容と合うものを，次の**ア～エ**から一つ選び，**解答欄の記号**を○で囲みなさい。

ア Yuka said, "That's not good advice," because her brother didn't like Sam's advice.
イ Yuka said, "That's not good advice," because her brother liked the present she gave last year.
ウ Yuka said, "That's not good advice," because she still didn't know what to give to her brother.
エ Yuka said, "That's not good advice," because her brother was going to watch a baseball game.

解答欄	ア	イ	ウ	エ

採点者記入欄　/2

※実物の大きさ：195% 拡大（A3 用紙）

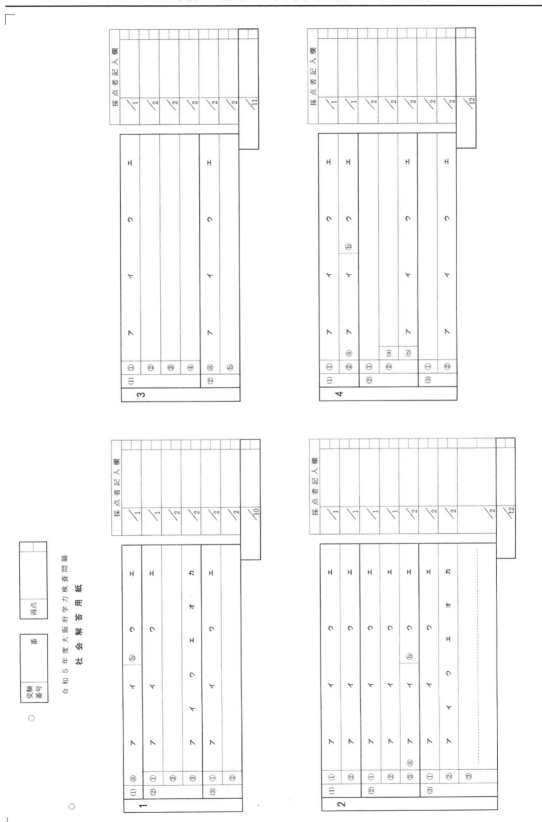

受験番号	番	得点	

令和５年度大阪府学力検査問題

社会解答用紙

1				採点者記入欄
(1)	ⓐ	ア　イ	ⓑ　ウ　エ	/1
(2)	①	ア　イ　ウ　エ		/1
	②			/2
	③	ア　イ　ウ　エ　オ　カ		/2
(3)	①	ア　イ　ウ　エ		/2
	②			/2
				/10

2				採点者記入欄
(1)	①	ア　イ　ウ　エ		/1
	②	ア　イ　ウ　エ		/1
(2)	①	ア　イ　ウ　エ		/1
	②	ア　イ　ウ　エ		/1
	③	ⓐ　ア　イ	ⓑ　ウ　エ	/2
(3)	①	ア　イ　ウ　エ		/2
	②	ア　イ　ウ　エ　オ　カ		/2
	③			/2
				/12

3			採点者記入欄
(1)	①	ア　イ　ウ　エ	/1
	②		/2
	③		/2
	④		/2
(2)	ⓐ	ア　イ　ウ　エ	/2
	ⓑ		/2
			/11

4				採点者記入欄
(1)	①	ア　イ　ウ　エ		/1
	②	ⓐ　ア　イ	ⓑ　ウ　エ	/1
(2)	①			/2
	②	(a)		/2
		(b)	ア　イ　ウ　エ	/2
(3)	①			/2
	②	ア　イ　ウ　エ		/2
				/12

※実物の大きさ：195% 拡大（A3 用紙）

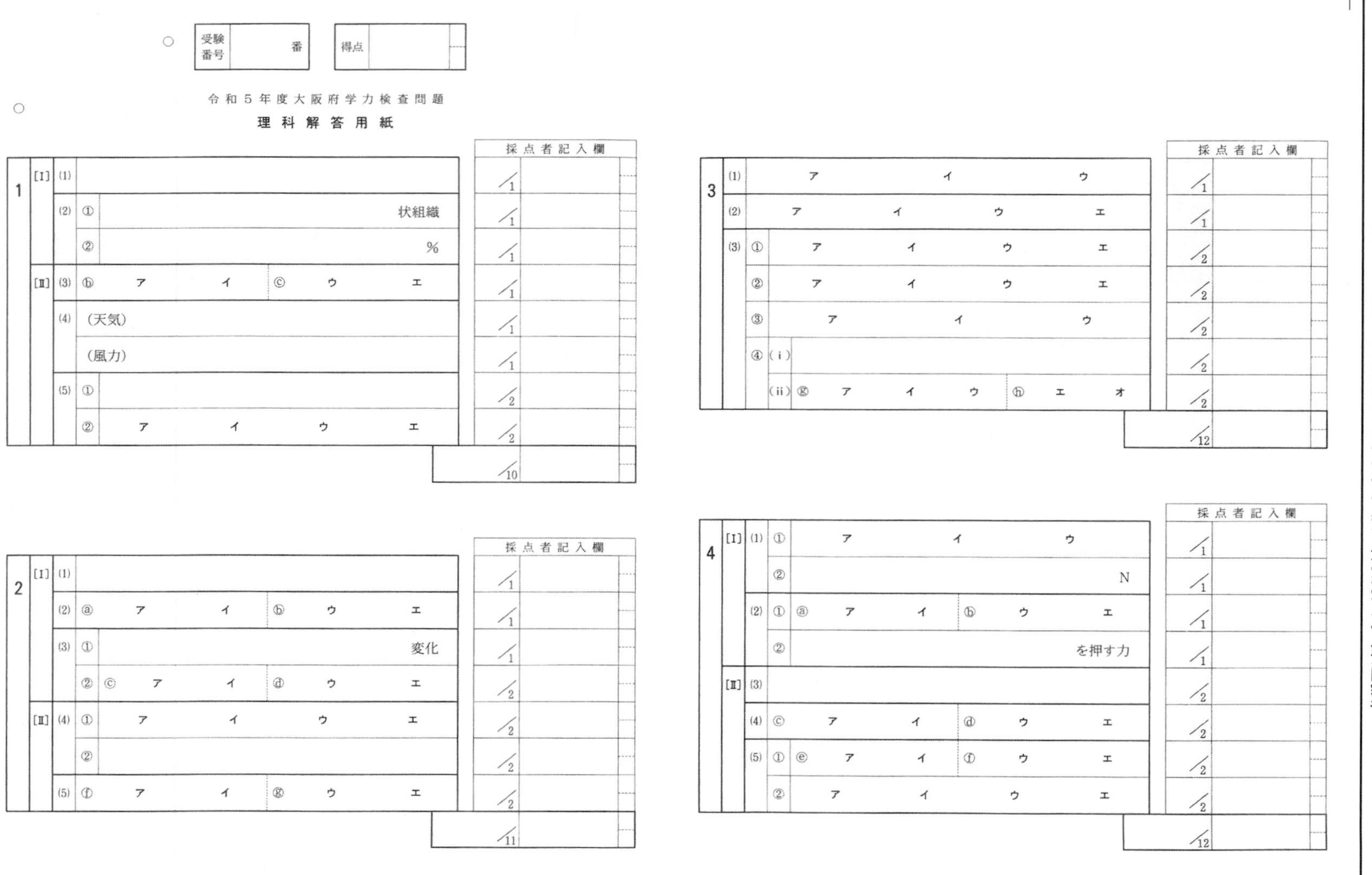

受験番号　　番
得点

令和５年度大阪府学力検査問題
理科解答用紙

採点者記入欄

1
[Ⅰ] (1)　/1
(2) ①　状組織　/1
②　%　/1
[Ⅱ] (3) ⓑ ア イ ⓒ ウ エ　/1
(4) (天気)　/1
(風力)　/1
(5) ①　/2
② ア イ ウ エ　/2
/10

2
[Ⅰ] (1)　/1
(2) ⓐ ア イ ⓑ ウ エ　/1
(3) ①　変化　/1
② ⓒ ア イ ⓓ ウ エ　/2
[Ⅱ] (4) ① ア イ ウ エ　/2
②　/2
(5) ⓕ ア イ ⓖ ウ エ　/2
/11

3
(1) ア イ ウ　/1
(2) ア イ ウ エ　/1
(3) ① ア イ ウ エ　/2
② ア イ ウ エ　/2
③ ア イ ウ　/2
④ (i)　/2
(ii) ⓖ ア イ ウ ⓗ エ オ　/2
/12

4
[Ⅰ] (1) ① ア イ ウ　/1
②　N　/1
(2) ① ⓐ ア イ ⓑ ウ エ　/1
②　を押す力　/1
[Ⅱ] (3)　/2
(4) ⓒ ア イ ⓓ ウ エ　/2
(5) ① ⓔ ア イ ⓕ ウ エ　/2
② ア イ ウ エ　/2
/12

※実物の大きさ：195% 拡大（A3 用紙）

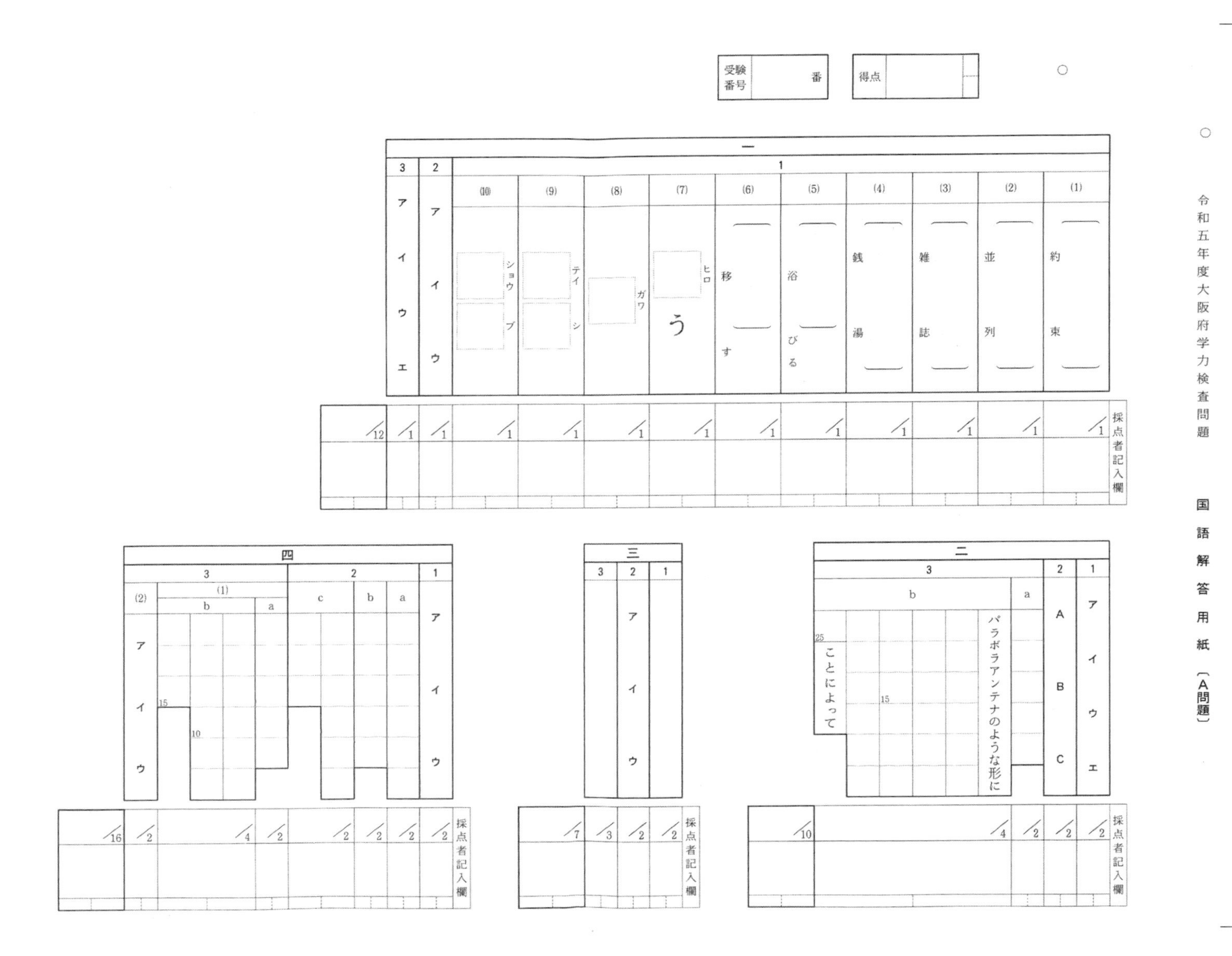

令和五年度大阪府学力検査問題

国語解答用紙〔A問題〕

受験番号　　番

得点

一
1 (1) 約束 (2) 並列 (3) 雑誌 (4) 銭湯 (5) 浴びる (6) 移す (7) ヒロう (8) ガワ (9) テイシ (10) ショウブ
2 ア イ ウ
3 ア イ ウ エ

二
1 ア イ ウ エ
2 A B C
3 a
b パラボラアンテナのような形に　15　25　ことによって

三
1
2 ア イ ウ
3

四
1 ア イ ウ
2 a b c
3 (1) a b 10 15 (2) ア イ ウ

採点者記入欄

※実物の大きさ：195% 拡大（A3用紙）

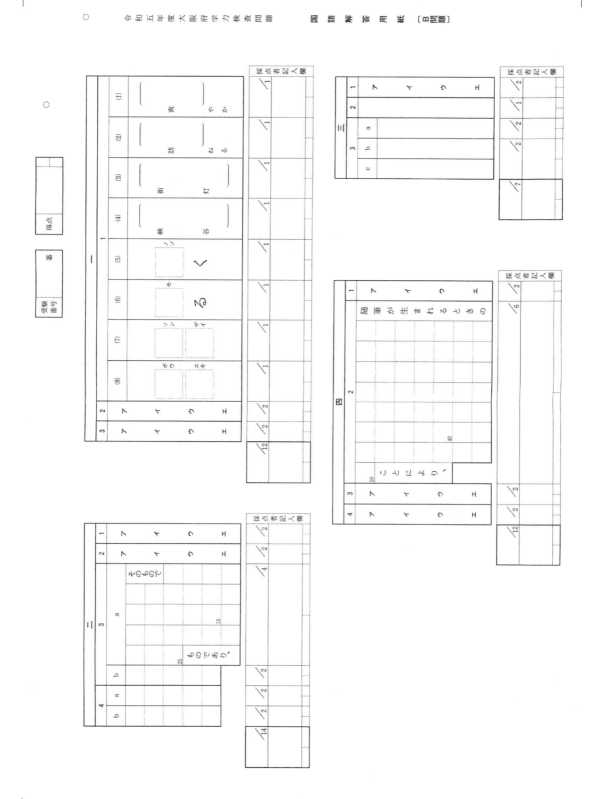

令和五年度大阪府学力検査問題

国語解答用紙〔B問題〕

受験番号　　番

得点

一

1

(1) 爽やか

(2) 訪ねる

(3) 街灯

(4) 峡谷

(5) ノゾ《》く

(6) モ《》る

(7) ソン　ザイ

(8) ボウ　エキ

2 ア　イ　ウ　エ

3 ア　イ　ウ　エ

採点者記入欄　1　1　1　1　1　1　1　1　2　2　12

二

1 ア　イ　ウ　エ

2 ア　イ　ウ　エ

3 a そのもので（15）（25）ものであり、

3 b

4 a

4 b

採点者記入欄　2　2　4　2　2　2　14

三

1 ア　イ　ウ　エ

2

3 a

3 b

3 c

採点者記入欄　2　1　2　2　7

四

1 ア　イ　ウ　エ

2 随筆が生まれるときの（40）（50）ことにより、

3 ア　イ　ウ　エ

4 ア　イ　ウ　エ

採点者記入欄　2　6　2　2　12

※実物の大きさ：195% 拡大（A3 用紙）

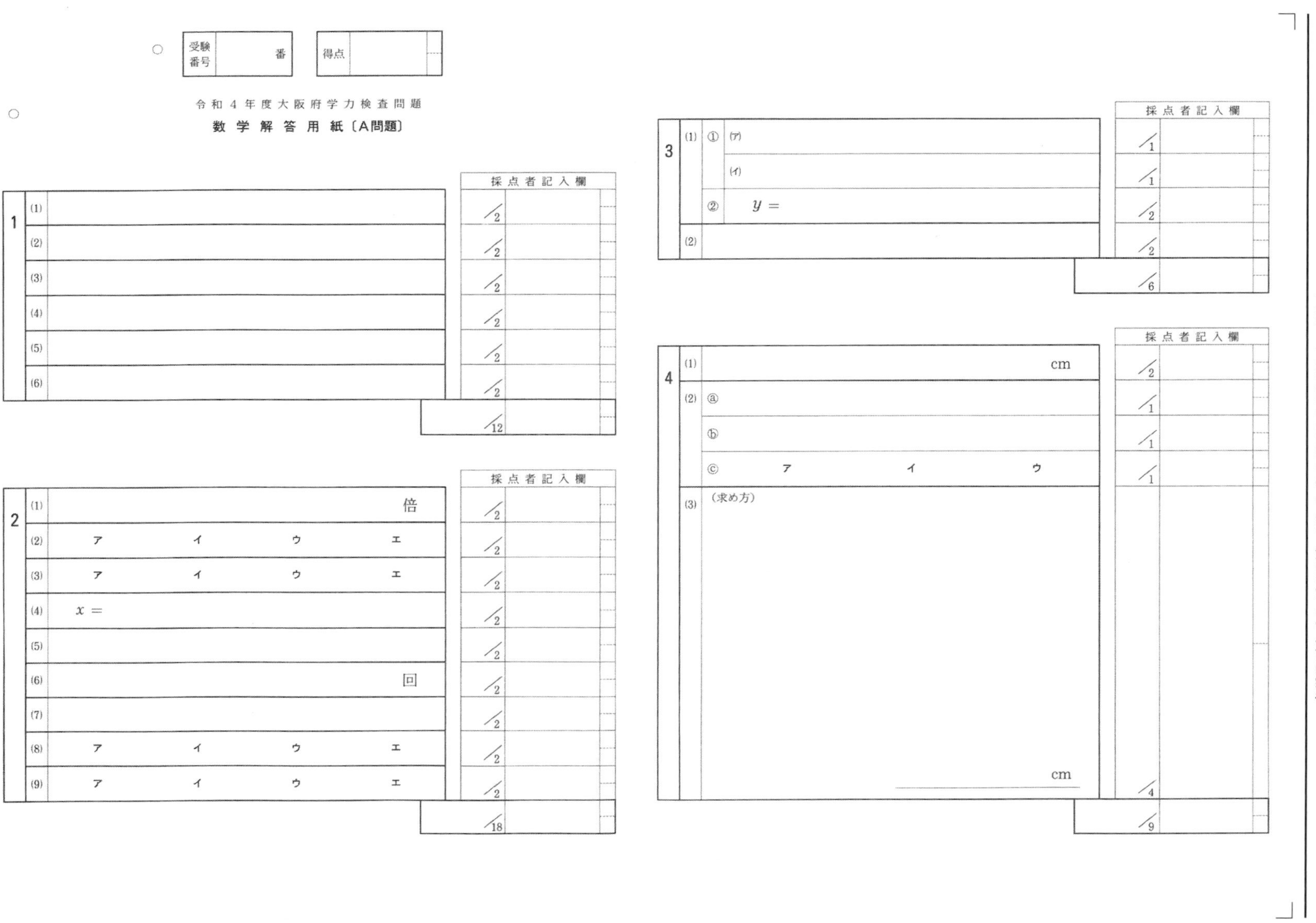
受験番号	番

得点

令和４年度大阪府学力検査問題

数学解答用紙〔A問題〕

1

		採点者記入欄
(1)		/2
(2)		/2
(3)		/2
(4)		/2
(5)		/2
(6)		/2
		/12

2

		採点者記入欄
(1)	倍	/2
(2)	ア　イ　ウ　エ	/2
(3)	ア　イ　ウ　エ	/2
(4)	$x =$	/2
(5)		/2
(6)	回	/2
(7)		/2
(8)	ア　イ　ウ　エ	/2
(9)	ア　イ　ウ　エ	/2
		/18

3

			採点者記入欄
(1)	①	(ア)	/1
		(イ)	/1
	②	$y =$	/2
(2)			/2
			/6

4

			採点者記入欄
(1)		cm	/2
(2)	ⓐ		/1
	ⓑ		/1
	ⓒ	ア　イ　ウ	/1
(3)	（求め方）	cm	/4
			/9

※実物の大きさ：195% 拡大（A3 用紙）

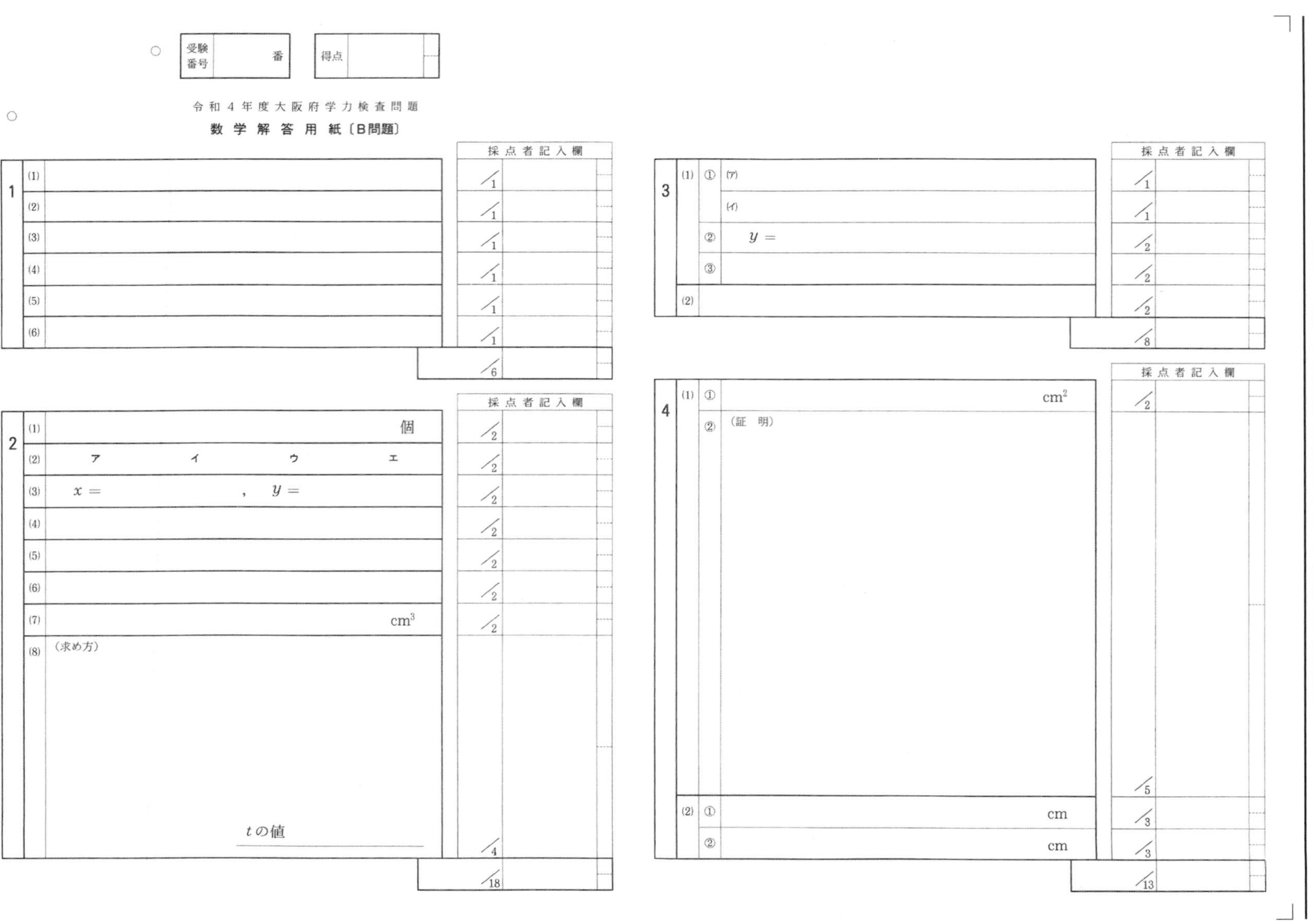
受験番号　　番　　得点

令和4年度大阪府学力検査問題
数学解答用紙〔B問題〕

1		採点者記入欄
(1)		/1
(2)		/1
(3)		/1
(4)		/1
(5)		/1
(6)		/1
		/6

2		採点者記入欄
(1)	個	/2
(2)	ア　イ　ウ　エ	/2
(3)	$x =$　　，$y =$	/2
(4)		/2
(5)		/2
(6)		/2
(7)	cm³	/2
(8)	（求め方）　tの値	/4
		/18

3		採点者記入欄
(1) ①	(ア)	/1
	(イ)	/1
②	$y =$	/2
③		/2
(2)		/2
		/8

4		採点者記入欄
(1) ①	cm²	/2
②	（証明）	/5
(2) ①	cm	/3
②	cm	/3
		/13

※実物の大きさ：195% 拡大（A3 用紙）

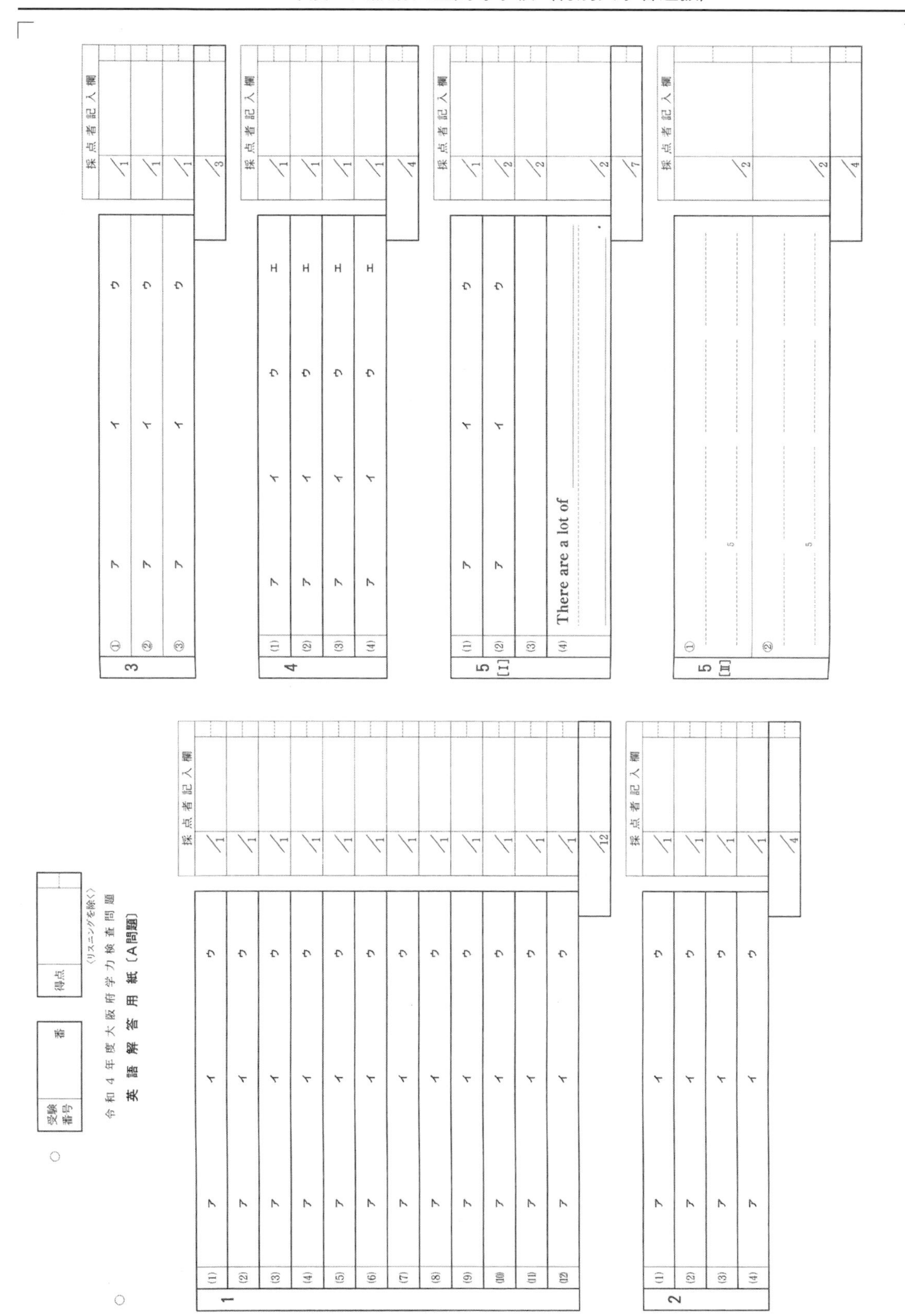

受験番号	番

得点	

〈リスニングを除く〉

令和４年度大阪府学力検査問題

英語解答用紙〔A問題〕

1					採点者記入欄
	(1)	ア	イ	ウ	／1
	(2)	ア	イ	ウ	／1
	(3)	ア	イ	ウ	／1
	(4)	ア	イ	ウ	／1
	(5)	ア	イ	ウ	／1
	(6)	ア	イ	ウ	／1
	(7)	ア	イ	ウ	／1
	(8)	ア	イ	ウ	／1
	(9)	ア	イ	ウ	／1
	(10)	ア	イ	ウ	／1
	(11)	ア	イ	ウ	／1
	(12)	ア	イ	ウ	／1
					／12

2					採点者記入欄
	(1)	ア	イ	ウ	／1
	(2)	ア	イ	ウ	／1
	(3)	ア	イ	ウ	／1
	(4)	ア	イ	ウ	／1
					／4

3					採点者記入欄
	①	ア	イ	ウ	／1
	②	ア	イ	ウ	／1
	③	ア	イ	ウ	／1
					／3

4						採点者記入欄
	(1)	ア	イ	ウ	エ	／1
	(2)	ア	イ	ウ	エ	／1
	(3)	ア	イ	ウ	エ	／1
	(4)	ア	イ	ウ	エ	／1
						／4

5［Ⅰ］					採点者記入欄
	(1)	ア	イ	ウ	／1
	(2)	ア	イ	ウ	／2
	(3)				／2
	(4)	There are a lot of ＿＿＿＿＿＿＿＿ .			／2
					／7

5［Ⅱ］			採点者記入欄
	①	5	／2
	②	5	／2
			／4

※実物の大きさ：195% 拡大（A3 用紙）

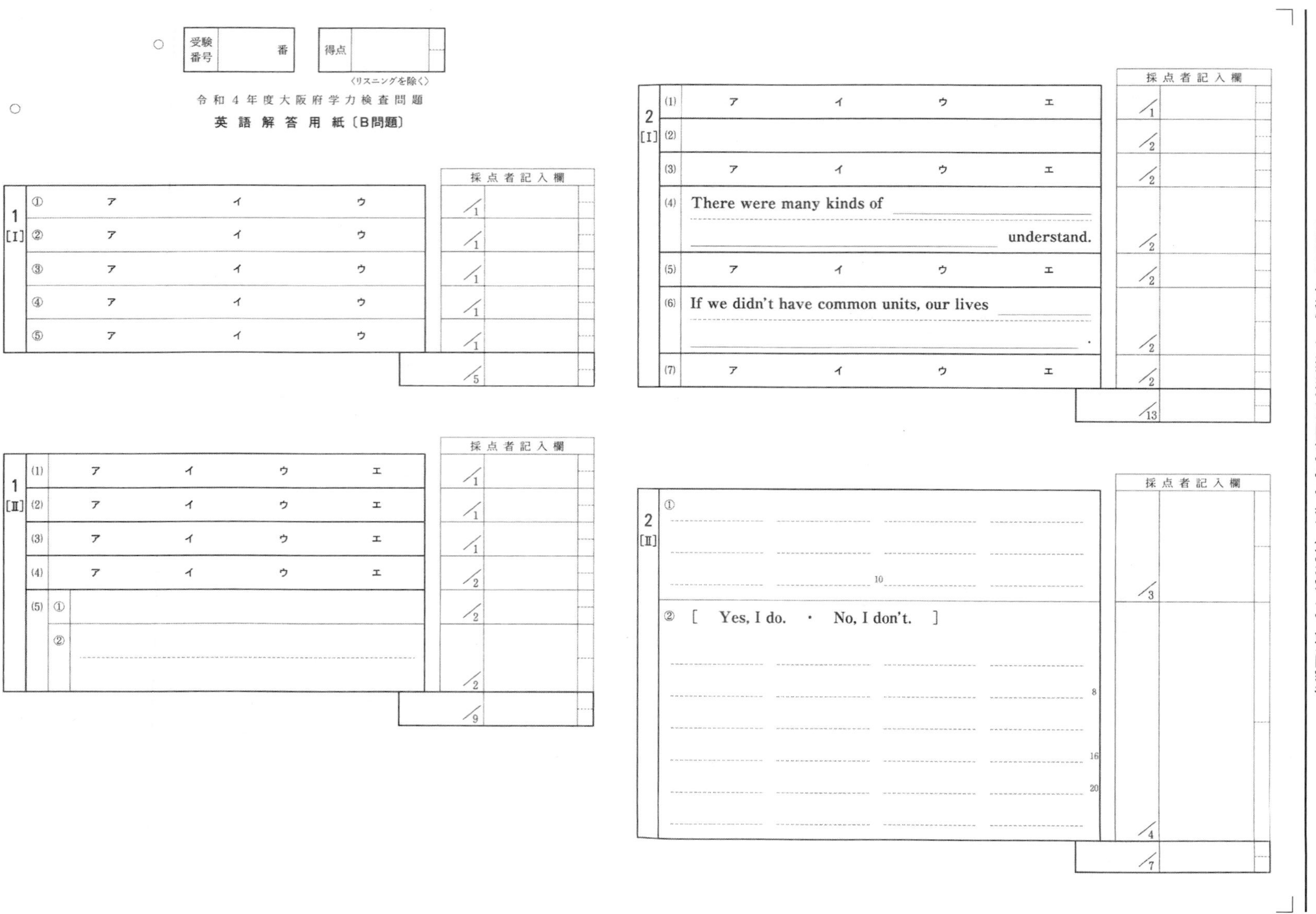

受験番号　番　得点

〈リスニングを除く〉
令和4年度大阪府学力検査問題
英語解答用紙〔B問題〕

1 [I]
① ア イ ウ
② ア イ ウ
③ ア イ ウ
④ ア イ ウ
⑤ ア イ ウ

1 [II]
(1) ア イ ウ エ
(2) ア イ ウ エ
(3) ア イ ウ エ
(4) ア イ ウ エ
(5) ①
②

2 [I]
(1) ア イ ウ エ
(2)
(3) ア イ ウ エ
(4) There were many kinds of ＿＿＿＿ understand.
(5) ア イ ウ エ
(6) If we didn't have common units, our lives ＿＿＿＿ .
(7) ア イ ウ エ

2 [II]
①
② [Yes, I do. ・ No, I don't.]

採点者記入欄

※実物の大きさ：195% 拡大（A3 用紙）

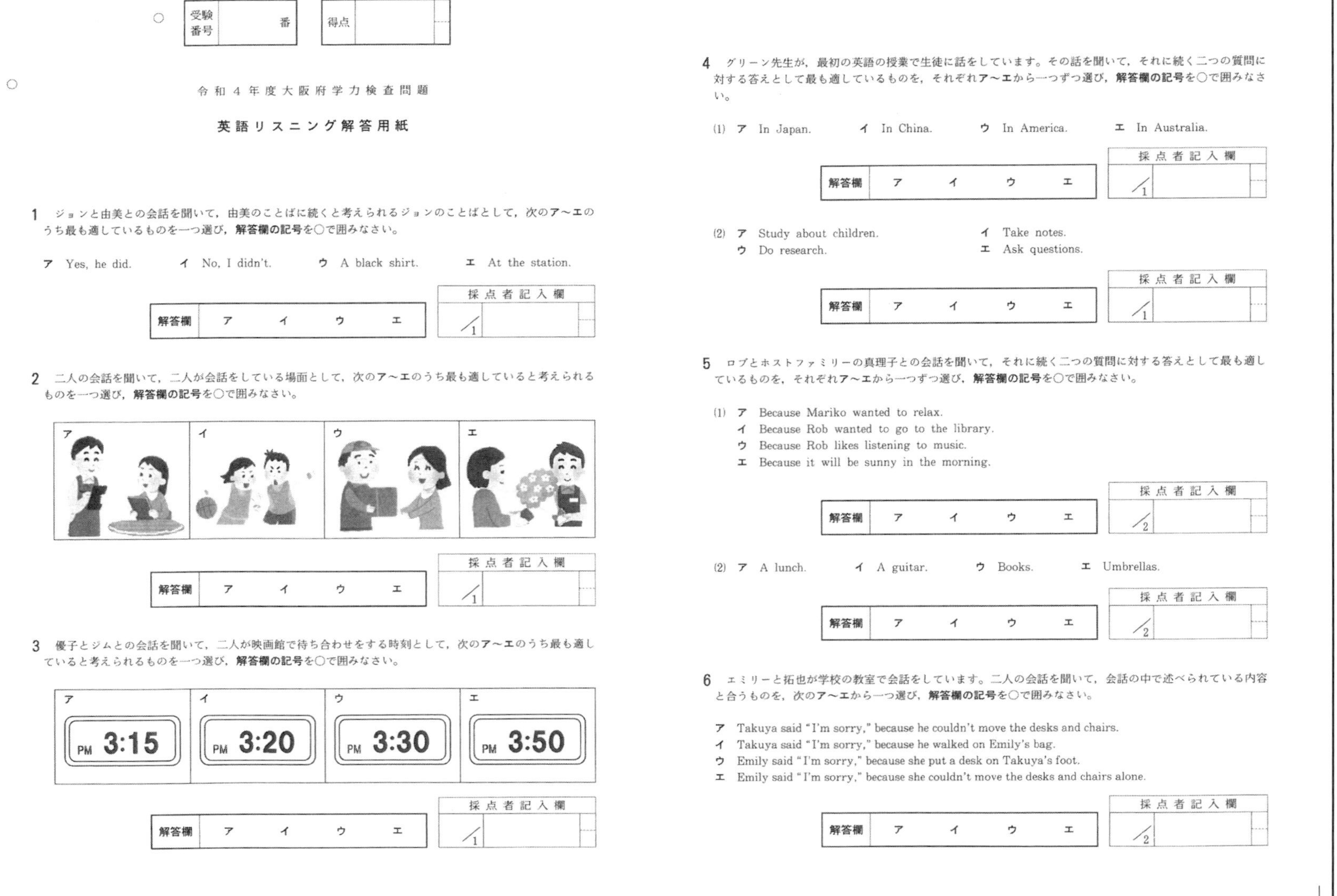

受験番号	番

得点	

令和4年度大阪府学力検査問題

英語リスニング解答用紙

1　ジョンと由美との会話を聞いて，由美のことばに続くと考えられるジョンのことばとして，次のア～エのうち最も適しているものを一つ選び，**解答欄の記号**を○で囲みなさい。

ア　Yes, he did.　　イ　No, I didn't.　　ウ　A black shirt.　　エ　At the station.

解答欄	ア	イ	ウ	エ

採点者記入欄
/1

2　二人の会話を聞いて，二人が会話をしている場面として，次のア～エのうち最も適していると考えられるものを一つ選び，**解答欄の記号**を○で囲みなさい。

ア　イ　ウ　エ

解答欄	ア	イ	ウ	エ

採点者記入欄
/1

3　優子とジムとの会話を聞いて，二人が映画館で待ち合わせをする時刻として，次のア～エのうち最も適していると考えられるものを一つ選び，**解答欄の記号**を○で囲みなさい。

ア	イ	ウ	エ
PM 3:15	PM 3:20	PM 3:30	PM 3:50

解答欄	ア	イ	ウ	エ

採点者記入欄
/1

4　グリーン先生が，最初の英語の授業で生徒に話をしています。その話を聞いて，それに続く二つの質問に対する答えとして最も適しているものを，それぞれア～エから一つずつ選び，**解答欄の記号**を○で囲みなさい。

(1)　ア　In Japan.　　イ　In China.　　ウ　In America.　　エ　In Australia.

解答欄	ア	イ	ウ	エ

採点者記入欄
/1

(2)　ア　Study about children.　　イ　Take notes.
　　ウ　Do research.　　エ　Ask questions.

解答欄	ア	イ	ウ	エ

採点者記入欄
/1

5　ロブとホストファミリーの真理子との会話を聞いて，それに続く二つの質問に対する答えとして最も適しているものを，それぞれア～エから一つずつ選び，**解答欄の記号**を○で囲みなさい。

(1)　ア　Because Mariko wanted to relax.
　　イ　Because Rob wanted to go to the library.
　　ウ　Because Rob likes listening to music.
　　エ　Because it will be sunny in the morning.

解答欄	ア	イ	ウ	エ

採点者記入欄
/2

(2)　ア　A lunch.　　イ　A guitar.　　ウ　Books.　　エ　Umbrellas.

解答欄	ア	イ	ウ	エ

採点者記入欄
/2

6　エミリーと拓也が学校の教室で会話をしています。二人の会話を聞いて，会話の中で述べられている内容と合うものを，次のア～エから一つ選び，**解答欄の記号**を○で囲みなさい。

ア　Takuya said "I'm sorry," because he couldn't move the desks and chairs.
イ　Takuya said "I'm sorry," because he walked on Emily's bag.
ウ　Emily said "I'm sorry," because she put a desk on Takuya's foot.
エ　Emily said "I'm sorry," because she couldn't move the desks and chairs alone.

解答欄	ア	イ	ウ	エ

採点者記入欄
/2

※実物の大きさ：195% 拡大（A3 用紙）

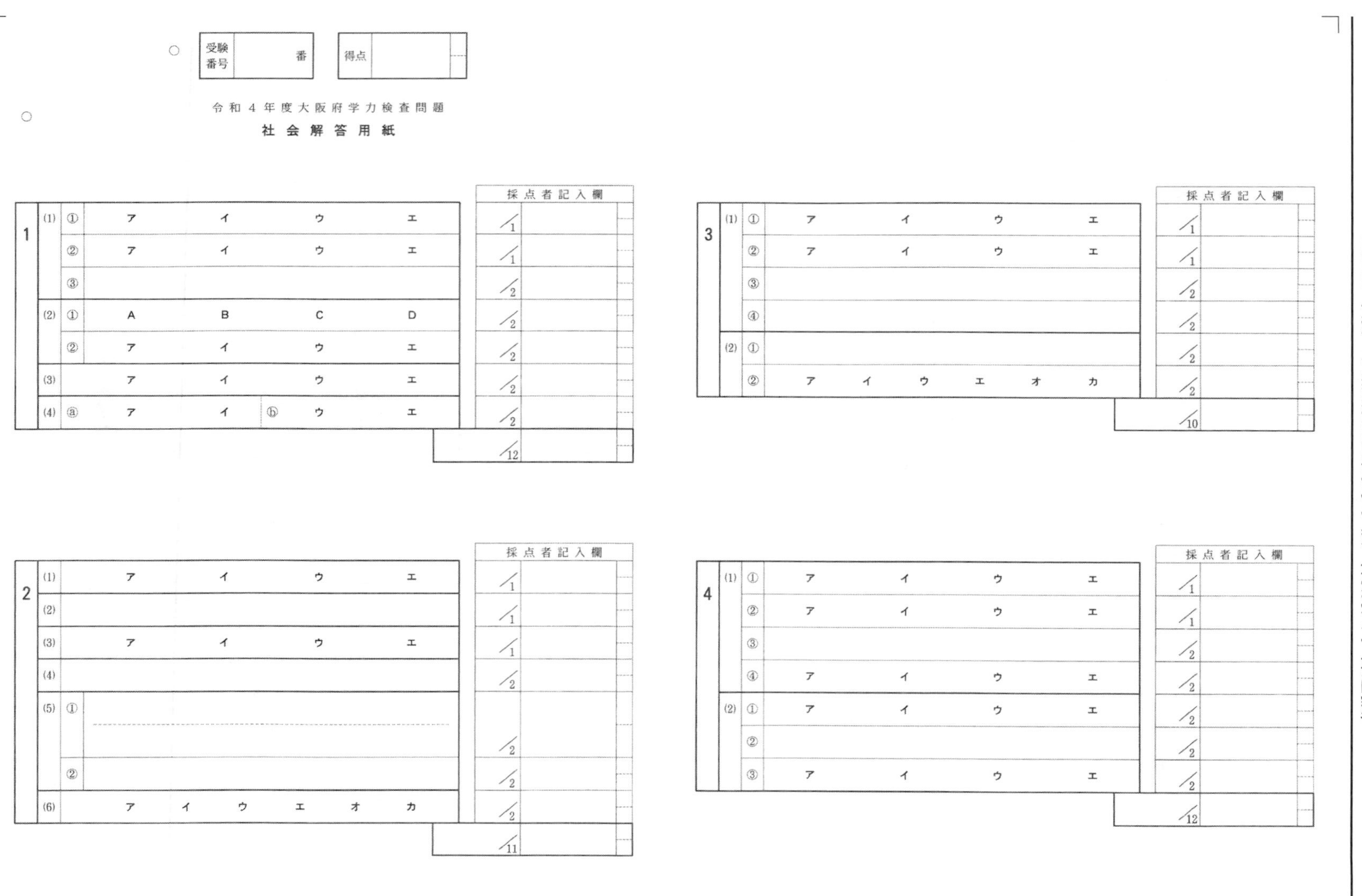

令和4年度大阪府学力検査問題

社会解答用紙

受験番号	番	得点

1

		解答	採点者記入欄
(1)	①	ア イ ウ エ	/1
	②	ア イ ウ エ	/1
	③		/2
(2)	①	A B C D	/2
	②	ア イ ウ エ	/2
(3)		ア イ ウ エ	/2
(4)	ⓐ	ア イ	/2
	ⓑ	ウ エ	
			/12

2

		解答	採点者記入欄
(1)		ア イ ウ エ	/1
(2)			/1
(3)		ア イ ウ エ	/1
(4)			/2
(5)	①		/2
	②		/2
(6)		ア イ ウ エ オ カ	/2
			/11

3

		解答	採点者記入欄
(1)	①	ア イ ウ エ	/1
	②	ア イ ウ エ	/1
	③		/2
	④		/2
(2)	①		/2
	②	ア イ ウ エ オ カ	/2
			/10

4

		解答	採点者記入欄
(1)	①	ア イ ウ エ	/1
	②	ア イ ウ エ	/1
	③		/2
	④	ア イ ウ エ	/2
(2)	①	ア イ ウ エ	/2
	②		/2
	③	ア イ ウ エ	/2
			/12

※実物の大きさ：195% 拡大（A3 用紙）

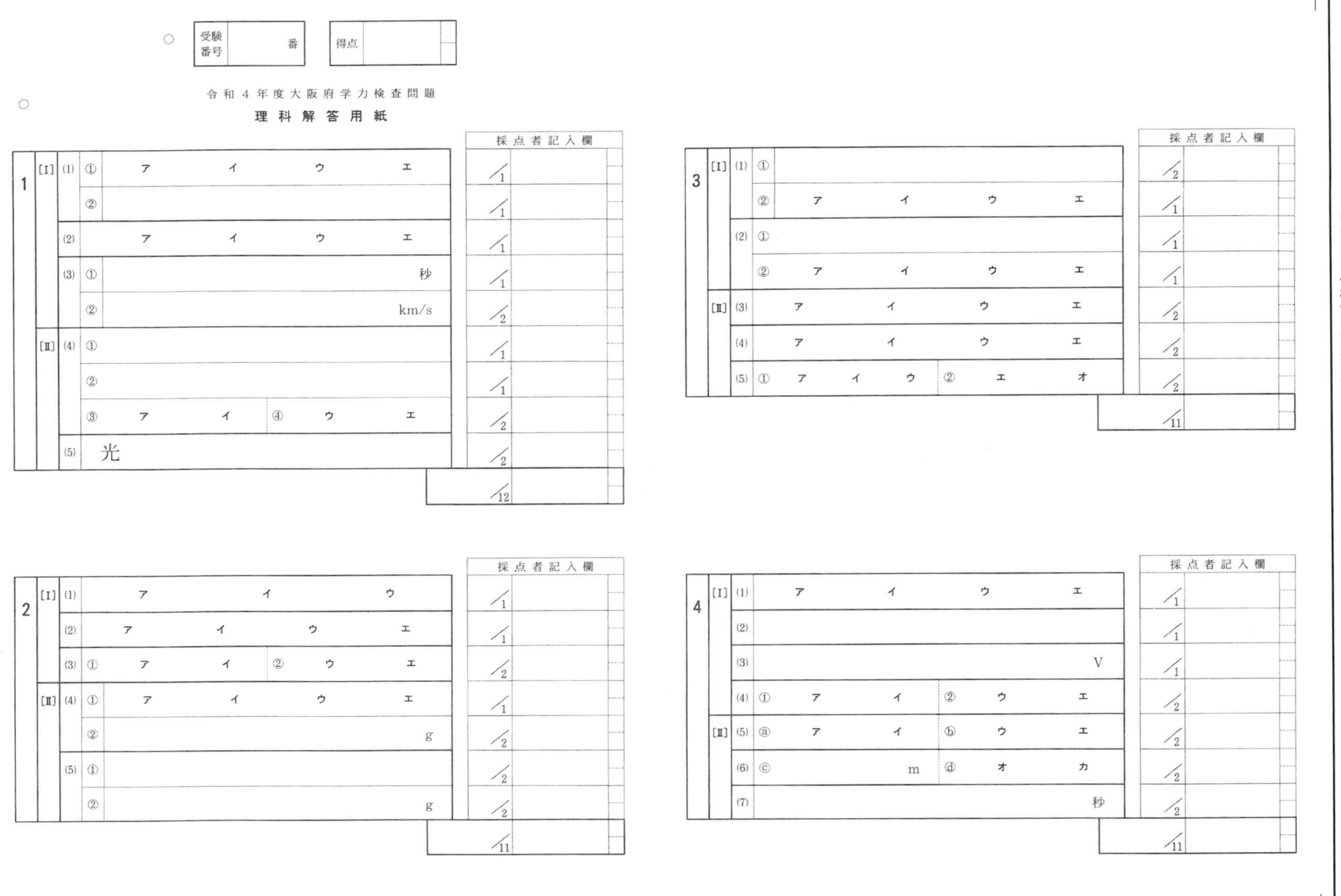

受験番号　番

得点

令和4年度大阪府学力検査問題

理科解答用紙

1

			解答	採点者記入欄
[I]	(1)	①	ア　イ　ウ　エ	／1
		②		／1
	(2)		ア　イ　ウ　エ	／1
	(3)	①	秒	／1
		②	km/s	／2
[II]	(4)	①		／1
		②		／1
		③	ア　イ　④ ウ　エ	／2
	(5)		光	／2
				／12

2

			解答	採点者記入欄
[I]	(1)		ア　イ　ウ	／1
	(2)		ア　イ　ウ　エ	／1
	(3)	①	ア　イ　② ウ　エ	／2
[II]	(4)	①	ア　イ　ウ　エ	／1
		②	g	／2
	(5)	①		／2
		②	g	／2
				／11

3

			解答	採点者記入欄
[I]	(1)	①		／2
		②	ア　イ　ウ　エ	／1
	(2)	①		／1
		②	ア　イ　ウ　エ	／1
[II]	(3)		ア　イ　ウ　エ	／2
	(4)		ア　イ　ウ　エ	／2
	(5)	①	ア　イ　ウ　② エ　オ	／2
				／11

4

			解答	採点者記入欄
[I]	(1)		ア　イ　ウ　エ	／1
	(2)			／1
	(3)		V	／1
	(4)	①	ア　イ　② ウ　エ	／2
[II]	(5)	ⓐ	ア　イ　ⓑ ウ　エ	／2
	(6)	ⓒ	m　ⓓ オ　カ	／2
	(7)		秒	／2
				／11

※実物の大きさ：195% 拡大（A3 用紙）

令和四年度大阪府学力検査問題

国語解答用紙〔A問題〕

受験番号　　番

得点

一

		解答	採点者記入欄
1	(1)	機械	/1
	(2)	冷蔵	/1
	(3)	昨晩	/1
	(4)	強固	/1
	(5)	習う	/1
	(6)	練る	/1
	(7)	クモ	/1
	(8)	マジわる	/1
	(9)	チョ キン	/1
	(10)	スイ リク	/1
2		ア　イ　ウ	/2
			/12

二

		解答	採点者記入欄
1		ア　イ　ウ	/2
2		（10）	/2
3		ア　イ　ウ　エ　オ　カ	/2
4	a	アメリカ大使館の職員から（10）ときに、	/4
	b	ア　イ　ウ	/2
5		ア　イ　ウ	/2
			/14

三

	解答	採点者記入欄
1		/2
2	ア　イ　ウ	/2
3	ア　イ　ウ	/3
		/7

四

		解答	採点者記入欄
1			/2
2	a	多くの爬虫類の歯は顎の（10）だけだが、	/2
	b	恐竜の歯は顎の（10）。	/2
3	a	（11）	/2
	b		/2
4		ア　イ　ウ	/2
			/12

※実物の大きさ：195% 拡大（A3用紙）

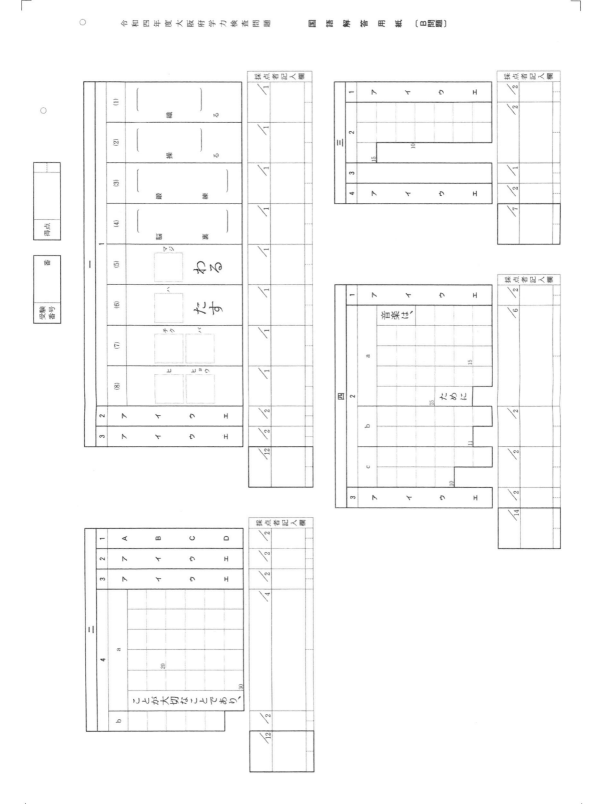

令和四年度大阪府学力検査問題

国語解答用紙（B問題）

受験番号　　番

得点

一

1
(1) 織　る
(2) 操　る
(3) 鍛　錬
(4) 脳　裏
(5) ［　］《マジ》わる
(6) ［　］《ハ》たす
(7) ［　］《チク》［　］《バ》
(8) ［　］《ヒ》［　］《ヒョウ》

2　ア　イ　ウ　エ

3　ア　イ　ウ　エ

採点者記入欄	(1)	(2)	(3)	(4)	(5)	(6)	(7)	(8)	2	3	計
	/1	/1	/1	/1	/1	/1	/1	/1	/2	/2	/12

二

1　A　B　C　D

2　ア　イ　ウ　エ

3　ア　イ　ウ　エ

4
a　ことが大切なことであり、（20）（30）
b

採点者記入欄	1	2	3	4 a	4 b	計
	/2	/2	/2	/4	/2	/12

三

1　ア　イ　ウ　エ

2　（10）（15）

3

4　ア　イ　ウ　エ

採点者記入欄	1	2	3	4	計
	/2	/2	/1	/2	/7

四

1　ア　イ　ウ　エ

2
a　音楽は、（15）（25）ために
b　（11）
c　（10）

3　ア　イ　ウ　エ

採点者記入欄	1	2 a	2 b	2 c	3	計
	/2	/6	/2	/2	/2	/14

※実物の大きさ：195% 拡大（A3 用紙）

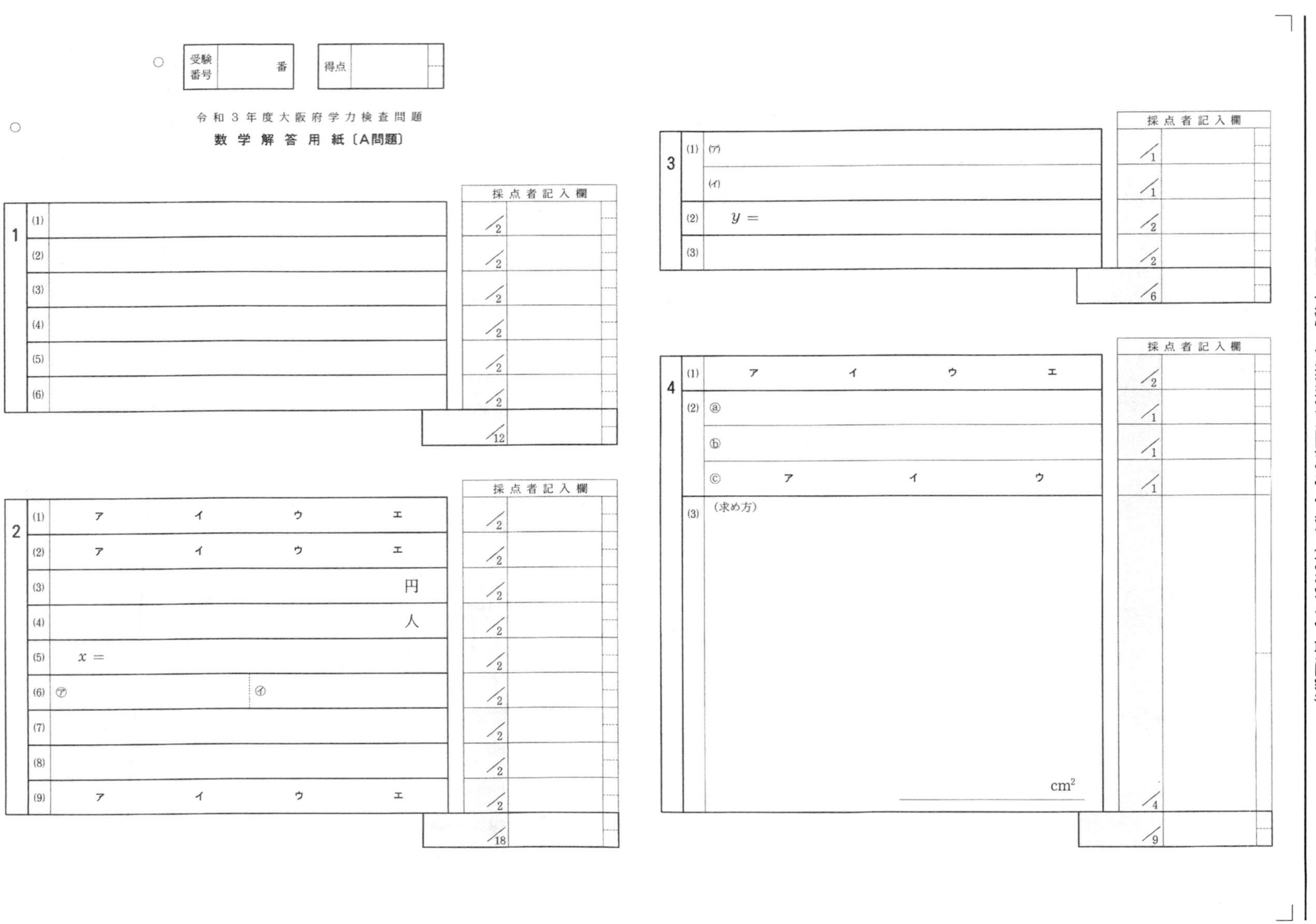
受験番号　番　　得点

令和３年度大阪府学力検査問題
数学解答用紙［A問題］

1		採点者記入欄
(1)		/2
(2)		/2
(3)		/2
(4)		/2
(5)		/2
(6)		/2
		/12

2		採点者記入欄
(1)	ア　イ　ウ　エ	/2
(2)	ア　イ　ウ　エ	/2
(3)	円	/2
(4)	人	/2
(5)	$x =$	/2
(6)	㋐　㋑	/2
(7)		/2
(8)		/2
(9)	ア　イ　ウ　エ	/2
		/18

3		採点者記入欄
(1)	(ア)	/1
	(イ)	/1
(2)	$y =$	/2
(3)		/2
		/6

4		採点者記入欄
(1)	ア　イ　ウ　エ	/2
(2)	ⓐ	/1
	ⓑ	/1
	ⓒ　ア　イ　ウ	/1
(3)	（求め方）　cm^2	/4
		/9

※実物の大きさ：195% 拡大（A3 用紙）

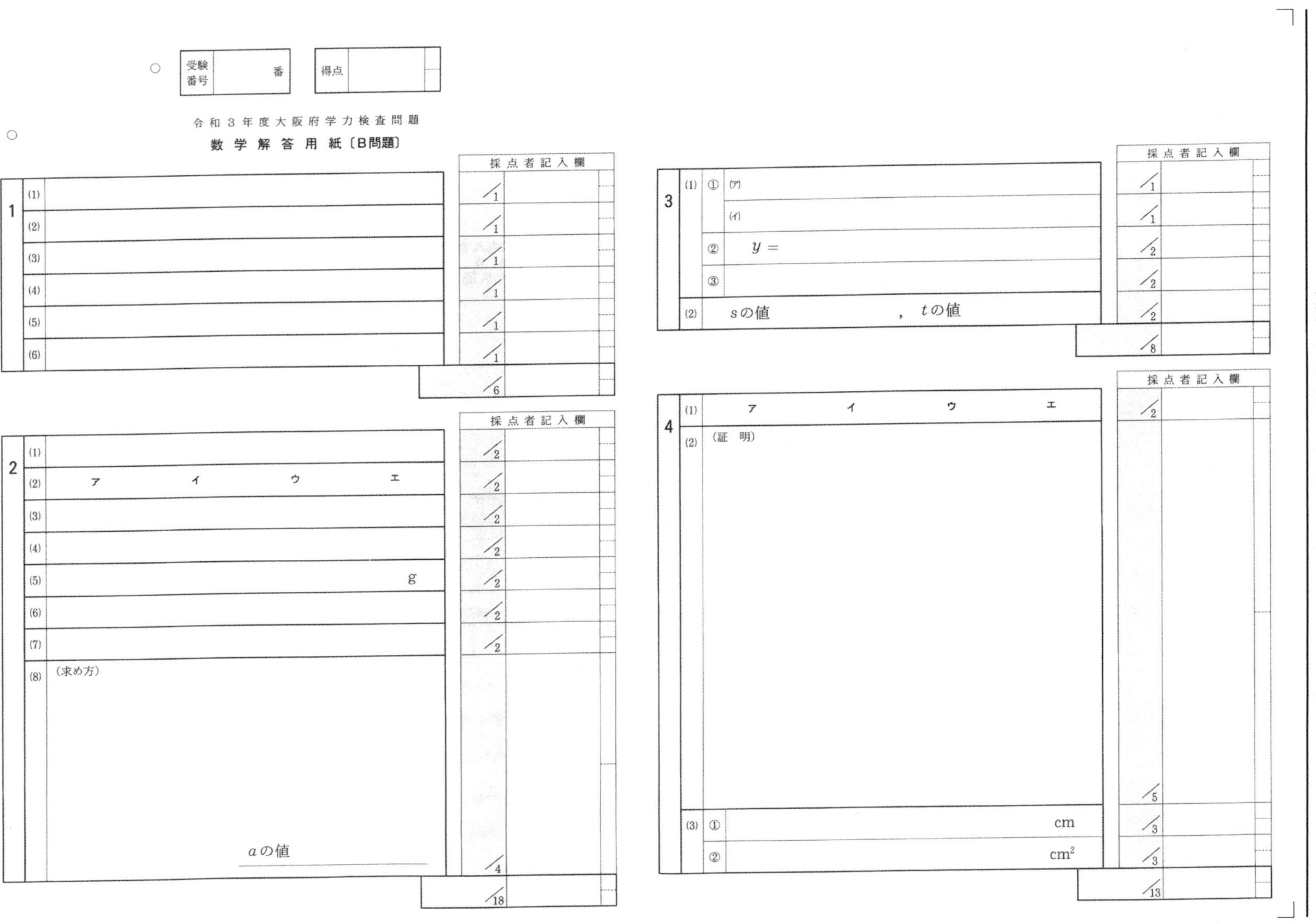

受験番号　　番
得点

令和3年度大阪府学力検査問題
数学解答用紙〔B問題〕

1
(1)
(2)
(3)
(4)
(5)
(6)
採点者記入欄　/1　/1　/1　/1　/1　/1　/6

2
(1)
(2) ア　イ　ウ　エ
(3)
(4)
(5)　g
(6)
(7)
(8)（求め方）
aの値
採点者記入欄　/2　/2　/2　/2　/2　/2　/2　/4　/18

3
(1) ① (ア)
(イ)
② $y=$
③
(2) sの値　，　tの値
採点者記入欄　/1　/1　/2　/2　/2　/8

4
(1) ア　イ　ウ　エ
(2)（証明）
(3) ①　cm
②　cm^2
採点者記入欄　/2　/5　/3　/3　/13

※実物の大きさ：195% 拡大（A3 用紙）

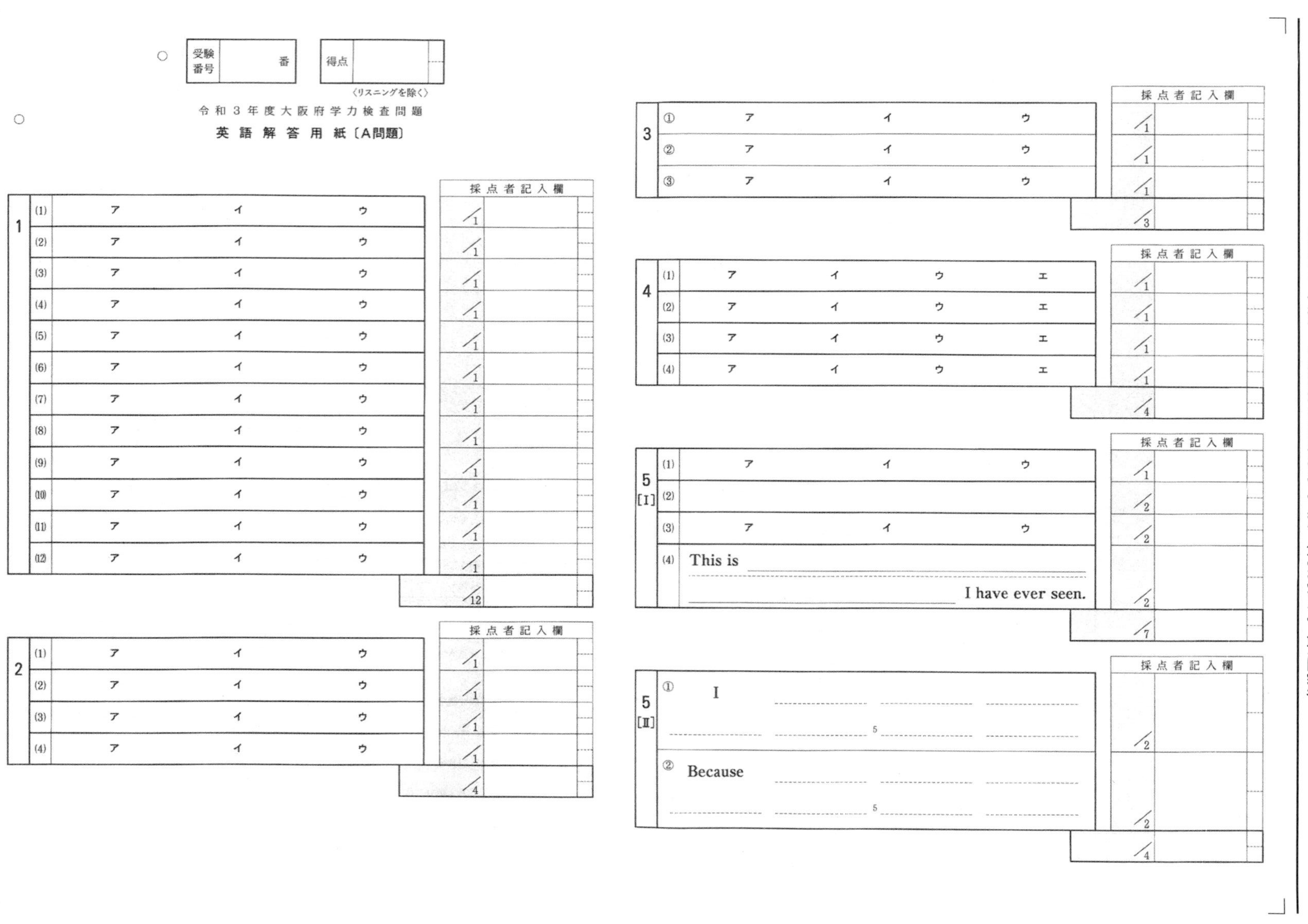
受験番号　　番　　得点

〈リスニングを除く〉
令和3年度大阪府学力検査問題
英語解答用紙〔A問題〕

1				採点者記入欄
(1)	ア	イ	ウ	/1
(2)	ア	イ	ウ	/1
(3)	ア	イ	ウ	/1
(4)	ア	イ	ウ	/1
(5)	ア	イ	ウ	/1
(6)	ア	イ	ウ	/1
(7)	ア	イ	ウ	/1
(8)	ア	イ	ウ	/1
(9)	ア	イ	ウ	/1
(10)	ア	イ	ウ	/1
(11)	ア	イ	ウ	/1
(12)	ア	イ	ウ	/1
				/12

2				採点者記入欄
(1)	ア	イ	ウ	/1
(2)	ア	イ	ウ	/1
(3)	ア	イ	ウ	/1
(4)	ア	イ	ウ	/1
				/4

3				採点者記入欄
①	ア	イ	ウ	/1
②	ア	イ	ウ	/1
③	ア	イ	ウ	/1
				/3

4					採点者記入欄
(1)	ア	イ	ウ	エ	/1
(2)	ア	イ	ウ	エ	/1
(3)	ア	イ	ウ	エ	/1
(4)	ア	イ	ウ	エ	/1
					/4

5［I］		採点者記入欄
(1)	ア　イ　ウ	/1
(2)		/2
(3)	ア　イ　ウ	/2
(4)	This is ＿＿＿＿ I have ever seen.	/2
		/7

5［II］		採点者記入欄
①	I	/2
②	Because	/2
		/4

※実物の大きさ：195% 拡大（A3 用紙）

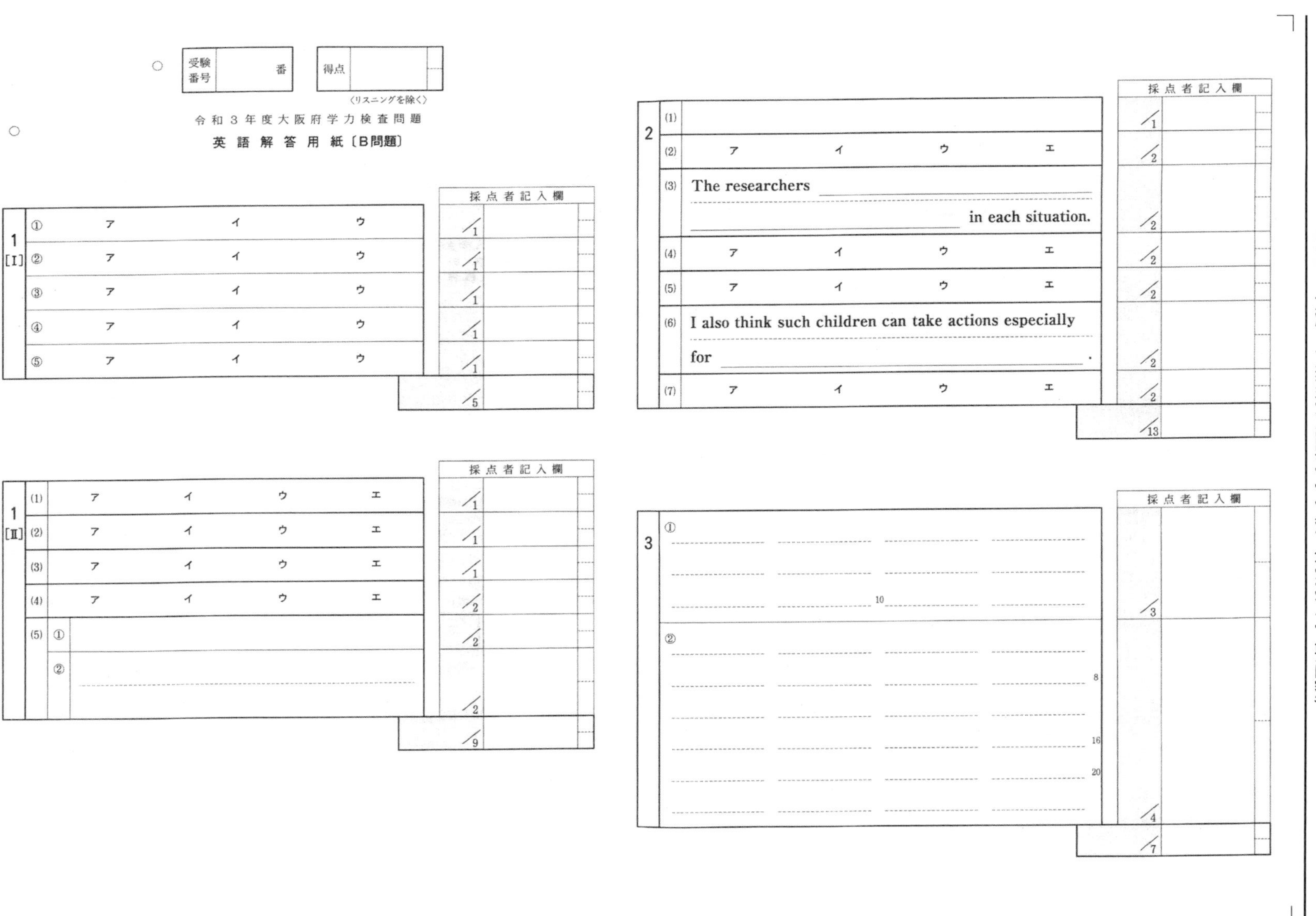
受験番号　番
得点
〈リスニングを除く〉
令和３年度大阪府学力検査問題
英語解答用紙〔B問題〕

1 [I]
① ア イ ウ
② ア イ ウ
③ ア イ ウ
④ ア イ ウ
⑤ ア イ ウ
採点者記入欄 /1 /1 /1 /1 /1 /5

1 [II]
(1) ア イ ウ エ
(2) ア イ ウ エ
(3) ア イ ウ エ
(4) ア イ ウ エ
(5) ① ②
採点者記入欄 /1 /1 /1 /2 /2 /2 /9

2
(1)
(2) ア イ ウ エ
(3) The researchers ______ in each situation.
(4) ア イ ウ エ
(5) ア イ ウ エ
(6) I also think such children can take actions especially for ______ .
(7) ア イ ウ エ
採点者記入欄 /1 /2 /2 /2 /2 /2 /2 /13

3
① 10
② 8 16 20
採点者記入欄 /3 /4 /7

※実物の大きさ：195% 拡大（A3 用紙）

受験番号	番

得点	

令和３年度大阪府学力検査問題

英語リスニング解答用紙

1　ボブと恵美との会話を聞いて，恵美のことばに続くと考えられるボブのことばとして，次の**ア〜エ**のうち最も適しているものを一つ選び，**解答欄の記号**を○で囲みなさい。

ア　Yes, let's go.　　イ　No, it isn't.　　ウ　At 2 p.m.　　エ　It's Monday.

解答欄	ア	イ	ウ	エ

採点者記入欄	
/1	

2　リサと裕太との会話を聞いて，リサが裕太に見せた写真として，次の**ア〜エ**のうち最も適していると考えられるものを一つ選び，**解答欄の記号**を○で囲みなさい。

ア　イ　ウ　エ

解答欄	ア	イ	ウ	エ

採点者記入欄	
/1	

3　尚也とニーナとの会話を聞いて，尚也が描いた絵として，次の**ア〜エ**のうち最も適していると考えられるものを一つ選び，**解答欄の記号**を○で囲みなさい。

ア　イ　ウ　エ

解答欄	ア	イ	ウ	エ

採点者記入欄	
/1	

4　駅のホームでアナウンスが流れてきました。そのアナウンスを聞いて，それに続く二つの質問に対する答えとして最も適しているものを，それぞれ**ア〜エ**から一つずつ選び，**解答欄の記号**を○で囲みなさい。

(1)　ア　They will go out from gate No. 1.
　　イ　They will go out from gate No. 2.
　　ウ　They will buy a train ticket for returning.
　　エ　They will leave the station and follow the signs to the stadium.

解答欄	ア	イ	ウ	エ

採点者記入欄	
/1	

(2)　ア　About 5 minutes.　　イ　About 10 minutes.
　　ウ　About 15 minutes.　　エ　About 20 minutes.

解答欄	ア	イ	ウ	エ

採点者記入欄	
/1	

5　店員と佐藤さんとの会話を聞いて，それに続く二つの質問に対する答えとして最も適しているものを，それぞれ**ア〜エ**から一つずつ選び，**解答欄の記号**を○で囲みなさい。

(1)　ア　Black and green.　　イ　Blue and brown.
　　ウ　Black and blue.　　エ　Green and brown.

解答欄	ア	イ	ウ	エ

採点者記入欄	
/2	

(2)　ア　5 dollars.　　イ　10 dollars.　　ウ　15 dollars.　　エ　20 dollars.

解答欄	ア	イ	ウ	エ

採点者記入欄	
/2	

6　メアリーと健太が学校の図書室で会話をしています。二人の会話を聞いて，会話の中で述べられている内容と合うものを，次の**ア〜エ**から一つ選び，**解答欄の記号**を○で囲みなさい。

ア　Mary could not finish her special homework because it was very difficult.
イ　Mary told Kenta to read the interesting book she borrowed for her homework.
ウ　Mary chose a good English book for Kenta but he refused to read it.
エ　Mary gave advice to Kenta about choosing books to make his English better.

解答欄	ア	イ	ウ	エ

採点者記入欄	
/2	

※実物の大きさ：195% 拡大（A3 用紙）

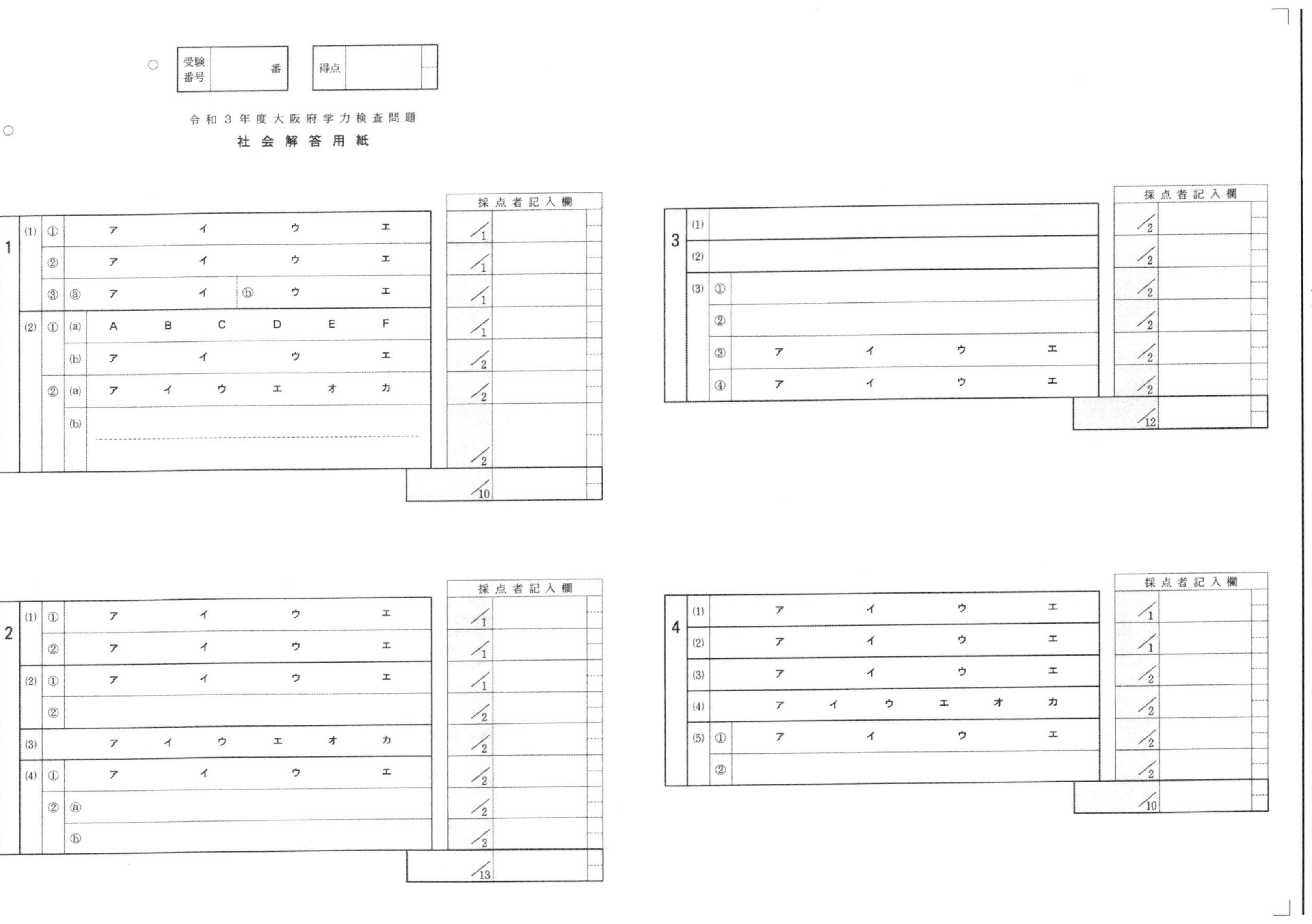

受験番号	番

得点	

令和３年度大阪府学力検査問題

社会解答用紙

1

			採点者記入欄
(1)	①	ア　イ　ウ　エ	/1
	②	ア　イ　ウ　エ	/1
	③	ⓐ ア　イ　ⓑ ウ　エ	/1
(2)	① (a)	A　B　C　D　E　F	/1
	① (b)	ア　イ　ウ　エ	/2
	② (a)	ア　イ　ウ　エ　オ　カ	/2
	② (b)		/2
			/10

2

			採点者記入欄
(1)	①	ア　イ　ウ　エ	/1
	②	ア　イ　ウ　エ	/1
(2)	①	ア　イ　ウ　エ	/1
	②		/2
(3)		ア　イ　ウ　エ　オ　カ	/2
(4)	①	ア　イ　ウ　エ	/2
	② ⓐ		/2
	② ⓑ		/2
			/13

3

			採点者記入欄
(1)			/2
(2)			/2
(3)	①		/2
	②		/2
	③	ア　イ　ウ　エ	/2
	④	ア　イ　ウ　エ	/2
			/12

4

			採点者記入欄
(1)		ア　イ　ウ　エ	/1
(2)		ア　イ　ウ　エ	/1
(3)		ア　イ　ウ　エ	/2
(4)		ア　イ　ウ　エ　オ　カ	/2
(5)	①	ア　イ　ウ　エ	/2
	②		/2
			/10

※実物の大きさ：195% 拡大（A3 用紙）

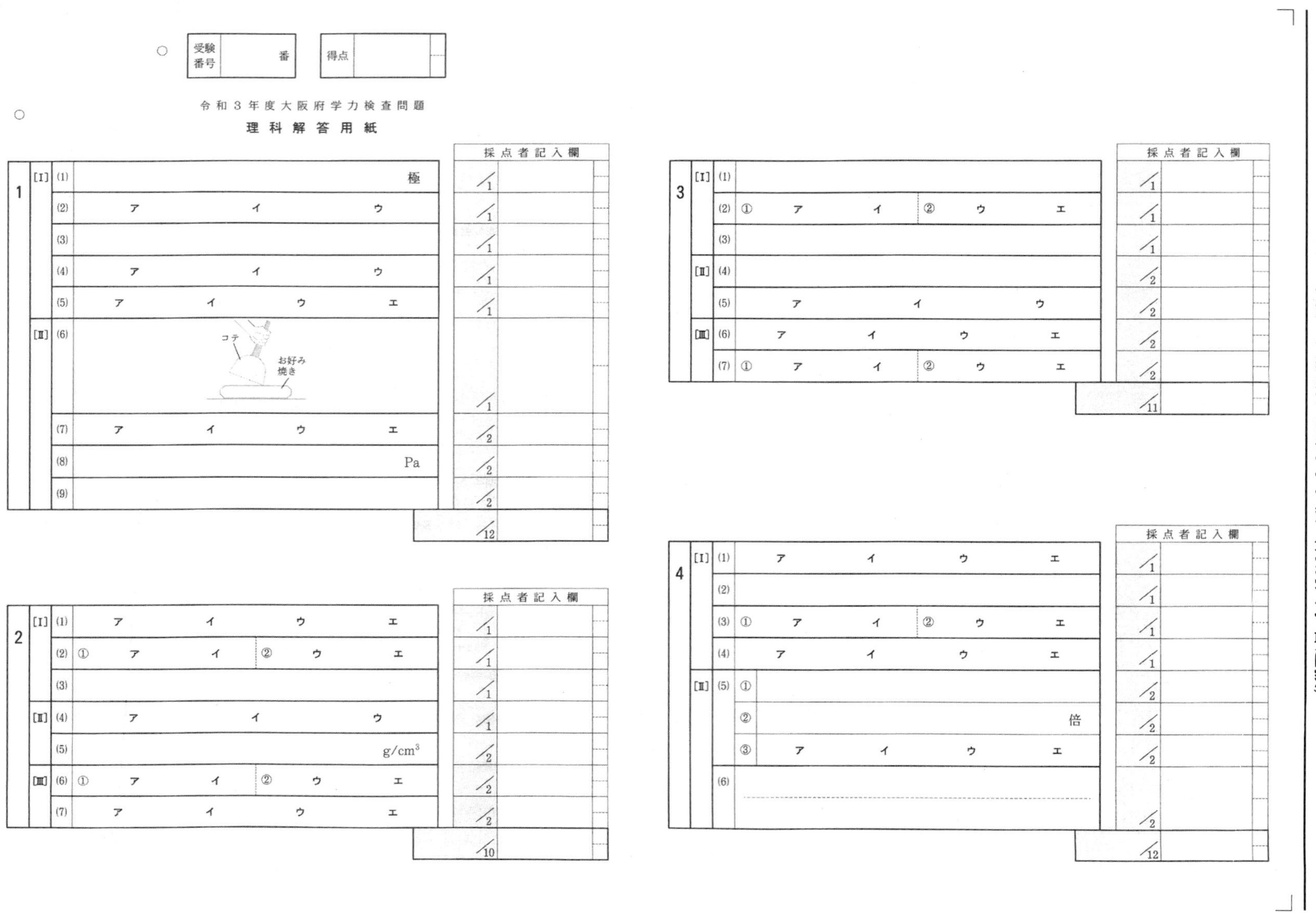

受験番号　　番

得点

令和3年度大阪府学力検査問題

理科解答用紙

1

			採点者記入欄
[I]	(1)	極	/1
	(2)	ア　イ　ウ	/1
	(3)		/1
	(4)	ア　イ　ウ	/1
	(5)	ア　イ　ウ　エ	/1
[II]	(6)		/1
	(7)	ア　イ　ウ　エ	/2
	(8)	Pa	/2
	(9)		/2
			/12

2

			採点者記入欄
[I]	(1)	ア　イ　ウ　エ	/1
	(2)	① ア　イ　② ウ　エ	/1
	(3)		/1
[II]	(4)	ア　イ　ウ	/1
	(5)	g/cm^3	/2
[III]	(6)	① ア　イ　② ウ　エ	/2
	(7)	ア　イ　ウ　エ	/2
			/10

3

			採点者記入欄
[I]	(1)		/1
	(2)	① ア　イ　② ウ　エ	/1
	(3)		/1
[II]	(4)		/2
	(5)	ア　イ　ウ	/2
[III]	(6)	ア　イ　ウ　エ	/2
	(7)	① ア　イ　② ウ　エ	/2
			/11

4

			採点者記入欄
[I]	(1)	ア　イ　ウ　エ	/1
	(2)		/1
	(3)	① ア　イ　② ウ　エ	/1
	(4)	ア　イ　ウ　エ	/1
[II]	(5)	①	/2
		② 倍	/2
		③ ア　イ　ウ　エ	/2
	(6)		/2
			/12

※実物の大きさ：195% 拡大（A3 用紙）

令和三年度大阪府学力検査問題

国語解答用紙〔A問題〕

得点

受験番号　　番

一

1

(1)	(2)	(3)	(4)	(5)	(6)	(7)	(8)	(9)	(10)
配送	遊泳	晴天	頭角	曲げて	努める	コマかく	ザイリョウ	ジュンジョ	ヤジルシ
／1	／1	／1	／1	／1	／1	／1	／1	／1	／1

2　ア　イ　ウ　／2

3　ア　イ　ウ　／2

採点者記入欄　／14

二

1　ア　イ　ウ　エ　／2

2　a　／2

b　かなりの　　を費やすことになるが、（10）　／4

3　ア　イ　ウ　／2

4　ア　イ　ウ　／2

採点者記入欄　／12

三

1　／2

2　ア　イ　ウ　／2

3　ア　イ　ウ　／3

採点者記入欄　／7

四

1　a　それを　　のは、（10）（15）　／4

b　／2

2　ア　イ　ウ　／2

3　A　B　C　／2

4　／2

採点者記入欄　／12

※実物の大きさ：195% 拡大（A3 用紙）

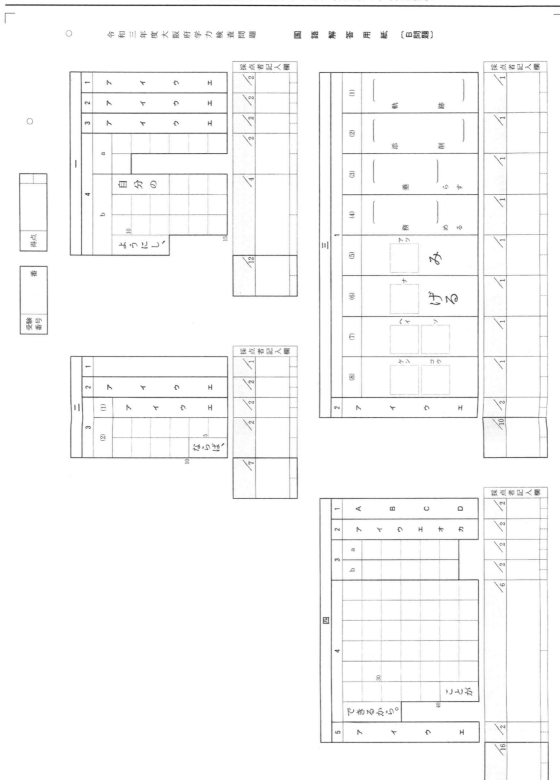

令和三年度大阪府学力検査問題

国語解答用紙〔B問題〕

受験番号	番

得点	

一

問	解答欄	採点者記入欄
1	ア　イ　ウ　エ	／2
2	ア　イ　ウ　エ	／2
3	ア　イ　ウ　エ	／2
4 a		／2
4 b	自分の（10）（15）ようにし、	／4
計		／12

二

問	解答欄	採点者記入欄
1		／1
2	ア　イ　ウ　エ	／2
3 (1)	ア　イ　ウ　エ	／2
3 (2)	（5）（10）ならば、	／2
計		／7

三

問	解答欄	採点者記入欄
1 (1)	軌跡	／1
1 (2)	添削	／1
1 (3)	垂らす	／1
1 (4)	務める	／1
1 (5)	アツ□み	／1
1 (6)	ナ□げる	／1
1 (7)	ヘイ□ ソ□	／1
1 (8)	ケン□ コウ□	／1
2	ア　イ　ウ　エ	／2
計		／10

四

問	解答欄	採点者記入欄
1	A　B　C　D	／2
2	ア　イ　ウ　エ　オ　カ	／2
3 a		／2
3 b		／2
4	（30）（40）ことができるから。	／6
5	ア　イ　ウ　エ	／2
計		／16

※実物の大きさ：195% 拡大（A3 用紙）

受験番号	番

得点	

令和２年度大阪府学力検査問題

数学解答用紙〔A問題〕

1		採点者記入欄
(1)		/2
(2)		/2
(3)		/2
(4)		/2
(5)		/2
(6)		/2
		/12

2		採点者記入欄
(1)	ア　イ　ウ　エ	/2
(2)	ア　イ　ウ　エ	/2
(3)		/2
(4)	$x =$	/2
(5)		/2
(6)	ア　イ　ウ　エ	/2
(7)		/2
(8)		/2
(9)	ア　イ　ウ　エ	/2
		/18

3			採点者記入欄
(1)	(ア)		/1
	(イ)		/1
(2)		$y =$	/2
(3)			/2
			/6

4			採点者記入欄
(1)		cm^2	/2
(2)	ⓐ		/1
	ⓑ		/1
	ⓒ	ア　イ　ウ	/1
(3)	（求め方）	cm	/4
			/9

受験番号	番

得点	

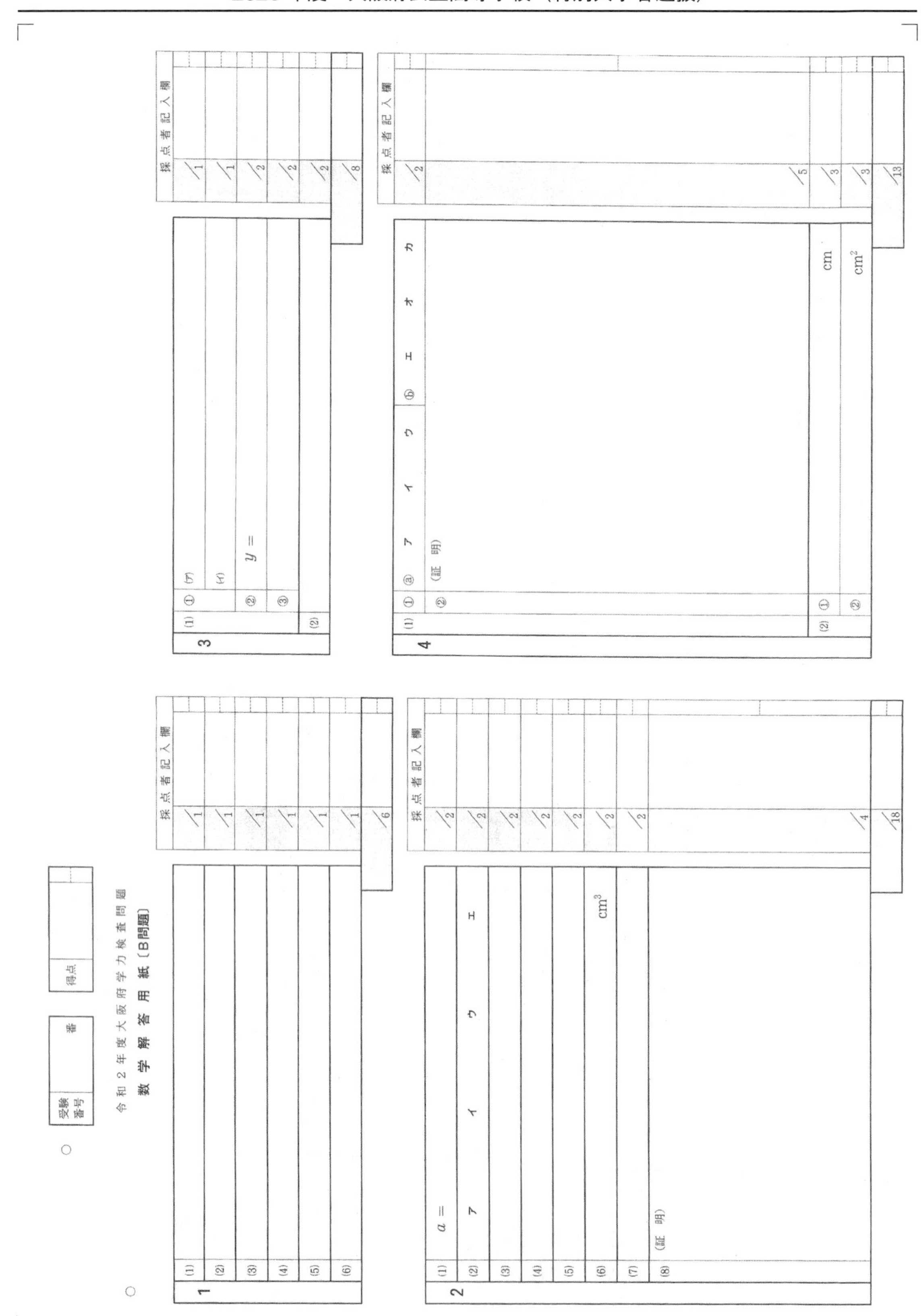

令和２年度大阪府学力検査問題

数学解答用紙〔B問題〕

1		採点者記入欄
(1)		/1
(2)		/1
(3)		/1
(4)		/1
(5)		/1
(6)		/1
		/6

2		採点者記入欄
(1)	$a =$	/2
(2)	ア　イ　ウ　エ	/2
(3)		/2
(4)		/2
(5)		/2
(6)	cm^3	/2
(7)		/2
(8)	（証　明）	/4
		/18

3			採点者記入欄
(1)	①	(ア)	/1
		(イ)	/1
	②	$y =$	/2
	③		/2
(2)			/2
			/8

4			採点者記入欄
(1)	①	ⓐ ア　イ　ウ　ⓑ エ　オ　カ	/2
	②	（証　明）	/5
(2)	①	cm	/3
	②	cm^2	/3
			/13

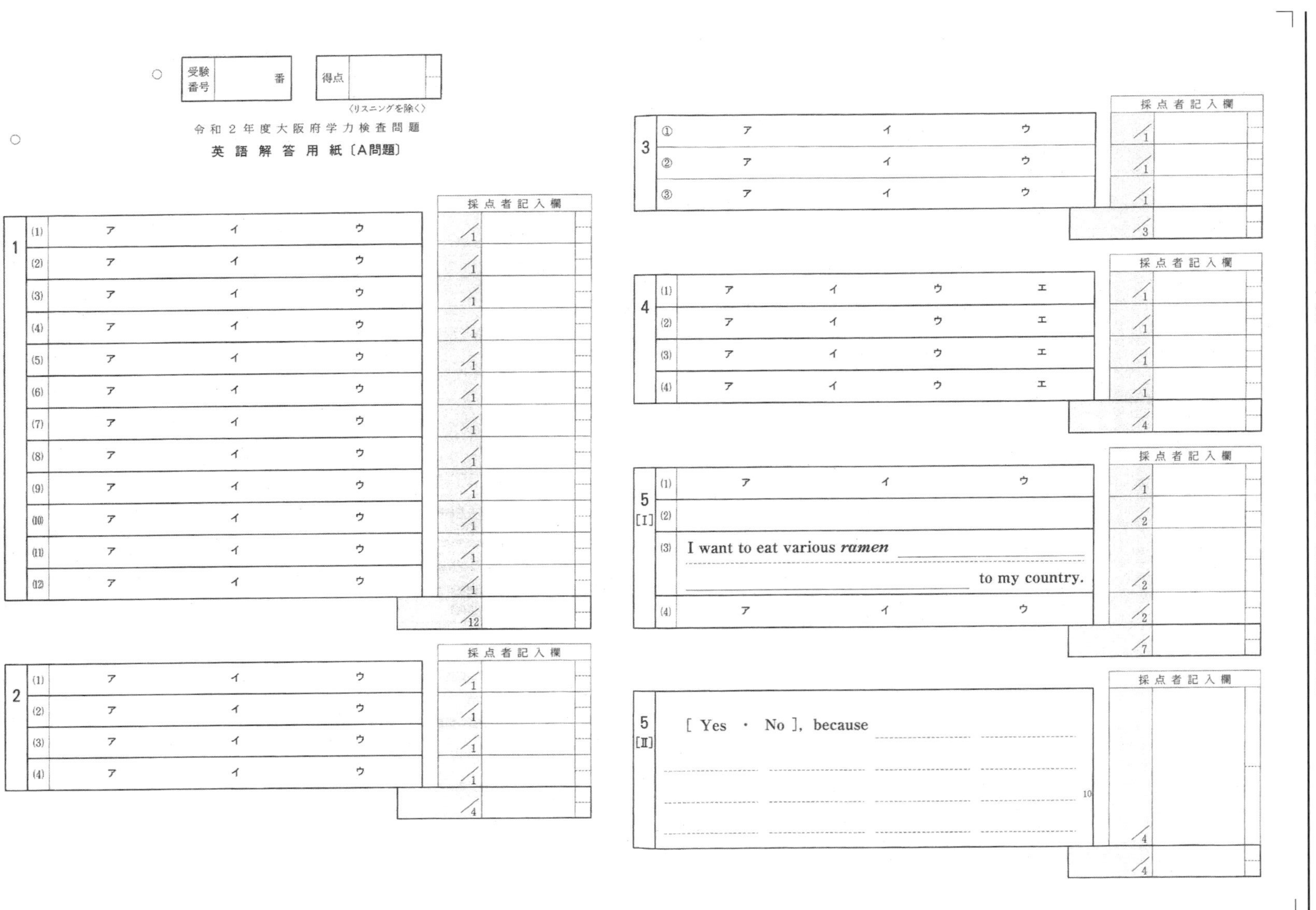

受験番号　　　番

得点

〈リスニングを除く〉

令和２年度大阪府学力検査問題
英語解答用紙〔A問題〕

1

				採点者記入欄
(1)	ア	イ	ウ	/1
(2)	ア	イ	ウ	/1
(3)	ア	イ	ウ	/1
(4)	ア	イ	ウ	/1
(5)	ア	イ	ウ	/1
(6)	ア	イ	ウ	/1
(7)	ア	イ	ウ	/1
(8)	ア	イ	ウ	/1
(9)	ア	イ	ウ	/1
(10)	ア	イ	ウ	/1
(11)	ア	イ	ウ	/1
(12)	ア	イ	ウ	/1
				/12

2

				採点者記入欄
(1)	ア	イ	ウ	/1
(2)	ア	イ	ウ	/1
(3)	ア	イ	ウ	/1
(4)	ア	イ	ウ	/1
				/4

3

				採点者記入欄
①	ア	イ	ウ	/1
②	ア	イ	ウ	/1
③	ア	イ	ウ	/1
				/3

4

					採点者記入欄
(1)	ア	イ	ウ	エ	/1
(2)	ア	イ	ウ	エ	/1
(3)	ア	イ	ウ	エ	/1
(4)	ア	イ	ウ	エ	/1
					/4

5〔I〕

		採点者記入欄
(1)	ア　イ　ウ	/1
(2)		/2
(3)	I want to eat various *ramen* ________ to my country.	/2
(4)	ア　イ　ウ	/2
		/7

5〔II〕

[Yes ・ No], because ________ (10)

採点者記入欄　/4　/4

※実物の大きさ：195% 拡大（A3 用紙）

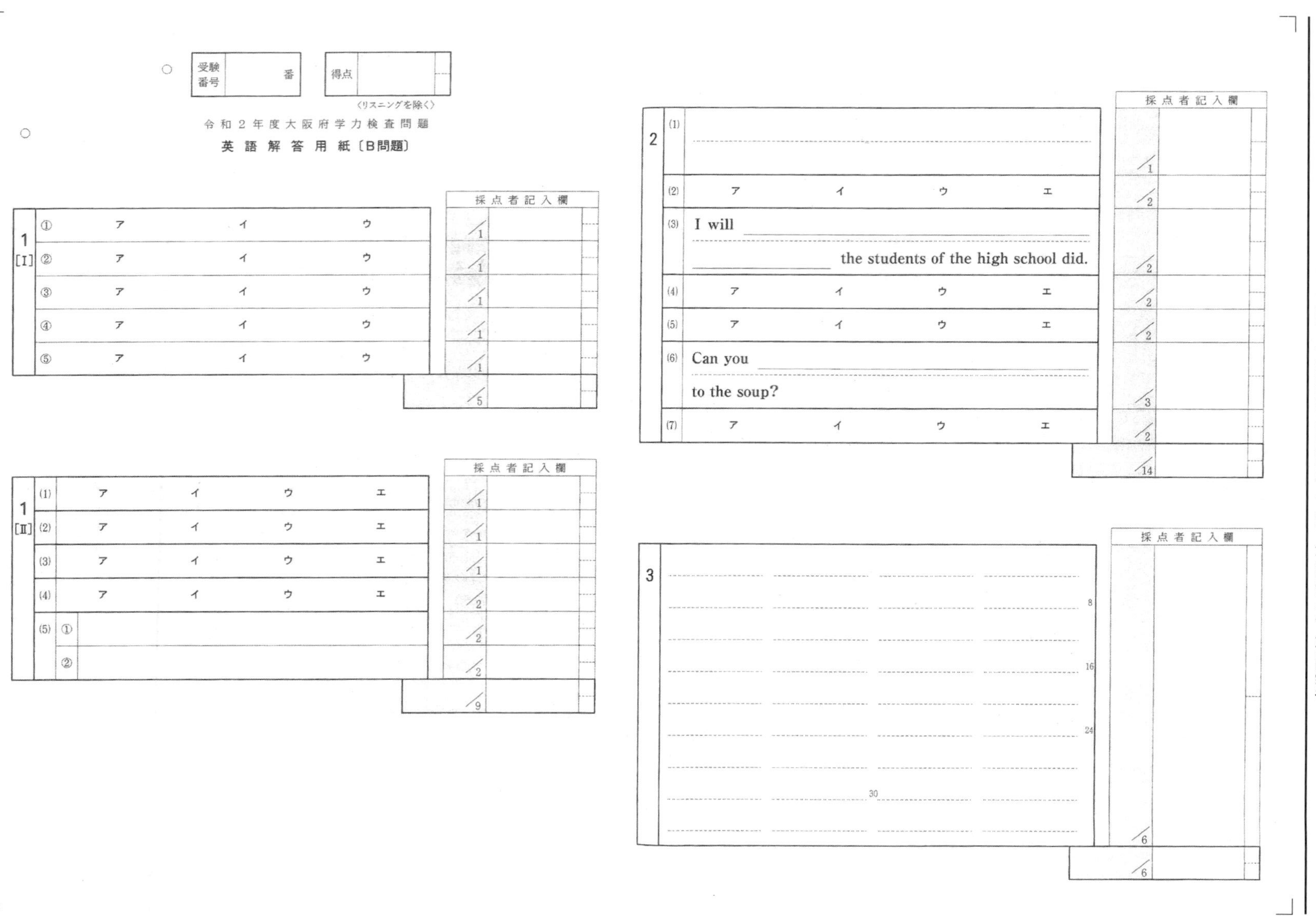

受験番号	番

得点	

〈リスニングを除く〉

令和２年度大阪府学力検査問題

英語解答用紙〔B問題〕

1 [Ⅰ]

				採点者記入欄
①	ア	イ	ウ	／1
②	ア	イ	ウ	／1
③	ア	イ	ウ	／1
④	ア	イ	ウ	／1
⑤	ア	イ	ウ	／1
				／5

1 [Ⅱ]

					採点者記入欄
(1)	ア	イ	ウ	エ	／1
(2)	ア	イ	ウ	エ	／1
(3)	ア	イ	ウ	エ	／1
(4)	ア	イ	ウ	エ	／2
(5) ①					／2
(5) ②					／2
					／9

2

		採点者記入欄
(1)		／1
(2)	ア　イ　ウ　エ	／2
(3)	I will ＿＿＿＿ ＿＿＿＿ the students of the high school did.	／2
(4)	ア　イ　ウ　エ	／2
(5)	ア　イ　ウ　エ	／2
(6)	Can you ＿＿＿＿ to the soup?	／3
(7)	ア　イ　ウ　エ	／2
		／14

3

	採点者記入欄
8　16　24　30	／6
	／6

※実物の大きさ：195% 拡大（A3 用紙）

受験番号	番

得点	

令和２年度大阪府学力検査問題

英語リスニング解答用紙

1　ロブと美保との会話を聞いて，美保のことばに続くと考えられるロブのことばとして，次のア～エのうち最も適しているものを一つ選び，**解答欄の記号**を○で囲みなさい。

ア　Yes, you did.　　イ　No, it isn't.　　ウ　Thank you.　　エ　Sure.

解答欄	ア	イ	ウ	エ

採点者記入欄	
/1	

2　マイクと京子との会話を聞いて，マイクが起床した時刻として，次のア～エのうち最も適していると考えられるものを一つ選び，**解答欄の記号**を○で囲みなさい。

ア	イ	ウ	エ
AM 7:25	AM 8:05	AM 8:25	AM 9:25

解答欄	ア	イ	ウ	エ

採点者記入欄	
/1	

3　下の図は，ジョージと直美が通う学校の周りのようすを示したものです。二人の会話を聞いて，ジョージの行き先として，図中のア～エのうち最も適していると考えられるものを一つ選び，**解答欄の記号**を○で囲みなさい。

解答欄	ア	イ	ウ	エ

採点者記入欄	
/1	

4　トムと陽子との会話を聞いて，それに続く二つの質問に対する答えとして最も適しているものを，それぞれア～エから一つずつ選び，**解答欄の記号**を○で囲みなさい。

(1)　ア　Volleyball.　　イ　Baseball.　　ウ　Basketball.　　エ　Soccer.

解答欄	ア	イ	ウ	エ

採点者記入欄	
/1	

(2)　ア　To accept a birthday present from her.
　　イ　To be a member of the volleyball club.
　　ウ　To go shopping with her.
　　エ　To play basketball with her brother.

解答欄	ア	イ	ウ	エ

採点者記入欄	
/1	

5　ブラウン先生が，英語の授業で生徒に話をしています。その話を聞いて，それに続く二つの質問に対する答えとして最も適しているものを，それぞれア～エから一つずつ選び，**解答欄の記号**を○で囲みなさい。

(1)　ア　The names of countries which are smaller than Japan.
　　イ　The names of countries which are larger than Japan.
　　ウ　The sizes of countries which are smaller than Japan.
　　エ　The size of the country which is the largest in the world.

解答欄	ア	イ	ウ	エ

採点者記入欄	
/2	

(2)　ア　Two countries.　　イ　Four countries.　　ウ　Six countries.　　エ　Eight countries.

解答欄	ア	イ	ウ	エ

採点者記入欄	
/2	

6　ホワイト先生と翔太との会話を聞いて，会話の中で述べられている内容と合うものを，次のア～エから一つ選び，**解答欄の記号**を○で囲みなさい。

ア　Ms. White thinks she will give homework about numbers to her students.
イ　Ms. White thinks the English expressions about numbers are very difficult.
ウ　Ms. White thinks Shota should study for the test she will give in the next lesson.
エ　Ms. White thinks Shota should ask his classmates about the test she gave them yesterday.

解答欄	ア	イ	ウ	エ

採点者記入欄	
/2	

※実物の大きさ：195% 拡大（A3 用紙）

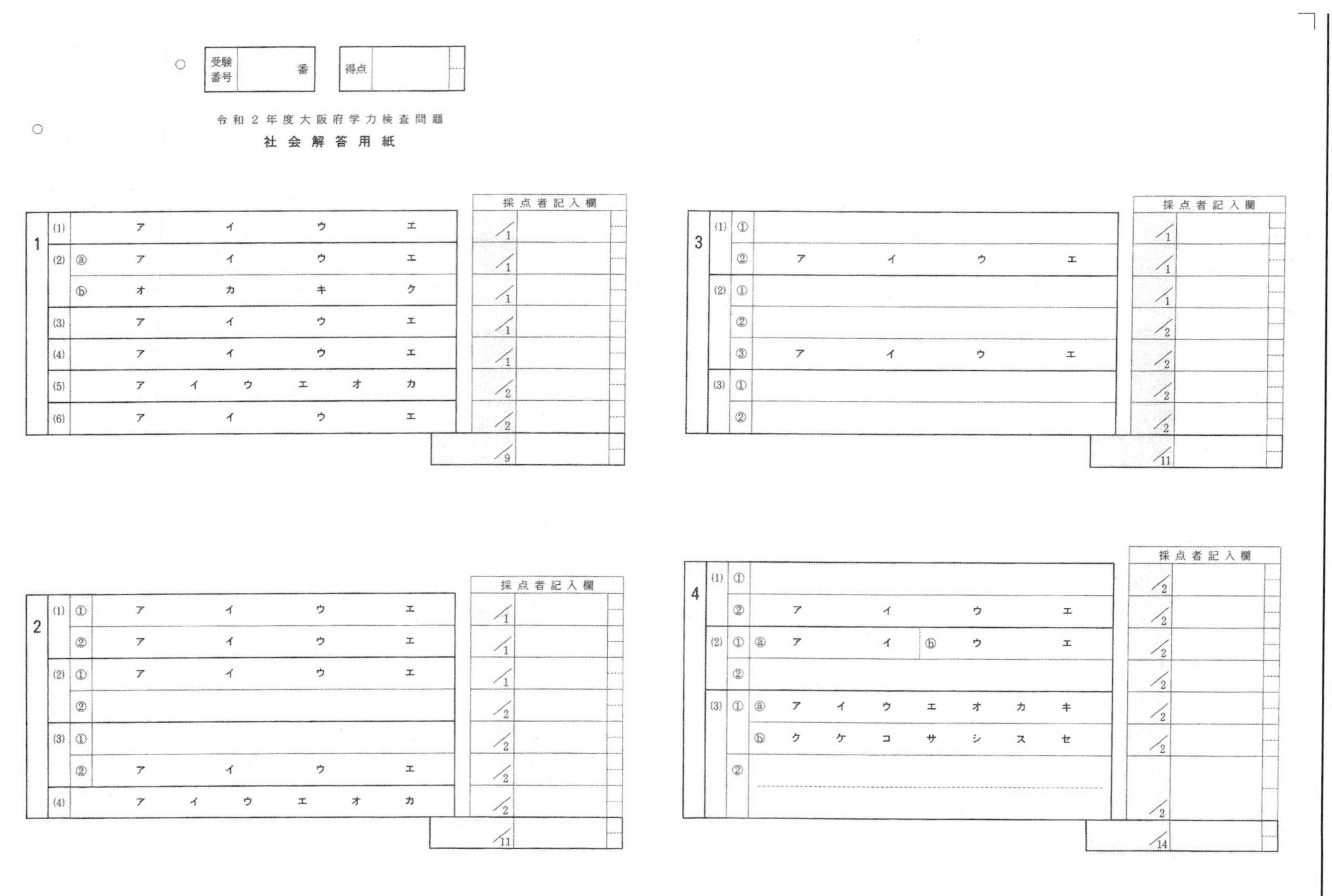

受験番号　　番　　得点

令和２年度大阪府学力検査問題

社会解答用紙

1

			採点者記入欄
(1)		ア　イ　ウ　エ	/1
(2)	ⓐ	ア　イ　ウ　エ	/1
	ⓑ	オ　カ　キ　ク	/1
(3)		ア　イ　ウ　エ	/1
(4)		ア　イ　ウ　エ	/1
(5)		ア　イ　ウ　エ　オ　カ	/2
(6)		ア　イ　ウ　エ	/2
			/9

2

			採点者記入欄
(1)	①	ア　イ　ウ　エ	/1
	②	ア　イ　ウ　エ	/1
(2)	①	ア　イ　ウ　エ	/1
	②		/2
(3)	①		/2
	②	ア　イ　ウ　エ	/2
(4)		ア　イ　ウ　エ　オ　カ	/2
			/11

3

			採点者記入欄
(1)	①		/1
	②	ア　イ　ウ　エ	/1
(2)	①		/1
	②		/2
	③	ア　イ　ウ　エ	/2
(3)	①		/2
	②		/2
			/11

4

			採点者記入欄
(1)	①		/2
	②	ア　イ　ウ　エ	/2
(2)	①	ⓐ ア　イ　ⓑ ウ　エ	/2
	②		/2
(3)	①	ⓐ ア　イ　ウ　エ　オ　カ　キ	/2
		ⓑ ク　ケ　コ　サ　シ　ス　セ	/2
	②		/2
			/14

※実物の大きさ：195% 拡大（A3 用紙）

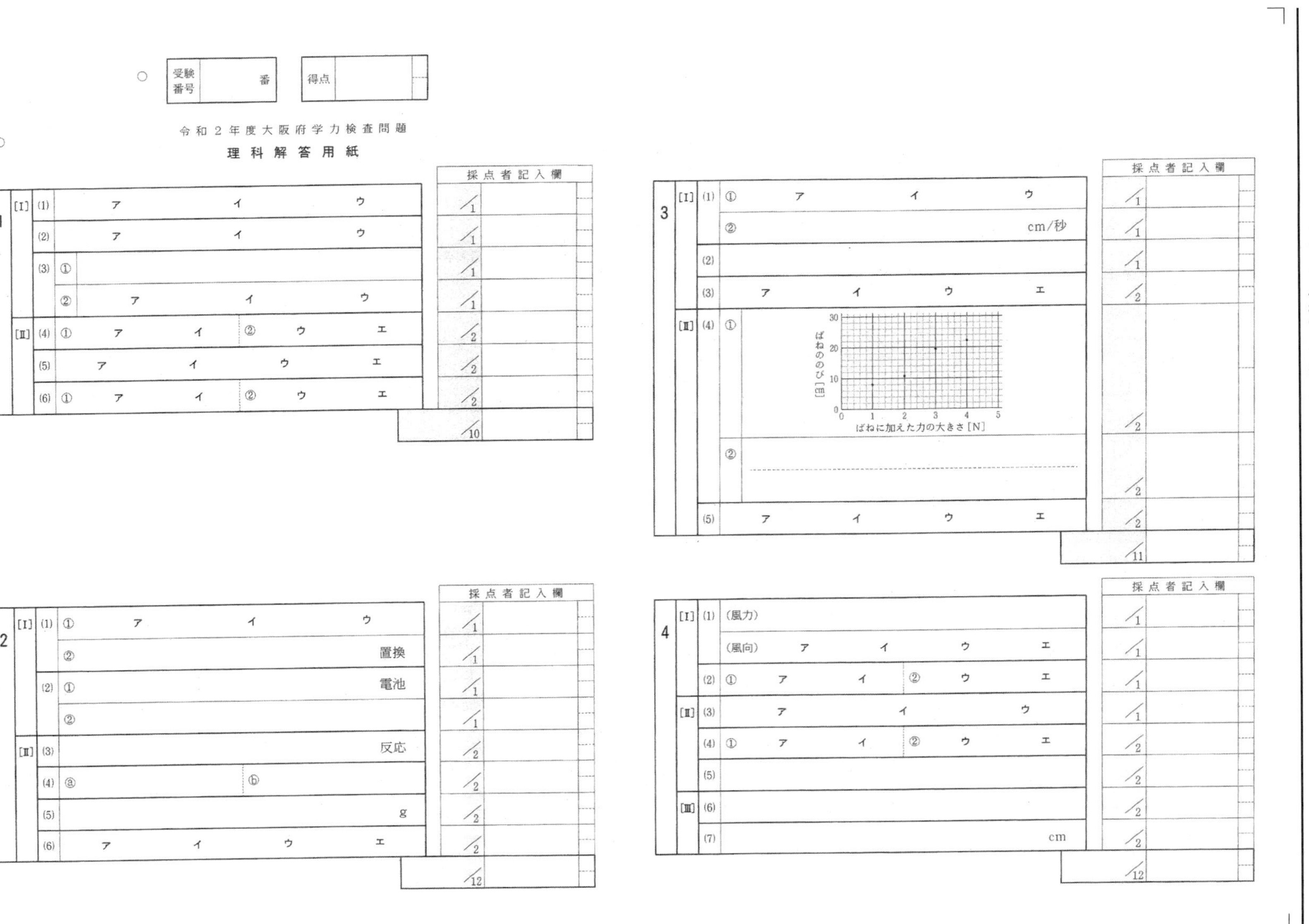

※実物の大きさ：195% 拡大（A3 用紙）

令和二年度大阪府学力検査問題

国語解答用紙〔A問題〕

受験番号　　番

得点

一

1 ア イ ウ
2 ア イ ウ
3 ア イ ウ
4 a（12）
b 相手を（15）のは（20）
5 ア イ ウ

採点者記入欄 ／2 ／2 ／2 ／2 ／4 ／2 ／14

二

1
(1) 休　息
(2) 改　良
(3) 取　捨
(4) 飛　躍
(5) 謙
(6) 刷　る
(7) ムギ　チャ
(8) ハク　ホツ
(9) コマ　る
(10) バイ　ゾウ
2 ア イ ウ

採点者記入欄 ／1 ／1 ／1 ／1 ／1 ／1 ／1 ／1 ／1 ／1 ／1 ／11

三

1
2
3 ア イ ウ

採点者記入欄 ／2 ／2 ／3 ／7

四

1 A B C
2 ア イ ウ
3 ア イ ウ
4 a 場合によっては（12）ことがあるので、（18）
b（12）

採点者記入欄 ／2 ／2 ／2 ／4 ／3 ／13

※実物の大きさ：195% 拡大（A3用紙）

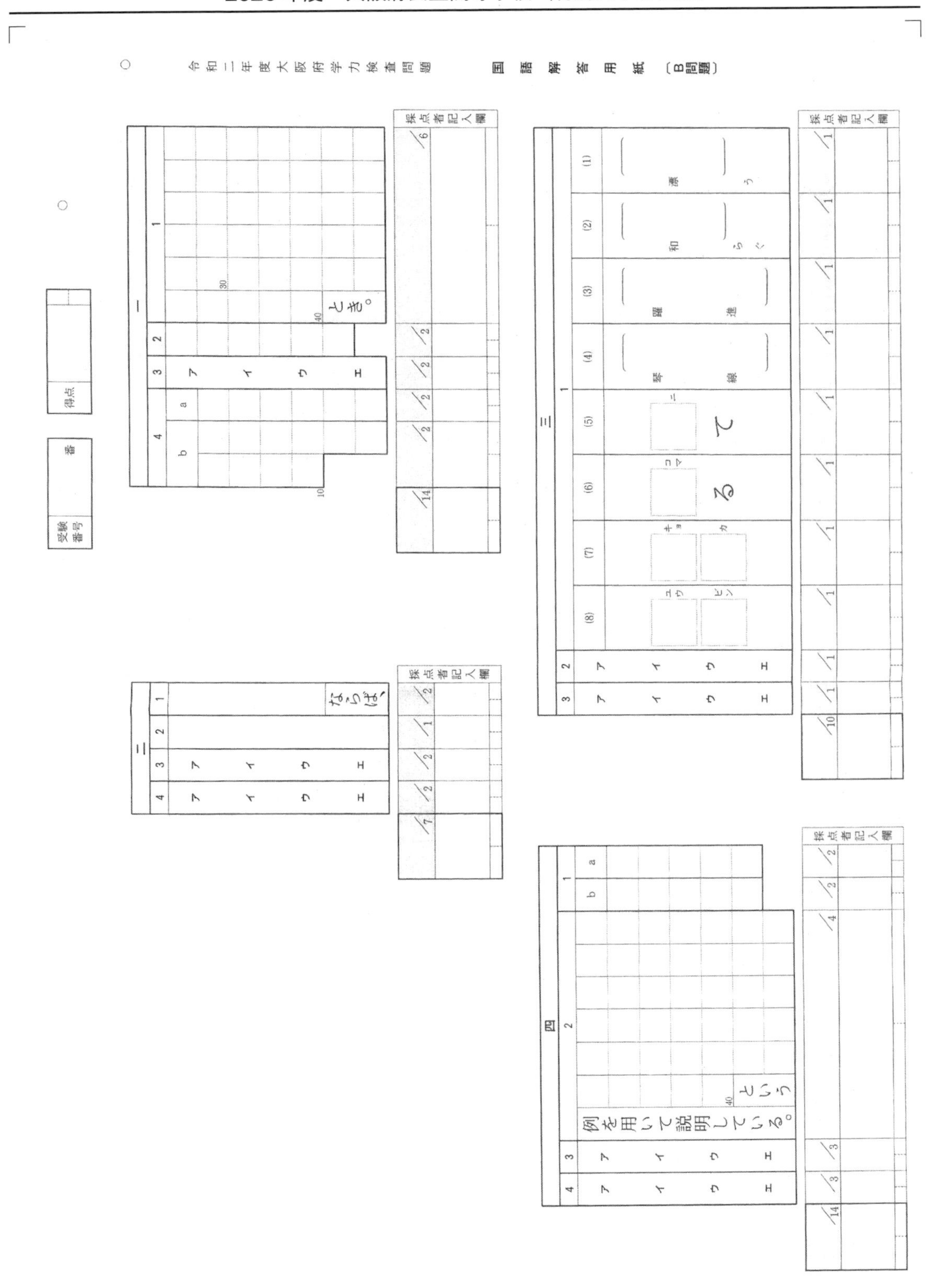

※実物の大きさ：195% 拡大（A3 用紙）

~MEMO~